Fourier Analysis and Its Applications

푸리에 해석과 응용

이명재 · 정영대 공저

Fourier Analysis and Its Applications

Lecture Series on
Mathematical Physics

푸리에 해석과 응용

이명재 · 정영대 공저

한양대학교 출판부

머리말

이 책은 대학 학부의 이학계열 및 공학계열 학생들이 푸리에 해석을 체계적으로 학습할 수 있도록 돕고자 기초부터 응용까지 세심하게 구성되었다. 19세기 초에 푸리에(J. Fourier)가 고체 중의 열전도 문제를 해석하기 위해 제안한 이론에서 시작된 푸리에 해석은 오늘날 푸리에 급수, 푸리에 변환, 그리고 라플라스 변환으로까지 발전하였다. 푸리에 해석을 이용하면 복잡한 주기함수나 비주기 함수를 간편하게 기술하고 해석하는 것이 가능하기 때문에 물리학과 공학의 많은 분야에서 필수적인 수학적 도구가 되고 있다. 이 책은 수학으로서의 엄밀성을 중요하게 여기면서도 다양한 문제에의 응용을 염두에 두고 가능한 한 구체적인 예를 풍부하게 제시함으로써 학생들이 푸리에 및 라플라스 해석을 깊이 있게 이해하는 것을 목표로 하고 있다. 이 책을 읽기 위한 예비 지식으로는 대학 1, 2학년 수준의 미분방정식과 복소함수론에 대한 기초지식이 있으면 충분하다.

이 책은 총 네 개의 장으로 구성되어 있다. 처음 세 개의 장은 기초적이고 표준적인 이론을 제공하고 마지막 장에서는 다양한 응용을 다룬다. 제1장에서는 삼각함수와 복소지수함수에 대한 기초적인 사항을 소개하고, 삼각함수를 이용한 푸리에 급수의 도입, 급수의 수렴성, 함수의 연속성 및 불연속성에 대하여 설명한다. 또한 깁스 현상과 같은 불연속점에서의 푸리에 급수의 성질을 논할 것이다. 제1장의 마지막 절에서는 앞서 배운 이론을 보충하고 푸리에 급수에 대한 개념을 확립할 수 있도록 18가지 주제를 엄선하여 상세한 해설을 제시한다.

제2장에서는 제1장에서 배운 주기함수의 푸리에 급수를 무한 구간의 함수로 확장하는 과정에서 정의된 푸리에 변환을 소개한다. 다양한 형태의 함수를 푸리에 변환하는 방법을 연습하며, 특히 디랙 델타함수, 물리에서 나타나는 주요 적분의 계산, 파동함수의 규격화, 그리고 합성곱에 대하여 배운다. 또한 푸리에 변환을 이용한 미분방정식의 해법을 배우고, 응용으로서 파동방정식과 확산방정식의 해법에 대하여 알아본다.

제3장에서는 푸리에 해석의 발전이라고 할 수 있는 라플라스 변환에 대하여 학습한

다. 기본 함수의 라플라스 변환과 합성곱을 배울 것이다. 푸리에 변환과는 달리 라플라스 변환의 경우, 그 역변환은 특별한 조건을 만족하여야 하는데 이를 위해 복소공간에서의 브롬위치 적분에 대하여 자세히 소개하고 있다.

마지막으로 제4장에서는 지금까지 학습한 푸리에 급수, 푸리에 변환, 라플라스 변환의 응용에 대해 다루고자 한다. 이 장은 푸리에 해석과 관련한 세상의 많은 책들과 구별하기 위하여 저자들이 가장 역점을 두고 집필하였으며 본서의 가장 많은 분량을 차지하는 부분이기도 하다. 고전역학, 양자역학, 전자기학, 응집물질물리학 분야를 중심으로 푸리에 해석이 사용된 다양한 예를 소개하고 있으므로 이공계에서 접하는 대부분의 문제를 여기서 만날 수 있을 것이다.

푸리에 해석은 이론적 아름다움이라는 측면과 실용적 응용성이라는 측면의 양면성을 가지고 있으며, 또한, 다른 의미의 양면성으로는 푸리에 해석을 통하여 원래의 세계와 옮겨진 세계를 변환과 역변환의 과정을 통해 소통함으로써 두 세계의 연결성에 대한 철학적 화두를 제시한다는 것이 흥미롭다. 학생들이 이러한 공부로부터 세계에 대한 이해를 깊게 하는 사고의 확장성을 얻을 수 있다면 저자들의 집필 목적의 일부를 이루는 것일 것이다.

이명재 · 정영대

목차

Chapter 02

Chapter 03

Chapter 01

푸리에 급수

Fourier Series

파동과 같은 반복적인 운동을 하는 물체는 주기를 갖는 주기함수로 표현할 수 있다. 주기함수나 유한한 구간에서 정의된 함수는 삼각함수의 선형결합으로 나타낼 수 있는데, 이를 위해 삼각함수의 직교성에 대하여 설명하고 푸리에 전개계수와 푸리에 급수를 정의한다. 함수와 푸리에 급수의 관계를 푸리에 급수 전개정리, 파세발 정리, 그리고 여러 구체적인 예를 통하여 알아보고, 특히 불연속점 주위에서의 푸리에 다항식의 특성에 대하여 알아본다. 푸리에 급수의 수렴 특성과 급수가 균일하게 수렴하는 데 필요한 조건을 이해하는 것은 중요하다. 푸리에 급수가 언제 수렴하며 원래의 함수와 일치하는가에 대한 기본적인 물음은 수리물리학에서 푸리에 급수의 효용성과 유효성 한계에 대한 이해에 도움이 될 것이다.

1.1 푸리에 급수의 정의와 기본적 성질 (Definition and basic properties)

1.1.1 푸리에 급수의 정의 (Definition of Fourier series)

어떤 양의 실수 T에 대하여 함수 $f(x)$가 모든 실변수 x에 대하여 $f(x+T)=f(x)$를 만족할 때 $f(x)$를 주기(period) T의 함수라고 한다. n을 정수라고 할 때, 삼각함수 $\cos nx$와 $\sin nx$는 주기함수가 되며, 프랑스의 수학자이자 물리학자인 푸리에(Jean-Baptiste Joseph Fourier 1768-1830)는 적절한 계수 a_n과 b_n을 구하여 함수

$f(x)$를 다음과 같이 삼각함수의 무한급수로 전개할 수 있다고 하였다. 이를 **푸리에 급수**(Fourier series)라고 한다.

$$f(x) = \frac{a_0}{2} + \sum_{n=1}^{\infty}(a_n \cos nx + b_n \sin nx) \tag{1.1.1}$$

예를 들어, 구간 $-\pi \le x \le \pi$에서 $f(x) = |x|$라는 함수가 정의되었다고 하자. 나중에 알게 되겠지만 이 함수의 푸리에 급수는 다음과 같이 전개된다.

$$\begin{aligned} S(x) &= \frac{\pi}{2} - \frac{4}{\pi}\left(\cos x + \frac{\cos 3x}{3^2} + \frac{\cos 5x}{5^2} + \frac{\cos 7x}{7^2} + \cdots\right) \qquad (1.1.2) \\ &= \frac{\pi}{2} - \sum_{n=1}^{\infty}\frac{4}{\pi(2n-1)^2}\cos(2n-1)x \end{aligned}$$

여기서 함수 $f(x)$의 푸리에 전개를 $S(x)$로 나타내었으며 저자에 따라서는 함수 기호인 $f(x)$를 그대로 쓰기도 하지만 특별한 경우, 즉 불연속점 등이 있을 때에는 $f(x)$의 푸리에 급수가 $f(x)$와 완전히 일치하지 않으므로, 이 책에서는 함수식과 푸리에 전개식을 구별하기 위해 기호 $S(x)$를 도입하고자 한다. 어떤 책에서는 함수 $f(x)$의 푸리에 급수라는 의미로 $S[f](x)$라고 쓰기도 한다. 푸리에 급수에서 n번째 항까지만 취하는 것을 부분합이라고 하는데 이를 $S_n(x)$라고 표현하자. 나중에 배우겠지만 $f(x)$가 연속이고 매끄러운, 즉 미분가능한 함수이면 $f(x) = S(x)$가 된다. 식(1.1.1)에 주어진 푸리에 급수의 정의에 따라 $f(x) = |x|$를 전개하였을 때 전개계수는 $a_0 = \pi$, $a_{2n-1} = -4/\pi(2n-1)^2$, $a_{2n} = 0$, $b_n = 0$인 것을 알 수 있다. 푸리에 전개한 식(1.1.2)가 닫힌구간 $[-\pi, \pi]$에서 함수 $|x|$와 일치할 것인가 하는 것은 두 식을 그래프로 그려서 비교해 보면 쉽게 동의할 수 있을 것이다. 그림1.1.1은 식(1.1.2)의 우변 괄호에서 유한한 개수의 항을 선택하여 함수 $|x|$와 비교한 것이다. 그림에서 $S_1(x)$는 식(1.1.2)에서 $n=1$까지 부분합을 한 것이므로 $S_1(x) = \pi/2 - (4/\pi)\cos x$이며, $S_2(x)$는 $n=2$까지 부분합을 한 것이므로 $S_2(x) = \pi/2 - (4/\pi)\cos x - (4/9\pi)\cos 3x$이다. 그림에서 알 수 있듯이 급수의 항이 늘어날수록 $S_n(x)$가 $|x|$에 점점 가까워진다는 것을 알 수 있다. $n \to \infty$이면 $S_\infty(x) = S(x) = f(x)$가 될 것이다. 비록 $f(x) = |x|$는 주기함수는 아니지만 유한

구간에서 정의가 되면 그 구간에서 주기함수의 일부라고 여길 수 있다. 따라서 유한 구간에서 정의된 함수를 주기함수의 한 주기의 함수로 보고 삼각함수의 급수로 전개하는 푸리에 급수 전개가 가능하다.

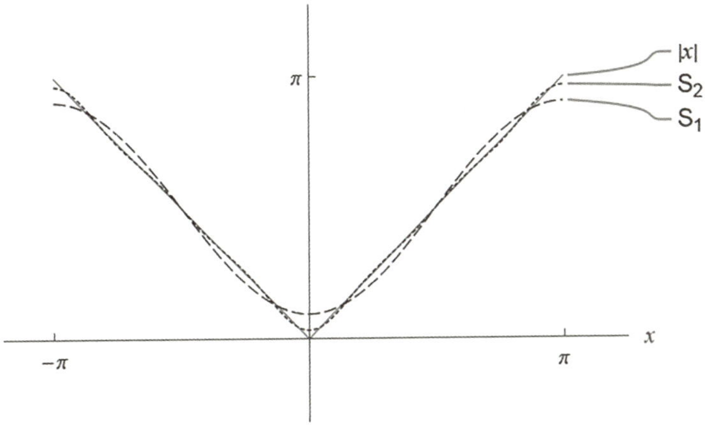

그림 1.1.1 함수와 푸리에 급수의 부분합을 비교한 그래프. 직선은 함수 $f(x) = |x|$, 긴 점선은 부분합 $S_1(x)$, 짧은 점선은 부분합 $S_2(x)$를 나타낸 것이다. 급수의 항의 수가 증가할수록 부분합은 함수 $|x|$에 가까워지는 것을 알 수 있다. 푸리에 급수는 무한급수로서 $|x|$와 일치할 것이다.

식(1.1.1)에 정의된 푸리에 전개계수 a_n과 b_n을 어떻게 구할 수 있을까? 주기 T인 주기함수 $f(x)$가 구간 $[-T/2, T/2]$에서 균등수렴(uniform convergence)한다고 가정하고 $f(x)$에 코사인함수를 곱하여 적분을 하여보자. 임의의 정수 $m = 0, 1, 2, \ldots$에 대하여

$$\frac{2}{T}\int_{-T/2}^{T/2} f(x)\cos mx\, dx = \frac{2}{T}\int_{-T/2}^{T/2}\left[\frac{a_0}{2} + \sum_{n=1}^{\infty}(a_n\cos nx + b_n\sin nx)\right]\cos mx\, dx \tag{1.1.3}$$

를 계산하여 보면, 우변의 첫 번째 항은 $m = 0$인 경우에는 a_0가 되고 $m \neq 0$인 경우에는 삼각함수의 주기가 $T = 2\pi$인 것을 적용하면

$$\frac{a_0}{T}\int_{-T/2}^{T/2}\cos mx\, dx = \frac{a_0}{T}\frac{\sin mx}{m}\bigg|_{-T/2}^{T/2} = 0 \quad (m = 1, 2, 3, \ldots) \tag{1.1.4}$$

가 된다. 따라서 모든 $m \geq 0$에 대하여 다음과 같이 쓸 수 있다.

$$\frac{a_0}{T}\int_{-T/2}^{T/2}\cos mx\,dx = a_0\,\delta_{m\,0} \quad (m = 0, 1, 2, 3, \dots) \tag{1.1.5}$$

여기서 $\delta_{m\,0}$은 크로네커 델타(Kronecker delta)이다. 식(1.1.3)의 두 번째 항은 삼각함수의 곱셈공식 $\cos A \cos B = \frac{1}{2}[\cos(A+B) + \cos(A-B)]$를 이용하여 쉽게 계산할 수 있다. 즉,

$$\frac{2}{T}\sum_{n=1}^{\infty} a_n \int_{-T/2}^{T/2}\cos nx\,\cos mx\,dx \tag{1.1.6}$$

$$= \frac{1}{T}\sum_{n=1}^{\infty} a_n \int_{-T/2}^{T/2}[\cos(n+m)x + \cos(n-m)x]\,dx$$

가 되는데, 주기 $T = 2\pi$에 대하여 $n = m$인 경우에는 이 적분의 결과가 a_m이 되고, $n \neq m$인 경우에는 0이 된다. 따라서 크로네커 델타를 이용하여 다음과 같이 쓸 수 있다.

$$\frac{2}{T}\sum_{n=1}^{\infty} a_n \int_{-T/2}^{T/2}\cos nx\,\cos mx\,dx = \sum_{n=1}^{\infty} a_n\,\delta_{mn} \quad (m = 1, 2, 3, \dots) \tag{1.1.7}$$

$$= a_m$$

식(1.1.3)의 세 번째 항은 삼각함수 공식 $\sin A \cos B = \frac{1}{2}[\sin(A+B) + \sin(A-B)]$를 이용하거나, 사인함수나 코사인함수를 치환하여 계산할 수 있다. 그 결과는 다음과 같다.

$$\frac{2}{T}\sum_{n=1}^{\infty} b_n \int_{-T/2}^{T/2}\sin nx\,\cos mx\,dx = 0 \quad (m = 0, 1, 2, \dots) \tag{1.1.8}$$

따라서 식(1.1.3)은 임의의 $m \geq 0$에 대하여

$$\frac{2}{T}\int_{-T/2}^{T/2} f(x)\cos mx\,dx = a_0\delta_{m,0} + \sum_{n=1}^{\infty} a_n\delta_{mn} \tag{1.1.9}$$

으로 쓸 수 있는데 여기서 $n(\geq 1)$은 $f(x)$를 급수로 전개하였을 때 전개 항을 나타내는 지수이다. 비록 n이 급수의 전개 항을 나타내는 지수이지만 n의 범위를 $n \geq 0$으로 확장하면 수학적으로 다음과 같이 쓸 수 있다.

$$\begin{aligned}\frac{2}{T}\int_{-T/2}^{T/2} f(x)\cos mx\,dx &= \sum_{n=0}^{\infty} a_n\delta_{mn} \quad (m = 0, 1, 2, \dots) \\ &= a_m\end{aligned} \tag{1.1.10}$$

따라서 $T = 2\pi$를 써서 계수 a_n을 다음과 같이 구할 수 있다.

$$a_n = \frac{1}{\pi}\int_{-\pi}^{\pi} f(x)\cos nx\,dx \quad (n = 0, 1, 2, \dots) \tag{1.1.11}$$

이제 함수 $f(x)$에 사인함수를 곱하여 계수 b_n을 구하여보자. 앞에서와 마찬가지로 구간 $[-T/2, T/2]$에서 적분하면

$$\frac{2}{T}\int_{-T/2}^{T/2} f(x)\sin mx\,dx = \frac{2}{T}\int_{-T/2}^{T/2}\left[\frac{a_0}{2} + \sum_{n=1}^{\infty}(a_n\cos nx + b_n\sin nx)\right]\sin mx\,dx \tag{1.1.12}$$

로 쓸 수 있는데 $\sin A \sin B = -\frac{1}{2}[\cos(A+B) - \cos(A-B)]$인 관계를 이용하면 다음과 같이 계산할 수 있다.

$$\begin{aligned}\frac{2}{T}\int_{-T/2}^{T/2} f(x)\sin mx\,dx &= \sum_{n=1}^{\infty} b_n\delta_{mn} \quad (m = 1, 2, \dots) \\ &= b_m\end{aligned} \tag{1.1.13}$$

위의 식에서 $m = 0$인 경우에는 좌변의 적분이 0이 되므로 b_0는 존재하지 않는다. 주기

$T=2\pi$를 적용하면 b_n을 다음과 같이 구할 수 있다.

$$b_n = \frac{1}{\pi}\int_{-\pi}^{\pi} f(x)\sin nx\,dx \qquad (n=1,2,\ldots) \tag{1.1.14}$$

위에서 구한 식(1.1.11)과 식(1.1.14)의 계수 a_n과 b_n을 **푸리에 계수**(Fourier coefficients)라고 하며, 문헌에 따라서는 **오일러-푸리에 공식**(Euler-Fourier formula)이라고 부르기도 한다.

> **✤ 푸리에 급수의 정의**
>
> 주기 $T=2\pi$인 함수 $f(x)$의 푸리에 급수는
>
> $$S(x) = \frac{a_0}{2} + \sum_{n=1}^{\infty}(a_n\cos nx + b_n\sin nx)$$
>
> 와 같이 정의가 되며 푸리에 전개계수는 다음과 같다.
>
> $$a_n = \frac{1}{\pi}\int_{-\pi}^{\pi} f(x)\cos nx\,dx \qquad (n=0,1,2,\ldots)$$
>
> $$b_n = \frac{1}{\pi}\int_{-\pi}^{\pi} f(x)\sin nx\,dx \qquad (n=1,2,\ldots)$$

주기가 2π인 푸리에 급수의 전개계수 a_n과 b_n의 적분구간은 $[-\pi,\pi]$를 고집할 필요없이 같은 크기의 다른 구간이어도 된다. 필요에 따라 적분구간을 $[0,2\pi]$나 $[-\pi/2,3\pi/2]$와 같이 바꾸어도 무방하다. 일반적으로 주기 $2L$인 함수 $f(x)$의 푸리에 급수와 푸리에 계수를 다음과 같이 재정의하는 것이 더 편리할 수도 있다.

$$S(x) = \frac{a_0}{2} + \sum_{n=1}^{\infty}\left[a_n\cos\left(\frac{n\pi x}{L}\right) + b_n\sin\left(\frac{n\pi x}{L}\right)\right]\Big]\Big\} \tag{1.1.15}$$

$$a_n = \frac{1}{L}\int_{-L}^{L} f(x)\cos\left(\frac{n\pi x}{L}\right)dx \qquad (n = 0, 1, 2, \ldots) \tag{1.1.16}$$

$$b_n = \frac{1}{L}\int_{-L}^{L} f(x)\sin\left(\frac{n\pi x}{L}\right)dx \qquad (n = 1, 2, \ldots) \tag{1.1.17}$$

무한급수인 푸리에 급수가 정말로 수렴하는지, 수렴하더라도 구간 $[-T/2, T/2]$ 내의 각 점에서 급수가 원래의 함수 $f(x)$와 일치하는가 하는 문제를 생각해 볼 수 있다. 그렇지만 함수 $f(x)$가 주기 T의 연속적인 함수이며 구분적으로 미분 가능하다면 푸리에 급수는 수렴하며 $f(x)$와 일치한다는 것을 곧 배우게 될 것이다.

여기서는 전형적인 예를 통하여 푸리에 급수의 항의 숫자가 증가할수록 급수의 오차가 감소한다는 것을 확인해 보자. 아래와 같이 정의된 주기 2π의 톱니파(sawtooth wave)가 있다.

$$f(x) = \begin{cases} \cdots & \\ x & (-\pi \le x < \pi) \\ x - 2\pi & (\pi \le x < 2\pi) \\ \cdots & \end{cases} \tag{1.1.18}$$

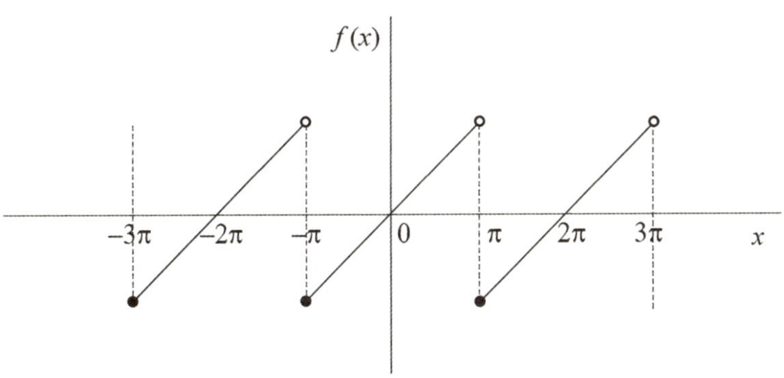

그림 1.1.2 톱니파의 파형. 검은 원은 함수의 값이 존재하고 흰 원은 함수의 값이 없음을 강조하기 위하여 표시하였다.

구간 $-\pi \le x < \pi$에서 식(1.1.8)의 함수는 간단히 $f(x) = x$라고 할 수 있다. 톱니파를 푸리에 전개하였을 때 전개계수 a_n과 b_n은 다음의 적분으로부터 구할 수 있다. 먼저 a_n은

$$a_n = \frac{1}{\pi}\int_{-\pi}^{\pi} x\cos nx\, dx \qquad (n = 0, 1, 2, \ldots) \tag{1.1.19}$$

을 계산하면 되는데 피적분 함수가 기함수(奇函數 odd function)이므로 별도로 계산하지 않아도 바로 모든 n에 대해서 $a_n = 0$임을 알 수 있다. 학생들은 이를 직접 계산하여 확인해 보기 바란다. b_n은 부분적분법을 써서 다음과 같이 계산할 수 있다.

$$\begin{aligned} b_n &= \frac{1}{\pi}\int_{-\pi}^{\pi} x\sin nx\, dx = \frac{1}{\pi}\left[-\frac{x}{n}\cos nx\right]_{-\pi}^{\pi} + \frac{1}{\pi n}\int_{-\pi}^{\pi}\cos nx\, dx \\ &= -\frac{2}{n}\cos n\pi \\ &= (-1)^{n+1}\frac{2}{n} \quad (n = 1, 2, 3, \ldots) \end{aligned} \tag{1.1.20}$$

따라서 함수 $f(x)$의 푸리에 급수는

$$S(x) = 2\sum_{n=1}^{\infty}\frac{(-1)^{n+1}}{n}\sin nx \tag{1.1.21}$$

가 된다. 항의 수가 증가함에 따라 원래의 함수와 얼마나 일치하는지를 조사해 보기 위하여 부분합 $S_k(x)$를 다음과 같이 정의해 보자.

$$S_k(x) = 2\sum_{n=1}^{k}\frac{(-1)^{n+1}}{n}\sin nx \tag{1.1.22}$$

$k\to\infty$이면 S_k는 $S(x)$가 될 것이다. 문제는 $S(x)$가 $f(x)$와 일치할 것인가 하는 것이다. 그림1.1.3에서 $k = 5,\ 10,\ 50$ 그리고 500인 경우에 대하여 $S_k(x)$를 $f(x)$와 비교하여 그려 놓았는데, 그림으로부터 k가 증가할수록 톱니파의 형태와 점점 일치해 간다는 것을 알 수 있다. 그런데 자세히 보면 항의 수가 증가할수록 급수의 정확도는 증가하지만 $k\to\infty$가 되더라도 불연속적인 점인 $x = \pm\pi$ 근처에서는 제거되지 않는 불일치가 생기는 것이 보인다. 푸리에 급수 전개를 할 때 불연속점 근처에서 발생하는 이러한 불

일치는 피할 수가 없으며, 이것을 깁스현상(Gibbs phenomenon)이라고 한다. 이 문제는 추후 1.5절에서 상세히 다룰 것이다. 참고로 식(1.1.18)에서 $x = \pi/2$이면 $f(\pi/2) = \pi/2$인데, 식(1.1.21)로부터

$$f(\pi/2) = 2\sum_{n=1}^{\infty} \frac{(-1)^{n+1}}{n} \sin\frac{n\pi}{2} = 2\left(1 - \frac{1}{3} + \frac{1}{5} - \frac{1}{7} + \frac{1}{9} + \cdots\right) \tag{1.1.23}$$

가 되므로 $\pi/4$에 대한 라이프니츠 공식(Leibniz formula)을 다음과 같이 얻을 수 있다.

$$\frac{\pi}{4} = 1 - \frac{1}{3} + \frac{1}{5} - \frac{1}{7} + \frac{1}{9} + \cdots \tag{1.1.24}$$

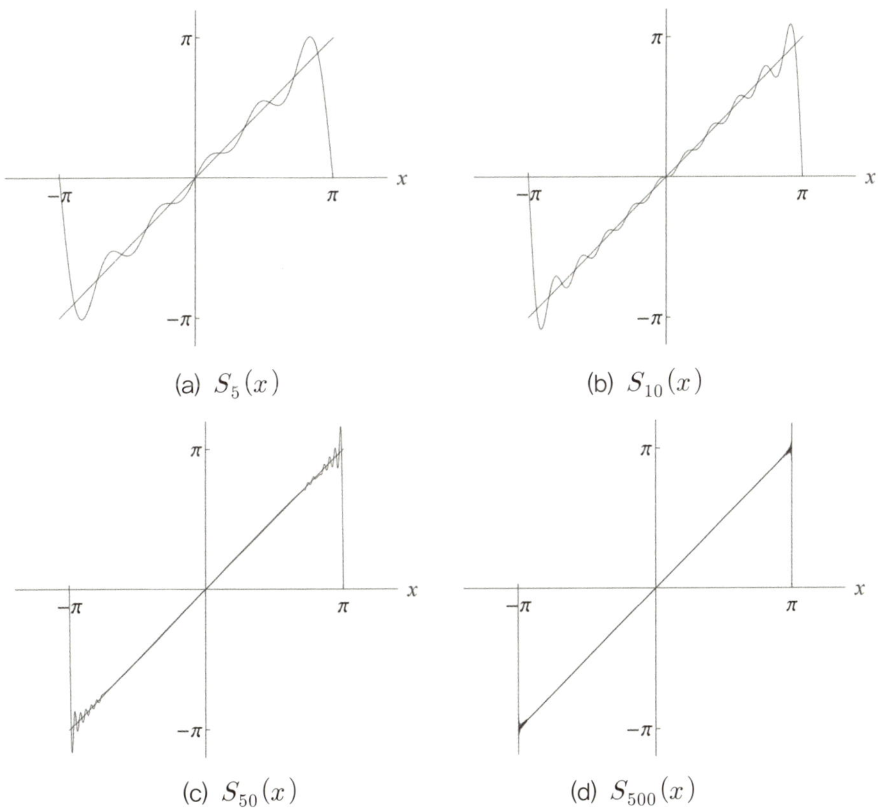

그림 1.1.3 톱니파와 $S_k(x)$의 비교. (a) $k = 5$ (b) $k = 10$ (c) $k = 50$ (d) $k = 500$

예제 1.1.1 구간 $-\pi \le x \le \pi$ 에서 정의된 함수 $f(x) = |x|$ 의 푸리에 전개계수와 푸리에 급수를 구하여라.

풀이 식(1.1.11)으로부터 $n = 0$일 때, $a_0 = \frac{1}{\pi}\int_{-\pi}^{\pi} |x|\,dx = \pi$ 이다. $n \neq 0$인 경우, 부분적분법을 이용하여 $a_n = \frac{1}{\pi}\int_{-\pi}^{\pi} |x| \cos nx\, dx$을 계산하면 $a_n = -\frac{2}{\pi n^2}(1-\cos n\pi)$를 얻을 수 있는데, n이 짝수이면 $a_n = 0$이고 홀수이면 $a_n = -\frac{4}{\pi n^2}$가 된다. 그러므로 모든 $n \ge 1$에 대하여 $a_{2n-1} = -\frac{4}{\pi(2n-1)^2}$라고 할 수 있다. 계수 b_n은 모든 $n \ge 1$에 대하여 $b_n = 0$이다. 따라서 함수 $f(x) = |x|$의 푸리에 급수는 다음과 같이 된다.

$$S(x) = \frac{\pi}{2} - \sum_{n=1}^{\infty} \frac{4}{\pi(2n-1)^2}\cos(2n-1)x \tag{1.1.25}$$

예제 1.1.2 함수 $f(x) = x^2$, $x \in [-\pi, \pi]$의 푸리에 급수를 구하여라.

풀이 $n = 0$일 때, $a_0 = \frac{1}{\pi}\int_{-\pi}^{\pi} x^2\,dx = \frac{2}{3}\pi^2$이다. $n \neq 0$인 경우에는 부분적분법을 이용하면

$$a_n = \frac{1}{\pi}\int_{-\pi}^{\pi} x^2 \cos nx\, dx = \frac{1}{\pi}\frac{2(\pi^2 n^2 - 2)\sin n\pi + 4\pi n \cos n\pi}{n^3} = (-1)^n \frac{4}{n^2}$$

와 같이 되고, $b_n = 0$이다. 따라서 푸리에 급수는 다음과 같다.

$$S(x) = \frac{\pi^2}{3} + 4\sum_{n=1}^{\infty} \frac{(-1)^n}{n^2}\cos nx \tag{1.1.26}$$

1.1.2 삼각함수의 직교성(Orthogonality of trigonometric functions)

앞서 푸리에 계수를 구하는 과정에서 여러 삼각함수 적분을 계산하였는데 다음과 같이 요약할 수 있다.

$$\int_{-\pi}^{\pi} \cos nx \cos mx \, dx = \begin{cases} 2\pi & (m = n = 0) \\ \pi & (m = n = 1, 2, \ldots) \\ 0 & (m \neq n) \end{cases} \tag{1.1.27}$$

$$\int_{-\pi}^{\pi} \sin nx \sin mx \, dx = \begin{cases} \pi \delta_{mn} & (m, n = 1, 2, \ldots) \\ 0 & (m = n = 0) \end{cases} \tag{1.1.28}$$

$$\int_{-\pi}^{\pi} \cos nx \sin mx \, dx = 0 \quad (m, n = 0, 1, 2, \ldots) \tag{1.1.29}$$

이러한 관계식을 만족하는 삼각함수의 성질을 직교성(直交性, orthogonality)이라고 한다. 삼각함수의 직교성은 종종 유용하게 쓰이므로 잘 알아두면 편리하다.

삼각함수는 복소(複素) 지수를 이용하여 다음과 같이 나타낼 수 있다.

$$e^{i\theta} = \cos\theta + i\sin\theta \tag{1.1.30}$$

이 관계식을 오일러 공식(Euler's formula)이라고 하며, 여기서 θ는 복소평면에서 단위원의 편각(phase)이고 i는 허수이며 $i^2 = -1$이다. 지수 함수의 성질에 의하여 $e^{i\theta}e^{i\theta'} = e^{i(\theta+\theta')}$가 됨을 이용하면

$$\begin{aligned} e^{i\theta}e^{i\theta'} &= (\cos\theta + i\sin\theta)(\cos\theta' + i\sin\theta') \\ &= [\cos(\theta + \theta') + i(\sin\theta + \theta')] \\ &= e^{i(\theta+\theta')} \end{aligned} \tag{1.1.31}$$

의 계산에서 다음의 삼각함수의 덧셈정리를 쉽게 얻을 수 있다.

$$\cos(\theta+\theta') = \cos\theta\cos\theta' - \sin\theta\sin\theta' \tag{1.1.32}$$

$$\sin(\theta+\theta') = \sin\theta\cos\theta' + \cos\theta\sin\theta' \tag{1.1.33}$$

만약 $\theta = \theta'$이면 다음의 배각공식을 얻는다.

$$\cos 2\theta = 2\cos^2\theta - 1 \tag{1.1.34}$$

$$\sin 2\theta = 2\sin\theta\cos\theta \tag{1.1.35}$$

또한, 이 식들로부터 다음의 반각공식도 얻을 수 있다.

$$\cos^2\frac{\theta}{2} = \frac{1+\cos\theta}{2} \tag{1.1.36}$$

$$\sin^2\frac{\theta}{2} = \frac{1-\cos\theta}{2} \tag{1.1.37}$$

앞서 푸리에 계수를 구할 때 삼각함수 곱셈공식의 일부를 소개하였는데 곱셈공식에는 다음과 같은 식들이 있다.

$$\sin A\cos B = \frac{1}{2}[\sin(A+B) + \sin(A-B)] \tag{1.1.38}$$

$$\cos A\sin B = \frac{1}{2}[\sin(A+B) - \sin(A-B)] \tag{1.1.39}$$

$$\sin A\sin B = -\frac{1}{2}[\cos(A+B) - \cos(A-B)] \tag{1.1.40}$$

$$\cos A\cos B = \frac{1}{2}[\cos(A+B) + \cos(A-B)] \tag{1.1.41}$$

이와 같은 공식들은 삼각함수를 다루는 문제를 풀 때 도움이 될 것이다.

한편, 복소 지수함수의 직교성은 모든 정수 n, m에 대하여

$$\int_{-\pi}^{\pi} e^{inx}e^{-imx}\,dx = 2\pi\delta_{mn} \tag{1.1.42}$$

과 같이 쓸 수 있다. 복소 지수함수의 직교성 증명은 매우 간단하다. 먼저 $n=m$인 경우,

$$\int_{-\pi}^{\pi} e^{inx}e^{-inx}\,dx = \int_{-\pi}^{\pi} dx = 2\pi \tag{1.1.43}$$

가 된다. $n \neq m$인 경우에는

$$\int_{-\pi}^{\pi} e^{inx}e^{-imx}\,dx = \left[\frac{1}{i(n-m)}e^{i(n-m)x}\right]_{x=-\pi}^{x=\pi} = 0 \tag{1.1.44}$$

이 되므로 직교성이 증명되었다.

예제 1.1.3 다음의 각 함수들의 주기를 구하여라. 단, n은 자연수이다.

(1) $\cos nx$　　(2) $\sin^2 x$　　(3) $\cos^3 x$

풀이 (1) 주기 T인 함수는 $f(x+T)=f(x)$를 만족한다. $\cos n(x+T)=\cos nx$에서 식(1.1.32)를 적용하면

$$\cos n(x+T) = \cos nx\cos nT - \sin nx\sin nT = \cos nx$$

가 된다. 임의의 변수 x에 대하여 이 식을 만족하기 위해서는 $\cos nT=1$, $\sin nT=0$이어야 한다. 따라서 $nT=2\pi$이므로 주기는 $T=2\pi/n$이다.

(2) $\sin^2 x = \frac{1}{2} - \frac{1}{2}\cos 2x$이므로 주기는 $T=\pi$이다.

(3) $\cos^3 x = \frac{3}{4}\cos x + \frac{1}{4}\cos 3x$에서 $\cos x$와 $\cos 3x$의 주기는 각각 2π와 $\frac{2\pi}{3}$이므로 $\cos^3 x$의 주기는 공배수인 $T=2\pi$가 된다. ($\cos^3 x$의 전개에 대해서는 예제 1.1.4를 참조할 것)

예제 1.1.4 자연수 m에 대하여 다음의 식을 증명하시오.

$$\cos^m x = \frac{1}{2^m}\sum_{n=0}^{m}\binom{m}{n}\cos(m-2n)x \tag{1.1.45}$$

여기서 $\binom{m}{n}$은 $\binom{m}{n} = \frac{m!}{n!\,(m-n)!}$로 정의된 이항계수이다.

풀이 이항정리 $(x+y)^m = \sum_{n=0}^{m}\binom{m}{n}x^{m-n}y^n$와 $\cos x = \frac{1}{2}(e^{ix}+e^{-ix})$의 식을 이용하면

$$\cos^m x = \frac{1}{2^m}(e^{ix}+e^{-ix})^m = \frac{1}{2^m}\sum_{n=0}^{m}\binom{m}{n}e^{i(m-n)x}e^{-\in x} = \frac{1}{2^m}\sum_{n=0}^{m}\binom{m}{n}e^{i(m-2n)x}$$

가 된다. 코사인함수는 실수이므로 위의 식의 마지막 결과에서 실수부를 선택하면 문제에서 주어진 식을 얻을 수 있다. 참고로 허수부는 0이어야 하므로 다음의 관계식이 성립한다.

$$\sum_{n=0}^{m}\binom{m}{n}\sin(m-2n)x = 0 \tag{1.1.46}$$

예제 1.1.5 임의의 복소수열 a_n과 b_n이 주어졌다. 자연수 N에 대하여 다음의 식이 성립함을 보이시오.

$$\int_{-\pi}^{\pi}\left(\sum_{n=-N}^{N}a_n e^{inx}\right)\overline{\left(\sum_{m=-N}^{N}b_m e^{imx}\right)}dx = 2\pi\sum_{n=-N}^{N}a_n\overline{b_n} \tag{1.1.47}$$

기호 상단의 막대기호(¯)는 복소켤레(complex conjugate)를 의미한다.

풀이 $$\int_{-\pi}^{\pi}\left(\sum_{n=-N}^{N}a_n e^{inx}\right)\overline{\left(\sum_{m=-N}^{N}b_m e^{imx}\right)}dx = \sum_{n=-N}^{N}\sum_{m=-N}^{N}a_n\overline{b_m}\int_{-\pi}^{\pi}e^{i(n-m)x}dx \tag{1.1.48}$$

$$= 2\pi\sum_{n=-N}^{N}\sum_{m=-N}^{N}a_n\overline{b_m}\delta_{mn} = 2\pi\sum_{n=-N}^{N}a_n\overline{b_n}$$

1.1.3 푸리에 급수의 복소수 표현(Complex representation of Fourier series)

이제 복소 형태의 푸리에 급수를 어떻게 표현하는지 알아보자. 오일러 공식(식1.1.30)을 응용하면 사인함수와 코사인함수를 다음과 같이 지수함수로 나타낼 수 있다.

$$\cos\left(\frac{n\pi x}{L}\right) = \frac{1}{2}\left(e^{in\pi x/L} + e^{-in\pi x/L}\right) \tag{1.1.49}$$

$$\sin\left(\frac{n\pi x}{L}\right) = \frac{1}{2i}\left(e^{in\pi x/L} - e^{-in\pi x/L}\right) \tag{1.1.50}$$

이를 식(1.1.15)에 대입하면

$$S(x) = \frac{a_0}{2} + \sum_{n=1}^{\infty}\left[\left(\frac{1}{2}a_n + \frac{1}{2i}b_n\right)e^{in\pi x/L} + \left(\frac{1}{2}a_n - \frac{1}{2i}b_n\right)e^{-in\pi x/L}\right] \tag{1.1.51}$$

여기서

$$\begin{aligned}\frac{1}{2}a_n + \frac{1}{2i}b_n &= \frac{1}{2L}\int_{-L}^{L} f(x)\cos\left(\frac{n\pi x}{L}\right)dx + \frac{1}{2iL}\int_{-L}^{L} f(x)\sin\left(\frac{n\pi x}{L}\right)dx \\ &= \frac{1}{2L}\int_{-L}^{L} f(x)\,e^{-in\pi x/L}dx\end{aligned} \tag{1.1.52}$$

가 되며, 마찬가지로

$$\frac{1}{2}a_n - \frac{1}{2i}b_n = \frac{1}{2L}\int_{-L}^{L} f(x)\,e^{in\pi x/L}dx \tag{1.1.53}$$

가 된다. 식(1.1.51) 우변의 첫째 항은 다음과 같이 쓸 수 있다.

$$\frac{a_0}{2} = \frac{1}{2L}\int_{-L}^{L} f(x)\,dx = \frac{1}{2L}\int_{-L}^{L} f(x)\,e^{i0\pi x/L}dx \tag{1.1.54}$$

따라서 모든 정수 n에 대하여 복소 푸리에 전개계수 c_n을

$$c_n = \frac{1}{2L}\int_{-L}^{L} f(x)e^{-in\pi x/L}dx \tag{1.1.55}$$

와 같이 정의하면 함수 $f(x)$의 복소 푸리에 급수(complex Fourier series)를 다음과 같이 나타낼 수 있다.

$$S(x) = \sum_{n=-\infty}^{\infty} c_n e^{in\pi x/L} \tag{1.1.56}$$

푸리에 급수의 계산에 있어서, 또한 푸리에 급수의 수렴 문제를 고찰할 때 복소 푸리에 급수나 복소 푸리에 전개계수를 이용하는 것이 편리할 때가 있다. 복소 푸리에 급수와 복소 푸리에 계수는 원래의 푸리에 급수와 푸리에 계수로 다시 되돌릴 수 있다. 이를 다음의 관계식으로부터 확인할 수 있다.

$$c_n = \frac{1}{2}(a_n - i\,b_n) \quad (n = 0, 1, 2, \ldots) \tag{1.1.57}$$

$$c_{-n} = \frac{1}{2}(a_n + i\,b_n) \quad (n = 0, 1, 2, \ldots) \tag{1.1.58}$$

✤ 복소 푸리에 급수의 정의

주기 $2L$인 함수 $f(x)$의 복소 푸리에 급수는

$$S(x) = \sum_{n=-\infty}^{\infty} c_n e^{in\pi x/L}$$

와 같이 정의가 되며 이때 복소 푸리에 전개계수는 다음과 같다.

$$c_n = \frac{1}{2L}\int_{-L}^{L} f(x)e^{-in\pi x/L}dx$$

함수 $f(x)$가 우함수(偶函數 even function)이면 $f(x) = f(-x)$이므로 주기 $2L$의 경우에 복소 푸리에 계수는 지수함수에서 우함수 부분만 취하여 간단히 다음과 같이 계산할 수 있다.

$$c_n = \frac{1}{2L}\int_{-L}^{L} f(x)e^{-in\pi x/L}dx = \frac{1}{2L}\int_{-L}^{L} f(x)\cos\left(\frac{n\pi x}{L}\right)dx \tag{1.1.59}$$

$$= \frac{1}{L}\int_{0}^{L} f(x)\cos\left(\frac{n\pi x}{L}\right)dx$$

이는 $f(x)$가 우함수일 때 기함수(奇函數 odd function)인 사인함수를 곱하여 적분을 하면 0이 나오므로 코사인함수만 계산하면 되는 것이다. 참고로 우함수와 우함수의 곱은 우함수, 기함수와 기함수의 곱도 우함수, 그러나 우함수와 기함수의 곱은 기함수가 된다. 식(1.1.59)의 결과가 옳은지 확인하고 싶다면 적분구간을 $[-L, L] \to [-L, 0] + [0, L]$로 나누고 $\cos y = (e^{iy} + e^{-iy})/2$를 이용하여 다음과 같이 계산해 보면 된다.

$$c_n = \frac{1}{2L}\left[\int_{-L}^{0} f(x)e^{-in\pi x/L}dx + \int_{0}^{L} f(x)e^{-in\pi x/L}dx\right] \tag{1.1.60}$$

$$= \frac{1}{2L}\left[-\int_{L}^{0} f(-x)e^{in\pi x/L}dx + \int_{0}^{L} f(x)e^{-in\pi x/L}dx\right]$$

$$= \frac{1}{2L}\int_{0}^{L} f(x)\left(e^{in\pi x/L} + e^{-in\pi x/L}\right)dx$$

$$= \frac{1}{L}\int_{0}^{L} f(x)\cos\left(\frac{n\pi x}{L}\right)dx$$

우함수 $f(x)$의 푸리에 급수는 다음과 같이 된다.

$$S(x) = \sum_{n=-\infty}^{\infty} c_n e^{i\pi x/L} = c_0 + \left(\sum_{n=-\infty}^{-1} + \sum_{n=1}^{\infty}\right) c_n e^{in\pi x/L} \tag{1.1.61}$$

$$= c_0 + \sum_{n=1}^{\infty}\left(c_n e^{in\pi x/L} + c_{-n} e^{-in\pi x/L}\right)$$

우함수의 경우 $c_n = c_{-n}$이므로 푸리에 급수는

$$S(x) = c_0 + \sum_{n=1}^{\infty} c_n \left(e^{in\pi x/L} + e^{-in\pi x/L}\right) \tag{1.1.62}$$

$$= c_0 + 2\sum_{n=1}^{\infty} c_n \cos\left(\frac{n\pi x}{L}\right)$$

가 된다. 여기서 $c_0 = \dfrac{1}{L}\displaystyle\int_0^L f(x)\,dx$이다. 위의 식과 같이 코사인함수만으로 된 형태의 급수를 **푸리에 코사인 급수**(Fourier cosine series) 또는 **푸리에 여현급수**(餘弦級數)라고 한다.

$f(x)$가 기함수이면 $f(x) = -f(-x)$가 되며 지수함수에서 기함수인 사인 함수만을 취하여 복소 푸리에 계수를

$$c_n = \frac{1}{2L}\int_{-L}^{L} f(x)e^{-in\pi x/L}dx = \frac{-i}{2L}\int_{-L}^{L} f(x)\sin\left(\frac{n\pi x}{L}\right)dx \tag{1.1.63}$$

$$= \frac{-i}{L}\int_0^L f(x)\sin\left(\frac{n\pi x}{L}\right)dx$$

와 같이 얻을 수 있다. 물론 직접적으로 적분구간을 $[-L, L] \to [-L, 0] + [0, L]$로 나누고 기함수의 특성과 $\sin y = \left(e^{iy} - e^{-iy}\right)/2i$를 적용하여 계산하여도 된다. 따라서, 기함수의 경우 $c_0 = 0$이며 푸리에 급수는 다음과 같이 된다.

$$S(x) = 2i\sum_{n=1}^{\infty} c_n \sin\left(\frac{n\pi x}{L}\right) \tag{1.1.64}$$

위의 식과 같이 사인함수만을 포함하는 급수를 **푸리에 사인 급수**(Fourier sine series) 또는 **푸리에 정현급수**(正弦級數)라고 한다.

1.1.4 복소 푸리에 계수의 기본적 성질(Properties of complex coefficients)

주기 2π의 연속함수 $f(x)$의 복소 푸리에 계수 c_n은 모든 정수 n에 대하여 다음의 기본적인 성질을 가지고 있다. 여기서 $\overline{f}$는 f의 복소켤레를 의미하며 계수에 대괄호를 써서 함수를 표시한 것은 괄호 안 함수의 푸리에 계수라는 의미이다.

$$\text{성질1: } |c_n| \le \frac{1}{2\pi}\int_{-\pi}^{\pi} |f(x)|\,dx \tag{1.1.65}$$

$$\text{성질2: } c_n[\overline{f}] = \overline{c_{-n}[f]} \tag{1.1.66}$$

$$\text{성질3: } f_t(x) = f(x-t),\ (-\pi < t < \pi)\text{에 대하여 } c_n[f_t] = c_n[f]\,e^{-int} \tag{1.1.67}$$

$$\text{성질4: } c_n[f'] = in\,c_n[f] \tag{1.1.68}$$

$$\text{성질5: } c_n\left[f^{(k)}\right] = (in)^k c_n[f] \quad (k \ge 1) \tag{1.1.69}$$

$$\text{성질6: } |c_n[f]| \le \frac{1}{2\pi|n|}\int_{-\pi}^{\pi} |f'(x)|\,dx \tag{1.1.70}$$

성질1과 성질2의 경우는 c_n의 정의를 생각하면 바로 확인할 수 있으며 성질3의 경우도 다음과 같이 간단히 확인해 볼 수 있다. $y = x - t$로 치환하면 f_t의 푸리에 전개계수는

$$\begin{aligned} c_n[f_t] &= \frac{1}{2\pi}\int_{-\pi}^{\pi} f(x-t)\,e^{-inx}\,dx \\ &= \frac{1}{2\pi}\int_{-\pi-t}^{\pi-t} f(y)e^{-in(y+t)}\,dy \\ &= e^{-int}\frac{1}{2\pi}\int_{-\pi-t}^{\pi-t} f(y)e^{-iny}\,dy \\ &= e^{-int}c_n[f] \end{aligned} \tag{1.1.71}$$

와 같이 된다. $f(x)$가 주기 2π의 연속함수이고 구분적으로 미분 가능하면 성질4-6을 보일수 있다. 성질4의 경우는 부분적분 공식을 써서 $n \neq 0$일 때

$$
\begin{aligned}
c_n[f] &= \frac{1}{2\pi}\int_{-\pi}^{\pi} f(x)e^{-inx}dx \qquad (1.1.72)\\
&= \frac{1}{2\pi}\int_{-\pi}^{\pi} f(x)\frac{d}{dx}\left(\frac{1}{-in}e^{-inx}\right)dx\\
&= \frac{1}{2\pi in}\int_{-\pi}^{\pi} f'(x)e^{-inx}dx\\
&= \frac{1}{in}c_n[f']
\end{aligned}
$$

과 같이 되며, $n \neq 0$인 경우에는 $f(x)$가 주기 2π의 연속함수이므로

$$c_0[f'] = \frac{1}{2\pi}\int_{-\pi}^{\pi} f'(x)dx = \frac{1}{2\pi}|f(\pi) - f(-\pi)| = 0 \qquad (1.1.73)$$

가 되어서 모든 정수 n에 대하여 $c_n[f'] = inc_n[f]$가 성립한다. 성질5에 대해서는 $f(x)$가 k번 미분 가능한 경우에 성질4에 의해 당연 성립한다. 성질6의 경우, 성질1과 성질4로부터

$$|c_n[f]| = \frac{1}{|n|}|c_n[f']| \leq \frac{1}{2\pi|n|}\int_{-\pi}^{\pi}|f'(x)|dx \qquad (1.1.74)$$

를 얻을 수 있다. $f(x)$가 k번 미분 가능하다면

$$|c_n[f]| \leq \frac{1}{2\pi|n|^k}\int_{-\pi}^{\pi}|f^{(k)}(x)|dx \quad (k \geq 1) \qquad (1.1.75)$$

가 성립한다.

예제 1.1.6 주기가 $2L$인 주기함수

$$f(x) = e^{-a|x|} \quad (-L \le x < L) \tag{1.1.76}$$

의 복소 푸리에 계수를 구하여라. 단, $a > 0$이다.

풀이 주어진 함수는 우함수이므로 복소 푸리에 계수는 다음과 같이 얻을 수 있다.

$$c_n = \frac{1}{L}\int_0^L e^{-ax}\cos\left(\frac{n\pi x}{L}\right)dx = \mathrm{Re}\,\frac{1}{L}\int_0^L e^{(-a+in\pi/L)x}\,dx \tag{1.1.77}$$

$$= \mathrm{Re}\,\frac{1}{L}\frac{1}{(-a+in\pi/L)}\left(e^{-aL+in\pi}-1\right)$$

$$= \frac{aL\left[1-(-1)^n e^{-aL}\right]}{a^2L^2+n^2\pi^2}$$

예제 1.1.7 주기가 2π인 주기함수

$$f(x) = -x \quad (-\pi \le x < \pi) \tag{1.1.78}$$

의 복소 푸리에 전개계수를 구하고 이를 이용하여 푸리에 급수가 다음과 같이 됨을 보이시오.

$$S(x) = 2\sum_{n=1}^{\infty}\frac{(-1)^n}{n}\sin nx \quad (-\pi \le x < \pi) \tag{1.1.79}$$

풀이 복소 푸리에 계수는 다음과 같이 얻을 수 있다. $n \ne 0$일 때

$$c_n = \frac{1}{2\pi}\int_{-\pi}^{\pi}(-x)e^{-inx}dx = \frac{1}{2\pi}\int_{-\pi}^{\pi}(-x)\frac{d}{dx}\left(\frac{1}{-in}e^{-inx}\right)dx \tag{1.1.80}$$

$$= \frac{1}{2\pi}\left[(-x)\left(\frac{1}{-in}e^{-inx}\right)\right]_{-\pi}^{\pi} - \frac{1}{2\pi in}\int_{-\pi}^{\pi}e^{-inx}dx$$

$$= \frac{1}{2in}(e^{-in\pi}+e^{in\pi}) = \frac{\cos n\pi}{in} = \frac{(-1)^n}{in}$$

이다. $n = 0$이면 $c_0 = 0$이다. 따라서 푸리에 급수는 다음과 같다.

$$S(x) = \sum_{\substack{n=-\infty \\ n\neq 0}}^{\infty}\frac{(-1)^n}{in}e^{inx} = \frac{1}{i}\sum_{n=1}^{\infty}\frac{(-1)^n}{n}(e^{inx}-e^{-inx}) \tag{1.1.81}$$

$$= 2\sum_{n=1}^{\infty}\frac{(-1)^n}{n}\sin nx$$

예제 1.1.8 앞의 예제 1.1.7에서 구한 $f(x)$의 복소 푸리에 전개계수를 이용하여 주기 2π인 주기함수

$$g(x) = \pi - x \quad (0 < x \leq 2\pi) \tag{1.1.82}$$

의 푸리에 급수가 다음과 같이 됨을 보이시오.

$$S(x) = 2\sum_{n=1}^{\infty}\frac{\sin nx}{n} \quad (-\pi \leq x \leq \pi) \tag{1.1.83}$$

풀이 $f(x) = -x$이므로 $g(x) = \pi - x = f(x-\pi)$로 놓을 수 있다. 복소 푸리에 계수의 기본 성질에 의하여 $c_n[g] = c_n[f]e^{-in\pi}$이 성립한다. 예제 1.1.7로부터 $c_n[f] = (-1)^n/in$이고 $e^{-in\pi} = (-1)^n$이므로 $g(x)$의 전개계수는 $c_n[g] = 1/in$이다. 따라서 푸리에 급수는

$$S[g](x) = \sum_{\substack{n=-\infty \\ n\neq 0}}^{inF}\frac{1}{in}e^{inx} = \sum_{n=1}^{\infty}\frac{1}{in}(e^{inx}-e^{-inx}) = 2\sum_{n=1}^{\infty}\frac{\sin nx}{n} \tag{1.1.84}$$

가 된다. 부가적으로, $x = 1$로 놓으면 π에 대한 다음의 공식을 얻는다.

$$\pi = 1 + 2\sum_{n=1}^{\infty} \frac{\sin n}{n} \tag{1.1.85}$$

1.2 푸리에 급수의 수렴(Convergence of Fourier series)

테일러 급수(Taylor series)와 같은 멱급수(冪級數, power series)는 본질적으로 어느 한 점을 중심으로 전개하는 것이고 그 점 주변에서의 함수의 정보가 필요하다. 멱급수의 수렴은 전개 중심으로부터 가장 가까운 특이점(singular point)의 위치에 의하여 수렴 반지름이 정의된다. 그러나 푸리에 급수는 전체 구간의 정보를 이용하며 직교 함수의 전개로 기술되며 이러한 급수의 수렴에 대해 학습하고자 한다. 함수항으로 된 급수의 각 점 수렴, 균등수렴, 항별 미분 가능성, 항별 적분 가능성 등의 기본적인 사항들은 푸리에 급수를 이해하는데 필수적인 내용이다.

1.2.1 구분적으로 연속인 함수(Piecewise continuous function)

푸리에 급수에서 함수는 연속이거나 구분적(區分的 piecewise)으로 연속인 함수를 다룬다. 또한 주로 실함수에 대하여 푸리에 급수를 설명하겠지만, 복소함수라고 하더라도 $f(x) = u(x) + iv(x)$라고 놓고 실수부와 허수부인 $u(x)$와 $v(x)$에 대해 고려하면 되므로 복소함수에도 적용되는 원리가 같다고 보면 된다. 함수 $f(x)$가 구분적으로 연속이라는 것은 유한한 구간 $I = [a, b]$에 유한개의 불연속적인 점 c_j가

$$a \le c_1 < c_2 < \cdots < c_n \le b \tag{1.2.1}$$

와 같이 있을 때, $f(x)$가 열린구간 (c_j, c_{j+1})에서 연속이며 $j = 1, 2, \ldots, n-1$에 대하여 이 구간의 좌측 방향으로의 극한(즉, 점 c_j의 우극한)

$$f(c_j+0) = \lim_{x \to c_j+0} f(x) \tag{1.2.2}$$

와 우측 방향으로의 극한(즉, 점 c_{j+1}의 좌극한)

$$f(c_{j+1}-0) = \lim_{x \to c_{j+1}-0} f(x) \tag{1.2.3}$$

가 존재할 때, $f(x)$를 구간 I에서 구분적 연속이라고 한다. 위의 식에서 c_j+0는 점 c_j의 오른편에서 c_j로 접근하는 극한이고, $c_{j+1}-0$은 점 c_{j+1}의 왼편에서 c_{j+1}로 접근하는 극한을 의미한다. 유한하지 않은 구간, 즉 무한대를 포함하는 구간에서 구분적 연속인 함수는 구간 내의 임의의 유한 구간에서도 역시 구분적 연속이 된다. 식(1.2.2) 및 식(1.2.3)의 우극한과 좌극한은 각각 다음과 같이 표현하기도 한다.

$$f(c_j+0) = \lim_{\varepsilon \to +0} f(c_j+\varepsilon) = \lim_{\varepsilon > 0,\, \varepsilon \to 0} f(c_j+\varepsilon) \tag{1.2.4}$$

$$f(c_{j+1}-0) = \lim_{\varepsilon \to +0} f(c_{j+1}-\varepsilon) = \lim_{\varepsilon > 0,\, \varepsilon \to 0} f(c_j-\varepsilon) \tag{1.2.5}$$

구분적 연속인 함수의 예로 주기 2π의 함수

$$f(x) = \begin{cases} 1 & (0 \leqq x < \pi) \\ -1 & (\pi \leqq x < 2\pi) \end{cases} \tag{1.2.6}$$

를 보자. 그림1.2.1에 이 함수를 나타내었다. 그림에서 검은 원은 불연속점에서의 함숫값을 말하며 흰 원은 함수의 극한값이지만 함숫값 자체는 아니다. 함수는 모든 x에 대해서 식(1.2.2)와 식(1.2.3)에서 정의한 극한값을 가지고 있다. 예를 들어 $x=\pi$인 경우, $f(\pi+0) = -1$, $f(\pi-0) = 1$이다.

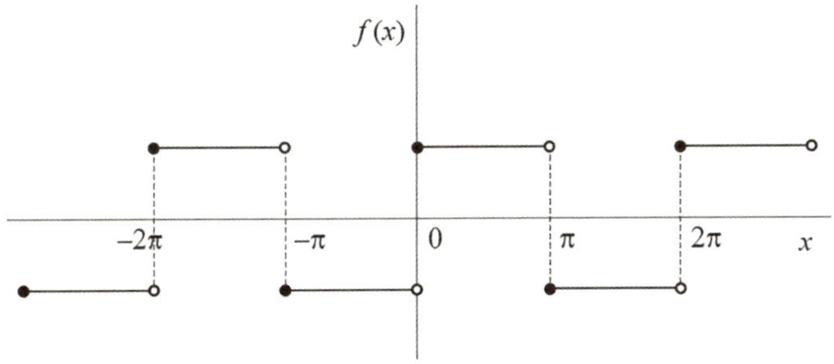

그림 1.2.1 주기 2π의 함수 $f(x) = 1\ (0 \le x < \pi),\ -1\ (\pi \le x < 2\pi)$의 그래프. 검은 원은 함수의 값이 있고 흰 원은 함수의 값이 없음을 의미한다.

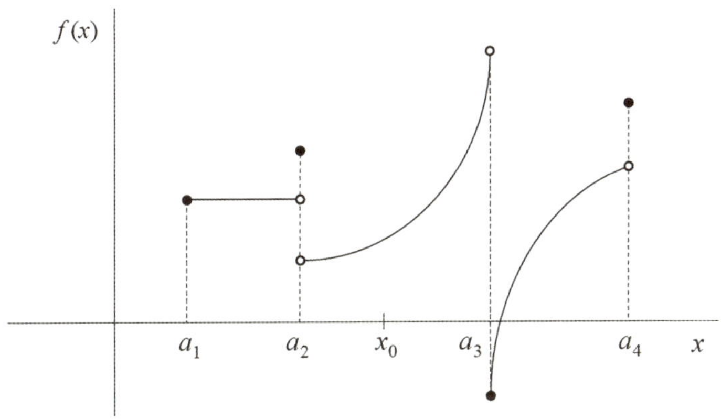

그림 1.2.2 구간 $[a_1, a_4]$에서 구분적 연속 함수의 예시

구분적 연속의 다른 예로 그림1.2.2를 보자. 그림에서 함수는 구간 $[a_1, a_4]$에서 구분적 연속이다. 유한 구간에서 어떤 함수와 그 함수의 도함수가 모두 구분적으로 연속이면 함수를 구분적으로 매끄럽다고 말한다. 그림1.2.2에서 구간 $[a_1, x_0]$에서 함수는 구분적으로 매끄럽다. 그러나 만약 a_3에서 $\lim_{x \to a_3 - 0} f'(x) = \infty$ 또는 $\lim_{x \to a_3 + 0} f'(x) = -\infty$라고 하면 도함수가 존재하지 않으므로 구간 $[x_0, a_4]$에서 함수 $f(x)$는 매끄럽지 않게 된다. 푸리에 급수와 관련하여 다루는 함수들은 구분적으로 매끄러운 함수들이다.

예제 1.2.1 구간 $[-\pi, \pi)$에서 아래와 같이 정의된 함수들은 2π의 주기를 가진 주기함수들이다. 이 함수들이 구분적 연속인지, 매끄러운 함수인지 판단하시오.

(1) $f(x) = |x|$ (2) $f(x) = \sqrt{|x|}$ (3) $f(x) = \dfrac{1}{x}$

풀이 (1) $f(-\pi \pm 0) = \pi,\ f(0 \pm 0) = 0,\ f'(-\pi \pm 0) = \mp 1,\ f'(0 \pm 0) = \pm 1$

$\therefore\ f(x) = |x|$는 구분적 연속이며 매끄러운 함수이다.

(1) $f(-\pi \pm 0) = \sqrt{\pi},\ f(0 \pm 0) = 0,\ f'(-\pi \pm 0) = \mp \dfrac{1}{2\sqrt{\pi}},$

$f'(0 \pm 0) = \pm\infty$

$\therefore\ f(x) = \sqrt{|x|}$는 구분적 연속이지만 매끄럽지 않은 함수이다.

(1) $f(-\pi \pm 0) = \mp \dfrac{1}{\pi},\ f(0 \pm 0) = \pm\infty,\ f'(-\pi \pm 0) = -\dfrac{1}{\pi^2},$

$f'(0 \pm 0) = -\infty$

$\therefore\ f(x) = \dfrac{1}{x}$는 구분적 연속이 아니며 매끄럽지도 않은 함수이다.

구분적 연속 함수의 적분

유한한 구간 I에서 구분적 연속인 함수는 그 구간에서 적분이 가능하다. 구분적 연속인 함수 $f(x)$는 제한된 범위 내에 있으므로 (이를 유계[有界, bounded]라고 한다) 어떤 실수 M에 대하여 $|f(x)| < M$이 된다. 유한 구간 내의 불연속적인 점의 수를 n이라고 하고 불연속적인 점을 포함한 폭을 δ라고 하면 이 부분에 대한 적분의 기여는 $nM\delta$보다 작게 되는데 δ의 값을 충분히 작게 하면 불연속점 부근의 적분의 기여는 무시할 수 있다. 따라서 적분

$$\int_I f(x)\,dx = \sum_{j=1}^{n-1} \int_{a_j}^{a_{j+1}} f(x)\,dx \tag{1.2.7}$$

에서 우변은

$$\int_{a_j}^{a_{j+1}} f(x)\,dx = \int_{a_j+0}^{a_{j+1}-0} f(x)\,dx \tag{1.2.8}$$

와 같이 계산하면 된다.

1.2.2 균등수렴(Uniform convergence)

함수열의 균등수렴

구간 I에서 정의된 함수열 $\{f_n(x)\}$ $(n = 1, 2, 3, ...)$을 생각하자. 함수열(sequence of functions)이란 함수로 구성된 수열이다. I상에서 정의된 어떤 함수 $f(x)$가 있으며 모든 $x \in I$에 대하여 임의의 양수 $\varepsilon > 0$가 주어지고 충분히 큰 자연수 N에 대하여 $n \geq N$일 때

$$|f_n(x) - f(x)| < \varepsilon \qquad (x \in I) \tag{1.2.9}$$

이 성립하면 함수열 $\{f_n(x)\}$은 함수 $f(x)$에 균등수렴(均等收斂 uniform convergence)한다. 구간 I에서 연속함수로 된 함수열이 어떤 함수 $f(x)$에 균등수렴하면 $f(x)$는 구간 I에서 연속함수가 된다.

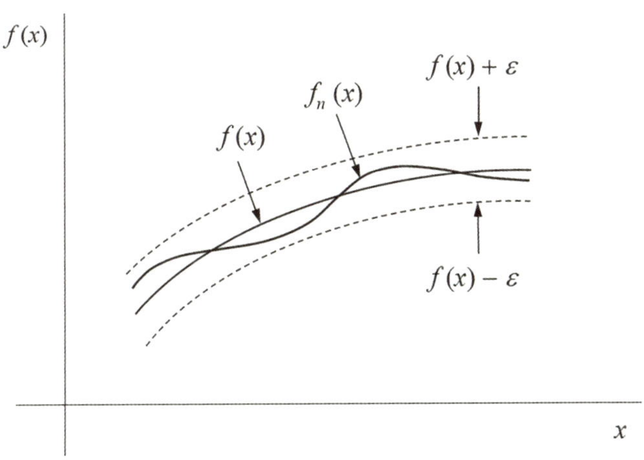

그림 1.2.3 함수열 $f_n(x)$의 균등수렴을 표현한 그림

구간 $I = [a, b]$에서 연속함수열 $\{f_n(x)\}$가 어떤 함수 $f(x)$에 균등수렴한다면 다음이 성립한다.

$$\lim_{n \to \infty} \int_a^b f_n(x)\,dx = \int_a^b f(x)\,dx \tag{1.2.10}$$

즉, f_n을 적분하고 n을 극한으로 보낼 때의 결과는 f를 적분한 것과 같다. 이에 대한 증명은 다음과 같이 할 수 있다.

$$\begin{aligned} \lim_{n \to \infty} \left| \int_a^b f_n(x)\,dx - \int_a^b f(x)\,dx \right| &\le \lim_{n \to \infty} \int_a^b |f_n(x) - f(x)|\,dx \\ &\le (b-a) \lim_{n \to \infty} [\max|f_n(x) - f(x)|] \end{aligned} \tag{1.2.11}$$

앞에서 말한 바와 같이 구간 I에서 연속함수열이 균등수렴하므로 함수 $f(x)$는 연속함수가 되며, $n \to \infty$ 일 때 $\max|f_n(x) - f(x)| \to 0$이 성립한다. 즉,

$$\lim_{n \to \infty} \left| \int_a^b f_n(x)\,dx - \int_a^b f(x)\,dx \right| \to 0 \tag{1.2.12}$$

이 되므로 식(1.2.10)이 증명되었다. 균등수렴하지 않는 함수열의 경우에는 어떻게 될까? 균등수렴하지 않는 함수열의 예를 들어보자. 구간 $[0, 1]$ 상에서 $n \ge 2$인 함수열 $\{f_n(x)\}$이 다음과 같이 정의되었다.

$$f_n(x) = \begin{cases} n^2 x & \left(0 \le x < \dfrac{1}{n}\right) \\ n(2 - nx) & \left(\dfrac{1}{n} \le x \le \dfrac{2}{n}\right) \\ 0 & \left(\dfrac{2}{n} < x \le 1\right) \end{cases} \tag{1.2.13}$$

모든 $x \in [0, 1]$에 대해 $n \to \infty$ 이면 $\lim_{n \to \infty} f_n(x) = f(x) = 0$이 된다. 그러므로 $f(x)$를

구간 $[0,1]$에 대하여 적분을 수행하면 결과는 0이다. 그러나 함수열을 먼저 적분을 하면

$$\lim_{n\to\infty}\int_0^1 f_n(x)\,dx = \lim_{n\to\infty}\left(\frac{1}{2}n^2x\Big|_0^{1/n} + 2nx\,|_{1/n}^{2/n} - \frac{1}{2}n^2x\Big|_{1/n}^{2/n}\right) = 2 \quad (1.2.14)$$

가 되므로

$$\lim_{n\to\infty}\int_a^b f_n(x)\,dx \neq \int_a^b f(x)\,dx \quad (1.2.15)$$

인 결과를 얻는다.

함수항 급수의 균등수렴

구간 I에서 정의된 함수열 $\{f_n(x)\}$로 정의되는 함수항 급수 $\sum_{n=1}^{\infty} f_n(x)$의 수렴에 대한 기본적인 사항을 정리하자. 함수항 급수의 부분합 $S_k(x)$를 다음과 같이 정의하자.

$$S_k(x) = \sum_{n=1}^{k} f_n(x) \quad (1.2.16)$$

부분합 S_k는 함수열 $\{S_k(x)\}$를 구성할 수 있다. 점 $x\in I$에 대해 $k\to\infty$일 때 S_k가 존재하며 이를 $S(x)$라고 하자. $S(x)$를 극한함수라고 부르기도 한다.

$$S(x) = \lim_{k\to\infty} S_k(x) = \sum_{n=1}^{\infty} f_n(x) \quad (1.2.17)$$

구간 I에서 어떤 점 $x\in I$에 대해 함수열 $\{S_k(x)\}$이 함수 $S(x)$에 수렴할 때 이를 점별수렴(點別收斂 pointwise convergence)한다고 한다. 점별수렴하면 다음이 성립한다.

$$| S_k(x) - S(x) | \to 0 \quad (k \to \infty) \tag{1.2.18}$$

즉, 함수항 급수의 함수열은 각각의 점 x에 대해 극한함수로 수렴한다. 그러나 푸리에 급수의 이해에는 이보다 더 강한 균등수렴의 개념이 중요하다. 항수항 급수 $\sum_{n=1}^{\infty} f_n(x)$가 구간 I에서 균등수렴한다는 것은 어떤 극한함수 $S(x)$가 존재하고, 임의의 $\varepsilon > 0$과 어떤 자연수 N에 대하여 $k \geq N$일 때, 임의의 $x \in I$에 대해

$$\left| \sum_{n=1}^{k} f_n(x) - S(x) \right| < \varepsilon \tag{1.2.19}$$

이 성립하는 것을 말한다. 이 정의로부터 항수항 급수 $\sum_{n=1}^{\infty} f_n(x)$가 구간 I에서 균등수렴한다면 당연히 구간 I에서 점별수렴한다. 또한 각각의 $f_n(x)$가 I에서 연속함수라면 극한함수 $S(x) = \sum_{n=1}^{\infty} f_n(x)$도 I에서 연속함수가 된다는 것을 알 수 있다.

함수항 급수가 균등수렴하는지를 알기 위해 다음의 코시 수렴 판정법(Cauchy's convergence test)을 이용하자. 이에 따르면, 임의의 $\varepsilon > 0$에 대하여 $k > m \geq N$을 만족하는 자연수 N이 존재하고, 임의의 $x \in I$에 대하여

$$\left| \sum_{n=m+1}^{k} f_n(x) \right| < \varepsilon \tag{1.2.20}$$

이 성립하면 $\sum_{n=1}^{\infty} f_n(x)$은 구간 I에서 균등수렴한다. 코시 수렴 판정법을 이용하면 함수항 급수가 균등수렴할 충분조건을 제시하는 바이어슈트라스 M-판정법(Weierstrass M-test)을 증명할 수 있다.

바이어슈트라스 M-판정법은 다음과 같다. 어떤 실수열 $\{M_n\}$이 있고, 임의의 $x \in I$와 임의의 $n \geq 1$에 대하여 $|f_n(x)| \leq M_n$이 성립하고 급수 $\sum_{n=1}^{\infty} M_n$가 수렴하면, 항수

항 급수 $\sum_{n=1}^{\infty} f_n(x)$가 구간 I에서 균등수렴한다. 이를 증명하여 보자.

어떤 S가 있어서 $\sum_{n=1}^{k} M_n \to S\ (k \to \infty)$라고 하자. 임의의 $\varepsilon > 0$에 대하여 어떤 자연수 N이 존재하고 $k \geq N$이라고 하면

$$\left| \sum_{n=1}^{k} M_n - S \right| < \frac{\varepsilon}{2} \tag{1.2.21}$$

이 성립한다. 따라서 특히 $k > M \geq N$이라면

$$\sum_{n=M+1}^{k} M_n = \sum_{n=1}^{k} M_n - \sum_{n=1}^{M} M_n \leq \left| \sum_{n=1}^{k} M_n - S \right| + \left| S - \sum_{n=1}^{M} M_n \right| < \varepsilon \tag{1.2.22}$$

이 되는데, $k > M \geq N$라고 하였으니 임의의 $x \in I$에 대하여

$$\left| \sum_{n=M+1}^{k} f_n(x) \right| \leq \sum_{n=M+1}^{k} |f_n(x)| \leq \sum_{n=M+1}^{k} M_n < \varepsilon \tag{1.2.23}$$

이 성립한다. 따라서 코시 수렴 판정법에 의하여 함수항 급수 $\sum_{n=1}^{\infty} f_n(x)$는 구간 I에서 균등수렴한다.

예제 1.2.2 함수항 급수 $\sum_{n=1}^{\infty} \frac{\cos nx}{2^n}$가 모든 실수 구간 I에서 균등수렴함을 보이시오.

풀이 $\left| \frac{\cos nx}{2^n} \right| \leq \frac{1}{2^n}$인 관계를 이용하여 $M_n = \frac{1}{2^n}$으로 놓자. 급수 $\sum_{n=1}^{\infty} M_n = \sum_{n=1}^{\infty} \frac{1}{2^n}$는 수렴한다는 것이 잘 알려져 있다. 따라서 바이에르슈트라스 M-판정법에 의해 문제에 주어진 함수항 수열은 모든 실수구간에서 균등수렴한다.

구간 $I=[a,b]$에서 연속함수열 $\{f_n(x)\}$에 대하여 함수항 급수 $\sum_{n=1}^{\infty} f_n(x)$가 어떤 함수 $S(x)$에 균등수렴할 때, 앞서 살펴본 식(1.2.10)과 유사한 형태로 다음의 식이 성립한다.

$$\sum_{n=1}^{\infty} \int_a^b f_n(x)\,dx = \int_a^b \left(\sum_{n=1}^{\infty} f_n(x) \right) dx \tag{1.2.24}$$

즉, 급수의 합을 먼저 계산하고 적분한 것과 개별 항을 먼저 적분하고 합을 한 것과 같으므로 적분의 순서를 바꾸어도 결과가 변하지 않는다. 이와 같은 특성을 다음과 같이 간단히 확인해 볼 수 있다. $S_k(x) = \sum_{n=1}^{k} f_n(x)$라고 하고 $\{S_k(x)\}$가 구간 I에서 $S(x)$에 균등수렴한다고 하자. 그러면

$$\int_a^b \left(\sum_{n=1}^{\infty} f_n(x) \right) dx = \lim_{k\to\infty} \sum_{n=1}^{k} \int_a^b f_n(x)\,dx = \lim_{k\to\infty} \int_a^b S_k(x)\,dx = \int_a^b S(x)\,dx \tag{1.2.25}$$

가 성립한다.

이와 같은 성질은 함수의 미분과 관련해서도 말할 수 있다. 구간 I에서 미분가능한 함수열 $\{f_n(x)\}$을 생각해보자. 함수항 급수 $\sum_{n=1}^{\infty} f_n(x)$가 구간 I에서 점별수렴하고 각 항을 미분하여 생기는 $\sum_{n=1}^{\infty} f_n'(x)$가 구간 I에서 균등수렴한다고 하자. 이때 $\sum_{n=1}^{\infty} f_n(x)$는 미분가능하고 임의의 $x \in I$에 대해 다음이 성립한다.

$$\frac{d}{dx}\left[\sum_{n=1}^{\infty} f_n(x) \right] = \sum_{n=1}^{\infty} f_n'(x) \tag{1.2.26}$$

즉, 균등수렴하는 급수는 미분의 순서를 교환할 수 있다. 이와 같은 성질을 다음과 같이 간단히 증명해 보자. 두 개의 부분합 $S_k(x) = \sum_{n=1}^{k} f_n(x)$와 $T_k(x) = \sum_{n=1}^{k} f_n'(x)$을 생각해보자. $\{S_k(x)\}$는 구간 I에서 미분가능한 함수열이고, 구간 내의 고정된 한 점 a와 임의의 $x \in I$에 대하여 미분학의 기본 정의로부터 다음과 같이 쓸 수 있다.

$$S_k(x) - S_k(a) = \int_a^x S_k'(t)\,dt = \int_a^x T_k(t)\,dt \qquad (1.2,27)$$

$T(x) = \sum_{n=1}^{\infty} f_n'(x)$라고 하면 $\{T_k(x)\}$는 구간 I에서 균등수렴하므로 식(1.2.10)에 의해 $k \to \infty$일 때

$$\int_a^x T_k(t)\,dt \to \int_a^x T(t)\,dt \quad (k \to \infty) \qquad (1.2.28)$$

가 성립한다. 또한 $S(x) = \sum_{n=1}^{\infty} f_n(x)$라고 하면

$$S_k(x) - S_k(a) \to S(x) - S(a) \quad (k \to \infty) \qquad (1.2.29)$$

로부터

$$S(x) - S(a) = \int_a^x T(t)\,dt \quad (x \in I) \qquad (1.2.30)$$

가 성립하게 된다. 이로부터 $S(x)$는 구간 I에서 미분가능하며 $S'(x) = T(x)$가 성립한다.

예제 1.2.3 적분 $\int_0^{\pi} \left(\sum_{n=1}^{\infty} \frac{\cos nx}{2^n} \right) dx$을 계산하시오.

풀이 앞의 예제에서 보았듯이 함수항 급수 $\sum_{n=1}^{\infty} \frac{\cos nx}{2^n}$는 구간 $[0, \pi]$에서 균등수렴하므로 다음과 같이 항별 적분을 할 수 있다.

$$\int_0^{\pi} \left(\sum_{n=1}^{\infty} \frac{\cos nx}{2^n} \right) dx = \sum_{n=1}^{\infty} \int_0^{\pi} \frac{\cos nx}{2^n}\,dx = \sum_{n=1}^{\infty} \left[\frac{\sin nx}{2^n n} \right]_0^{\pi} = 0 \quad (1.2.31)$$

1.3 푸리에 급수의 전개정리(Fourier series expansion theorem)

1.3.1 디리클레 핵과 전개정리(Dirichlet kernel and expansion theorem)

주기함수 $f(x)$에 대하여 푸리에 급수의 수렴과 관련한 기본 정리를 소개하고 몇가지 예를 들어보고자 한다. 전개구간에 불연속적인 점이 있는 경우 전개는 유일한 값으로 수렴한지 않을 수 있지만 디리클레 조건(Dirichlet condition)을 만족하는 함수는 불연속점에서의 전개가 그 점의 오른쪽과 왼쪽에서의 극한값의 대수적인 평균값이 된다. 디리클레 조건이란 함수가 단가 함수(single-valued)이고, 유한개의 불연속점을 가지고 있으며 구간내에서 절대 적분가능(absolute integrable)하다는 것이다. 디리클레 조건은 푸리에 급수가 수렴할 충분조건이다.

✤ 푸리에 급수 전개정리 (디리클레 정리)

구분적으로 매끄러운 주기함수 $f(x)$의 푸리에 급수를 $S(x)$라고 하자. $f(x)$가 x에서 불연속일 때 다음의 식이 성립한다.

$$S(x) = \frac{f(x+0) + f(x-0)}{2} \tag{1.3.1}$$

여기서 $f(x+0)$와 $f(x-0)$는 점 x에서의 우극한과 좌극한을 의미한다. $f(x)$가 x에서 연속이면 $S(x) = f(x)$가 된다.

전개정리의 증명

구간 $I = [a, b]$에서 구분적으로 매끄러운 함수 $f(x)$가 있다. 구간 내에 유한개의 불연속점 $a = a_1 < a_2 < \cdots < a_{n-1} < a_n = b$에 대하여 다음의 적분을 보자.

$$\int_{a_j}^{a_{j+1}} f(x)\cos\lambda x\, dx = \left[\frac{1}{\lambda} f(x)\sin\lambda x\right]_{a_j}^{a_{j+1}} - \frac{1}{\lambda}\int_{a_j}^{a_{j+1}} f'(x)\cos\lambda x\, dx \tag{1.3.2}$$

여기서 $j=1,2,\cdots,n-1$이다. $f(x)$와 $f'(x)$이 구간 I에서 유계이므로, $x\in I$에 대해 $|f(x)|\le M$과 $|f'(x)|\leqq M'$을 만족하는 어떤 정수 M과 M'이 존재한다. 그러므로

$$\left|\int_{a_j}^{a_{j+1}} f(x)\cos\lambda x\,dx\right| \le \frac{2M+(a_j-a_{j+1})M'}{\lambda} \tag{1.3.3}$$

가 성립한다. 이로부터 다음의 식을 얻는다.

$$\left|\int_a^b f(x)\cos\lambda x\,dx\right| \le \sum_{j=1}^{n-1}\left|\int_{a_j}^{a_{j+1}} f(x)\cos\lambda x\,dx\right| \le \frac{2(n-1)M+(b-a)M'}{\lambda} \tag{1.3.4}$$

따라서 $\lambda\to\infty$가 되면 위의 식의 좌변은 0이 된다. 이 과정에서 적분 안의 코사인 함수를 사인 함수로 바꾸어도 같은 결과를 얻는다. 그러므로 다음의 식이 성립한다.

$$\lim_{\lambda\to\infty}\int_a^b f(x)\cos\lambda x\,dx = 0 \tag{1.3.5}$$

$$\lim_{\lambda\to\infty}\int_a^b f(x)\sin\lambda x\,dx = 0 \tag{1.3.6}$$

이를 **리만-르베그 보조정리**(Riemann-Lebesque lemma)라고 한다.

다음은 **디리클레 핵**(Dirichlet kernel)이라고 하는 주기함수이다.

$$D_n(x) = \frac{1}{2}+\cos x+\cos 2x+\cdots+\cos nx \tag{1.3.7}$$

디리클레 핵 $D_n(x)$은 $n\to\infty$일 때 디랙 델타함수를 주기 2π의 주기함수로 확장한 것과 같다. 그림1.3.1에 $n=30$인 경우의 $D_n(x)$을 나타내었다. 디리클레 핵의 성질을 더 알아보자.

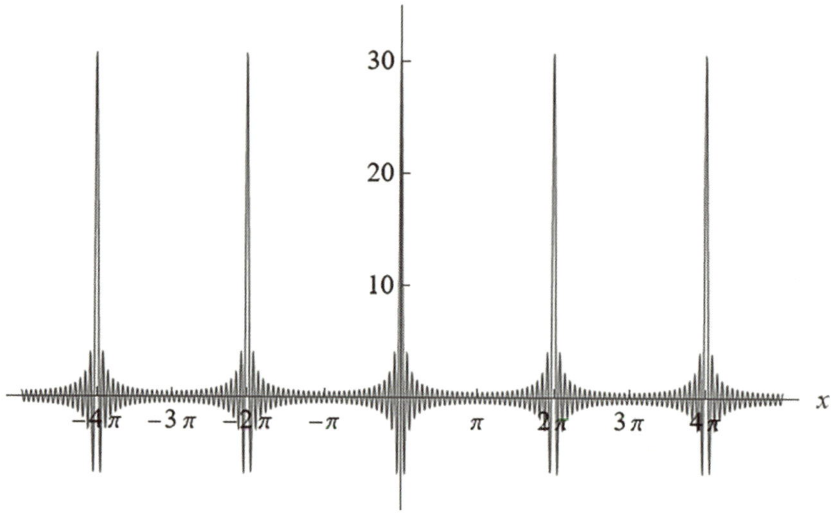

그림 1.3.1 디리클레 핵 $D_{30}(x)$의 그래프

이제 $x \in [-\pi, \pi]$라고 하자. $x = 0$이면 $D_n(0) = \frac{1}{2} + n$이 되고 $x \neq 0$이면 $\cos kx = (e^{ikx} + e^{-ikx})/2$를 이용하여 $D_n(x)$을 다음과 같이 쓸 수 있다.

$$D_n(n) = \frac{1}{2} + \sum_{k=1}^{n} \cos kx = \frac{1}{2} \sum_{k=-n}^{n} e^{ikx} \tag{1.3.8}$$

공비가 e^{ix}인 등비수열의 합 공식을 이용하면

$$D_n(x) = \frac{e^{i(n+1/2)x} - e^{-i(n+1/2)x}}{2\left(e^{ix/2} - e^{-ix/2}\right)} = \frac{\sin\left(\frac{1}{2} + n\right)x}{2\sin\frac{x}{2}} \tag{1.3.9}$$

가 된다. 이 식에서도 $x \to 0$의 극한에서 로피탈의 정리를 쓰면 $\lim_{x \to 0} D_n(x) = 1/2 + n$이 되므로 $x = 0$에서 $D_n(x)$이 연속이 된다는 것을 알 수 있다. 식(1.3.9)의 우변으로부터 $x \in [0, \pi]$에 대해 $D_n(x) = 0$이 되는 해는 다음과 같다.

$$x = \frac{2m\pi}{1+2n} \quad (m = 1, 2, \dots, n) \tag{1.3.10}$$

임을 알 수 있다. 그림1.3.1에서 볼 수 있는 것처럼 n이 충분히 커지면 0이 되는 x는 조밀하게 분포하고, 동시에 $x \to 0$이 됨에 따라 $D_n(x)$의 값은 증가한다. 구간 $[0, \pi]$에서 $D_n(x)$를 적분하면 코사인 함수의 기여는 다 사라지므로 적분

$$\int_0^\pi D_n(x)\,dx = \frac{\pi}{2} \tag{1.3.11}$$

은 n에 의존하지 않고 일정($= \pi/2$)하다는 것을 알 수 있다. 그림1.3.1에 나타난 $D_n(x)$의 그래프를 잘 살펴보면 n이 커질수록 격렬하게 진동을 하며 대부분의 적분의 기여는 $x = 0$ 근처에서 생기는 것을 볼 수 있다. 따라서 $\delta \in (0, \pi)$에 대하여

$$\lim_{n \to \infty} \int_0^\pi D_n(x)\,dx = \frac{\pi}{2} \tag{1.3.12}$$

가 성립한다. 이는 앞서 소개한 리만-르베그 보조정리를 이용하면 더욱 확실하다. 함수 $1/\sin(x/2)$는 $x = 0$을 제외하면 매끄러운 함수이므로 리만-르베크 보조정리에 의하여

$$\lim_{n \to \infty} \int_\delta^\pi D_n(x)\,dx = \lim_{n \to \infty} \int_\delta^\pi \frac{\sin(1/2+n)}{2\sin(x/2)}\,dx = 0 \tag{1.3.13}$$

이 된다. 그러므로 $n \to \infty$일 때 0부터 π까지의 적분은 0부터 δ까지의 적분과 같으며 다음과 같이 쓸 수 있다.

$$\lim_{n \to \infty} \int_0^\delta D_n(x)\,dx = \frac{\pi}{2} \tag{1.3.14}$$

이제 $D_n(x)$과 구분적으로 매끄러운 함수 $f(x)$의 곱에 대한 다음의 적분을 생각해 보자.

$$\lim_{n\to\infty}\int_{-\pi}^{\pi} f(x+\xi)D_n(\xi)\,d\xi \tag{1.3.15}$$

δ를 충분히 작은 양의 실수라 하고 적분구간을 $[-\pi, -\delta]$, $[-\delta, 0]$, $[0, \delta]$, $[\delta, \pi]$로 나누어보자. 이때 $y \in (x-\delta, x) \cup (x, x+\delta)$에 대하여 $f(y)$와 $f'(y)$가 연속이 되도록 δ를 취한다. 리만-르베그 보조정리에 의하여 $f(x+\xi)/\sin(\xi/2)$는 $\xi \in [-\pi, -\delta]$ 및 $\xi \in [\delta, \pi]$에서 구분적으로 매끄럽기 때문에 $n \to \infty$일 때 이들 구간에서의 적분의 기여는 없다. 남아있는 구간 중에서 $[0, \delta]$에서의 적분은

$$\int_0^{\delta} f(x+\xi)D_n(\xi)\,d\xi = \int_0^{\delta}[f(x+\xi) - f(x+0) + f(x+0)]\,D_n(\xi)\,d\xi \tag{1.3.16}$$

$$= f(x+0)\int_0^{\delta} D_n(\xi)\,d\xi + \int_0^{\delta} F(\xi, x)\sin\left[\left(n+\frac{1}{2}\right)\xi\right]d\xi$$

가 되는데 여기서 $F(\xi, x)$는 다음과 같이 정의되었다.

$$F(\xi, x) = \frac{f(x+\xi) - f(x+0)}{2\sin\dfrac{\xi}{2}} \tag{1.3.17}$$

$F(\xi, x)$는 $\xi \in (0, \delta]$에서 매끄러우며 $\xi \to +0$일 때 $\sin(\xi/2) \approx \xi/2$이므로 $F(\xi \to +0, x) = f'(x+0)$가 된다. 따라서 $\xi = 0$에서 좌극한이 존재한다. 이 값을 $F(\xi = 0, x)$라고 하면 $F(\xi, x)$는 $\xi \in [0, \delta]$에서 연속이며 $\xi \in (0, \delta)$에서 미분가능하다. 평균값 정리(mean value theorem)를 사용하면 어떤 $\xi_{c1}, \xi_{c2} \in (0, \xi)$가 존재하여

$$\frac{f(x+\xi) - f(x+0)}{\xi} = f'(x+\xi_{c1}) \tag{1.3.18}$$

과

$$\frac{\sin\dfrac{\xi}{2} - \sin 0}{\xi} = \cos\frac{\xi_{c2}}{2} \tag{1.3.19}$$

가 성립하므로

$$F(\xi, x) = \frac{\xi f'(x+\xi_{c1})}{\cos\dfrac{\xi_{c2}}{2}} \tag{1.3.20}$$

이 된다. $f'(y)$는 구분적 연속이고 주기함수이므로 유계이다. δ를 충분히 작게 하고, 임의의 양의 실수 M에 대하여

$$\xi \in (0, \delta), \quad |F(\xi, x)| < M \tag{1.3.21}$$

가 성립하고

$$\left| \int_0^\delta F(\xi, x) \sin\left[\left(n+\frac{1}{2}\right)\xi\right] d\xi \right| < \delta M \tag{1.3.22}$$

과 같은 부등식을 얻을 수 있다. 이 식의 우변은 n과 관계없고 δ는 임의로 작게 할 수 있으므로 좌변을 0으로 보낼 수 있다. 그러므로 식(1.3.16)은 다음과 같이 된다.

$$\lim_{\substack{\delta \to +0 \\ n \to \infty}} \int_0^\delta f(x+\xi) D_n(\xi)\, d\xi = \lim_{\substack{\delta \to +0 \\ n \to \infty}} f(x+0) \int_0^\delta D_n(\xi)\, d\xi = \frac{\pi}{2} f(x+0) \tag{1.3.23}$$

이와 같은 과정을 $[-\delta, 0]$ 구간에 대하여도 수행하면 다음의 결과를 얻을 수 있다.

$$\lim_{\substack{\delta \to +0 \\ n \to \infty}} \int_{-\delta}^0 f(x+\xi) D_n(\xi)\, d\xi = \lim_{\substack{\delta \to +0 \\ n \to \infty}} f(x+0) \int_{-\delta}^0 D_n(\xi)\, d\xi = \frac{\pi}{2} f(x-0) \tag{1.3.24}$$

따라서 f가 주기 2π의 함수이며 구분적으로 매끄러울 때 다음이 성립한다.

$$\lim_{n \to \infty} \int_{-\pi}^{\pi} f(\xi) D_n(x-\xi)\, d\xi = \frac{\pi}{2} [f(x+0) + f(x-0)] \tag{1.3.25}$$

푸리에 급수의 부분합을 $S_k(x) = a_0/2 + \sum_{n=1}^{k} (a_n \cos nx + b_n \sin nx)$라고 하면 디리클레

핵 $D_n(x)$과 푸리에 전개계수의 정의식을 이용하여 $S_k(x)$를 다음과 같이 쓸 수 있다.

$$S_k(x) = \frac{1}{\pi}\int_{-\pi}^{\pi} f(\xi)D_n(x-\xi)\,d\xi \tag{1.3.26}$$

그러므로 $k \to \infty$일 때 식(1.3.25)를 이용하여

$$\lim_{n\to\infty} S_k(x) = \frac{f(x+0)+f(x-0)}{2} \tag{1.3.27}$$

가 되는 것을 보일 수 있으므로 식(1.3.1)의 푸리에 전개정리가 증명되었다. 푸리에 전개정리는 **디리클레 정리**(Dirichlet theorem)라고도 부른다.

예제 1.3.1 주기 2π의 주기함수 $f(x) = |x|$ $(-\pi \le x \le \pi)$는 다음과 같이 푸리에 전개할 수 있다.

$$S(x) = \frac{\pi}{2} - \frac{4}{\pi}\sum_{n=1}^{\infty}\frac{\cos[(2n-1)x]}{(2n-1)^2} \quad (-\pi \le x \le \pi) \tag{1.3.28}$$

$f(x)$의 불연속점 $x = 0$에서 급수 $S(x)$의 값은 얼마인가?

풀이 푸리에 급수 전개정리에 의하여 불연속점 $x = 0$에서

$$S(0) = \frac{f(0+0)+f(0-0)}{2} = \frac{0+0}{2} = 0$$

이다. 한편, $x = 0$에서 $S(0) = \frac{\pi}{2} - \frac{4}{\pi}\sum_{n=1}^{\infty}\frac{1}{(2n-1)^2} = 0$이므로 부수적으로 다음과 같이 π^2에 대한 급수 표현식을 얻을 수 있다.

$$\sum_{n=1}^{\infty}\frac{1}{(2n-1)^2} = \frac{\pi^2}{8} \tag{1.3.29}$$

예제 1.3.2 $f(x) = -x\ (-\pi \le x \le \pi)$는 주기 2π의 주기함수이며 이 함수의 푸리에 급수는 다음과 같다.

$$S(x) = 2\sum_{n=1}^{\infty}\frac{(-1)^n}{n}\sin nx \quad (-\pi \le x \le \pi) \tag{1.3.30}$$

$x = \frac{\pi}{2}$와 $x = 0$에서 급수 $S(x)$의 값은 얼마인가?

풀이 점 $x = \frac{\pi}{2}$에서 푸리에 급수는

$$S(\pi/2) = 2\sum_{n=1}^{\infty}\frac{(-1)^n}{n}sin\left(\frac{n\pi}{2}\right) \tag{1.3.31}$$

이다. $x = \frac{\pi}{2}$는 연속적인 점이므로 푸리에 급수 전개정리에 의하여 $S(\pi/2) = f(\pi/2)$가 된다. 그러므로 $S(\pi/2) = -\pi/2$이다. 부가적으로 이 결과로부터

$$\pi = 4\sum_{n=1}^{\infty}\frac{(-1)^{n-1}}{2n-1} \tag{1.3.32}$$

와 같이 π의 급수 표현식을 얻을 수 있다. 한편, $x = \pi$는 불연속점이므로 이 점에서 급수의 값은 다음과 같다.

$$S(\pi) = \frac{[f(\pi+0)+f(\pi-0)]}{2} = \frac{\pi-\pi}{2} = 0 \tag{1.3.33}$$

예제 1.3.3 함수 $f(x) = \frac{1}{4}|x|^2 - \frac{\pi}{2}|x| + \frac{\pi^2}{6}\ (-\pi \le x \le \pi)$은 주기 2π의 주기함수이며 이 함수의 푸리에 급수는 다음과 같다.

$$S(x) = \sum_{n=1}^{\infty} \frac{1}{n^2} \cos nx \quad (-\pi \le x \le \pi) \tag{1.3.34}$$

이 결과로부터 다음의 식을 증명하시오.

$$\sum_{n=1}^{\infty} \frac{1}{n^2} = \frac{\pi^2}{6} \tag{1.3.35}$$

풀이 푸리에 급수 전개정리에 의하여 $x = 0$에서 $S(0) = f(0)$이다. 그러므로 문제에서 제시된 π^2에 대한 급수 표현식을 증명할 수 있다.

예제 1.3.4 함수 $f(x) = |\sin x|\ (-\pi \le x \le \pi)$는 주기 2π의 주기함수이다. 이 함수의 푸리에 급수를 구하고 다음의 식을 증명하시오.

$$\sum_{n=1}^{\infty} \frac{1}{4n^2 - 1} = \frac{1}{2} \tag{1.3.36}$$

풀이 $f(x)$는 우함수이므로 코사인 급수의 계수 a_n만 구하면 된다.

$$\begin{aligned}
a_n &= \frac{2}{\pi}\int_0^{\pi} \sin x \cos nx\, dx = \frac{1}{\pi}\int_0^{\pi} \{\sin[(1+n)x] + \sin[(1-n)x]\}\, dx \qquad (1.3.37)\\
&= \frac{1}{\pi}\left[-\frac{\cos[(1+n)x]}{1+n} - \frac{\cos[(1+n)x]}{1+n} \right]_0^{\pi} \\
&= \frac{1}{\pi}\left[-\frac{(-1)^{n+1}}{1+n} - \frac{(-1)^{n-1}}{1-n} + \frac{1}{1+n} + \frac{1}{1-n} \right] \\
&= \begin{cases} -\dfrac{4}{\pi(n^2-1)} & (n = even) \\ 0 & (n = odd) \end{cases}
\end{aligned}$$

n이 짝수일때만 a_n이 존재하므로 $n \to 2n$으로 놓으면 푸리에 급수를 다음과 같이 구할 수 있다.

$$S(x) = \frac{2}{\pi} - \frac{4}{\pi}\sum_{n=1}^{\infty}\frac{1}{4n^2-1}\cos 2nx \quad (-\pi \le x \le \pi) \tag{1.3.38}$$

$f(x)$가 연속이고 구분적으로 매끄러운 함수이므로 푸리에 급수 전개정리에 의하여 $x=0$에서 $S(0)=f(0)$이다. 그러므로 식(1.3.36)을 증명할 수 있다.

1.4 평균수렴과 파세발 등식(Mean convergence and Parseval's identity)

1.4.1 푸리에 급수의 평균수렴(Mean convergence of Fourier series)

지금까지와는 다른 관점에서 푸리에 급수의 의미를 생각해 보자. 구간 $[\pi, \pi]$에서 정의된 제곱적분가능(square-integrable)한 함수 $f(x)$를 다음과 같이 푸리에 급수 전개하였다.

$$f(x) = \frac{a_0}{2} + \sum_{k=1}^{\infty}(a_k \cos kx + b_k \sin kx) \tag{1.4.1}$$

삼각함수 급수

$$F_n(x) = \frac{A_0}{2} + \sum_{k=1}^{n}(A_k \cos kx + B_k \sin kx) \tag{1.4.2}$$

를 도입하고 평균제곱오차를

$$\epsilon_n = \frac{1}{2\pi}\int_{-\pi}^{\pi}[f(x) - F_n(x)]^2 dx \tag{1.4.3}$$

라고 할 때 이것이 최소가 되는 전개계수 $A_k(k = 0, 1, 2, \cdots, n)$와 $B_k(k = 1, 2, \cdots, n)$를 구해 보자. 식(1.4.3)을 전개하면

$$\epsilon_n = \frac{1}{2\pi}\int_{-\pi}^{\pi} f^2(x)\,dx - \frac{1}{\pi}\int_{-\pi}^{\pi} f(x)F_n(x)\,dx + \frac{1}{2\pi}\int_{-\pi}^{\pi} F_n^2(x)\,dx \tag{1.4.4}$$

와 같이 되는데 우변의 첫째 항은 A_k와 B_k를 포함하고 있지 않다. 우변의 둘째 항은 삼각함수의 직교성을 이용하면

$$\begin{aligned}
&\frac{1}{\pi}\int_{-\pi}^{\pi} f(x)F_n(x)\,dx \\
&= \frac{1}{\pi}\int_{-\pi}^{\pi}\left[\frac{A_0}{2} + \sum_{k=1}^{\infty}(A_k\cos kx + B_k\sin kx)\right]\left[\frac{a_0}{2} + \sum_{j=1}^{n}(a_j\cos jx + b_j\sin jx)\right]dx \\
&= \frac{A_0 a_0}{2} + \sum_{k=1}^{n}(A_k a_k + B_k b_k)
\end{aligned} \tag{1.4.5}$$

가 된다. 식(1.4.4) 우변의 셋째 항은

$$\frac{1}{2\pi}\int_{-\pi}^{\pi} F_n^2(x)\,dx = \frac{A_0^2}{4} + \frac{1}{2}\sum_{k=1}^{n}\left(A_k^2 + B_k^2\right) \tag{1.4.6}$$

이 된다. 따라서 평균제곱오차는

$$\epsilon_n = \frac{(A_0 - a_0)^2}{4} + \frac{1}{2}\sum_{k=1}^{n}\left[(A_k - a_k)^2 + (B_k - b_k)^2\right] + E_n \tag{1.4.7}$$

이 되며, 여기서 E_n은 다음과 같다.

$$E_n = \frac{1}{2\pi}\int_{-\pi}^{\pi} f_n^2(x)\,dx - \frac{a_0^2}{4} - \frac{1}{2}\sum_{k=1}^{n}\left(a_k^2 + b_k^2\right) \tag{1.4.8}$$

E_n은 A_k와 B_k를 포함하고 있지 않으므로 $A_k = a_k$, $B_k = b_k$일 때 평균제곱오차 ϵ_n이 최소가 될 것이다. 이때 평균제곱오차는 $\epsilon_n = E_n$이다.

평균수렴(mean convergence)의 정의

구간 $I = [a, b]$에서 정의된 함수 $f(x)$와 함수열 급수 $F_n(x)$가

$$\lim_{n\to\infty}\int_a^b [f(x) - F_n(x)]^2\,dx = 0 \tag{1.4.9}$$

을 만족할 때 $F_n(x)$은 구간 I에서 $f(x)$에 평균수렴한다. 이 조건은 함수 $f(x)$의 연속성이나 매끄러움에 관계없이 $f(x)$가 제곱적분가능(square-integrable)이면 된다. 이 조건은 심지어 불연속점에서 $F_n(x)$이 0이 아닌 값을 가져도 성립한다. 이것은 평균수렴의 정의가 적분을 통해서 정의되며, 피적분 함수에 있는 유한개의 불연속점은 적분의 결과에 영향을 주지 않기 때문이다.

푸리에 급수의 평균수렴

주기 2π를 가진 구분적으로 매끄러운 주기함수 $f(x)$의 푸리에 부분합(부분급수) $S_n(x)$가 $f(x)$에 평균수렴하는 것을 보이자. 우선 구간 내에서 $f(x)$가 불연속점이 없는 경우에, $S_n(x)$은 $f(x)$에 균등수렴하므로 임의의 $\epsilon > 0$에 대하여 어떤 N_ϵ가 존재하며 $n > N_\epsilon$일 때

$$|f(x) - S_n(x)| < \sqrt{\frac{\epsilon}{2\pi}} \tag{1.4.10}$$

가 성립한다. 이것으로부터

$$\int_{-\pi}^{\pi}[f(x) - S_n(x)]^2 dx < \epsilon \tag{1.4.11}$$

가 성립하며 $n \to \infty$ 일 때

$$\lim_{n \to \infty} \int_a^b [f(x) - S_n(x)]^2 dx = 0 \tag{1.4.12}$$

이 성립한다.

이제 구간 $[-\pi, \pi]$ 내에 불연속점 $x = a$가 있는 경우를 보자. 유한한 구간에서 구분적 연속이며 매끄러운 함수는 유계이므로 $f(x)$와 $S_n(x)$는 모두 유계이다. 그러므로 어떤 $M > 0$에 대하여 $|f(x) - S_n(x)| < M$이 된다고 할 수 있는데, 임의의 미소량 $\epsilon > 0$에 대하여 어떤 $\delta > 0$가 $\delta < \epsilon/4M^2$이 되도록 하고 식(1.4.11)의 좌변 적분의 구간을 $[-\pi, a-\delta]$, $[a-\delta, a+\delta]$, $[a+\delta, \pi]$로 나누어보자. 구간 $[-\pi, a-\delta]$와 $[a+\delta, \pi]$에서는 $S_n(x)$는 $f(x)$에 균등수렴하므로 어떤 N_ϵ이 존재하며 $n > N_\epsilon$일 때

$$|f(x) - S_n(x)| < \sqrt{\frac{\epsilon}{4\pi}} \tag{1.4.13}$$

가 성립한다. 이로부터 다음이 성립한다.

$$\int_{-\pi}^{a-\delta}[f(x) - S_n(x)]^2 dx + \int_{a+\delta}^{\pi}[f(x) - S_n(x)]^2 dx < \frac{\epsilon}{2} \tag{1.4.14}$$

한편, 구간 $[a-\delta, a+\delta]$에서는

$$\int_{a-\delta}^{a+\delta}[f(x) - S_n(x)]^2 dx < 2\delta M^2 < \frac{\epsilon}{2} \tag{1.4.15}$$

이 된다. 따라서 식(1.4.14)와 식(1.4.15)로부터 식(1.4.11)이 성립한다는 것을 알 수 있으며, 이 결과는 곧 식(1.4.12)로 이어진다. 불연속점이 여러 개 있는 경우에도 마찬가지이다.

1.4.2 파세발 등식(Parseval's identity)

이 절의 앞부분에서 살펴보았듯이 구간 $[\pi, \pi]$에서 제곱적분 가능한 함수 $f(x)$와 푸리에 전개계수에 대하여 식(1.4.8)의 관계식을 얻었다. $n \to \infty$이면 $E_n = 0$이므로 다음 식이 성립한다.

$$\frac{1}{2\pi}\int_{-\pi}^{\pi} f^2(x)\,dx = \frac{a_0^2}{4} + \frac{1}{2}\sum_{n=1}^{\infty}\left(a_n^2 + b_n^2\right) \tag{1.4.16}$$

이것을 **파세발 등식**(Parseval's identity)이라고 한다. 앞의 1.2절에서 주기 2π의 함수 $f(x)$를 복소 푸리에 급수로 전개하면 $S(x) = \sum_{n=-\infty}^{\infty} c_n e^{inx}$와 같이 할 수 있다고 하였다. 이때 파세발 등식은 다음과 같이 쓰기도 한다.

$$\frac{1}{2\pi}\int_{-\pi}^{\pi} |f(x)|^2\,dx = \sum_{n=-\infty}^{\infty} |c_n|^2 \tag{1.4.17}$$

여기서 복소 전개계수 c_n은 다음과 같다.

$$c_n = \frac{1}{2\pi}\int_{-\pi}^{\pi} f(x)e^{-inx}\,dx \tag{1.4.18}$$

주기 2π의 연속함수 $f(x)$가 구간 내에서 미분 $f'(x)$이 존재하면 다음이 성립한다.

$$\frac{1}{2\pi}\int_{-\pi}^{\pi} |f(x)|^2\,dx = \sum_{n=-\infty}^{\infty} |n|^2 |c_n|^2 \tag{1.4.19}$$

또한, $f(x)$와 $g(x)$를 주기 2π의 구분적 연속함수라고 하고 각각의 푸리에 전개계수를 $c_n[f]$와 $c_n[g]$라고 하면, 식(1.4.17)로부터 다음의 관계식도 얻을 수 있다.

$$\frac{1}{2\pi}\int_{-\pi}^{\pi} f(x)\overline{g(x)}\,dx = \sum_{n=-\infty}^{\infty} c_n[f]\,\overline{c_n[g]} \tag{1.4.20}$$

여기서 기호 상단의 바(bar)는 복소켤레(complex conjugate)를 의미한다. 이에 대한 증명은 간단한데 다음과 같이 해볼 수 있다. 구간 $[-\pi,\pi]$에서 $n\to\infty$일 때 $f(x)$와 $g(x)$에 대해서 각각

$$\lim_{n\to\infty}\int_{-\pi}^{\pi}\left| f(x) - \sum_{k\to -n}^{n} c_k[f]\,e^{ikx}\right|^2 dx = 0 \tag{1.4.21}$$

$$\lim_{n\to\infty}\int_{-\pi}^{\pi}\left| g(x) - \sum_{k\to -n}^{n} c_k[g]\,e^{ikx}\right|^2 dx = 0 \tag{1.4.22}$$

되는 것을 이미 알고 있다. 따라서 다음 관계식이 성립한다.

$$\lim_{n\to\infty}\int_{-\pi}^{\pi}\left(f(x) - \sum_{k\to -n}^{n} c_k[f]\,e^{ikx}\right)\overline{\left(g(x) - \sum_{k\to -n}^{n} c_k[g]\,e^{ikx}\right)}dx = 0 \tag{1.4.23}$$

이에 대해서는 코시-슈바르츠 부등식(Cauchy-Schwarz inequality)의 특성을 보기 바란다. 좌변의 피적분 함수를 전개하면

$$\begin{aligned}&\int_{-\pi}^{\pi} f(x)\,\overline{g(x)}\,dx - \lim_{k\to\infty}\sum_{k\to -n}^{n}\int_{-\pi}^{\pi} f(x)\,\overline{c_k[g]e^{ikx}}\,dx \\ &-\lim_{k\to\infty}\sum_{k\to -n}^{n}\int_{-\pi}^{\pi} c_k[f]e^{ikx}\,\overline{g(x)}\,dx + \lim_{k,j\to\infty}\sum_{k\to -n}^{n}\sum_{j\to -n}^{n}\int_{-\pi}^{\pi} c_k[f]e^{ikx}\,\overline{c_j[g]\,e^{ijx}}\,dx = 0\end{aligned} \tag{1.4.24}$$

가 되는데 좌변의 마지막 적분에서 $\int_{-\pi}^{\pi} e^{i(k-j)x}\,dx = 2\pi\,\delta_{kj}$이므로 이 식은

$$\begin{aligned}&\int_{-\pi}^{\pi} f(x)\,\overline{g(x)}\,dx - 2\pi\sum_{n\to -\infty}^{\infty} c_n[f]\,\overline{c_n[g]} \\ &-2\pi\sum_{n\to -\infty}^{\infty} c_n[f]\,\overline{c_n[g]} + 2\pi\sum_{n\to -\infty}^{\infty} c_n[f]\,\overline{c_n[g]} = 0\end{aligned} \tag{1.4.25}$$

과 같이 되므로 식(1.4.20)이 증명되었다. 이 결과를 이용하면 부가적으로 다음의 관계식도 얻을 수 있다. $f(x)$와 $g(x)$가 주기 2π의 실함수이고 연속이며 미분 가능할 때 $c_n[f'] = inc_n[f]$와 $c_n[g'] = inc_n[g]$인 관계를 이용하여

$$\int_{-\pi}^{\pi} [f(x)g'(x) - f'(x)g(x)]\,dx = 2\pi i \sum_{n=-\infty}^{\infty} n\left\{c_n[f]\overline{c_n[g]} - \overline{c_n[f]}c_n[g]\right\} \quad (1.4.26)$$

를 얻을 수 있다.

파세발 등식은 급수의 해를 구하는데 유용하게 쓰일 수 있다. 다음의 예를 보자. 주기 2π의 함수 $f(x) = x^2\ (-\pi < x < \pi)$의 푸리에 급수는

$$S(x) = \frac{\pi^2}{3} + 4\sum_{n=1}^{\infty} \frac{(-1)^n}{n^2}\cos nx \quad (-\pi < x < \pi) \quad (1.4.27)$$

와 같이 전개될 수 있다. 이 경우에 $a_0 = 2\pi^2/3$, $a_n = 4(-1)^n/n^2\ (n = 1, 2, \dots)$이므로 파세발 등식에 의하여

$$\frac{1}{2\pi}\int_{-\pi}^{\pi} x^4\,dx = \frac{\pi^4}{9} + \sum_{n=1}^{\infty} \frac{8}{n^4} \quad (1.4.28)$$

이 된다. 좌변의 적분을 계산하면 다음과 같은 관계식을 얻을 수 있다.

$$\sum_{n=1}^{\infty} \frac{1}{n^4} = \frac{\pi^4}{90} \quad (1.4.29)$$

예제 1.4.1 주기 2π의 함수 $f(x) = x^2\ (-\pi < x < \pi)$의 푸리에 급수는

$$S(x) = \frac{\pi^2}{3} + 4\sum_{n=1}^{\infty} \frac{(-1)^n}{n^2}\cos nx \quad (-\pi < x < \pi) \quad (1.4.30)$$

와 같이 전개될 수 있다. 이를 이용하여 $\sum_{n=1}^{\infty}\frac{1}{n^6}$을 계산하시오.

풀이 주기함수 $f(x)=x^2$의 푸리에 급수가 주어졌으므로

$$x^2 = \frac{\pi^2}{3} + 4\sum_{n=1}^{\infty}\frac{(-1)^n}{n^2}\cos nx \quad (-\pi < x < \pi) \tag{1.4.31}$$

라고 할 수 있다. 푸리에 급수가 항별 적분이 가능하므로 식(1.4.23)을 아래와 같이 적분을 하자.

$$\int_0^x\left(x^2-\frac{\pi^2}{3}\right)dx = 4\sum_{n=1}^{\infty}\frac{(-1)^n}{n^2}\int_0^x \cos nx\,dx \tag{1.4.32}$$

$$\therefore\ \frac{1}{3}x^3-\frac{\pi^2}{3}x = 4\sum_{n=1}^{\infty}\frac{(-1)^n}{n^3}\sin nx \tag{1.4.33}$$

새로운 주기함수 $g(x)=x^3/3-\pi^2x/3$를 정의하면 $g(x)$를 푸리에 전개하였을 때 전개계수는 $a_0=0,\ a_n=4(-1)^n/n^3\ (n=1,2,\ldots)$이 된다. 따라서 파세발 등식에 의하여 다음이 성립한다.

$$\frac{1}{2\pi}\int_{-\pi}^{\pi}\left(\frac{1}{3}x^3-\frac{\pi^2}{3}x\right)^2dx = \sum_{n=1}^{\infty}\frac{8}{n^6} \tag{1.4.34}$$

좌변의 적분을 수행하면 다음의 결과를 얻을 수 있다.

$$\sum_{n=1}^{\infty}\frac{1}{n^6} = \frac{\pi^6}{945} \tag{1.4.35}$$

1.5 깁스 현상(Gibbs phenomenon)

주기함수를 푸리에 급수로 전개하였을 때 항의 수가 점점 많아지면 급수는 함수의 형태에 가까워지며, 항의 수가 무한대가 되면 푸리에 급수와 함수와 일치할 것으로 보이지만 불연속적인 점에서는 예상치 못한 결과를 가져다 준다. 즉, 불연속점에서의 푸리에

급수는 오버슈트(overshoot)라고 하는 피할 수 없는 독특한 현상이 생기는데, 급수항의 수를 아무리 많이 해도 오버슈트를 제거할 수가 없다.

전형적인 함수의 예를 통하여 푸리에 급수가 불연속점에서 어떠한 양상을 보이는지 살펴보자. 주기 2π를 가진 구분적으로 매끄러운 함수

$$f(x) = \begin{cases} 1 & (0 \le x < \pi) \\ -1 & (-\pi \le x < 0) \end{cases} \tag{1.5.1}$$

이 있다. 이러한 함수를 네모파(square wave)라고도 한다. 이 함수의 푸리에 급수를 구하여보자. $f(x)$는 기함수이므로 앞의 절에서 설명한 바와 같이 푸리에 전개계수는

$$a_n = \frac{1}{\pi}\int_{-\pi}^{\pi} f(x)\cos nx\,dx = 0 \quad (n = 0, 1, 2, \cdots) \tag{1.5.2}$$

$$b_n = \frac{2}{\pi}\int_{0}^{\pi} f(x)\sin nx\,dx = \frac{2}{\pi}\left[\frac{-\cos nx}{n}\right]_0^{\pi} = \begin{cases} \dfrac{4}{n\pi} & (n\ \text{even}) \\ 0 & (n\ \text{odd}) \end{cases} \tag{1.5.3}$$

가 되므로 결과적으로 푸리에 급수는

$$S(x) = \frac{4}{\pi}\left(\sin x + \frac{\sin 3x}{3} + \frac{\sin 5x}{5} + \cdots\right) = \frac{4}{\pi}\sum_{n=1}^{\infty}\frac{\sin(2n-1)x}{2n-1} \tag{1.5.4}$$

와 같이 된다. $S(x)$의 부분합 또는 부분 급수 $S_n(x)$을 다음과 같이 정의하자.

$$S_n(x) = \frac{4}{\pi}\sum_{k=1}^{n}\frac{\sin(2k-1)x}{2k-1} \tag{1.5.5}$$

함수와 푸리에 부분 급수를 비교하여 보자. 그림1.5.1에 $f(x)$의 그래프와 $n = 3, 5, 20$인 경우의 부분 급수 $S_n(x)$의 그래프를 나타내었다.

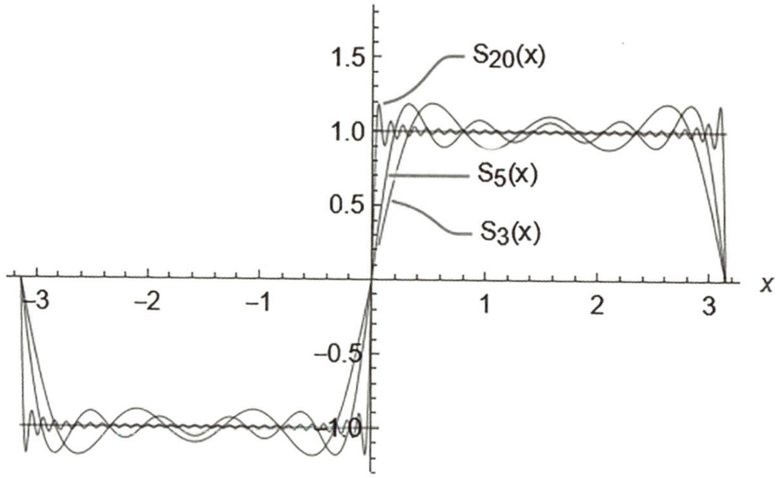

그림 1.5.1 함수 $f(x)$와 푸리에 부분 급수 $S_3(x)$, $S_5(x)$, $S_{20}(x)$을 비교한 그래프

그림에서 보듯이 n이 증가할수록 푸리에 부분 급수는 점점 함수에 가까워진다. 그렇지만 자세히 살펴보면 불연속점인 $x=-\pi$, 0, π 부근에서는 n이 증가하더라도 푸리에 부분 급수가 $f(x)$에 가까워지지 않는다는 것을 볼 수 있다. 부분 급수는 $x=-\pi$, 0, π에 접근할수록 더 크게 진동하는데 진동의 극대, 극소를 조사하기 위하여 부분 급수 $S_{n+1}(x)$를 x에 대하여 미분하여 보자. 미분은 다음과 같이 수행할 수 있다.

$$\frac{d}{dx}S_{n+1}(x) = \frac{4}{\pi}\sum_{k=1}^{n+1}\cos(2k-1)x = \frac{4}{\pi}\sum_{k=0}^{n}\cos(2k+1)x \qquad (1.5.6)$$

윗 식에서 우변의 합은 등비수열의 공식을 이용하여 다음과 같이 계산할 수 있다.

$$\sum_{k=0}^{n} \cos(2k+1)x = \frac{1}{2}\sum_{k=0}^{n}\left[e^{i(2k+1)x} + e^{-i(2k+1)x}\right] \tag{1.5.7}$$

$$= \frac{1}{2}\left[e^{ix} + e^{3ix} + \cdots + e^{i(2n-1)x} + e^{i(2n+1)}\right]$$

$$+ \frac{1}{2}\left[e^{-ix} + e^{-3ix} + \cdots + e^{-i(2n-1)x} + e^{-i(2n+1)}\right]$$

$$= \frac{1}{2}\left[\frac{1-e^{2inx}}{1-e^{2ix}} + e^{i(2n+1)} + \frac{1-e^{-2inx}}{1-e^{-2ix}} + e^{-i(2n+1)}\right]$$

$$= \frac{1}{2}\,\frac{e^{i(2n+2)x} - e^{-i(2n+2)x}}{e^{ix} - e^{-ix}}$$

$$= \frac{1}{2}\,\frac{\sin(2n+2)x}{\sin x}$$

그러므로 $S_{n+1}(x)$의 미분은 다음과 같다.

$$\frac{d}{dx}S_{n+1}(x) = \frac{2}{\pi}\,\frac{\sin(2n+2)x}{\sin x} \tag{1.5.8}$$

영역 $x > 0$에서 $S_{n+1}(x)$의 미분이 0이 되는 점은

$$x = \frac{m\pi}{2n+2} \qquad (m - 1, 2, \cdots, 2n+1) \tag{1.5.9}$$

이며 이 점이 진동하는 $S_{n+1}(x)$의 극점이 된다. $x_{n,m} \equiv m\pi/(2n+2)$라고 놓고 식 (1.5.8)을 적분하여 보자.

$$S_{n+1}(x_n) - S_{n+1}(0) = \frac{2}{\pi}\int_0^{x_{n,m}} \frac{\sin(2n+2)x}{\sin x}\,dx \tag{1.5.10}$$

여기서 $S_{n+1}(0) = 0$인데 이것은 앞의 절에서 설명한 푸리에 급수 전개정리에 의해 불연속점 $x = 0$에서 $[f(0+0)+f(0-0)]/2 = 0$이 되는 것과 일치한다. 이제 적분변수를 $x \rightarrow \xi/(2n+2)$로 대체하면

$$S_{n+1}(x_{n,m}) = \frac{2}{\pi}\int_0^{m\pi} \frac{\sin\xi}{2(n+1)\sin\left(\dfrac{\xi}{2n+2}\right)}\,d\xi \tag{1.5.11}$$

가 되는데, n은 푸리에 급수의 항의 수와 관련이 있고, m은 극점의 위치를 나타낸다. $x>0$인 영역에서 불연속점 $x=0$에 가장 가까운 극점은 $m=1$이며, 다음 극점은 $m=2$이다. 여기에서 주어진 S_{20}함수의 예에서는 m이 홀수이면 극대점이며 m이 짝수이면 극소점이 된다. 이와 관련하여 S_{20}을 나타낸 그림1.5.2를 참조하기 바란다. 또한 주어진 m에 대하여 n이 증가할수록 $x=0$ 근방의 극대점의 값은 점차 감소하며 극소점의 값은 점차 증가하는 것을 볼 수 있다. 그림1.5.3에서 $x>0$인 영역에서 불연속점 $x=0$에 가장 가까운 극대점과 극소점의 변화를 나타내었다. 그림에서 볼 수 있듯이 n이 증가할수록, 푸리에 급수의 항이 많아질수록 급수는 함수 $f(x)$에 가깝게 접근하지만 불연속점 근처에서는 진동하는 급수가 여전히 존재한다.

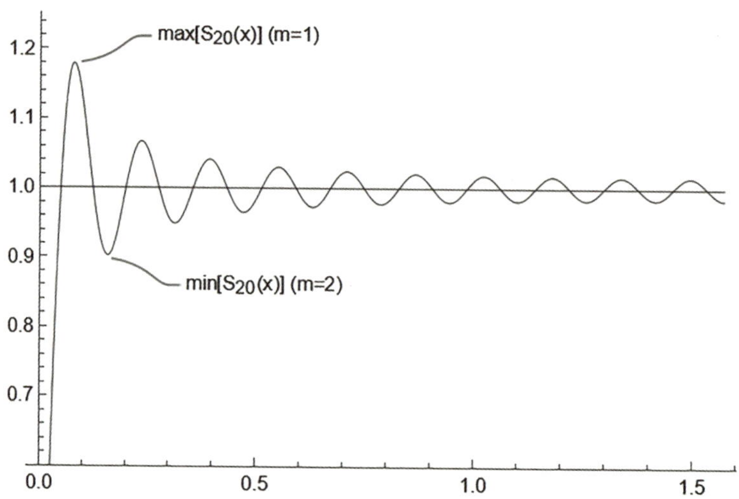

그림 1.5.2 푸리에 부분 급수 S_{20}의 그래프 $(x>0)$

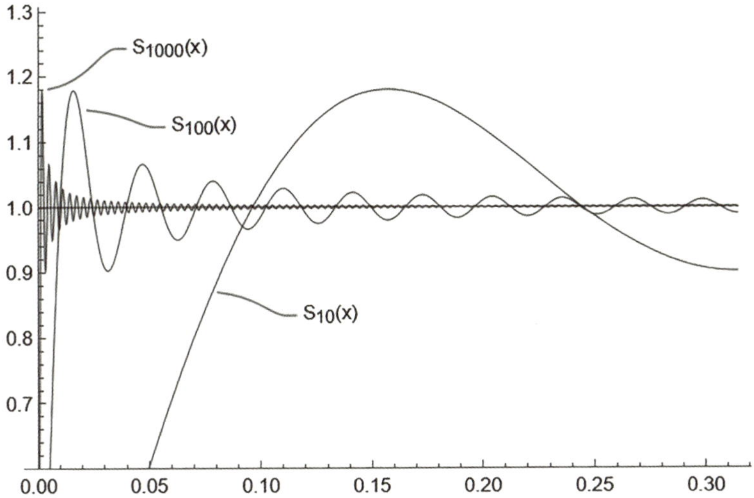

그림 1.5.3 $x = 0$ 근방에서의 푸리에 부분 급수 S_{10}, S_{100}, S_{1000}의 그래프

푸리에 급수의 항이 무한대가 되면 불연속적인 점을 제외한 구간에서는 푸리에 급수는 함수와 일치한다. n이 커지면 $\sin[\xi/(2n+2)] \approx \xi/(2n+2)$이므로

$$S_{n+1}(x_{n,m}) \approx \frac{2}{\pi}\int_0^{m\pi} \frac{\sin\xi}{\xi}\,d\xi = \frac{2}{\pi}\mathrm{Si}(m\pi), \ (\text{large } n) \tag{1.5.12}$$

가 되는데 여기서 $\mathrm{Si}(m\pi)$는 사인 적분 함수(sine integral) 이다. 극점에서 S_{n+1}의 값은 m의 값에 따라 달라지게 되는데 아래에서 $x > 0$의 영역에서 몇 가지 경우에 대하여 S_{n+1}을 계산하였다. 먼저 극대점(m이 홀수)인 경우에

$$m = 1\text{인 경우: } \lim_{n\to\infty} S_{n+1}(x_{n,1}) = \frac{2}{\pi}\int_0^{\pi} \frac{\sin\xi}{\xi}\,d\xi = 1.17898\cdots \tag{1.5.13}$$

$$m = 3\text{인 경우: } \lim_{n\to\infty} S_{n+1}(x_{n,3}) = \frac{2}{\pi}\int_0^{3\pi} \frac{\sin\xi}{\xi}\,d\xi = 1.06619\cdots \tag{1.5.14}$$

$$m = 5\text{인 경우: } \lim_{n\to\infty} S_{n+1}(x_{n,5}) = \frac{2}{\pi}\int_0^{5\pi} \frac{\sin\xi}{\xi}\,d\xi = 1.04021\cdots \tag{1.5.15}$$

과 같이 되고, 극소점(m이 짝수)인 경우에

$$m = 2\text{인 경우: } \lim_{n\to\infty} S_{n+1}(x_{n,2}) = \frac{2}{\pi}\int_0^{2\pi} \frac{\sin\xi}{\xi}\,d\xi = 0.902823\cdots \tag{1.5.16}$$

$$m = 4\text{인 경우: } \lim_{n\to\infty} S_{n+1}(x_{n,4}) = \frac{2}{\pi}\int_0^{4\pi} \frac{\sin\xi}{\xi}\,d\xi = 0.949939\cdots \tag{1.5.17}$$

$$m = 6\text{인 경우: } \lim_{n\to\infty} S_{n+1}(x_{n,6}) = \frac{2}{\pi}\int_0^{6\pi} \frac{\sin\xi}{\xi}\,d\xi = 0.96641\cdots \tag{1.5.18}$$

과 같이 된다. 즉, 불연속점에서 가장 근접한 위치에서부터 극대점은 $1.17898 \to 1.06619 \to 1.04021 \to \cdots$, 극소점은 $0.902823 \to 0.949939 \to 0.96641 \to \cdots$과 같이 되는데 이는 극대점/극소점에서 멀어지면서 $f = 1$을 향해 수렴한다는 뜻이다. 다시 말하자면 불연속점에 점점 가까워질수록 $S_\infty(x \to +0)$은 $f = 1$에서 점점 멀어지는 오버슈트가 발생하며, 이는 급수의 항을 아무리 증가시킨다고 하더라도 피할 수 없는 현상이다. 실제로 여기서 예를 든 함수인 식(1.5.1)의 경우 식(1.5.13)에서 계산된 $1.1789\cdots$가 오버슈트 값이 된다. 오버슈트의 값은 함수에 따라 달라질 것이다. 불연속점에서 푸리에 급수의 진동 현상은 구분적으로 매끄러운 함수의 불연속점 부근에서 일반적으로 볼 수 있는 현상이다. 이러한 특성을 **깁스 현상**(Gibbs phenomenon)이라고 한다. 정밀한 수치해석 연구에는 푸리에 급수의 깁스 현상에 대하여 매우 주의를 하여야 한다. 깁스 현상은 푸리에 급수뿐만 아니라 다른 고유함수의 전개에서도 나타난다.

1.6 푸리에 급수 연습(Fourier series exercises)

이 절에서는 지금까지 앞의 절에서 예시되었던 다양한 함수들을 포함하여 자주 나타나는 함수들의 푸리에 급수 표현을 체계적으로 연습하고 몇몇 중요한 이론과 응용 사례를 살펴보기로 한다. 물리학과 공학에서의 푸리에 급수의 본격적이고 다양한 응용문제는 제4장에서 보여줄 것이다.

1. 삼각함수의 직교성

자연수 m, n에 대하여 다음을 증명하여 보자.

$$I_1 = \int_{-\pi}^{\pi} \cos mx \cos nx\, dx = \pi\,\delta_{mn} \tag{1.6.1}$$

$$I_2 = \int_{-\pi}^{\pi} \sin mx \cos nx\, dx = 0 \tag{1.6.2}$$

$$I_3 = \int_{-\pi}^{\pi} \sin mx \sin nx\, dx = \pi\,\delta_{mn} \tag{1.6.3}$$

삼각함수의 곱셈공식을 이용하여 다음과 같이 계산할 수 있다.

$$I_1 = \int_{-\pi}^{\pi} \cos mx \cos nx\, dx = 2\int_0^{\pi} \cos mx \cos nx\, dx \tag{1.6.4}$$

$$= \int_0^{\pi} [\cos(m+n)x + \cos(m-n)x]\, dx$$

$$= \begin{cases} \left[\dfrac{\sin(m+n)x}{m+n} + \dfrac{\sin(m-n)x}{m-n} \right]_0^{\pi} = 0 & (m \neq n) \\ \left[\dfrac{\sin 2mx}{2m} + x \right]_0^{\pi} = \pi & (m = n) \end{cases}$$

$$= \pi\,\delta_{mn}$$

$$I_2 = \int_{-\pi}^{\pi} \sin mx \cos nx\, dx \tag{1.6.5}$$

$$= \frac{1}{2}\int_{-\pi}^{\pi} [\sin(m+n)x + \sin(m-n)x]\, dx$$

$$= \begin{cases} -\dfrac{1}{2}\left[\dfrac{\cos(m+n)x}{m+n} + \dfrac{\cos(m-n)x}{m-n} \right]_{-\pi}^{\pi} = 0 & (m \neq n) \\ -\dfrac{1}{2}\left[\dfrac{\cos 2mx}{2m} \right]_{-\pi}^{\pi} = 0 & (m = n) \end{cases}$$

$$= 0$$

$$I_3 = \int_{-\pi}^{\pi} \sin mx \sin nx\, dx = 2\int_0^{\pi} \sin mx \sin nx\, dx \tag{1.6.6}$$

$$= -\int_0^{\pi} [\cos(m+n)x - \cos(m-n)x]\, dx$$

$$= \begin{cases} -\left[\dfrac{\sin(m+n)x}{m+n} - \dfrac{\sin(m-n)x}{m-n}\right]_0^{\pi} = 0 & (m \neq n) \\ -\left[\dfrac{\sin 2mx}{2m} - x\right]_0^{\pi} = \pi & (m = n) \end{cases}$$

$$= \pi\,\delta_{mn}$$

2. 삼각함수 거듭제곱의 전개

자연수 k에 대하여 다음을 증명하여 보자.

$$\cos^n x = \frac{1}{2^n}\sum_{k=0}^{n}\binom{n}{k}\cos(n-2k)x \tag{1.6.7}$$

$$\sin^n x = \frac{1}{2^n}\sum_{k=0}^{n}(-1)^k\binom{n}{k}\cos\left[(n-2k)x - \frac{n\pi}{2}\right] \tag{1.6.8}$$

여기서 $\binom{n}{k} = \dfrac{n!}{k!\,(n-k)!} = {}_nC_k$는 이항계수이다.

증명은 오일러 공식과 이항정리 $(a+b)^n = \sum_{k=0}^{n}\binom{n}{k}a^{n-k}b^k$를 이용한다.

$$\cos^n x = \left(\frac{e^{ix}+e^{-ix}}{2}\right)^n = \frac{1}{2^n}\sum_{k=0}^{n}\binom{n}{k}e^{i(n-k)x}\,e^{-ikx} \tag{1.6.9}$$

$$= \frac{1}{2^n}\sum_{k=0}^{n}\binom{n}{k}e^{i(n-2k)x}$$

$$= \frac{1}{2^n}\sum_{k=0}^{n}\binom{n}{k}[\cos(n-2k)x + i\sin(n-2k)x]$$

실변수 x에 대하여 코사인 함수는 실수함수이므로 위의 결과에서 실수부만 선택하면

$$\cos^n x = \frac{1}{2^n}\sum_{k=0}^{n}\binom{n}{k}\cos(n-2k)x \tag{1.6.10}$$

를 얻을 수 있다. 부가적으로 다음의 항등식도 얻을 수 있다.

$$\sum_{k=0}^{n}\binom{n}{k}\sin(n-2k)x = 0 \tag{1.6.11}$$

$\sin^n x$에 대해서도 마찬가지 방법으로 할 수 있다.

$$\sin^n x = \left(\frac{e^{ix}-e^{-ix}}{2i}\right)^n = \frac{1}{(2i)^n}\sum_{k=0}^{n}\binom{n}{k}(-1)^k e^{i(n-2k)x} \tag{1.6.12}$$

여기서 $i^{-1} = e^{-i\pi/2}$를 이용하면 $\sin^n x = \frac{1}{2^n}\sum_{k=0}^{n}\binom{n}{k}(-1)^k e^{i[(n-2k)x-n\pi/2]}$가 되는데, 역시 실수부를 선택하면

$$\sin^n x = \frac{1}{2^n}\sum_{k=0}^{n}(-1)^k\binom{n}{k}\cos\left[(n-2k)x-\frac{n\pi}{2}\right] \tag{1.6.13}$$

를 얻는다. 마찬가지로 허수부로부터 다음의 항등식을 부가적으로 얻을 수 있다.

$$\sum_{k=0}^{n}(-1)^k\binom{n}{k}\sin\left[(n-2k)x-\frac{n\pi}{2}\right] = 0 \tag{1.6.14}$$

여기서 특히 식(1.6.7)과 식(1.6.14)에서 $x=0$으로 놓으면 이항계수의 주요 성질인 다음의 식들을 얻을 수 있다.

$$\sum_{k=0}^{n}\binom{n}{k} = 2^n, \quad \sum_{k=0}^{n}(-1)^k\binom{n}{k} = 0 \tag{1.6.15}$$

3. 삼각함수의 급수와 푸아송 핵

복소수 z에 대하여 $|z| < 1$일 때 다음 식이 성립한다.

$$\frac{1}{2} + \sum_{n=1}^{\infty} z^n = \frac{1}{2}\frac{1+z}{1-z} \tag{1.6.16}$$

이를 이용하면 $0 \le r < 1$에 대하여 다음의 관계식을 얻을 수 있다.

$$\frac{1}{2} + \sum_{n=1}^{\infty} r^n \cos nx = \frac{1}{2}\frac{1-r^2}{1-2r\cos x + r^2} \tag{1.6.17}$$

$$\sum_{n=1}^{\infty} r^n \sin nx = \frac{r\sin x}{1-2r\cos x + r^2} \tag{1.6.18}$$

이를 증명하여 보자. 드 므아브르 정리 $e^{inx} = \cos nx + i\sin nx$와 극좌표계에서 복소수 표현 $z = re^{ix}$ $(-\infty < x < \infty)$를 이용하면 식(1.6.16)의 좌변은

$$\begin{aligned}\frac{1}{2} + \sum_{n=1}^{\infty} z^n &= \frac{1}{2} + \sum_{n=1}^{\infty} r^n e^{inx} \\ &= \frac{1}{2} + \sum_{n=1}^{\infty} r^n \cos nx + i\sum_{n=1}^{\infty} r^n \sin nx\end{aligned} \tag{1.6.19}$$

와 같이 된다. 식(1.6.15)의 우변은 다음과 같이 실수부와 허수부로 나눌 수 있다.

$$\frac{1}{2}\frac{1+z}{1-z} = \frac{1}{2}\frac{(1+z)(1-\overline{z})}{(1-z)(1-\overline{z})} = \frac{1}{2}\frac{1+z-\overline{z}-|z|^2}{|1-z|^2} \tag{1.6.20}$$

$$= \frac{1}{2}\frac{1+re^{ix}-re^{-ix}-r^2}{1-re^{ix}-re^{-ix}+r^2} = \frac{1}{2}\frac{1+2ir\sin x-r^2}{1-2r\cos x+r^2}$$

$$= \frac{1}{2}\left(\frac{1-r^2}{1-2r\cos x+r^2}+i\frac{2r\sin x}{1-2r\cos x+r^2}\right)\Big\}$$

식(1.6.19)와 식(1.6.20)의 우변은 같아야 하므로 이로부터 식(1.6.17)과 식(1.6.18)을 증명할 수 있다. 참고로 식(1.6.17)의 우변은 **푸아송 핵**(Poisson kernel)과 관련이 있다. 푸아송 핵은 $0 \le r < 1$, $-\pi \le x \le \pi$에 대해 다음과 같이 정의된다.

$$P_r(x) = \sum_{n=-\infty}^{\infty} r^{|n|}e^{inx} \tag{1.6.21}$$

이 식은 다음과 같이 전개할 수 있다.

$$P_r(x) = \sum_{n=-\infty}^{\infty} r^{|n|}e^{inx} = 1+\sum_{n=1}^{\infty} r^n\left(e^{inx}+e^{-inx}\right) \tag{1.6.22}$$

$$= 1+\frac{re^{ix}}{1-re^{ix}}+\frac{re^{-ix}}{1-re^{-ix}}$$

$$= \frac{1-r^2}{1-r\left(e^{ix}+e^{-ix}\right)+r^2}$$

$$= \frac{1-r^2}{1-2r\cos x+r^2}$$

그러므로 식(1.6.17)은 $\frac{1}{2}+\sum_{n=1}^{\infty} r^n\cos nx = \frac{1}{2}P_r(x)$와 같이 쓰기도 한다. 푸아송 핵은 다음과 같은 기본적인 성질을 가지고 있다.

$$P_r(x) = P_r(-x), \quad P_r(x) > 0, \quad \frac{1}{2\pi}\int_{-\pi}^{\pi} P_r(x)\,dx = 1 \tag{1.6.23}$$

위의 성질 중에서 첫 번째는 당연하며, 두 번째도

$$1 - 2r\cos x + r^2 = (1-r)^2 + 4r\sin^2\left(\frac{x}{2}\right) > 0 \tag{1.6.24}$$

이므로 성립한다. 세 번째 성질은 다음과 같이 증명할 수 있다.

$$\frac{1}{2\pi}\int_{-\pi}^{\pi} P_r(x)\,dx = \frac{1}{2\pi}\int_{-\pi}^{\pi} dx + \frac{1}{\pi}\sum_{n=1}^{\infty} r^n \int_{-\pi}^{\pi} \cos nx\,dx = 1 \tag{1.6.25}$$

푸아송 핵의 또 다른 성질은 극한과 관련된 것으로서, 임의의 $0 < \delta < \pi$에 대해 다음이 성립한다.

$$\lim_{r \to 1}\left[\max P_r(x)\right]_{\delta \le x \le \pi} = 0 \tag{1.6.26}$$

이것은 $\delta < x < \pi$에 대해 $1 - 2r\cos x + r^2 > 4r\sin^2\left(\frac{\delta}{2}\right) > 0$이 성립하므로

$$P_r(x) \le \frac{1 - r^2}{4r\sin^2\left(\frac{\delta}{2}\right)}, \quad (\delta < x < \pi) \tag{1.6.27}$$

가 된다. 이 식은 r이 1로 가는 극한에서 우변이 0으로 접근하므로 식(1.6.26)을 얻을 수 있다. 푸아송 핵은 푸아송 적분을 정의하는데 쓰이며, 수렴정리의 증명, 라플라스 방정식의 해를 구하는 문제 등에서 중요하게 쓰인다. 그림1.6.1에 $r = 0.6$ 및 0.9인 경우에 대하여 푸아송 핵을 나타내었다.

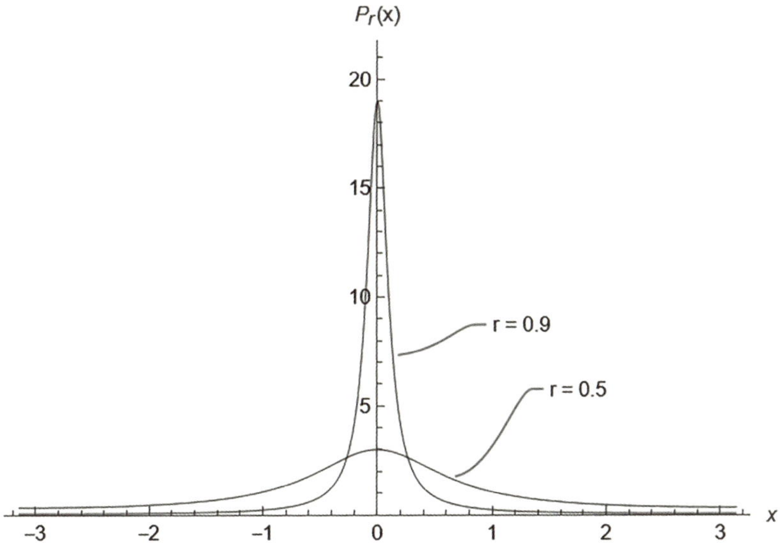

그림 1.6.1 푸아송 핵 $P_{0.6}(x)$ 및 $P_{0.9}(x)$의 그래프

4. 함수의 주기

$f(x)$가 주기 T의 주기함수라면 $a > 0$에 대하여 $f(ax)$의 주기는 T/a이다. 이를 확인해 보자. 주기함수는 $f(x + T) = f(x)$가 성립한다. $f(ax) \equiv g(x)$로 놓으면

$$f(ax + T) = f(ax) = g(x) \tag{1.6.28}$$

$$f(ax + T) = f\left(a\left(x + \frac{T}{a}\right)\right) = g\left(x + \frac{T}{a}\right) \tag{1.6.29}$$

가 되므로 $g(x) = g(x + T/a)$의 주기는 T/a가 된다. 예를 들어 $f(x) = \sin x$를 생각해 보자. $\sin x$의 주기는 2π이다. $f(ax) = \sin ax$의 경우에는

$$\sin ax = \sin\left[a\left(x + \frac{2\pi}{a}\right)\right] = \sin\left[a\left(x + \frac{2\pi}{a} + \frac{2\pi}{a}\right)\right] = \cdots \tag{1.6.30}$$

가 성립하므로 주기는 $2\pi/a$가 된다. $a = 1,\ 2,\ 3$인 경우에 대하여 $\sin x$의 그래프를 그림1.6.2에 나타내었으며 그림으로부터 주기가 각각 $2\pi,\ \pi,\ 2\pi/3$인 것을 볼 수 있다.

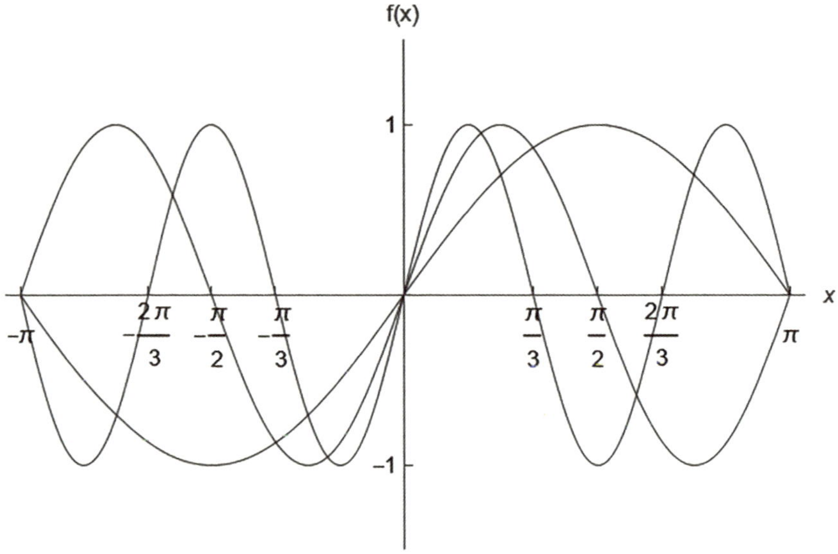

그림 1.6.2 삼각함수 $\sin x$, $\sin 2x$, $\sin 3x$의 주기는 각각 2π, π, $2\pi/3$이다.

다음 함수의 주기를 구해 보자.

$$f(x) = \cos x + \cos\frac{x}{2} + \cos\frac{x}{3} \tag{1.6.31}$$

$$g(x) = \cos^2 x \tag{1.6.32}$$

$$h(x) = \cos 2x + \sin\frac{x}{\sqrt{3}} \tag{1.6.33}$$

$f(x)$의 주기 T를 구하기 위해 먼저 항의 주기를 구한다. $f(x)$의 각 항 $\cos x$, $\cos\frac{x}{2}$, $\cos\frac{x}{3}$의 주기는 각각 2π, 4π, 6π이다. 따라서 $f(x)$의 주기는 이들의 최소공배수인 $T = 12\pi$가 된다. $g(x)$의 경우에는 $\cos^2 x = \frac{1}{2} + \frac{1}{2}\cos 2x$이므로 주기는 $T = \pi$이다. $h(x)$의 경우 유리수 π와 무리수 $2\sqrt{3}\pi$의 공배수가 존재하지 않는다. 그러므로 $h(x)$는 주기함수가 아니다.

5. 주기적인 우함수와 기함수의 적분

주기 $2L$의 주기함수 $f(x)$에 대해 다음이 성립한다. 여기서 n은 자연수이다.

$$f(x)\text{가 우함수인 경우: } \int_0^L f(nx)\,dx = \int_0^L f(x)\,dx \tag{1.6.34}$$

$$f(x)\text{가 기함수인 경우: } \int_0^L f(nx)\,dx = \begin{cases} 0 & (n \text{ 짝수}) \\ \dfrac{1}{n}\displaystyle\int_0^L f(x)\,dx & (n \text{ 홀수}) \end{cases} \tag{1.6.35}$$

이를 증명하여 보자. $f(x)$가 우함수인 경우 $nx = y$로 치환하면

$$\begin{aligned} \int_0^L f(nx)\,dx &= \frac{1}{n}\int_0^{nL} f(y)\,dy = \frac{1}{n}\sum_{k=1}^{n}\int_{(k-1)L}^{kL} f(y)\,dy \\ &= \frac{1}{n}\sum_{k=1}^{n}\int_0^L f(z+(k-1)L)\,dz \end{aligned} \tag{1.6.36}$$

로 쓸 수 있다. 마지막 식에서 $y = z + (k-1)L$로 치환하였다. n이 짝수일 때 $n = 2m$으로 놓으면 피적분함수를 다음과 같이 두 개로 나눌 수 있다.

$$\begin{aligned} &\frac{1}{n}\sum_{k=1}^{n}\int_0^L f(z+(k-1)L)\,dz \\ &= \frac{1}{n}\sum_{k=1}^{m}\int_0^L [f(z+(2k-2)L) + f(z+(2k-1)L)]\,dz \end{aligned} \tag{1.6.37}$$

여기서 $f(x)$의 주기가 $2L$이므로 $f(z+(2k-2)L) = f(z)$, $f(z+(2k-1)L) = f(z-L)$가 된다. 따라서 다음과 같이 계산할 수 있다.

$$\frac{1}{n}\sum_{k=1}^{m}\int_0^L [f(z+(2k-2)L)+f(z+(2k-1)L)]\,dz \tag{1.6.38}$$

$$= \frac{1}{n}\sum_{k=1}^{m}\int_0^L [f(z)+f(z-L)]\,dz = \frac{1}{n}\sum_{k=1}^{m}\int_0^L [f(t)+f(-z)]\,dz$$

$$= \frac{1}{n}\sum_{k=1}^{m}\int_0^L [f(t)+f(z)]\,dz = \frac{2m}{n}\int_0^L f(z)\,dz = \int_0^L f(z)\,dz$$

여기서 $\int_0^L f(z-L)\,dz = \int_{-L}^0 f(t)\,dt = \int_0^L f(-t)\,dt$인 것과 우함수의 성질에 의하여 $f(-z)=f(z)$임을 이용하였다. n이 홀수일 때 $n=2m+1$이라고 놓으면 다음의 결과를 얻는다.

$$\int_0^L f(nx)\,dx = \frac{2m}{n}\int_0^L f(z)\,dz + \frac{1}{n}\int_0^L f(z+2mL)\,dz \tag{1.6.39}$$

$$= \frac{2m+1}{n}\int_0^L f(z)\,dz = \int_0^L f(z)\,dz$$

그러므로 $f(z)$가 우함수인 경우 $\int_0^L f(nx)\,dx = \int_0^L f(x)\,dx$가 증명이 되었다. 예를 들어 $L=\pi$, $f(x)=\cos^2 x$인 경우 다음의 계산으로부터 확인할 수 있다.

$$\int_0^\pi \cos^2 nx\,dx = \int_0^\pi \cos^2 x\,dx = \frac{\pi}{2} \qquad (n=1,2,\cdots) \tag{1.6.40}$$

$f(x)$가 기함수인 경우, $n=2m$으로 놓으면 $f(-z)=-f(z)$이므로

$$\int_0^L f(nx)\,dx = \frac{1}{n}\sum_{k=1}^{m}\int_0^L [f(z+(2k-2)L)+f(z+(2k-1)L)]\,dz \tag{1.6.41}$$

$$= \frac{1}{n}\sum_{k=1}^{m}\int_0^L [f(z)+f(z-L)]\,dz$$

$$= \frac{1}{n}\sum_{k=1}^{m}\int_0^L [f(z)+f(-z)]\,dz = 0$$

이 되고, $n=2m+1$이면 $f(z+2mL)=f(z)$이므로

$$\int_0^L f(nx)\,dx = \frac{1}{n}\sum_{k=1}^{m}\int_0^L [f(z)+f(-z)]\,dz + \frac{1}{n}\int_0^L f(z+2mL)\,dz \qquad (1.6.42)$$
$$= \frac{1}{n}\int_0^L f(z)\,dz$$

가 된다. 그러므로 식(1.6.35)가 증명이 되었다. 예를 들어 $L=\pi$, $f(x)=\cos x$인 경우에 다음과 같이 됨을 알 수 있다.

$$\int_0^\pi \sin nx\,dx = \begin{cases} 0 & (n \text{ 짝수}) \\ \dfrac{1}{n}\displaystyle\int_0^\pi \sin x\,dx = \dfrac{1}{n}[-\cos x]_0^\pi = \dfrac{2}{n} & (n \text{ 홀수}) \end{cases} \qquad (1.6.43)$$

6. 우함수의 푸리에 급수

주기 2π의 우함수 $f(x)=\cos\alpha x\ (-\pi \leqq x < \pi)$의 푸리에 급수를 구해 보자. 우함수이므로 모든 n에 대해 사인 급수의 전개계수는 $b_n=0$이다. 코사인 급수의 전개계수 a_n은 다음과 같이 구할 수 있다.

$$a_n = \frac{1}{\pi}\int_{-\pi}^{\pi}\cos\alpha x\cos nx\,dx = \frac{1}{\pi}\int_0^\pi [\cos(\alpha+n)x+\cos(\alpha-n)x]\,dx \qquad (1.6.44)$$
$$= \frac{1}{\pi}\left[\frac{\sin(\alpha+n)x}{\alpha+n}+\frac{\sin(\alpha-n)x}{\alpha-n}\right]_0^\pi = \frac{1}{\pi}\left[\frac{(-1)^n\sin\alpha\pi}{\alpha+n}+\frac{(-1)^n\sin\alpha\pi}{\alpha-n}\right]$$
$$= \frac{(-1)^n\sin\alpha\pi}{\pi}\left(\frac{1}{\alpha+n}+\frac{1}{\alpha-n}\right) = \frac{2\alpha(-1)^n\sin\alpha\pi}{\pi(\alpha^2-n^2)} \qquad (n=0,1,2,\cdots)$$

함수 $f(x)=\cos\alpha x$는 연속이고 매끄러운 함수이므로 푸리에 급수는 다음과 같이 된다.

$$S(x) = \frac{\sin\alpha\pi}{\pi\alpha} + \frac{2\alpha\sin\alpha\pi}{\pi}\sum_{n=1}^{\infty}\frac{(-1)^n}{\alpha^2-n^2}\cos nx \qquad (1.6.45)$$

7. 기함수의 푸리에 급수

주기 2π 의 기함수 $f(x) = x^3 \ (-\pi \leqq x < \pi)$의 푸리에 급수를 구해 보자. 기함수이므로 모든 n에 대해 $a_n = 0$이다. 사인 급수의 전개계수 b_n은 부분적분 방법을 써서 다음과 같이 구할 수 있다.

$$
\begin{aligned}
b_n &= \frac{1}{\pi}\int_{-\pi}^{\pi} x^3 \sin nx\,dx = \frac{2}{\pi}\int_0^{\pi} x^3 \sin nx\,dx \\
&= \frac{2}{\pi}\left\{\left[-\frac{x^3}{n}\cos nx\right]_0^{\pi} + \frac{3}{n}\int_0^{\pi} x^2 \cos nx\,dx\right\} \\
&= \cdots = \frac{2(-1)^{n+1}\pi^2}{n} - \frac{12}{n^2\pi}\left\{-\left[\frac{x}{n}\cos nx\right]_0^{\pi} + \frac{1}{n}\int_0^{\pi}\cos nx\,dx\right\} \\
&= \frac{2(-1)^{n+1}\pi^2}{n} + \frac{12(-1)^n}{n^3} - \frac{12}{n^3\pi}\left[\frac{\sin nx}{n}\right]_0^{\pi} \\
&= \frac{2(-1)^{n+1}\pi^2}{n}\left(1 - \frac{6}{n^2\pi^2}\right)
\end{aligned}
\tag{1.6.46}
$$

따라서 $f(x) = x^3$의 푸리에 급수는 다음과 같이 된다.

$$S(x) = 2\pi^2 \sum_{n=1}^{\infty} \frac{(-1)^{n+1}}{n}\left(1 - \frac{6}{n^2\pi^2}\right)\sin nx \tag{1.6.47}$$

8. 사인 급수, 코사인 급수가 모두 가능한 함수

구간 $[0, 1]$에서 정의된 다음의 함수는 우함수 또는 기함수의 일부분으로 본다면 사인 푸리에 급수 또는 코사인 푸리에 급수로 전개가 가능하다.

$$f(x) = \left(x - \frac{1}{4}\right)^2 + 1 \tag{1.6.48}$$

그림1.6.3에 $f(x)$와 이를 우함수와 기함수로 확장한 그래프를 보여주고 있다. $f(x)$를 우함수의 일부로 보면 코사인 푸리에 급수로 전개할 수 있고, 기함수의 일부로 보면 사인 푸리에 급수로 전개할 수 있다. 우함수 푸리에 급수를 $S_{\text{even}}(x)$라고 하면 푸리에 전개계수 b_n은 모든 n에 대하여 $b_n = 0$이고 a_n은 다음과 같이 계산된다.

$$a_0 = 2\int_0^1 \left[\left(x - \frac{1}{4}\right)^2 + 1\right] dx = \frac{55}{24} \tag{1.6.49}$$

$$\begin{aligned} a_n &= 2\int_0^1 \left[\left(x - \frac{1}{4}\right)^2 + 1\right] \cos n\pi x\, dx \\ &= 2\left[\frac{1}{n\pi}\left(x - \frac{1}{4}\right)^2 \sin n\pi x\right]_0^1 - \frac{2}{n\pi}\int_0^1 \left(x - \frac{1}{4}\right)\sin n\pi x\, dx + 2\left[\frac{\sin n\pi x}{n\pi}\right]_0^1 \\ &= \frac{1}{n^2\pi^2}\left[3(-1)^n + 1\right] \quad (n \geqq 1) \end{aligned} \tag{1.6.50}$$

따라서 푸리에 급수는 다음과 같으며 그림1.6.3에서 $f(x)$와 비교하여 나타내었다.

$$S_{\text{even}}(x) = \frac{55}{48} + \sum_{n=1}^{\infty} \frac{3(-1)^n + 1}{n^2\pi^2} \cos n\pi x \tag{1.6.51}$$

$f(x)$를 기함수의 일부로 보았을 때 푸리에 급수를 $S_{\text{odd}}(x)$라고 하자. 모든 n에 대하여 $a_n = 0$이며 b_n은 다음과 같이 계산할 수 있다.

$$\begin{aligned} b_n &= 2\int_0^1 \left[\left(x - \frac{1}{4}\right)^2 + 1\right] \sin n\pi x\, dx \\ &= 2\left[\frac{-1}{n\pi}\left(x - \frac{1}{4}\right)^2 \cos n\pi x\right]_0^1 + \frac{2}{n\pi}\int_0^1 \left(x - \frac{1}{4}\right)\cos n\pi x\, dx + 2\left[\frac{-\cos n\pi x}{n\pi}\right]_0^1 \\ &= \frac{1}{8n^3\pi^3}\left[(32 - 25n^2\pi^2)(-1)^n + 17n^2\pi^2 - 32\right] \quad (n \geq 1) \end{aligned} \tag{1.6.52}$$

따라서 푸리에 급수는 다음과 같으며 그림1.6.4에 $f(x)$와 비교하여 나타내었다.

$$S_{\text{odd}}(x) = \sum_{n=1}^{\infty} \frac{(32-25n^2\pi^2)(-1)^n + 17n^2\pi^2 - 32}{8n^3\pi^3} \sin n\pi x \tag{1.6.53}$$

이 경우에는 불연속점 $x = 0, \pm 1, \pm 2, \ldots$에서 깁스 현상이 생긴다. 불연속점을 제외하면 세 개의 식 $f(x)$, $S_{\text{even}}(x)$, $S_{\text{odd}}(x)$는 형태는 서로 달라도 구간 $[0, 1]$에서 일치한다.

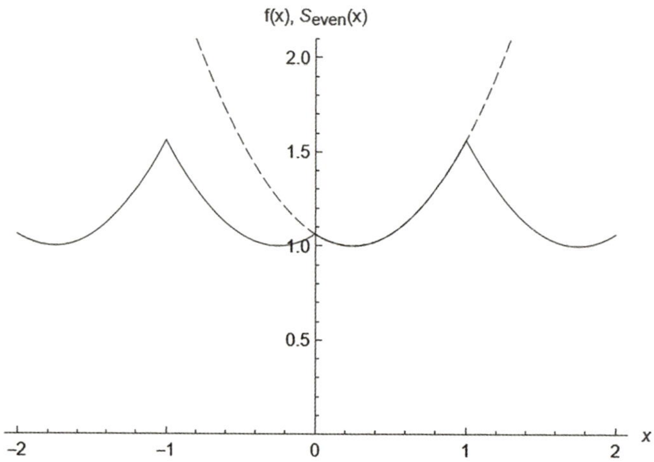

그림 1.6.3 구간 $[0, 1]$에서 정의된 함수 $f(x)$를 우함수의 일부로 보고 푸리에 코사인 급수 $S_{\text{even}}(x)$로 전개하였다.

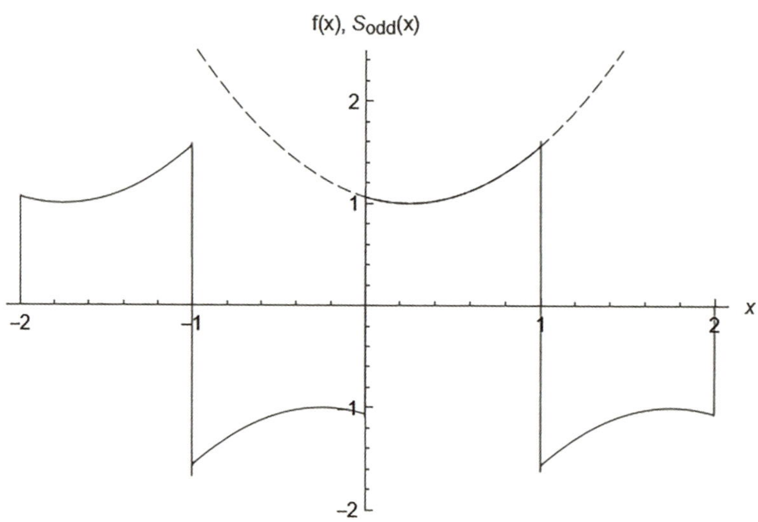

그림 1.6.4 구간 $[0, 1]$에서 정의된 함수 $f(x)$를 기함수의 일부로 보고 푸리에 사인 급수 $S_{\text{odd}}(x)$로 전개하였다. 불연속점에서 깁스 현상이 발생한 것을 볼 수 있다.

9. 복소형식의 푸리에 급수

아래의 주기 2π의 함수를 복소형식의 푸리에 급수로 표현해 보자.

$$f(x) = x \qquad (0 < x < 2\pi) \tag{1.6.54}$$

1.1절에서 설명하였듯이 주기 2π의 함수 $f(x)$의 복소 푸리에 급수는 다음과 같이 쓸 수 있다.

$$S[f] = \frac{a_0}{2} + \sum_{n=1}^{\infty}(a_n \cos nx + b_n \sin nx) = \sum_{n=-\infty}^{\infty} c_n e^{inx} \tag{1.6.55}$$

여기서 복소 푸리에 계수 c_n은 다음과 같다.

$$c_n = \frac{1}{2\pi}\int_0^{2\pi} f(x) e^{-inx}\,dx = \begin{cases} \frac{1}{2}(a_n - ib_n) & (n = 1, 2, \cdots) \\ \frac{1}{2}a_0 & (n = 0) \\ \frac{1}{2}(a_{-n} - ib_{-n}) & (n = -1, -2, \cdots) \end{cases} \tag{1.6.56}$$

함수 $f(x) = x$에 대하여 c_n은 다음과 같이 계산된다. $n \neq 0$일 때

$$c_n = \frac{1}{2\pi}\int_0^{2\pi} x\,e^{-inx}\,dx = \frac{1}{2\pi}\left\{\left[\frac{x}{-in}e^{-inx}\right]_0^{2\pi} + \frac{1}{in}\int_0^{2\pi} e^{-inx}\,dx\right\} \tag{1.6.57}$$

$$= \frac{1}{2\pi}\left\{\frac{2\pi i}{n} - \left(\frac{1}{in}\right)^2\left[e^{-inx}\right]_0^{2\pi}\right\} = \frac{i}{n}$$

그리고 $n = 0$일 때

$$c_0 = \frac{1}{2\pi}\int_0^{2\pi} x\,dx = \pi \tag{1.6.58}$$

이다. 따라서 $f(x) = x \ (0 < x < 2\pi)$의 복소 푸리에 급수는 다음과 같다.

$$S[f] = \pi + i \sum_{\substack{n=-\infty \\ n \neq 0}}^{\infty} \frac{e^{inx}}{n} \quad (0 < x < 2\pi) \tag{1.6.59}$$

위의 결과에서 실수부를 택하면

$$S[f] = \pi - \sum_{\substack{n=-\infty \\ n \neq 0}}^{\infty} \frac{\sin nx}{n} = \pi - 2\sum_{n=1}^{\infty} \frac{\sin nx}{n} \quad (0 < x < 2\pi) \tag{1.6.60}$$

가 된다. 여기서 주기함수 $f(x) = x$의 범위가 달라지면 푸리에 급수의 모양이 달라질 수 있다. 예를 들어 $f(x) = x \ (-\pi < x < \pi)$를 푸리에 급수 전개하면 다음과 같다.

$$S[f] = 2\sum_{n=1}^{\infty} \frac{(-1)^{n+1} \sin nx}{n} \quad (-\pi < x < \pi) \tag{1.6.61}$$

식(1.6.60)과 식(1.6.61)은 형태와 범위가 다르다 하더라도 공통 범위인 $0 < x < \pi$에서는 두 식이 같은 값을 가져야 한다. 즉,

$$\pi - 2\sum_{n=1}^{\infty} \frac{\sin nx}{n} = 2\sum_{n=1}^{\infty} \frac{(-1)^{n+1} \sin nx}{n} \quad (0 < x < \pi) \tag{1.6.62}$$

따라서 다음과 같이 π에 대한 관계식을 구할 수 있다.

$$\pi = 4\sum_{n=1}^{\infty} \frac{\sin(2n-1)x}{2n-1} \quad (0 < x < \pi) \tag{1.6.63}$$

이 식은 $0 < x < \pi$ 범위의 x에 대하여 구한 것이지만, 모든 x에 대하여 확장할 수 있다. 모든 정수 $k = 0, \pm 1, \pm 2, \cdots$에 대하여 다음이 성립한다.

$$\pi = \begin{cases} 4\sum_{n=1}^{\infty} \dfrac{\sin(2n-1)x}{2n-1} & [2k\pi < x < (2k+1)\pi] \\ -4\sum_{n=1}^{\infty} \dfrac{\sin(2n-1)x}{2n-1} & [(2k+1)\pi < x < (2k+2)\pi] \end{cases} \tag{1.6.64}$$

단, $x = k\pi$에서는 깁스 현상에 의한 오버슈트가 발생하므로 주의하여야 한다.

10. 푸리에 급수의 최적근사

어떤 복소 함수열 $\{\alpha_m\}$에 대하여 주기 $2L$의 다항식 함수

$$F_N(x) = \sum_{m=-N}^{N} \alpha_m e^{im\pi x/L} \tag{1.6.65}$$

가 정의되었다. 복소 계수 α_m은 반드시 푸리에 계수일 조건은 아니다. 다항식 함수 $F_N(x)$를 푸리에 급수로 전개하여 보자. 푸리에 복소 전개계수 c_n은

$$c_n = \frac{1}{2L}\int_{-L}^{L} F_N(x) e^{-in\pi x/L} dx = \frac{1}{2L}\sum_{m=-N}^{N} \alpha_m \int_{-L}^{L} e^{i(m-n)\pi x/L} dx \tag{1.6.66}$$

와 같이 된다. 지수함수의 적분은 다음과 같이 크로네커 델타로 표현할 수 있다.

$$\int_{-L}^{L} e^{i(m-n)\pi x/L} dx = 2L\delta_{mn} \tag{1.6.67}$$

그러므로 복소 전개계수 c_n은 다음과 같다.

$$c_n = \sum_{m=-N}^{N} \alpha_n \delta_{mn} = \alpha_n \quad (|n| \le N) \tag{1.6.68}$$

$|n| > N$인 경우에는 $c_n = 0$이다. 그러므로 함수 $F_N(x)$의 푸리에 급수는

$$S[F_N] = \sum_{n=-\infty}^{\infty} c_n e^{in\pi x/L} = \sum_{n=-N}^{N} \alpha_n e^{in\pi x/L} = F_N(x) \tag{1.6.69}$$

즉, $F_N(x)$의 푸리에 급수는 $F_N(x)$과 같다. 어떤 함수의 복소 푸리에 급수를 다항식 함수로 가장 잘 근사시키려면 다항식 함수의 복소 계수를 어떻게 선택하면 좋은가 하는 것을 최적근사(best approximation) 문제라고 한다.

최적근사 문제에 대하여 좀 더 일반적으로 살펴보자. 푸리에 급수를 갖는 주기 $2L$의 함수 $f(x)$와 다항식 함수 $F_N(x)$의 평균제곱오차는 다음과 같다.

$$\begin{aligned}\epsilon_N &= \int_{-L}^{L} |f(x) - F_N(x)|^2 dx = \int_{-L}^{L} (f(x) - F_N(x))\overline{(f(x) - F_N(x))}\, dx \\ &= \int_{-L}^{L} |f(x)|^2 dx - \int_{-L}^{L} f(x)\,\overline{F_N(x)}\, dx - \int_{-L}^{L} \overline{f(x)}\, F_N(x)\, dx + \int_{-L}^{L} |F_N(x)|^2 dx \\ &= \int_{-L}^{L} |f(x)|^2 dx - I_1 - I_2 + I_3\end{aligned} \tag{1.6.70}$$

여기서

$$I_1 = \int_{-L}^{L} f(x)\,\overline{F_N(x)}\, dx = \sum_{n=-N}^{N} \overline{\alpha_n} \int_{-L}^{L} f(x) e^{-in\pi x/L} dx = 2L \sum_{n=-N}^{N} \overline{\alpha_n}\, c_n \tag{1.6.71}$$

$$\begin{aligned}I_2 &= \int_{-L}^{L} \overline{f(x)}\, F_N(x)\, dx = \sum_{n=-N}^{N} \alpha_n \int_{-L}^{L} \overline{f(x)}\, e^{in\pi x/L} dx \\ &= \sum_{n=-N}^{N} \alpha_n \overline{\int_{-L}^{L} f(x) e^{-in\pi x/L} dx} = 2L \sum_{n=-N}^{N} \alpha_n \overline{c_n}\end{aligned} \tag{1.6.72}$$

$$\begin{aligned}I_2 &= \int_{-L}^{L} |F_N(x)|^2\, dx = \int_{-L}^{L} \left(\sum_{n=-N}^{N} \alpha_n e^{in\pi x/L} \right) \left(\sum_{m=-N}^{N} \overline{\alpha_m}\, e^{-im\pi x/L} \right) dx \\ &= \sum_{n=-N}^{N} \sum_{m=-N}^{N} \alpha_n \overline{\alpha_m} \int_{-L}^{L} e^{i(n-m)\pi x/L} dx = 2L \sum_{n=-N}^{N} |\alpha_n|^2\end{aligned} \tag{1.6.73}$$

가 되므로 평균제곱오차는

$$\epsilon_N = \int_{-L}^{L} |f(x)|^2 dx - 2L \sum_{n=-N}^{N} \left(\overline{\alpha_n} c_n + \alpha_n \overline{c_n} - |\alpha_n|^2 \right) \tag{1.6.74}$$

$$= \int_{-L}^{L} |f(x)|^2 dx - 2L \sum_{n=-N}^{N} \left(|c_n|^2 - |\alpha_n - c_n|^2 \right)$$

$$= \int_{-L}^{L} |f(x)|^2 dx - 2L \sum_{n=-N}^{N} |c_n|^2 + 2L \sum_{n=-N}^{N} |\alpha_n - c_n|^2$$

가 되는데, 여기서 첫째 항과 둘째 항은 함수 f에 의해 결정되는 양이고 셋째 항은

$$\sum_{n=-N}^{N} |\alpha_n - c_n|^2 \geq 0 \tag{1.6.75}$$

이 되는데 오차를 최소한으로 하기 위해서는 $\alpha_n = c_n$이면 된다. 따라서 다항식의 복소 계수와 푸리에 복소 계수가 같을 때 평균제곱오차가 최소가 되며, 이것을 최적근사라고 한다.

최적근사와 관련한 예를 하나 보자. $x \in [-\pi, \pi]$에 대하여 함수 $f(x) = e^x$와 다항식 $F_N(x) = A_0 + A_1 \cos x + B_1 \sin x$가 주어졌다. 다음의 적분 ϵ_N을 최소화하는 A_0, A_1, B_1을 구해보자.

$$\epsilon_N = \int_{-\pi}^{\pi} \left| e^x - (A_0 + A_1 \cos x + A_1 \sin x) \right|^2 dx \tag{1.6.76}$$

F_N을 푸리에 전개하면 $A_0 = \dfrac{a_0}{2}$, $A_1 = a_1$, $B_1 = a_1$이 되며 이때 ϵ_N이 최소가 된다. 따라서

$$A_0 = \frac{a_0}{2} = \frac{1}{2\pi} \int_{-\pi}^{\pi} e^x dx = \frac{1}{2\pi} \left(e^{\pi} - e^{-\pi} \right) \tag{1.6.77}$$

$$A_1 = a_1 = \frac{1}{\pi}\int_{-\pi}^{\pi} e^x \cos x\, dx = \frac{1}{\pi}\left([e^x \sin x]_{-\pi}^{\pi} - \int_{-\pi}^{\pi} e^x \sin x\, dx\right) \tag{1.6.78}$$

$$= -\frac{1}{\pi}\int_{-\pi}^{\pi} e^x \sin x\, dx$$

$$B_1 = b_1 = \frac{1}{\pi}\int_{-\pi}^{\pi} e^x \sin x\, dx = \frac{1}{\pi}\left([-e^x \cos x]_{-\pi}^{\pi} + \int_{-\pi}^{\pi} e^x \cos x\, dx\right) \tag{1.6.79}$$

$$= \frac{1}{\pi}(e^{\pi} + e^{-\pi}) + \frac{1}{\pi}\int_{-\pi}^{\pi} e^x \sin x\, dx = \frac{1}{\pi}(e^{\pi} + e^{-\pi}) + a_1$$

가 된다. 그러므로 이를 정리하면

$$A_0 = \frac{1}{2\pi}(e^{\pi} - e^{-\pi}),\ A_1 = -\frac{1}{2\pi}(e^{\pi} - e^{-\pi}),\ B_1 = \frac{1}{2\pi}(e^{\pi} - e^{-\pi}) \tag{1.6.80}$$

11. 베셀 부등식

주기 $2L$의 함수 $f(x)$의 복소 푸리에 전개계수를 c_n이라고 하면 다음의 베셀 부등식(Bessel's inequality)이 성립한다.

$$\sum_{n=-\infty}^{\infty} |c_n|^2 \le \frac{1}{2L}\int_{-L}^{L} |f(x)|^2\, dx \tag{1.6.81}$$

함수 $f(x)$와 다항식 함수 $F_N(x)$의 평균제곱오차 $\epsilon_N = \int_{-L}^{L} |f(x) - F_N(x)|^2\, dx$는 $\alpha_n = c_n$일 때 최소가 된다는 것을 앞의 10번 항목에서 보였다. 이때 최소 오차를 $\epsilon_{N,\min}$이라고 하면 다항식 함수는 $\alpha_n = c_n$이므로 푸리에 급수의 부분 급수(부분합) $S_N[f]$와 같게 된다.

$$F_N(x) = \sum_{n=-N}^{N} c_n e^{in\pi x/L} = S_N[f](x) \tag{1.6.82}$$

따라서 평균제곱오차의 최소값은

$$\epsilon_{N,\min} = \int_{-L}^{L} |f(x) - S_N[f](x)|^2 dx = \int_{-L}^{L} |f(x)|^2 dx - 2L \sum_{n=-N}^{N} |c_n|^2 \tag{1.6.83}$$

이 된다. $\epsilon_{N,\min} \geq 0$이므로

$$\sum_{n=-N}^{N} |c_n|^2 \leq \frac{1}{2L} \int_{-L}^{L} |f(x)|^2 dx \tag{1.6.84}$$

이 된다. 다항식의 항의 수에 제한을 두지 않았으므로 N은 무한히 크게 할 수 있으며 $N \to \infty$이어도 이 식은 성립한다. 따라서 베셀 부등식이 성립함이 증명되었다. 복소 푸리에 계수와 실수 푸리에 계수의 관계는 $n = 0, 1, 2, \ldots$에 대하여 $c_n = (a_n - i\,b_n)/2$, $c_{-n} = (a_n + i\,b_n)/2$이므로 베셀 부등식의 좌변은 다음과 같이 쓸 수 있다.

$$\sum_{n=-N}^{N} |c_n|^2 = |c_0|^2 + \sum_{n=1}^{N} \left(|c_n|^2 + |c_{-n}|^2 \right) = \frac{a_0^2}{4} + \frac{1}{2} \sum_{n=1}^{N} \left(a_n^2 + b_n^2 \right) \tag{1.6.85}$$

그러므로 베셀 부등식은 다음과 같이 쓰기도 한다.

$$\frac{a_0^2}{4} + \frac{1}{2} \sum_{n=1}^{\infty} \left(a_n^2 + b_n^2 \right) \leq \frac{1}{2L} \int_{-L}^{L} |f(x)|^2 dx \tag{1.6.86}$$

베셀 부등식으로부터 중요한 보조정리를 보여줄 수 있다. 식(1.6.81)에 나타난 베셀 부등식의 우변은 유계이다. 따라서 좌변에서 $n \to \infty$이면 $|c_n| \to 0$이어야 한다. 또한 $|c_n|^2 = a_n^2 + b_n^2$이므로 $n \to \infty$이면 $a_n, b_n \to 0$이다. 그러므로 다음과 같은 리만-르베그 보조정리를 얻을 수 있다.

$$c_n = \frac{1}{2L} \int_{-L}^{L} f(x) e^{-in\pi x/L} dx \to 0 \quad (|n| \to \infty) \tag{1.6.87}$$

$$a_n = \frac{1}{2L} \int_{-L}^{L} f(x) \cos\frac{n\pi x}{L} dx \to 0 \quad (n \to \infty) \tag{1.6.88}$$

$$b_n = \frac{1}{2L}\int_{-L}^{L} f(x)\sin\frac{n\pi x}{L}\,dx \to 0 \qquad (n \to \infty) \tag{1.6.89}$$

리만-르베그 보조정리는 1.3절에서 자세히 설명한 바가 있다.

12. 아벨 변환과 수렴정리

아벨 변환(Abel transformation) 또는 아벨 보조정리(Abel's lemma)는 두 수열의 곱의 합을 다른 두 수열의 곱의 합으로 바꾸는 방법이다. 복소수열 $\{a_n\}$과 $\{b_n\}$에 대하여 $B_N = \sum_{k=1}^{N} b_k$을 정의하고 $B_0 = 0$이라고 하자. 이때 $1 \le p < q$에 대하여 다음의 아벨 변환이 성립한다.

$$\sum_{n=p}^{q} a_n b_n = a_q B_q - a_p B_{p-1} - \sum_{n=p}^{q-1} (a_{n+1} - a_n) B_n \tag{1.6.90}$$

이 변환은 다음과 같이 증명할 수 있다.

$$\begin{aligned} \sum_{n=p}^{q} a_n b_n &= \sum_{n=p}^{q} a_n (B_n - B_{n-1}) \\ &= a_p (B_p - B_{p-1}) + a_{p+1}(B_{p+1} - B_p) + \cdots + a_q (B_q - B_{q-1}) \\ &= a_p B_{p-1} + (a_p - a_{p+1}) B_p + (a_{p+1} - a_{p+2}) B_{p+1} + \cdots + (a_{q-1} - a_q) B_{q-1} + a_q B_q \\ &= a_q B_q - a_p B_{q-1} - \sum_{n=p}^{q-1} (a_{n+1} - a_n) B_n \end{aligned} \tag{1.6.91}$$

아벨 변환을 이용하여 급수의 수렴정리를 얻을 수 있다. $n \to \infty$일 때 $a_n \to 0$이라고 하자. 또한, $\sum_{n=1}^{\infty} |a_{n+1} - a_n| < \infty$이며 어떤 수 M에 대하여 $|B_N| \le M \ (N = 1, 2, \ldots)$

가 성립한다. 여기서 $B_N = \sum_{k=1}^{N} b_k$ 이다. 이때 급수 $\sum_{k=1}^{\infty} a_k b_k$ 가 수렴한다. 이를 수렴정리라고 하는데 증명하여 보자.

아벨 변환 공식에서 $p = 1$, $q = N > 1$이라고 하면

$$\sum_{n=1}^{N} a_n b_n = a_N B_N - \sum_{n=1}^{N-1} (a_{n+1} - a_n) B_n \tag{1.6.92}$$

이 되는데, 수렴정리의 가정에 의하여 $N \to \infty$ 일 때 $|a_N||B_N| \le |a_N| M \to 0$이 된다. 그러므로

$$\sum_{n=1}^{N-1} |a_{n+1} - a_n||B_n| \le M\left(\sum_{n=1}^{\infty} |a_{n+1} - a_n|\right) < \infty \tag{1.6.93}$$

이 성립하며 $\sum_{n=1}^{N-1} |a_{n+1} - a_n||B_n|$은 수렴한다. 이는 곧 $\lim_{N\to\infty} \sum_{n=1}^{N-1} (a_{n+1} - a_n) B_n$ 이 존재한다는 것을 의미하며, 만약 $\lim_{N\to\infty} \sum_{n=1}^{N} a_n b_n$ 이 주어지면

$$\sum_{n=1}^{\infty} a_n b_n = -\sum_{n=1}^{\infty} (a_{n+1} - a_n) B_n \tag{1.6.94}$$

이 성립한다. 그러므로 급수 $\sum_{k=1}^{\infty} a_k b_k$ 의 수렴성이 증명되었다.

예를 들어, 자주 나오는 푸리에 급수 $\sum_{n=1}^{\infty} \frac{1}{n} \sin nx$ 이 수렴한다는 것을 보일 수 있다. $a_n = \frac{1}{n}$, $b_n = \sin nx$ 라고 놓자. x는 실수이다. 먼저 정수 m에 대하여 $x = m\pi$이면 모든 n에 대하여 $b_n = 0$이다. 그러므로 $\sum_{n=1}^{\infty} \frac{1}{n} \sin nx$는 수렴한다. 이제 $x \neq m\pi$이라고 하자. 그러면 B_N $(N = 1, 2, \ldots)$은 다음과 같이 계산된다.

$$B_N = \sum_{n=1}^{N} b_n = \sum_{n=1}^{N} \sin nx = \sum_{n=1}^{N} \frac{e^{inx} - e^{-inx}}{2i} \tag{1.6.95}$$

$$= \frac{1}{2i}\left[e^{ix}\left(1 + e^{ix} + \cdots + e^{i(n-1)x}\right) - e^{-ix}\left(1 + e^{-ix} + \cdots + e^{-i(n-1)x}\right) \right]$$

$$= \frac{1}{2i}\left(e^{ix}\frac{1-e^{inx}}{1-e^{ix}} - e^{-ix}\frac{1-e^{-inx}}{1-e^{-ix}} \right)$$

$$= \frac{1}{2i}\left(\frac{-e^{ix/2} + e^{-ix/2} + e^{i(n+1/2)x} + e^{-i(n+1/2)x}}{e^{ix/2} - e^{-ix/2}} \right)$$

$$= \frac{\cos\dfrac{x}{2} - \cos\left(n + \dfrac{1}{2}\right)x}{2\sin\dfrac{x}{2}}$$

B_N의 크기를 조사해 보면

$$|B_N| = \left| \frac{\cos\dfrac{x}{2} - \cos\left(n + \dfrac{1}{2}\right)x}{2\sin\dfrac{x}{2}} \right| \le \frac{1}{\left|\sin\dfrac{x}{2}\right|} \tag{1.6.96}$$

가 되는데 $x \neq m\pi$이므로 B_N은 유계이다. 따라서 $\sum_{n=1}^{\infty} \frac{1}{n} \sin nx$는 수렴한다.

13. 파세발 등식과 급수해

다음의 부호함수(sign function 또는 signum function)를 보자.

$$f(x) = \operatorname{sgn} x \quad (-\pi \le x < \pi) \tag{1.6.97}$$

부호함수는 주어진 함수(위의 경우 x)가 양이면 $f(x) = +1$, 음이면 $f(x) = -1$이 되는 함수이다. 함숫값이 0이면 $f(x) = 0$이다. 위 부호함수는 기함수이므로 모든 $a_n = 0$ $(n = 0, 1, 2, \cdots)$이 되며 b_n의 경우는 다음과 같이 계산된다.

$$b_n = \frac{1}{\pi}\int_{-\pi}^{\pi} \operatorname{sgn} x \sin nx\,dx = \frac{1}{\pi}\int_{-\pi}^{0}(-1)\sin nx\,dx + \frac{1}{\pi}\int_{0}^{\pi}\sin nx\,dx \tag{1.6.98}$$

$$= \frac{2}{\pi}\left[-\frac{1}{n}\cos nx\right]_0^{\pi} = \frac{2\left[1-(-1)^n\right]}{n\pi}$$

그러므로 $f(x) = \operatorname{sgn} x$의 푸리에 급수는 다음과 같다.

$$S(x) = \frac{4}{\pi}\sum_{n=1}^{\infty}\frac{\sin(2n-1)x}{2n-1} \tag{1.6.99}$$

이 결과는 1.5절의 식(1.5.4)와 같다. 전개계수 b_n으로부터 복소 전개계수 c_n을 구해보자. $a_n = 0$이므로 $c_0 = a_0/2 = 0$이며, $n \neq 0$일 때

$$c_n = \begin{cases} -\dfrac{i}{2}b_n & (n = 1, 2, \cdots) \\ \dfrac{i}{2}b_{-n} & (n = -1, -2, \cdots) \end{cases} = \frac{1-(-1)^n}{in\pi} \tag{1.6.100}$$

이다. $|c_n|^2 = c_n\overline{c_n}$이므로 파세발 등식으로부터

$$\frac{1}{2\pi}\int_{-\pi}^{\pi}|f(x)|^2\,dx = 1 = \sum_{n=-\infty}^{\infty}|c_n|^2 = 2\sum_{n=1}^{\infty}\frac{4}{(2n-1)^2\pi^2} \tag{1.6.101}$$

가 된다. 그러므로 다음의 급수해를 얻을 수 있다.

$$\sum_{n=1}^{\infty}\frac{1}{(2n-1)^2} = \frac{\pi^2}{8} \tag{1.6.102}$$

14. 푸리에 급수의 다항식 표현

아래의 무한 급수를 다항식 함수로 표현해 보자.

$$\sum_{n=1}^{\infty} \frac{\cos nx}{n^2} \quad (0 \le x < 2\pi) \tag{1.6.103}$$

1.1절의 예제 1.1.2에서 $f(x) = x^2$의 푸리에 급수는 $S[x^2] = \frac{\pi^2}{3} + 4\sum_{n=1}^{\infty} \frac{(-1)^n}{n^2} \cos nx$ 가 된다는 것을 보였는데 이 결과를 이용하자. 변수 x를 $x - \pi$로 치환하면

$$(x-\pi)^2 = \frac{\pi^2}{3} + 4\sum_{n=1}^{\infty} \frac{(-1)^n}{n^2} \cos n(x-\pi) \tag{1.6.104}$$

가 된다. 여기서 $\cos n(x-\pi) = (-1)^n \cos nx$이므로 다음의 관계식을 얻을 수 있다.

$$\sum_{n=1}^{\infty} \frac{\cos nx}{n^2} = \frac{1}{4}\left(x^2 - 2\pi x + \frac{2}{3}\pi^2\right) \quad (0 \le x < 2\pi) \tag{1.6.105}$$

한편, 이 식을 x에 대하여 적분을 하면 다음의 결과도 얻을 수 있다.

$$\sum_{n=1}^{\infty} \frac{\sin nx}{n^3} = \frac{1}{4}\left(\frac{1}{3}x^3 - \pi x^2 + \frac{2}{3}\pi^2 x\right) \quad (0 \le x < 2\pi) \tag{1.6.106}$$

15. 무한곱(infinite product)

다음의 무한곱을 증명하여 보자. 단, $|\alpha| < 1$이다.

$$\sin \alpha\pi = \alpha\pi \prod_{n=1}^{\infty}\left(1 - \frac{\alpha^2}{n^2}\right) \tag{1.6.107}$$

앞의 6번 항목에서 $\cos \alpha x$의 푸리에 급수를 구하였는데 이를 이용하면 $\cot \alpha x$의 푸리에 급수를 다음과 같이 얻을 수 있다.

$$\cot \alpha x = \frac{\cos \alpha x}{\sin \alpha x} = \frac{1}{\pi}\left(\frac{1}{\alpha} + 2\alpha \sum_{n=1}^{\infty} \frac{(-1)^n}{\alpha^2 - n^2} \cos nx\right) \tag{1.6.108}$$

여기에 $x = \pi$를 대입하면

$$\pi \cot \alpha\pi - \frac{1}{\alpha} = \sum_{n=1}^{\infty} \frac{2\alpha}{\alpha^2 - n^2} \tag{1.6.109}$$

가 된다. 이 식의 좌변을 구간 $[0, \alpha]$에서 α에 대해 적분을 하면

$$\begin{aligned} &\int_0^{\alpha}\left(\pi \cot \alpha\pi - \frac{1}{\alpha}\right) d\alpha \\ &= [\ln|\sin \alpha\pi| - \ln|\alpha|]_0^{\alpha} = \ln \frac{\sin \alpha\pi}{\alpha} - \lim_{\alpha \to 0} \ln \frac{\sin \alpha\pi}{\alpha} \\ &= \ln \frac{\sin \alpha\pi}{\alpha} - \ln \pi = \ln \frac{\sin \alpha\pi}{\alpha\pi} \end{aligned} \tag{1.6.110}$$

가 된다. 식(1.6.109)의 우변을 구간 $[0, \alpha]$에서 α에 대해 적분을 하면

$$\begin{aligned} &\sum_{n=1}^{\infty} \int_0^{\alpha} \frac{2\alpha}{\alpha^2 - n^2} d\alpha = \sum_{n=1}^{\infty} [\ln|\alpha^2 - n^2|]_0^{\alpha} \\ &= \sum_{n=1}^{\infty} (\ln|\alpha^2 - n^2| - \ln|-n^2|) = \sum_{n=1}^{\infty} \ln\left(\frac{n^2 - \alpha^2}{n^2}\right) \quad (|\alpha| < 1) \\ &= \ln\left(1 - \frac{\alpha^2}{1^2}\right) + \ln\left(1 - \frac{\alpha^2}{2^2}\right) + \ln\left(1 - \frac{\alpha^2}{3^2}\right) + \cdots \\ &= \ln \prod_{n=1}^{\infty} \left(1 - \frac{\alpha^2}{n^2}\right) \end{aligned} \tag{1.6.111}$$

이다. 따라서 식(1.6.110)과 식(1.6.111)로부터 $\sin \alpha\pi = \alpha\pi \prod_{n=1}^{\infty}\left(1 - \frac{\alpha^2}{n^2}\right)$가 증명되었다. 부가적으로 $\alpha = \frac{1}{2}$이면 $\frac{\pi}{2}$에 대한 다음의 식을 얻는다.

$$\frac{\pi}{2} = \prod_{n=1}^{\infty}\left(\frac{4n^2}{4n^2-1}\right) = \prod_{n=1}^{\infty}\left[\frac{(2n)^2}{(2n+1)(2n-1)}\right] = \frac{2^2}{1\cdot 3}\,\frac{4^2}{3\cdot 5}\,\frac{6^2}{5\cdot 7}\cdots \tag{1.6.112}$$

이 결과를 월리스의 곱 공식(Wallis' product formula)이라고 부른다.

16. 비르팅거 부등식(Wirtinger's inequality)

비르팅거 부등식이란 푸리에 해석 분야에서 중요하게 쓰이는 부등식으로서 단일 변수 함수에 대한 부등식이다. 등주 부등식(isoperimetric inequality)의 증명을 위해 사용되었으며 푸앙카레 부등식(Poincaré inequality)의 한 특정한 형태로 볼 수 있다. 비르팅거 부등식은 다음과 같다.

$$\int_0^{2\pi} f'^2(x)\,dx \ \geq \int_0^{2\pi} f^2(x)\,dx \tag{1.6.113}$$

이 부등식을 푸리에 급수를 이용하여 증명할 수 있다. 함수 $f(x)$가 연속 미분 가능하고 매끄러운 함수이며 균등수렴한다고 하면 $f(x) = \frac{a_0}{2} + \sum_{n=1}^{\infty}(a_n \cos nx + b_n \sin nx)$와 같이 푸리에 전개할 수 있다. 여기서 함수를 $a_0/2$만큼 평행이동한 $f(x) - a_0/2$를 다시 $f(x)$라고 하면

$$f(x) = \sum_{n=1}^{\infty}(a_n \cos nx + b_n \sin nx) \tag{1.6.114}$$

라고 놓을 수 있다. 삼각함수의 직교성을 이용하여 부등식의 좌변과 우변을 각각 계산하여 보자. 우변은

$$\int_0^{2\pi} f'^2(x)\,dx \tag{1.6.115}$$

$$= \int_0^{2\pi} \sum_{n=1}^{\infty} (-a_n n \sin nx + b_n n \cos nx) \sum_{m=1}^{\infty} (-a_m m \sin mx + b_m m \cos mx)\,dx$$

$$= \sum_{n=1}^{\infty} \sum_{m=1}^{\infty} nm \left(a_n a_m \int_0^{2\pi} \sin nx \sin mx\,dx + b_n b_m \int_0^{2\pi} \cos nx \cos mx\,dx \right) \delta_{nm}$$

$$= \sum_{n=1}^{\infty} n^2 \left(a_n^2 \int_0^{2\pi} \sin^2 nx\,dx + b_n^2 \int_0^{2\pi} \cos^2 nx\,dx \right)$$

$$= \sum_{n=1}^{\infty} \pi n^2 (a_n^2 + b_n^2)$$

와 같이 되고, 좌변은

$$\int_0^{2\pi} f^2(x)\,dx \tag{1.6.116}$$

$$= \int_0^{2\pi} \sum_{n=1}^{\infty} (a_n \cos nx + b_n \sin nx) \sum_{m=1}^{\infty} (a_m \cos mx + b_m \sin mx)\,dx$$

$$= \sum_{n=1}^{\infty} \sum_{m=1}^{\infty} \left(a_n a_m \int_0^{2\pi} \cos nx \cos mx\,dx + b_n b_m \int_0^{2\pi} \sin nx \sin mx\,dx \right) \delta_{nm}$$

$$= \sum_{n=1}^{\infty} \left(a_n^2 \int_0^{2\pi} \sin^2 nx\,dx + b_n^2 \int_0^{2\pi} \cos^2 nx\,dx \right)$$

$$= \sum_{n=1}^{\infty} \pi (a_n^2 + b_n^2)$$

이다. 그러므로

$$\int_0^{2\pi} f'^2(x)\,dx - \int_0^{2\pi} f^2(x)\,dx = \pi \sum_{n=1}^{\infty} (n^2 - 1)(a_n^2 + b_n^2) \geq 0 \tag{1.6.117}$$

가 성립하므로 비르팅거 부등식이 증명되었다.

이 부등식은 평면상에서 둘레의 길이가 정해져 있을 때 면적이 가장 커지는 도형의 형태는 무엇인가라고 하는 등주문제(isoperimetric problem)의 증명에 이용될 수 있다. 평면상에서 단순 폐곡선 γ의 둘레 길이를 L, 둘러싸인 면적을 A라고 하면 등주문제는 수학적으로 다음과 같이 표현할 수 있다.

$$L^2 \ \geq \ 4\pi A \tag{1.6.118}$$

이러한 부등식을 등주 부등식이라고 한다. 여기서 등호는 도형의 형태가 원일 때 성립한다. 폐곡선 γ 위의 점을 매개변수 s를 써서 $(X(s), Y(s))$로 나타내자. 매개변수 s의 범위는 $[0, L]$이며 $X'^2(s) + Y'^2(s) = 1$을 만족하도록 매개화하자. 푸리에 급수를 응용하기 위해 $t = 2\pi s/L$로 치환하고 $x(t) = X(s)$, $y(t) = Y(s)$라고 하자. t의 범위는 $[0, 2\pi]$이다. 이때

$$X'(s) = x'(t)\frac{dt}{ds}, \ \ Y'(s) = y'(t)\frac{dt}{ds} \tag{1.6.119}$$

이므로

$$X'^2(s) + Y'^2(s) \ = \ \left(\frac{2\pi}{L}\right)^2 \left[\, x'^2(t) + y'^2(t) \,\right] \ = \ 1 \tag{1.6.120}$$

가 된다. 따라서 $x'^2(t) + y'^2(t) = (L/2\pi)^2$으로부터 다음과 같이 적분할 수 있다.

$$\int_0^{2\pi} \left[\, x'^2(t) + y'^2(t) \,\right] dx \ = \ \left(\frac{L}{2\pi}\right)^2 \int_0^{2\pi} dt \ = \ \frac{L^2}{2\pi} \tag{1.6.121}$$

이제 $L^2 - 4\pi A$를 계산해보면

$$L^2 - 4\pi A = 2\pi \int_0^{2\pi} [x'^2(t) + y'^2(t)]\, dt - 4\pi \int_\gamma y(t)\, dx(t) \tag{1.6.122}$$

$$= 2\pi \int_0^{2\pi} [x'^2(t) + y'^2(t)]\, dt - 4\pi \int_0^{2\pi} y(t) \frac{dx(t)}{dt}\, dt$$

$$= 2\pi \int_0^{2\pi} [x'^2(t) + y'^2(t)]\, dt - 4\pi \int_0^{2\pi} x'(t) y(t)\, dt$$

$$= 2\pi \int_0^{2\pi} [x'(t) - y(t)]^2 dt + 2\pi \int_0^{2\pi} [y'^2(t) - y^2(t)]\, dt$$

$$\geq 2\pi \int_0^{2\pi} [y'^2(t) - y^2(t)]\, dt$$

$$\geq 0$$

와 같이 등주 부등식이 증명되었다. 이 증명의 마지막에 비르팅거 부등식이 사용되었다. 등주 부등식에서 등호가 성립할 조건은 $x' - y = 0$과 $n = 1$ 또는 $a_n = b_n = 0$ $(n \geq 2)$이다. $n = 1$인 경우에

$$y(t) = a_1 \cos t + b_1 \sin t \tag{1.6.123}$$

이다. 또한 $y = x'$이므로 $x(t) = -a_1 \sin t + b_1 \cos t + C$가 되는데 $x(t) - C$를 다시 $x(t)$로 놓을 수 있으므로

$$x(t) = -a_1 \sin t + b_1 \cos t \tag{1.6.124}$$

가 된다. 따라서

$$x^2(t) + y^2(t) = a_1^2 + b_1^2 \ (>0) \tag{1.6.125}$$

이 되는데 이것은 바로 원의 방정식이다. $n \geq 2$이면 $a_n = b_n = 0$이므로 $x(t) = y(t) = 0$이 되어 의미가 없다. 등호가 성립하기 위한 필요충분조건은 폐곡선 γ가 원이 되는 것이다. 폐곡선 γ가 반지름 r인 원이 되면 $L = 2\pi r$, $A = \pi^2 r$이므로 $L^2 = 4\pi A$가 성립한다.

17. 확산방정식의 초기값 및 경계값 문제

확산방정식의 초기값 및 경계값 문제를 푸리에 급수를 응용하여 풀 수 있다. 어떤 물리량 $u(x,t)$가 다음의 확산방정식(diffusion equation)을 만족한다고 하자.

$$\frac{\partial u(x,t)}{\partial t} = D\frac{\partial^2 u(x,t)}{\partial x^2} \tag{1.6.126}$$

여기서 $D>0$는 상수로서 확산계수(diffusion cocfficient) 또는 확산상수(diffusion constant)라고 한다. 확산방정식은 열의 전도, 미생물이나 화학물질 등의 확산현상을 나타내는 수리모델에 사용될 수 있다. 만약 u를 위치 x, 시간 t에서의 온도라고 하면 D는 열전도도(thermal conductivity)가 된다. 확산 현상에서 물질의 생성이나 소멸의 효과가 있는 경우에는 생성(source) 항 $s(x,t)$를 추가하여 다음과 같이 쓸 수 있다.

$$\frac{\partial u(x,t)}{\partial t} = D\frac{\partial^2 u(x,t)}{\partial x^2} + s(x,t) \tag{1.6.127}$$

확산방정식은 물리적인 상태에 따라 경계조건을 적용할 수 있다. 예를 들어 $0 \le x \le L$에 대하여 x의 양단에서

$$u(0,t) = u(L,t) = 0 \quad (t \ge 0) \tag{1.6.128}$$

를 만족하는 경우에 이를 디리클레 경계조건(Dirichlet boundary condition)이라고 한다. 만약 양단에서 일정한 물리량의 변화가 있다면

$$\frac{\partial u(0,t)}{\partial t} = \frac{\partial u(\ell,t)}{\partial t} = 0 \quad (t \ge 0) \tag{1.6.129}$$

가 되면 이를 노이만 경계조건(Neumann boundary condition)이라고 한다. 양단 외부의 어떤 양 u_0에 대하여 $\alpha > 0$일 때

$$\frac{\partial u(0,t)}{\partial t} = \alpha[u(0,t) - u_0], \quad \frac{\partial u(L,t)}{\partial t} = -\alpha[u(L,t) - u_0] \tag{1.6.130}$$

가 성립하는 경우 이를 로반 경계조건(Robin boundary condition)이라고 한다.

이제 확산방정식이 디리클레 경계조건을 만족하며 함수 $u(x,t)$의 초기 분포, 즉 초기 조건이

$$u(x,0) = u_0(x) \quad (0 \le x \le L) \tag{1.6.131}$$

와 같이 주어졌다고 하자. 이러한 문제를 초기값 또는 경계값 문제라고 한다. 확산방정식의 해를 구하기 위하여 $u(x,t)$를 다음과 같이 변수 분리해 보자.

$$u(x,t) \equiv U(x)S(t) \tag{1.6.132}$$

확산방정식으로부터

$$\frac{1}{DS(t)}\frac{dS(t)}{dt} = \frac{1}{U(x)}\frac{d^2U(x)}{dx^2} \equiv -\lambda \tag{1.6.133}$$

라고 할 수 있는데 여기서 λ는 분리상수로서 임의의 값으로 놓을 수 있지만 초기값과 경계조건에 의해 결정될 수 있다. 식(1.6.133)으로부터

$$\frac{d^2U(x)}{dx^2} \equiv -\lambda U(x) \tag{1.6.134}$$

라고 쓸 수 있는데 $U(x) \neq 0$인 함수 와 λ를 구하는 것을 고윳값 문제라고 하며 $U(x)$를 고유함수, λ를 고윳값이라고 한다. 위의 2계 방정식을 만족하는 해를 $U(x) = A\sin(\sqrt{\lambda}x)$라고 하면 경계조건(디리클레)을 만족하기 위해서는 고윳값이

$$\lambda = \lambda_n = \left(\frac{n\pi}{L}\right)^2 \quad (n = 1, 2, 3, \dots) \tag{1.6.135}$$

이 되어야 하고, 이에 따른 고유함수는

$$U_n(x) = A\sin\left(\frac{n\pi x}{L}\right) \quad (n = 1, 2, 3, \dots) \tag{1.6.136}$$

가 된다. 여기서 A는 영이 아닌 임의의 상수이다. 그런데 U_n은 직교하는 함수이며 A는 임의의 상수이므로 모든 n에 대하여 똑같은 A를 가질 필요가 없다. 따라서 $A \to A_n$으로 놓자.

식(1.6.133)에서 시간과 관련된 식은

$$\frac{dS(t)}{dt} = -\lambda_n DS(t) \tag{1.6.137}$$

인데 이 식의 해는

$$S_n(x) = C\exp\left[-D\left(\frac{n\pi}{L}\right)^2 t\right] \quad (n = 1, 2, 3, \dots) \tag{1.6.138}$$

이며 C는 임의의 상수이다. 모든 상수를 A_n에 포함시키면 $u(x,t)$를 다음과 같이 얻을 수 있다.

$$u_n(x,t) = A_n\exp\left[-D\left(\frac{n\pi}{L}\right)^2 t\right]\sin\left(\frac{n\pi x}{L}\right) \tag{1.6.139}$$

이 해는 선형적 성질에 의하여 모든 n에 대하여 더하여도 해가 된다. 따라서 확산방정식의 해는 다음과 같이 쓸 수 있다.

$$u(x,t) = \sum_{n=1}^{\infty} u_n(x,t) = \sum_{n=1}^{\infty} A_n\exp\left[-D\left(\frac{n\pi}{L}\right)^2 t\right]\sin\left(\frac{n\pi x}{L}\right) \tag{1.6.140}$$

여기서 계수 A_n을 구하면 되는데, 푸리에 방법을 써보자. 계수 A_n은 초기조건을 만족하므로 간단히 구하기 위해 $t = 0$으로 놓자. $u(x,0) = u_0(x)$이므로

$$u_0(x) = \sum_{n=1}^{\infty} A_n \sin\left(\frac{n\pi x}{L}\right) \qquad (0 \le x \le L) \tag{1.6.141}$$

가 된다. 이것이 바로 $u_0(x)$의 푸리에 사인 급수이다. $u_0(x)$는 $u_0(0) = u_0(L) = 0$을 만족하고 구간 $[0, L]$에서 연속이며 미분 가능하다. 또한 구간 $[-L, L]$로 확장이 가능하다.

$$\widetilde{u_0}(x) = \begin{cases} u_0(x) & (0 \le x \le L) \\ -u_0(-x) & (-L \le x \le 0) \end{cases} \tag{1.6.142}$$

그러므로 $\widetilde{u_0}(x)$는 주기 $2L$의 연속함수이고 구분적으로 미분 가능하다는 것을 알 수 있다. 따라서 푸리에 계수는 다음과 같이 구할 수 있다.

$$A_n = \frac{2}{L}\int_0^L u_0(x)\sin\left(\frac{n\pi x}{L}\right)dx \tag{1.6.143}$$

초기값, 경계값 문제에 대한 예를 들어보자. 구간 $0 \le x \le L$에서 디리클레 경계조건을 만족하는 함수 $u(x,t)$가 다음의 초기값을 가지고 있다.

$$u(x,0) = x(L-x) \quad (0 \le x \le L) \tag{1.6.144}$$

함수 $u(x,t)$를 초기값과 경계조건을 만족하는 고유함수로 전개하였을 때 푸리에 계수를 구하여보자. 식(1.6.143)으로부터 A_n을 다음과 같이 얻을 수 있다.

$$
\begin{aligned}
A_n &= \frac{2}{L}\int_0^L x(L-x)\sin\left(\frac{n\pi x}{L}\right)dx \qquad (1.6.145) \\
&= \frac{2}{L}\left[x(L-x)\left(-\frac{L}{n\pi}\right)\cos\left(\frac{n\pi x}{L}\right)\right]_0^L + \frac{2}{n\pi}\int_0^L (L-2x)\cos\left(\frac{n\pi x}{L}\right)dx \\
&= -\frac{4}{n\pi}\int_0^L x\cos\left(\frac{n\pi x}{L}\right)dx \\
&= \frac{4L}{n^2\pi^2}\int_0^L \sin\left(\frac{n\pi x}{L}\right)dx \\
&= \frac{4L^2}{n^3\pi^3}[1 \quad (-1)^n]
\end{aligned}
$$

여기서 계수 A_n은 n이 홀수이면 $A_n = 8L^2/n^3\pi^3$이고 n이 짝수이면 $A_n = 0$이므로 $n = 2k-1$ $(k = 1, 2, 3, ...)$로 대체할 수 있다. 따라서 함수 $u(x,t)$을 푸리에 급수로 전개하면 다음과 같이 쓸 수 있다.

$$
u(x,t) = \sum_{k=1}^{\infty} \frac{8L^2}{(2k-1)^3\pi^3}\exp\left\{-D\left[\frac{(2k-1)\pi}{L}\right]^2 t\right\}\sin\left[\frac{(2k-1)\pi x}{L}\right] \qquad (1.6.146)
$$

이 결과는 디리클레 경계조건을 만족하는 확산방정식의 해 $u(x,t)$는 시간이 증가하면서 $e^{-\alpha t}$에 따라 감소하는 것을 말하고 있다. 그림1.6.5에 경계조건 $u(0,t) = u(L,t) = 0$을 만족하는 확산방정식의 해를 나타내었는데 $t_1 \to t_2 \to t_3$로 갈수록 $u(x,t)$가 점점 줄어드는 것을 볼 수 있다.

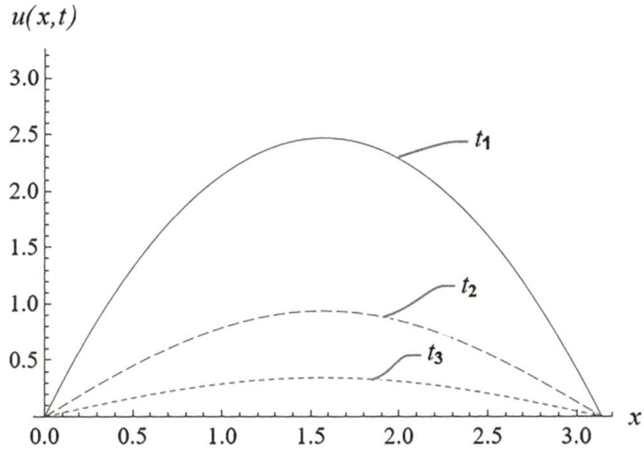

그림 1.6.5 구간 $[0, \pi]$에서 정의된 확산방정식의 해 $u(x,t)$의 그래프. 시간이 흐를수록 확산에 의해 $u(x,t)$가 $e^{-\alpha t}$에 따라 점점 줄어든다($t_1 < t_2 < t_3$).

18. 파동방정식의 초기값 및 경계값 문제

바이올린 현과 같이 구간 $0 \le x \le L$에서 진동하는 파동의 변위 $u(x,t)$는 다음의 파동방정식(wave equation)을 만족한다.

$$\frac{\partial^2 u(x,t)}{\partial t^2} = v^2 \frac{\partial^2 u(x,t)}{\partial x^2} \tag{1.6.147}$$

여기서 $v > 0$이다. 구간의 양단에서 변위가 고정되어 있으므로 다음의 디리클레 경계조건을 갖는다.

$$u(0,t) = u(L,t) = 0 \quad (t \ge 0) \tag{1.6.148}$$

초기조건이 다음과 같이 주어졌다고 하자.

$$u(x,0) = f(x), \quad \left[\frac{\partial u(x,t)}{\partial t}\right]_{t=0} = g(x) \quad (0 \le x \le L) \tag{1.6.149}$$

이러한 조건을 만족하는 파동방정식의 해를 푸리에 방법으로 찾아보자. 이 해는 여러 기본진동의 중첩으로도 볼 수 있지만, 초기변위와 초기속도로부터 결정되는 진행파라고도 볼 수 있다. 또한 경계조건에 따라 파동이 경계점에서 정반사하거나 반전되어 반사되는 현상도 살펴볼 수 있다.

파동방정식의 해를 구하기 위하여 $u(x,t)$를 다음과 같이 변수 분리해 보자.

$$u(x,t) \equiv U(x)S(t) \tag{1.6.150}$$

따라서 분리상수 λ를 사용하여

$$\frac{1}{v^2 S(t)}\frac{d^2 S(t)}{dt^2} = \frac{1}{U(x)}\frac{d^2 U(x)}{dx^2} \equiv -\lambda \tag{1.6.151}$$

를 얻을 수 있다. 이 식으로부터 공간과 관련한 미분방정식은

$$\frac{d^2 U(x)}{dx^2} \equiv -\lambda U(x) \tag{1.6.152}$$

가 되는데, 해는 경계조건 $U(0) = U(L) = 0$을 만족하여야 하므로, 고윳값과 고유함수는

$$\lambda = \lambda_n = \left(\frac{n\pi}{L}\right)^2 \quad (n = 1, 2, 3, \dots) \tag{1.6.153}$$

$$U(x) = U_n(x) = \sin\left(\frac{n\pi x}{L}\right) \quad (n = 1, 2, 3, \dots) \tag{1.6.154}$$

가 된다. 또한 식(1.6.151)로부터 시간과 관련한 미분방정식은

$$\frac{d^2 S(t)}{dt^2} \equiv -v^2\lambda_n S(t) \tag{1.6.155}$$

이며, 해를 구하면

$$S(t) = S_n(t) = A_n \cos\left(\frac{n\pi t}{L}\right) + B_n \sin\left(\frac{n\pi t}{L}\right) \tag{1.6.156}$$

가 된다. A_n과 B_n은 임의의 상수이다. 따라서 중첩의 원리에 의하여 파동방정식의 해는

$$u(x,t) = \sum_{n=1}^{\infty}\left[A_n \cos\left(\frac{vn\pi t}{L}\right) + B_n \sin\left(\frac{vn\pi t}{L}\right)\right]\sin\left(\frac{n\pi x}{L}\right) \tag{1.6.157}$$

와 같이 구할 수 있다. 이 해는 삼각함수 공식 $\sin A\cos B = \frac{1}{2}[\sin(A+B) + \sin(A-B)]$ 와 $\sin A \sin B = -\frac{1}{2}[\cos(A+B) - \cos(A-B)]$를 이용하면

$$\begin{aligned} u(x,t) = &\sum_{n=1}^{\infty}\frac{A_n}{2}\left[\sin\frac{n\pi(x-vt)}{L} + \sin\frac{n\pi(x+vt)}{L}\right] \\ &+ \sum_{n=1}^{\infty}\frac{B_n}{2}\left[\cos\frac{n\pi(x-vt)}{L} - \cos\frac{n\pi(x+vt)}{L}\right] \end{aligned} \tag{1.6.158}$$

와 같이 쓸 수 있다. 이 해가 의미하는 바는 다음과 같다. $u(x,t)$는 $f(x \pm vt)$의 형태를 가지고 있는데, $v > 0$인 경우에 $f(x - vt)$는 x가 증가하는 방향(우)으로, $f(x + vt)$는 x가 감소하는 방향(좌)으로 진행하는 진행파라는 것을 말한다. 즉, $u(x,t)$는 좌우로 진행하는 진행파이며, 주어진 조건에 따라 어떻게 진행할지 결정이 될 것이다. 이는 계수 A_n과 B_n을 초기조건에 맞도록 구해보면 알 수 있다. 시간 $t = 0$일 때

$$u(x,0) = f(x) = \sum_{n=1}^{\infty} A_n \sin\left(\frac{n\pi x}{L}\right) \tag{1.6.159}$$

$$\left[\frac{\partial u(x,t)}{\partial t}\right]_{t=0} = g(x) = \sum_{n=1}^{\infty} B_n\left(\frac{vn\pi}{L}\right)\sin\left(\frac{n\pi x}{L}\right) \tag{1.6.160}$$

이다. 따라서 푸리에 계수는 다음과 같이 된다.

$$A_n = \frac{2}{L}\int_0^L f(x)\sin\left(\frac{n\pi x}{L}\right)dx \tag{1.6.161}$$

$$B_n = \frac{2}{vn\pi}\int_0^L g(x)\sin\left(\frac{n\pi x}{L}\right)dx \tag{1.6.162}$$

여기서 $f(x)$와 $g(x)$는 문제에서 주어질 것이다.

간단한 예를 들어보자. $L = \pi$이고 초기조건이

$$u(x,0) = \sin^3 x, \quad \left[\frac{\partial u(x,t)}{\partial t}\right]_{t=0} = 0 \quad (0 \le x \le L) \tag{1.6.163}$$

와 같이 주어졌다고 하자. 파동방정식을 만족하는 $u(x,t)$는 다음과 같이 구할 수 있다. $\sin^3 x = \frac{3}{4}\sin x - \frac{1}{4}\sin 3x$임을 이용하여 푸리에 방법을 쓰면

$$u(x,t) = \frac{3}{4}\cos vt \sin x - \frac{1}{4}\cos 3vt \sin 3x \tag{1.6.164}$$

가 된다. 이 식은 다음과 같이 쓸 수도 있다.

$$u(x,t) = \frac{3}{8}\sin(x-vt) + \frac{3}{8}\sin(x+vt) - \frac{1}{8}\sin[3(x+vt)] - \frac{1}{8}\sin[3(x-vt)] \tag{1.6.165}$$

즉, 주어진 조건을 만족하는 파동은 우로 진행하는 파동과 좌로 진행하는 파동의 중첩이다. 그림1.6.6에 $u(x,t)$의 공간과 시간에 따른 변화를 나타내었다.

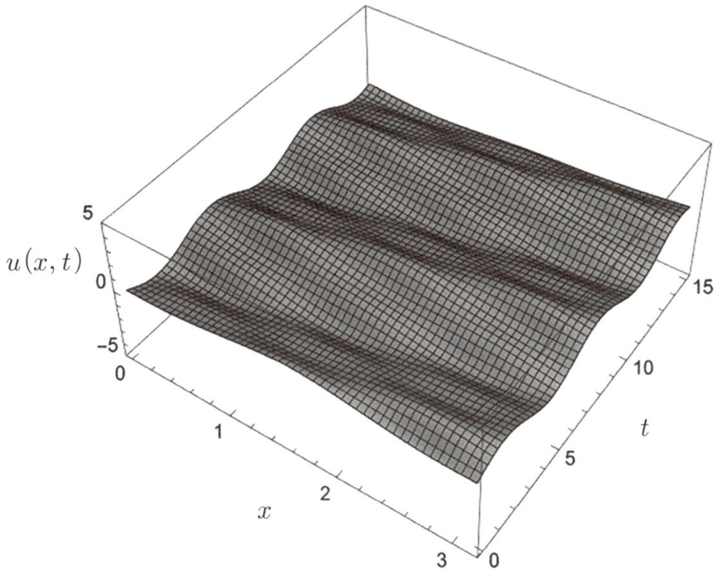

그림 1.6.6 구간 $[0, \pi]$에서 초기조건 $u(x, 0) = \sin^3 x$와 $[\partial u(x,t)/\partial t]_{t=0} = 0$을 만족하는 파동방정식의 해 $u(x, t)$의 그래프.

역사노트

장-바티스트 조제프 푸리에

(Jean-Baptiste Joseph Fourier, 1768–1830)

푸리에는 프랑스의 수학자이자 물리학자이다. 푸리에의 아버지는 재단사였으며 9살에 고아가 되는 어려움을 겪었다. 어린 시절엔 문학에 재능을 보였지만 10대가 되자 수학이 그의 진정한 관심사가 되었고 당대의 유명 수학 경연대회에서 1등을 하기도 하였다. 그러나 푸리에는 사제가 되기 위해 베네딕토회 수도원에 들어갔다. 하지만 사제직 수련 중에도 논문을 쓰는 등 수학에 대한 관심이 계속되면서, 사제직과 수학 사이에서 갈등이 계속되었다. 18세가 되던 1789년에 수도원을 떠나 파리에서 수학 공부를 하며 교사직을 얻기도 하였지만, 사제가 될지 수학자가 될지에 대한 고민은 여전히 남아있었다.

20대 초반이던 1793년에 프랑스 혁명과 관련한 모종의 정치적 사건에 연루되어 단두대에 오를 뻔하였으나 정치적 변화로 인해 풀려나며 위기를 모면하였다. 그 후 곧바로 1794년에 파리의 École Normale에서 공부할 기회를 얻고 라그랑주 역학으로 유명한 라그랑주(Lagrange)로부터 가르침을 받게 된다. 푸리에의 천재성을 알아본 라그랑주는 푸리에를 유럽 과학계의 최고라고 하며 찬사를 아끼지 않았다. 푸리에는 라그랑주와 함께 라플라스(Laplace)와도 깊은 교류를 하며 수학적 연구를 계속하였다. 카르노(Carnot)가 디렉터로 있던 École Centrale des Travaux

Publics (École Polytechnique의 전신)에 교수로 임명되면서 승승장구하였으나, 이전의 정치적 사건의 여파로 재투옥되는 일이 벌어졌다. 그러나 다행히도 라그랑주, 라플라스, 그리고 학생들의 호소에 힘입어 인해 석방되었다.

1797년에 그는 라그랑주의 뒤를 이어 École Polytechnique의 해석학 및 역학 교수로 임명되었다. 그러나 이듬해인 1798년, 이집트 침공에 나선 나폴레옹의 요청에 따라 과학고문으로 합류하면서 이집트에 교육 시설을 세우고 고고학 탐사와 함께 이집트에서 발견된 과학적, 문화적 발견을 정리하는 일을 맡게 되었다. 프랑스가 영국에 패배한 뒤에 푸리에는 귀국하였으나, 여전히 나폴레옹의 요청을 거부할 수 없어서 장관직의 직책을 맡고 습지의 배수 작업, 도로 건설 감독, 이집트 자료 정리 등에 많은 시간을 보내게 된다.

그런 중에도 푸리에는 열 이론에 대한 수학적 연구를 계속하여 고체에서 열의 전파에 관한 논문(On the Propagation of Heat in Solid Bodies)을 1807년에 완성했다. 이 논문은 라그랑주, 라플라스가 포함된 위원회에서 검토되었지만 당시에는 너무나 독창적이어서 위원회의 인정을 받지 못하였다. 현재 그의 논문은 매우 높은 평가를 받고 있지만 당시에는 함수의 확장을 삼각급수, 즉 우리가 지금 푸리에 급수라고 부르는 것으로 할 수 있다는 주장이 상당한 논란을 일으켰기 때문이다. 또한 당대의 유명한 물리학자인 비오(Biot)와 포아송(Poisson)도 푸리에의 열전달 방정식의 유도를 정확히 이해하지 못하였다.

이러한 논란 속에 1811년 파리 수학회는 〈고체 내의 열 전파〉를 주제로 하는 수학 경연 대회를 열었는데 푸리에는 논란이 되었던 1807년의 논문에 무한 고체의 냉각과 지구 및 복사열에 대한 연구를 추가하여 제출하였다. 그런데 참가자는 푸리에 단 한 명뿐이었고, 비록 상 수여를 결정하기 위해 구성된 위원회에 라그랑주와 라플라스가 포함되어 있었지만, 결국 푸리에의 논문을 인정하고 상을 줄 수 밖에 없었다.

푸리에는 1817년에 과학 아카데미에 선출되었고, 1822년에 과학 아카데미의 수학 부문 사무국장이 되었다. 같은 해에 푸리에는 명저 〈열해석 이론〉 (Théorie analytique de la chaleur)을 발표하면서 물리 이론의 발전에 매우 중요한 기여를 하게 되었을 뿐만 아니라 제자인 디리클레(Dirichlet)의 보완을 거쳐 오늘날 푸리에 변환(Fourier transform)으로 알려진 수학의 기초를 마련하였다. 또한, 푸리에는 방정식의 수치 해법, 확률론, 오차론 등을 연구했으며, 차원 해석의 창시자로 여겨지기도 한다. 푸리에는 지구의 온실효과를 발견한 것으로도 알려져 있다. 푸리에는 1830년에 사망하였으며 에펠탑에 이름이 새겨진 과학자 72인 중의 한 명이다.

연습문제

1.1 이항정리를 이용하여 $\sin^m x = \dfrac{1}{2^m}\sum_{n=0}^{m}(-1)^n\binom{m}{n}\cos\left[(m-2n)x-\dfrac{\pi}{2}m\right]$을 증명하시오.

1.2 주기 $2L$의 주기함수 $f(x)=\dfrac{ax}{2L}$ $(0 \le x < 2L)$를 복소 푸리에 급수로 전개하였을 때 복소 푸리에 계수를 구하시오.

1.3 함수항 급수 $\sum_{n=1}^{\infty}\dfrac{\sin nx}{n^2}$가 모든 실수구간 I에서 균등수렴함을 보이시오.

1.4 다음의 주기 2π의 함수의 푸리에 급수를 구하시오.

$$f(x)=\begin{cases}0 & (-\pi \le x < 0)\\ x & (0 \le x < \pi)\end{cases}$$

1.5 (1) 다음의 주기 2π의 함수의 푸리에 급수를 구하시오.

$$f(x)=\begin{cases}0 & (-\pi \le x < 0)\\ -1 & \left(0 \le x < \dfrac{\pi}{2}\right)\\ 1 & \left(\dfrac{\pi}{2} \le x < \pi\right)\end{cases}$$

(2) 앞의 (1)에서 구한 푸리에 급수를 이용하여 다음의 라이프니츠 공식을 구하시오.

$$\frac{\pi}{4}=1-\frac{1}{3}+\frac{1}{5}-\frac{1}{7}+\frac{1}{9}+\cdots$$

1.6 (1) 주기 2π의 함수 $f(x)=\cos\alpha x$ $(|x| \le \pi)$의 푸리에 급수가 다음과 같이 되는 것을 보이시오.

$$S(x) = \frac{\sin \pi\alpha}{\pi\alpha} + \frac{2\alpha \sin \pi\alpha}{\pi} \sum_{n=1}^{\infty} \frac{(-1)^n}{\alpha^2 - n^2} \cos nx$$

(2) 앞의 (1)의 결과로부터 $\cos\pi\alpha = \dfrac{\sin \pi\alpha}{\pi\alpha} + \dfrac{\sin \pi\alpha}{\pi} \displaystyle\sum_{n=1}^{\infty} \dfrac{2\alpha}{\alpha^2 - n^2}$가 성립하는 것을 알 수 있다. 이를 이용하여 다음의 식을 증명하시오. 단, $-1 < \alpha < 1$이다.

$$\pi x \cot \pi x = 1 + 2 \sum_{n=1}^{\infty} \frac{x^2}{x^2 - n^2} \qquad (-1 < x < 1)$$

1.7 $-1 < \alpha < 1$, $\alpha \neq 0$에 대하여 함수 $f(x) = e^{i\alpha x}$ $(-\pi < x < \pi)$를 주기 2π의 주기함수로 확장하였다.

(1) $f(x)$의 푸리에 급수가 다음과 같이 됨을 보이시오.

$$S(x) = \sum_{n=-\infty}^{\infty} \frac{(-1)^n \sin \pi\alpha}{\pi(\alpha - n)} e^{inx} \qquad (-\pi < x < \pi)$$

(2) 파세발 등식을 이용하여 다음의 관계식들을 증명하시오.

$$\sum_{n=-\infty}^{\infty} \frac{1}{(\alpha - n)^2} = \frac{\pi^2}{\sin^2 \pi\alpha} \qquad (-1 < \alpha < 1, \alpha \neq 0)$$

$$\sum_{n=-\infty}^{\infty} \frac{1}{\left(n + \frac{1}{2}\right)^2} = \pi^2$$

1.8 주기 2π의 함수 $f(x) = \dfrac{1}{3}x^3 - \dfrac{\pi^2}{3}x$ $(|x| \leq \pi)$의 푸리에 급수를 구하고 이를 이용하여 다음을 증명하시오.

$$\sum_{n=1}^{\infty} \frac{1}{n^6} = \frac{\pi^6}{945}$$

1.9 주기 2π의 함수 $f(x) = \sin\frac{x}{2}$ $(-\pi \le x < \pi)$의 푸리에 급수를 구하시오.

1.10 주기 2π의 함수 $f(x) = \cosh x$ $(-\pi \le x < \pi)$의 푸리에 급수를 구하시오.

1.11 주기 2π의 함수 $f(x) = -\ln\sin\frac{x}{2}$ $(0 < x < 2\pi)$의 푸리에 급수를 구하시오. 필요한 경우 다음의 적분 결과를 이용하시오.

$$\int_0^{\pi/2} \ln\sin x\,dx = -\frac{\pi}{2}\ln 2, \qquad \int_0^{\pi} \frac{\sin\left(n+\frac{1}{2}\right)x}{\sin\frac{x}{2}}dx = \pi \ (n = 0, 1, 2, \dots)$$

1.12 주기 2π의 함수 $f(x) = x^2$ $(0 \le x < 2\pi)$의 푸리에 급수를 구하고 이 결과를 이용하여 다음의 급수해를 구하시오.

(1) $\sum_{n=1}^{\infty} \frac{1}{n^2}$ (2) $\sum_{n=1}^{\infty} \frac{(-1)^{n+1}}{n^2}$ (3) $\sum_{n=1}^{\infty} \frac{1}{(2n-1)^2}$

1.13 급수 $f_n(x) = \sum_{k=1}^{n} r^k \cos kx$ $(|r| \le 1)$이 주어졌다.

(1) $\lim_{n\to\infty} f_n(x)$을 구하시오.

(2) $\int_0^{\pi} \frac{\cos kx}{1 - 2r\cos x + r^2}dx$ $(k = 0, 1, 2, \dots)$를 계산하시오.

1.14 $r > 0$, $p > 0$일 때 급수 $\sum_{n=1}^{\infty} r^n \cos nx$와 $\sum_{n=1}^{\infty} n^{-p}\cos nx$가 모든 $x \in (-\infty, \infty)$에 대하여 균등수렴할 r, p의 조건을 구하시오.

1.15 함수 $f_n(x) = x(\pi - x)$ $(0 \le x \le 2\pi)$에 대해서 비르팅거 부등식이 성립함을 보이시오.

1.16 $D > 0$에 대하여 다음의 초기값, 경계값을 만족하는 확산방정식의 해를 구하시오.

$$\frac{\partial u(x,t)}{\partial t} = D\frac{\partial^2 u(x,t)}{\partial x^2} \qquad (0 \le x \le \pi,\ t \ge 0)$$

$$u(0,t) = u(\pi,t) = 0 \quad (t \ge 0)$$

$$u(x,0) = x(\pi^2 - x^2) \qquad (0 \le x \le \pi)$$

1.17 구간 $[0, L]$에서 $u(x,t)$의 초기조건이 아래과 같이 정의되었다. 푸리에 방법을 이용하여 파동방정식의 해 $u(x,t)$를 구하시오.

$$u(x,0) = \begin{cases} x & (0 \le x \le L/2) \\ L-x & (L/2 \le x \le L) \end{cases}$$

$$\left[\frac{\partial u(x,t)}{\partial t}\right]_{t=0} = 0$$

Chapter 02

푸리에 변환

Fourier Transforms

제1장에서 소개한 푸리에 급수 전개는 유한한 구간에서 정의된 매끄러운 주기 함수에 대해 적용할 수 있는 것이었다. 이제 유한한 구간에서의 푸리에 급수를 무한 구간 또는 반무한 구간으로 확장할 수 있다면 비주기 함수에 대한 푸리에 변환을 도입할 수 있다. 이는 유한 구간으로부터 무한 구간으로 가는 극한을 취함으로써 급수 전개를 적분의 형태로 대체할 수 있는데 이를 푸리에 변환이라고 한다. 푸리에 변환은 다양한 형태의 미분방정식을 풀거나, 델타함수를 도입할 수 있는 등 여러 상황에서 유용하게 응용할 수 있다.

2.1 푸리에 변환의 정의(Definition of Fourier transforms)

2.1.1 푸리에 변환의 정의와 적분정리(Definition and integral theorem)

수리물리학에서 종종 풀기 어려운 문제를 적분 변환(integral transforms)의 방법을 이용하여 공간을 바꾸어 주면 문제가 쉽게 풀리는 경우가 있다. 변환된 공간에서 문제의 해를 구하고 다시 역변환을 해주면 원래의 공간에서의 해가 되기 때문이다. 적분 변환의 종류는 다양하게 있지만 가장 잘 알려진 것이 **푸리에 변환**(Fourier transform)과 **라플라스 변환**(Laplace transform)이다. 이 장에서는 푸리에 변환에 대하여 알아보고 다음 장에서 라플라스 변환을 소개하고자 한다.

푸리에 변환의 정의를 하기 위해, 먼저 주기 $2L$의 함수 $f(x)$를 다음과 같이 푸리에 급수 전개해보자.

$$S[f(x)] = \sum_{n=-\infty}^{\infty} c_n e^{in\pi x/L} \tag{2.1.1}$$

여기서 전개계수 c_n은 다음과 같다.

$$c_n = \frac{1}{2L}\int_{-L}^{L} f(x)e^{-in\pi x/L}dx \tag{2.1.2}$$

제1장에서 보았듯이 함수 $f(x)$가 연속이고 구분적으로 매끄러우면 급수 $S[f(x)]$와 함수 $f(x)$는 일치하므로

$$\begin{aligned} f(x) &= \sum_{n=-\infty}^{\infty} c_n e^{in\pi x/L} \\ &= \sum_{n=-\infty}^{\infty}\left[\frac{1}{2L}\int_{-L}^{L} f(y)e^{-in\pi y/L}dy\right]e^{in\pi x/L} \\ &= \frac{1}{\sqrt{2\pi}}\sum_{n=-\infty}^{\infty}\left[\frac{\Delta k_n}{\sqrt{2\pi}}\int_{-L}^{L} f(y)e^{-ik_n y}dy\right]e^{ik_n x} \end{aligned} \tag{2.1.3}$$

와 같이 되는데 여기서 $k_n \equiv n\pi/L$, $\Delta k_n \equiv k_{n+1} - k_n = \pi/L$이다. 함수 $F_L(k)$을 다음과 같이 정의하자.

$$F_L(k) = \frac{1}{\sqrt{2\pi}}\int_{-L}^{L} f(y)e^{-iky}dy \tag{2.1.4}$$

$L\to\infty$인 극한에서 $F_L(k)\to F(k)$라고 하자.

$$F(k) = \frac{1}{\sqrt{2\pi}}\int_{-\infty}^{\infty} f(y)e^{-iky}dy \tag{2.1.5}$$

여기서 $f(y)$는 $y\to\pm\infty$일 때 빠르게 감소하는 함수이다. $L\to\infty$이라면 식(2.1.3)으로부터

$$f(x) = \frac{1}{\sqrt{2\pi}} \sum_{n=-\infty}^{\infty} \lim_{L\to\infty} F_L(k_n) e^{ik_n x} \Delta k_n \tag{2.1.6}$$

$$= \frac{1}{\sqrt{2\pi}} \sum_{n=-\infty}^{\infty} F(k_n) e^{ik_n x} \Delta k_n$$

가 된다. L이 무한히 커지면 Δk_n은 무한이 작아지는데 이때 k_n을 변수 k라고 놓고 Δk_n은 k의 미소변위 dk라고 할 수 있다. 따라서 식(2.1.6)은 다음과 같이 적분의 형태로 표현할 수 있다.

$$f(x) = \frac{1}{\sqrt{2\pi}} \int_{-\infty}^{\infty} F(k) e^{ikx} dk \tag{2.1.7}$$

이 식은 함수 $F(k)$가 어떤 적분 과정을 거쳐 함수 $f(x)$로 변환되었음을 의미한다.

여기서 지수함수의 부호는 선택이 가능하며 e^{ikx} 대신에 e^{-ikx}를 써도 된다. 즉,

$$f(x) = \frac{1}{\sqrt{2\pi}} \int_{-\infty}^{\infty} F(k) e^{-ikx} dk \tag{2.1.8}$$

도 가능하다. 또한 적분변수를 k에서 x로 바꾼다면

$$F(k) = \frac{1}{\sqrt{2\pi}} \int_{-\infty}^{\infty} f(x) e^{-ikx} dx \tag{2.1.9}$$

로 쓰는 것도 가능하다. 이와 같이 함수 F와 f는 서로가 적분변환(integral transform)인 관계에 있으며 이러한 변환을 푸리에 변환이라고 한다. 적분 안의 $e^{\pm ikx}$를 푸리에 변환의 **커널**(kernel) 또는 **핵**(核)이라고 부른다. 식(2.1.9)를 $f(x)$의 푸리에 변환이라고 부른다면 식(2.1.7)은 $F(k)$의 푸리에 역변환(Fourier inverse transform)이 된다. 즉, $f(x)$를 푸리에 변환하여 $F(k)$를 얻었을 때 이를 역변환하면 원래의 $f(x)$를 다시 얻을 수 있다. 변환과 역변환은 서로 상대적이어서 만약에 식(2.1.7)을 푸리에 변환이라고 부른다면, 식(2.1.9)가 역변환이 될 것이다. 푸리에 변환과 역변환은 커널로 쓰인 $e^{\pm ikx}$의 부호가 서로 반대인 것에만 주의하면 된다. 그러므로 부호의 선택은 임의로 할 수 있으

며, 푸리에 변환시 커널로 e^{-ikx}를 사용하였으면, 푸리에 역변환을 할 때에는 e^{ikx}을 쓰면 되고, 푸리에 변환시 e^{ikx}을 사용하였으면 역변환을 할 때 e^{-ikx}을 쓰면 된다. 이에 대해서는 정해진 바는 없으며, 제2장에서는 푸리에 변환시 커널로서 e^{-ikx}를 일관성 있게 쓸 것이다. 또한, 푸리에 변환에서 나타난 인자 $1/\sqrt{2\pi}$를 생략하여 쓸 수도 있다. 만약 푸리에 변환 과정에서 $1/\sqrt{2\pi}$를 쓰지 않았으면 푸리에 역변환시 $1/2\pi$의 인자가 나올 것이다. 어떻게 쓰든 푸리에 해석의 이론에는 영향을 미치지 않지만, 이 책에서는 푸리에 변환과 푸리에 역변환이 대칭적인 형태가 되도록 하기 위하여 $1/\sqrt{2\pi}$을 쓰기로 한다. 커널의 멱에 있는 부호나 인자 $1/\sqrt{2\pi}$의 사용에 대해서는 통일된 용법이 없지만, 어떻게 정의하든, 공간의 관섬에서 보면 x공간에서 정의된 함수 $f(x)$를 적분 연산자(operator) 방식의 변환 과정을 통하여 다른 공간인 k공간에서의 함수 $F(k)$로 바꾸어 주는 것이다. 이러한 변환을 통하여 함수의 물리적 해석을 구하거나 미분방정식을 간단한 대수방정식으로 바꾸어 계산할 수 있으므로 적분 변환은 종종 매우 유용하게 쓰인다.

✤ 푸리에 변환의 정의 (1차원 공간)

함수 $f(x)$가 $\int_{-\infty}^{\infty} |f(x)|\,dx < \infty$를 만족하는 적분 가능한 함수일 때, $f(x)$의 푸리에 변환을 다음과 같이 정의한다.

$$F(k) = \frac{1}{\sqrt{2\pi}} \int_{-\infty}^{\infty} f(x) e^{-ikx} dx \tag{2.1.10}$$

이때, 푸리에 역변환은 다음과 같다.

$$f(x) = \frac{1}{\sqrt{2\pi}} \int_{-\infty}^{\infty} F(k) e^{ikx} dk \tag{2.1.11}$$

여기서 푸리에 변환과 역변환에서 커널의 멱 부호를 서로 맞바꾸어도 푸리에 해석의 의미는 바뀌지 않는다.

3차원 공간에서의 푸리에 변환은 벡터를 써서 표현할 수 있다. r과 k가 3차원 벡터라고 하면 푸리에 변환과 역변환이 다음과 같이 정의된다.

$$f(\mathrm{r}) = \frac{1}{(2\pi)^{3/2}} \int_{-\infty}^{\infty} F(\mathrm{k}) e^{i\mathrm{k}\cdot\mathrm{r}} d\mathrm{k} \tag{2.1.12}$$

$$F(\mathrm{k}) = \frac{1}{(2\pi)^{3/2}} \int_{-\infty}^{\infty} f(\mathrm{r}) e^{-i\mathrm{k}\cdot\mathrm{r}} d\mathrm{r} \tag{2.1.13}$$

여기서 $d\mathrm{r}$과 $d\mathrm{k}$의 형태는 정의되는 좌표계에 따라 정해질 것이다. 3차원 푸리에 변환은 양자역학 등의 분야에서 유용하게 활용될 수 있는데, 이 장의 후반부에서 3차원 푸리에 변환의 예를 보여줄 것이며 제4장에서 물리학에서 중요한 여러 예시를 소개할 것이다.

식(2.1.9)에 정의된 푸리에 변환은 적분 연산자(integral operator)처럼 해석하여 스크립트 영문자 $\mathscr{F}$를 연산자 기호로 써서 다음과 같이 간단히 표현하기도 한다.

$$\mathscr{F}[f(x)](k) = F(k) = \frac{1}{\sqrt{2\pi}} \int_{-\infty}^{\infty} f(x) e^{-ikx} dx \tag{2.1.14}$$

이 경우에 역변환은 연산자 $\mathscr{F}^{-1}$를 사용하여 표현한다.

$$\mathscr{F}^{-1}[F(k)](x) = f(x) = \frac{1}{\sqrt{2\pi}} \int_{-\infty}^{\infty} F(k) e^{ikx} dk \tag{2.1.15}$$

함수를 푸리에 변환한 후 다시 역변환을 하면 원래의 함수로 돌아온다. 즉, 다음이 성립한다.

$$\mathscr{F}^{-1}[\mathscr{F}[f(x)]] = \mathscr{F}^{-1}[F(k)] = f(x) \tag{2.1.16}$$

연산자의 관점에서 보면 $\mathscr{F}^{-1}\mathscr{F} = 1$(identity operator)라고 할 수 있으며 연산자로서의 성질은 2.2절에서 좀 더 자세히 다룰 것이다.

적분의 형태로 정의된 푸리에 변환은 제1장에서 소개한 유한 구간에 대한 주기 함수의 푸리에 급수 전개를 무한 구간에서 정의된 비주기 함수로 확장한 것으로 볼 수 있다. 여기서 확인하고 넘어가야 할 점은, 식(2.1.7) 우변의 적분이 항상 원래의 함수 $f(x)$와 같은가 하는 것이다. 푸리에 변환이 실행 가능하고 역변환이 원래의 함수와 일치하기 위해서는 두 가지 조건이 필요한데 이를 푸리에 적분정리(Fourier integral theorem)이라고 한다.

푸리에 적분정리

모든 종류의 함수가 푸리에 변환을 할 수 있는 것은 아니다. 푸리에 변환이 가능하기 위해서는 두 가지 조건이 필요한데 그것은 다음과 같다.

1. 함수 $f(x)$는 전구간$(-\infty, \infty)$에서 구분적으로 매끄러운 함수이다.
2. 함수 $f(x)$는 적분가능하며 수렴한다. 즉, $\int_{-\infty}^{\infty} |f(x)|\, dx < \infty$를 만족한다.

위의 두 가지 조건을 만족한다면 $f(x)$는 연속적인 점 x에서 푸리에 역변환이 $f(x)$와 일치할 것이다. 만약에 점 x에서 $f(x)$가 불연속이라면, $f(x+0) \neq f(x-0)$이며, 이 점에서의 푸리에 역변환하여 얻은 $f(x)$는 다음의 값과 일치한다.

$$f(x) = \frac{1}{2}\left[f(x+0) + f(x-0)\right] = \frac{1}{2}\left[\lim_{\epsilon \to 0} f(x+\epsilon) + \lim_{\epsilon \to 0} f(x-\epsilon)\right] \quad (2.1.17)$$

위의 조건 1은 $f(x)$가 전구간에서 매끄럽지만 연속일 필요는 없다는 것을 의미한다. 이는 실제적으로 유용한 의미를 주는데 이의 증명은 불연속 함수의 푸리에 변환과 역변환을 차례로 수행하여 원래의 함수와 일치하는 것을 살펴볼 수 있다. 증명과 관련하여서는 참고문헌 18(S. Nair, Advanced Topics in Applied Mathematics)을 찾아보기 바란다.

2.1.2 푸리에 사인 변환과 코사인 변환(Fourier sine and cosine transforms)

푸리에 사인 변환(Fourier sine transforms)

함수 $f(x)$가 기함수이면 $f(x) = -f(-x)$인 성질과 오일러 공식을 이용하여 푸리에 변환 $F(k)$를 다음과 같이 쓸 수 있다.

$$\begin{aligned} F(k) &= \frac{1}{\sqrt{2\pi}} \int_{-\infty}^{\infty} f(x) e^{-ikx} dx \\ &= \frac{1}{\sqrt{2\pi}} \left[\int_{-\infty}^{0} f(x) e^{-ikx} dx + \int_{0}^{\infty} f(x) e^{-ikx} dx \right] \\ &= \frac{1}{\sqrt{2\pi}} \left[\int_{0}^{\infty} f(-t) e^{ikt} dt + \int_{0}^{\infty} f(x) e^{-ikx} dx \right] \ (t = -x) \\ &= \frac{-1}{\sqrt{2\pi}} \int_{0}^{\infty} f(x) \left(e^{ikx} - e^{-ikx}\right) dx \\ &= -i\sqrt{\frac{2}{\pi}} \int_{0}^{\infty} f(x) \sin kx \, dx \end{aligned} \tag{2.1.18}$$

여기서, 기함수의 푸리에 변환은 기함수가 된다는 것을 알 수 있다. 즉, $F(k) = -F(-k)$이다. 또한 $F(k)$의 복소켤레는 $\overline{F(k)} = F(-k)$가 된다. 위의 결과를 다음과 같이 써보자.

$$F(k) = -i\sqrt{\frac{2}{\pi}} \int_{0}^{\infty} f(x) \sin kx \, dx \equiv -iF_s(k) \tag{2.1.19}$$

즉, $F_s(k)$는 다음과 같이 정의된다.

$$F_s(k) = \sqrt{\frac{2}{\pi}} \int_{0}^{\infty} f(x) \sin kx \, dx \tag{2.1.20}$$

이것을 푸리에 사인 변환 또는 푸리에 정현(正弦) 변환이라고 부른다. 적분 연산자 표현으로는 $\mathscr{F}_s[f(x)](k)$와 같이 쓰기도 한다. 이제 푸리에 역변환 $\mathscr{F}_s^{-1}[F_s(k)](x)$를 구해보자. 먼저 $F(k)$의 역변환은 다음과 같다.

$$\begin{aligned} f(x) &= \frac{1}{\sqrt{2\pi}} \int_{-\infty}^{\infty} F(k)\, e^{ikx}\, dk \qquad (2.1.21) \\ &= \frac{1}{\sqrt{2\pi}} \left[\int_{-\infty}^{0} F(k)\, e^{ikx}\, dk + \int_{0}^{\infty} F(k)\, e^{ikx}\, dk \right] \\ &= \frac{1}{\sqrt{2\pi}} \left[\int_{0}^{\infty} F(-u)\, e^{-iux} du + \int_{0}^{\infty} F(k)\, e^{ikx} dk \right] \\ &= \frac{1}{\sqrt{2\pi}} \int_{0}^{\infty} F(k) \left(e^{ikx} - e^{-ikx} \right) dk \\ &= i \sqrt{\frac{2}{\pi}} \int_{0}^{\infty} F(k) \sin kx\, dk \end{aligned}$$

여기에 $F(k) = -iF_s(k)$를 대입하면 푸리에 사인 역변환 $\mathscr{F}_s^{-1}[F_s(k)](x)$는

$$f(x) = \sqrt{\frac{2}{\pi}} \int_{0}^{\infty} F_s(k) \sin kx\, dk \qquad (2.1.22)$$

가 된다.

푸리에 코사인 변환(Fourier cosine transform)

함수 $f(x)$가 우함수이면 $f(x) = f(-x)$이 성립한다. 푸리에 변환 $F(k)$를 구해보자. 앞의 기함수의 경우와 비슷한 과정을 거쳐 다음과 같은 결과를 얻을 수 있다.

$$F(k) = \frac{1}{\sqrt{2\pi}} \int_{-\infty}^{\infty} f(x) e^{-ikx} dx \tag{2.1.23}$$

$$= \frac{1}{\sqrt{2\pi}} \int_{0}^{\infty} f(x) \left(e^{ikx} + e^{-ikx}\right) dx$$

$$= \sqrt{\frac{2}{\pi}} \int_{0}^{\infty} f(x) \cos kx \, dx$$

여기서, $F(k) = F(-k)$가 되므로 우함수의 푸리에 변환도 우함수가 되는 것을 알 수 있다. 우함수의 경우에는 푸리에 변환과 푸리에 코사인 변환이 똑같은 형태로 정의된다. 즉, 푸리에 코사인 변환을 $F_c(k)$라고 하면 다음과 같이 정의 할 수 있다.

$$F_c(k) = \sqrt{\frac{2}{\pi}} \int_{0}^{\infty} f(x) \cos kx \, dx \tag{2.1.24}$$

그러므로 $F(k) = F_c(k)$이다. 적분 연산자 표현으로는 푸리에 코사인 변환을 $\mathscr{F}_c [f(x)](k)$로 쓴다. 이제 푸리에 역변환 $\mathscr{F}_c^{-1} [F_c(k)](x)$을 구해보자.

$$f(x) = \frac{1}{\sqrt{2\pi}} \int_{-\infty}^{\infty} F(k) e^{ikx} dk = \frac{1}{\sqrt{2\pi}} \int_{-\infty}^{\infty} F_c(k) e^{ikx} dk \tag{2.1.25}$$

$$= \frac{1}{\sqrt{2\pi}} \int_{0}^{\infty} F_c(k) \left(e^{ikx} + e^{-ikx}\right) dk$$

$$= \sqrt{\frac{2}{\pi}} \int_{0}^{\infty} F_c(k) \cos kx \, dk$$

우함수 $f(x)$의 푸리에 코사인 변환을 푸리에 여현(餘弦) 변환이라고도 한다.

✤ 푸리에 사인(정현) 변환의 정의

함수 $f(x)$가 기함수일 때 푸리에 사인(정현) 변환과 역변환은 다음과 같이 정의된다.

$$F_s(k) = \sqrt{\frac{2}{\pi}} \int_0^\infty f(x) \sin kx \, dx \tag{2.1.26}$$

$$f(x) = \sqrt{\frac{2}{\pi}} \int_0^\infty F_s(k) \sin kx \, dk \tag{2.1.27}$$

푸리에 코사인(여현) 변환의 정의

함수 $f(x)$가 우함수일 때 푸리에 코사인(여현) 변환과 역변환은 다음과 같이 정의된다.

$$F_c(k) = \sqrt{\frac{2}{\pi}} \int_0^\infty f(x) \cos kx \, dx \tag{2.1.28}$$

$$f(x) = \sqrt{\frac{2}{\pi}} \int_0^\infty F_c(k) \cos kx \, dk \tag{2.1.29}$$

상수 $a > 0$에 대하여 기본함수인 지수함수 e^{-ax}의 푸리에 사인 변환과 푸리에 코사인 변환을 구해보자. 푸리에 사인 변환과 푸리에 코사인 변환을 각각

$$F_s(k) = \sqrt{\frac{2}{\pi}} \int_0^\infty e^{-ax} \sin kx \, dx \tag{2.1.30}$$

$$F_c(k) = \sqrt{\frac{2}{\pi}} \int_0^\infty e^{-ax} \cos kx \, dx \tag{2.1.31}$$

라고 하면, 부분적분을 이용하여

$$F_s(k) = \sqrt{\frac{2}{\pi}}\frac{e^{-ax}}{-a}\sin kx\Big|_0^\infty + \frac{k}{a}\sqrt{\frac{2}{\pi}}\int_0^\infty e^{-ax}\cos kx\,dx \tag{2.1.32}$$

$$= \frac{k}{a}F_c(k)$$

$$F_c(k) = \sqrt{\frac{2}{\pi}}\frac{e^{-ax}}{-a}\cos kx\Big|_0^\infty - \frac{k}{a}\sqrt{\frac{2}{\pi}}\int_0^\infty e^{-ax}\sin kx\,dx \tag{2.1.33}$$

$$= \sqrt{\frac{2}{\pi}}\frac{1}{a} - \frac{k}{a}F_s(k)$$

와 같이 계산할 수 있다. 그러므로

$$F_s(k) = \frac{k}{a}F_c(k) = \frac{k}{a}\left[\sqrt{\frac{2}{\pi}}\frac{1}{a} - \frac{k}{a}F_s(s)\right] \tag{2.1.34}$$

가 되므로 함수 e^{-ax}의 푸리에 사인 변환을 다음과 같이 얻을 수 있다.

$$\mathscr{F}_s[e^{-ax}] = F_s(k) = \sqrt{\frac{2}{\pi}}\frac{k}{a^2+k^2} \tag{2.1.35}$$

또한, 푸리에 코사인 변환은 다음과 같이 된다.

$$\mathscr{F}_c[e^{-ax}] = F_c(k) = \sqrt{\frac{2}{\pi}}\frac{a}{a^2+k^2} \tag{2.1.36}$$

식(2.1.35)와 식(2.1.36)의 우변을 각각 푸리에 사인 역변환과 푸리에 코사인 역변환을 하면 원래의 함수 e^{-ax}를 얻을 수 있다. 흥미로운 점은 역변환이 아니라 정규 변환을 하여도 결과가 같다는 것이다. 즉, 다음의 결과를 얻을 수 있다.

$$\mathscr{F}_s\left[\sqrt{\frac{2}{\pi}}\frac{x}{a^2+x^2}\right] = e^{-ak} \tag{2.1.37}$$

$$\mathscr{F}_c\left[\sqrt{\frac{2}{\pi}}\frac{a}{a^2+x^2}\right] = e^{-ak} \tag{2.1.38}$$

일반적으로 푸리에 사인 및 코사인 변환은 정규 변환과 역변환이 같다는 성질을 가지고 있다.

$$\mathscr{F}_s = \mathscr{F}_s^{-1}, \qquad \mathscr{F}_c = \mathscr{F}_c^{-1} \tag{2.1.39}$$

2.1.3 푸리에 변환의 연습(Fourier transform exercises)

1. 연속함수의 푸리에 변환

상수 $a > 0$에 대하여 $f(x)$가

$$f(x) = e^{-a|x|} \tag{2.1.40}$$

와 같이 정의되었다. $f(x)$를 푸리에 변환을 해보자.

$$\begin{aligned} F(k) &= \frac{1}{\sqrt{2\pi}}\int_{-\infty}^{\infty} f(x)e^{-ikx}\,dx = \frac{1}{\sqrt{2\pi}}\int_{-\infty}^{\infty} e^{-a|x|-ikx}\,dx \\ &= \frac{1}{\sqrt{2\pi}}\left[\int_0^{\infty} e^{-(a+ik)x}\,dx + \int_{-\infty}^{0} e^{(a-ik)x}\,dx\right] \\ &= \frac{1}{\sqrt{2\pi}}\left\{\left[-\frac{e^{-(a+ik)x}}{a+ik}\right]_0^{\infty} + \left[\frac{e^{(a-ik)x}}{a-ik}\right]_{-\infty}^{0}\right\} \\ &= \sqrt{\frac{2}{\pi}}\frac{a}{a^2+k^2} \end{aligned} \tag{2.1.41}$$

그림2.1.1에 함수 $f(x)$와 그의 푸리에 변환 $F(k)$를 나타내었다. 이 그림에서 상수 a의 크기에 따라 푸리에 변환된 모습이 어떻게 변하는지도 볼 수 있다.

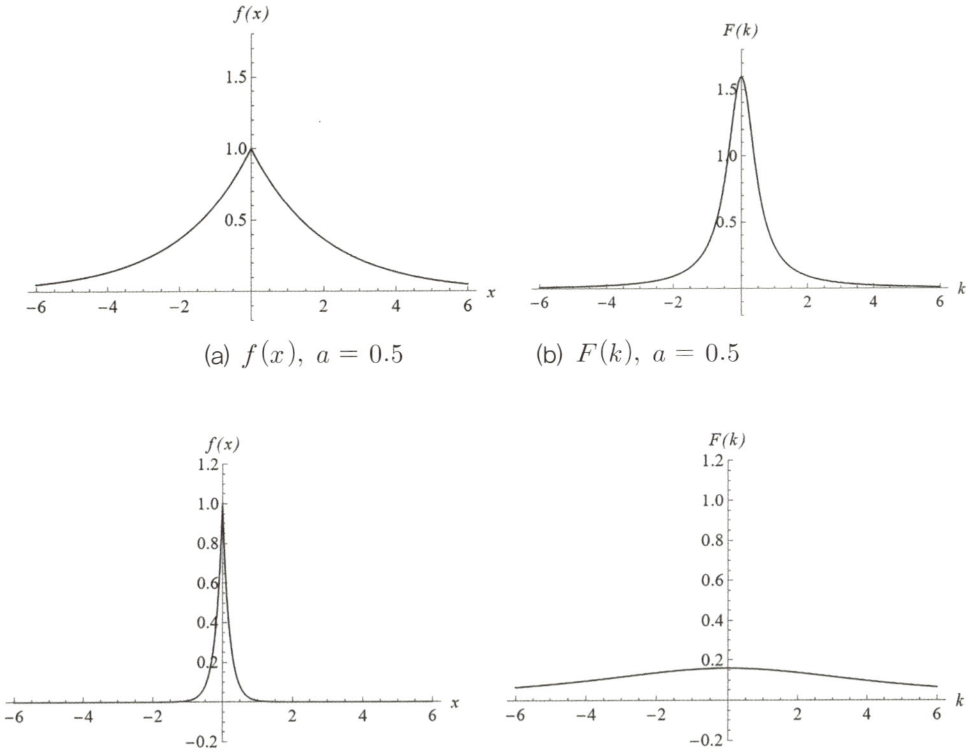

(a) $f(x),\ a=0.5$ (b) $F(k),\ a=0.5$

(c) $f(x),\ a=5$ (d) $F(k),\ a=5$

그림 2.1.1 함수 $f(x)=e^{-a|x|}$와 푸리에 변환 $F(k)$의 그래프

이제 푸리에 변환된 함수를 역변환하여 원래의 함수가 나오는지를 살펴보자. $F(k)$를 역변환하면

$$\frac{1}{\sqrt{2\pi}}\int_{-\infty}^{\infty}F(k)\,e^{ikx}dk=\frac{a}{\pi}\int_{-\infty}^{\infty}\frac{e^{ikx}}{a^2+k^2}dk \tag{2.1.42}$$

가 되는데 우변의 적분은 유수정리(residue theorem)와 조르당의 보조정리(Jordan's lemma)를 이용하여 계산할 수 있다. 복소변수 $z=k+ik_i$를 도입하여(k와 k_i는 실변수) 복소평면에서 경로적분(contour integral)을 해보자. $x>0$인 경우에 그림2.1.2(a)에서와 같이 상반평면에서 경로적분을 해야 한다. 이 경우에 $z=ia$에서 단순극점(simple pole)을 가지므로 다음과 같이 된다.

$$\int_{-\infty}^{\infty} \frac{e^{ikx}}{a^2+k^2} dk = \oint \frac{e^{ixz}}{a^2+z^2} dz = 2\pi i \operatorname{Res}\left[\frac{e^{ixz}}{a^2+z^2}\right]_{z=ia} \tag{2.1.43}$$

$$= 2\pi i \left(\frac{e^{ixz}}{z-ia}\right)_{z=-ia} = \frac{\pi}{a} e^{-ax} \quad (x>0)$$

여기서 $\operatorname{Res}[f]_{z_j}$는 극점 z_j에서 f의 유수(residue)를 의미한다. $x<0$인 경우에는 그림2.1.2(b)에서처럼 하반평면에서 경로적분을 해야 하므로 $z=-ia$에서 유수를 구하면 된다.

$$\int_{-\infty}^{\infty} \frac{e^{ikx}}{a^2+k^2} dk = \oint \frac{e^{ixz}}{a^2+z^2} dz = -2\pi i \operatorname{Res}\left[\frac{e^{ixz}}{a^2+z^2}\right]_{z=-ia} \tag{2.1.44}$$

$$= -2\pi i \left(\frac{e^{ixz}}{z-ia}\right)_{z=-ia} = \frac{\pi}{a} e^{ax} \quad (x<0)$$

그러므로 $F(k)$의 역변환은 원래의 함수와 일치한다.

$$\frac{1}{\sqrt{2\pi}} \int_{-\infty}^{\infty} F(k) e^{ikx} dk = e^{-a|x|} = f(x) \tag{2.1.45}$$

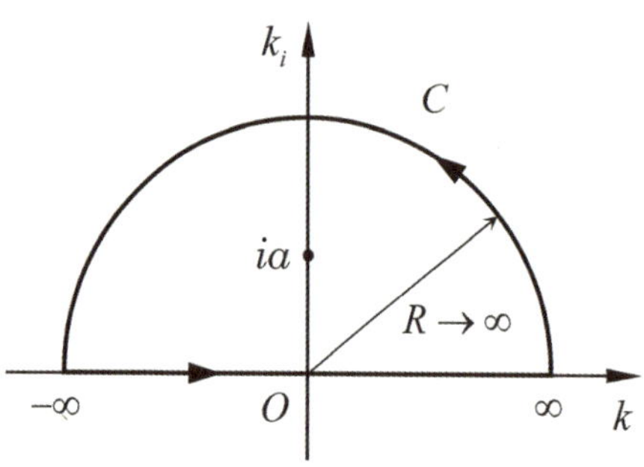

(a) 상반평면에서의 경로적분

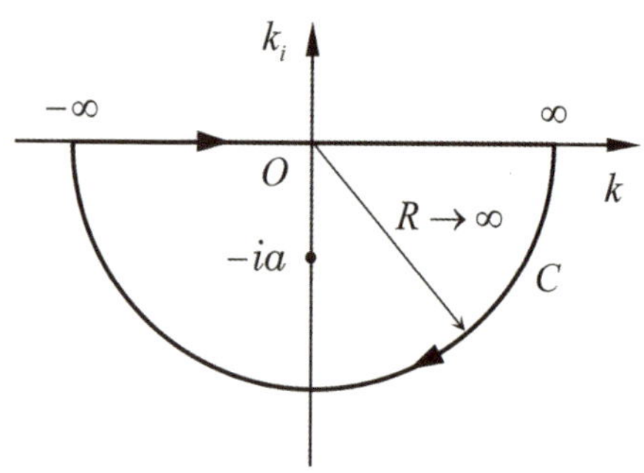

(b) 하반평면에서의 경로적분

그림 2.1.2 함수 $f(x)=e^{-a|x|}$와 푸리에 변환 $F(k)$의 그래프

2. 불연속함수의 푸리에 변환

구분적으로 매끄럽지만 불연속 함수의 전형적인 예로 다음의 장벽함수(barrier function)를 생각해 보자. 상수 $a > 0$에 대하여 $f(x)$가

$$f(x) = \begin{cases} 1/a & (|x| \le a) \\ 0 & (|x| > a) \end{cases} \tag{2.1.46}$$

와 같이 정의되었다. 이 함수는 푸리에 적분정리의 조건 1과 2를 모두 만족한다. 함수 $f(x)$의 푸리에 변환은 다음과 같이 계산할 수 있다.

$$\begin{aligned} F(k) &= \frac{1}{\sqrt{2\pi}} \int_{-\infty}^{\infty} f(x) e^{-ikx} dx = \frac{1}{\sqrt{2\pi}} \int_{-a}^{a} \frac{1}{a} e^{-ikx} dx \\ &= \frac{1}{\sqrt{2\pi}\, a} \int_{-a}^{a} (\cos kx - i \sin kx)\, dx \\ &= \frac{1}{\sqrt{2\pi}\, a} \left[\frac{\sin kx}{k} \right]_{-a}^{a} = \sqrt{\frac{2}{\pi}} \frac{\sin ka}{ka} \end{aligned} \tag{2.1.47}$$

그림2.1.3에 두 가지 다른 a값에 대하여 함수 $f(x)$와 역변환 $F(x)$의 그래프를 나타내었다. 장벽함수의 푸리에 변환은 감쇠하는 진동함수가 되며 a가 커질수록 감쇠와 진동이 심해지는 것을 볼 수 있다. 만약 $a \to \infty$가 되면 푸리에 변환은 델타함수가 된다. 이에 대해서는 추후 상세히 다룰 것이다.

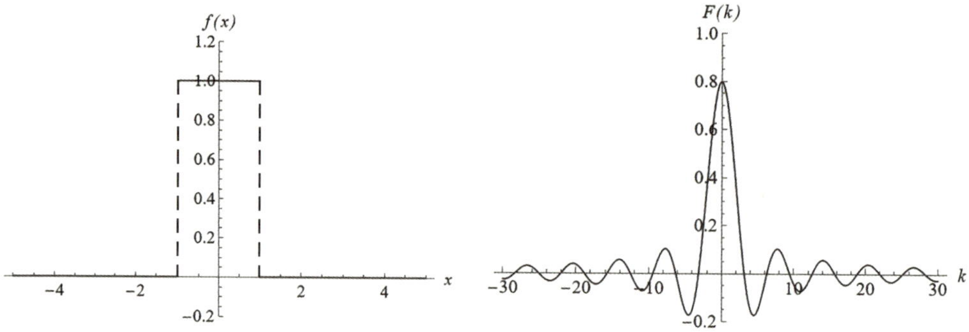

(a) $f(x),\ a=1$　　(b) $F(k),\ a=1$

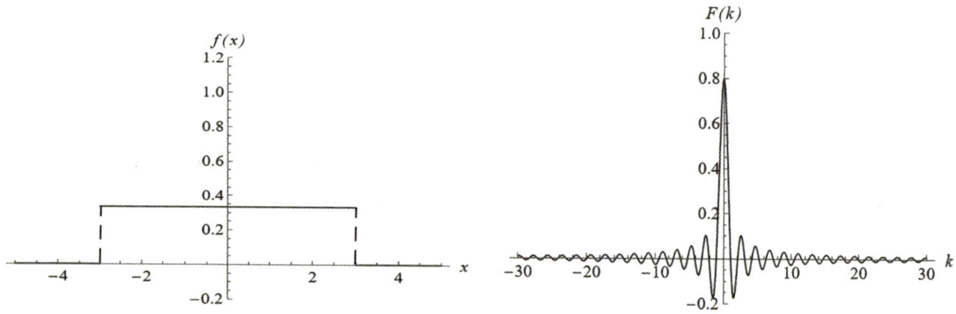

(c) $f(x),\ a=3$　　(d) $F(k),\ a=3$

그림 2.1.3 함수 $f(x) = 1/a\ (|x| \le a)$와 푸리에 변환 $F(k)$의 그래프

이제 $F(k)$의 역변환을 계산해 보자. 식(2.1.47)의 결과로부터

$$\frac{1}{\sqrt{2\pi}}\int_{-\infty}^{\infty} F(k)\, e^{ikx} dk = \frac{1}{\pi}\int_{-\infty}^{\infty} \frac{\sin ka}{ka}\, e^{ikx} dk \tag{2.1.48}$$

$$= \frac{1}{2\pi i}\int_{-\infty}^{\infty} \frac{1}{ka}\left[e^{ik(x+a)} - e^{ik(x-a)}\right] dk$$

$$= \frac{1}{2\pi i}\int_{-\infty}^{\infty} \frac{1}{ka}\left[\left(e^{ik(x+a)} - 1\right) - \left(e^{ik(x-a)} - 1\right)\right] dk$$

$$= f_{+}(x) - f_{-}(x)$$

라고 할 수 있다. 여기서 $f_{+}(x)$와 $f_{-}(x)$는 다음과 같이 정의하였다.

$$f_+(x) \equiv \frac{1}{2\pi i}\int_{-\infty}^{\infty}\frac{1}{ka}\left[e^{ik(x+a)}-1\right]dk \tag{2.1.49}$$

$$f_-(x) \equiv \frac{1}{2\pi i}\int_{-\infty}^{\infty}\frac{1}{ka}\left[e^{ik(x-a)}-1\right]dk \tag{2.1.50}$$

$f_+(x)$와 $f_-(x)$의 피적분함수에 있는 -1은 적분이 발산되지 않도록 하기 위하여 도입되었다. $f_+(x)$와 $f_-(x)$의 허수부는 기함수이므로 적분은 0이다. 따라서 실수부만 계산을 하면 되며 다음과 같이 된다.

$$f_+(x) = \mathrm{Re}\left[f_+(x)\right] = \frac{1}{2\pi}\int_{-\infty}^{\infty}\frac{\sin k(x+a)}{ka}dk = \frac{1}{2a}\,\mathrm{sgn}(x+a) \tag{2.1.51}$$

$$f_-(x) = \mathrm{Re}\left[f_-(x)\right] = \frac{1}{2\pi}\int_{-\infty}^{\infty}\frac{\sin k(x-a)}{ka}dk = \frac{1}{2a}\,\mathrm{sgn}(x-a) \tag{2.1.52}$$

위의 식에 나타난 적분을 수행하는 방법은 여러 가지가 있을 수 있는데, 이러한 형태의 적분은 저자들의 저서 「복소해석과 응용」편에서 유수정리를 이용하거나, 파인만 방법(Feynman's technique)을 써서 풀 수 있음을 상세히 설명하였다. 위의 식에서 sgn은 제1장에서 설명한 부호함수이다. 따라서 다음과 같은 결론을 얻을 수 있다.

$$\begin{aligned}\frac{1}{\sqrt{2\pi}}\int_{-\infty}^{\infty}F(k)e^{ikx}dk &= f_+(x)-f_-(x) \\ &= \frac{1}{2a}\left[\mathrm{sgn}(x+a)-\mathrm{sgn}(x-a)\right] \\ &= \begin{cases} 1/a & (|x|<a) \\ 1/2a & (|x|=a) \\ 0 & (|x|>a)\end{cases}\end{aligned} \tag{2.1.53}$$

그러므로 $f(x)$가 연속인 구간에서는 $F(k)$의 역변환이 $f(x)$와 일치하고, 불연속점인 $x = \pm a$에서는 푸리에 적분정리

$$\frac{1}{2}[f(\pm a+0)+f(\pm a-0)] = \frac{1}{2}\left(\frac{1}{2a}+\frac{1}{2a}\right) = \frac{1}{2a} \tag{2.1.54}$$

를 만족하는 것을 볼 수 있다.

3. 기함수의 푸리에 변환

함수 $f(x)$가 기함수인 경우 푸리에 사인 변환을 이용하여 보자. $f(x)$가 다음과 같이 주어졌다.

$$f(x) = \begin{cases} \operatorname{sgn} x & (|x| \le 1) \\ 0 & (|x| > 1) \end{cases} \tag{2.1.55}$$

여기서 sgn은 부호함수이다. 푸리에 사인 변환을 하면 다음과 같다.

$$F_s(k) = \sqrt{\frac{2}{\pi}}\int_0^\infty f(x)\sin kx\,dx = \sqrt{\frac{2}{\pi}}\int_0^1 \sin kx\,dx = \sqrt{\frac{2}{\pi}}\,\frac{1-\cos k}{k} \tag{2.1.56}$$

위의 결과를 역변환하면 원래의 함수를 얻을 수 있을까? 원래의 함수가 나오는지를 보기 위하여 다음과 같이 푸리에 사인 역변환을 해보자.

$$f(x) = \sqrt{\frac{2}{\pi}}\int_0^\infty F_s(k)\sin kx\,dk = \frac{2}{\pi}\int_0^\infty \frac{1-\cos k}{k}\sin kx\,dk \tag{2.1.57}$$

위의 적분은 계산하기가 간단하지 않다. 함수 $I_p(x)$를

$$I_p(x) \equiv \frac{2}{\pi}\int_0^p \frac{1-\cos k}{k}\sin kx\,dk \tag{2.1.58}$$

와 같이 정의하면 $p\to\infty$일 때 $I_p \to f$가 될 것이다. 따라서 극한에서의 $I_p(x)$의 성질을 알아보자. 삼각함수 공식 $2\sin A\cos B = \sin(A+B)+\sin(A-B)$을 이용하면

$I_p(x)$를 다음과 같이 쓸 수 있다.

$$I_p(x) = \frac{2}{\pi}\left[\int_0^p \frac{\sin kx}{k}dk - \frac{1}{2}\int_0^p \frac{\sin k(x+1)}{k}dk - \frac{1}{2}\int_0^p \frac{\sin k(x-1)}{k}dk\right] \quad (2.1.59)$$

$$= \frac{2}{\pi}\left[\int_0^p \frac{\sin kx}{k}dk - \frac{1}{2}\int_0^{p(x+1)} \frac{\sin \xi}{\xi}d\xi - \frac{1}{2}\int_0^{p(x-1)} \frac{\sin \xi}{\xi}d\xi\right]$$

$$= \frac{2}{\pi}\left[\mathrm{Si}(p) - \frac{1}{2}\mathrm{Si}(p(x+1)) - \frac{1}{2}\mathrm{Si}(p(x-1))\right]$$

여기서 $\mathrm{Si}(p)$는 사인 적분(sine integral)이며

$$\mathrm{Si}(p) = \int_0^p \frac{\sin k}{k}dk \quad (2.1.60)$$

로 정의되었다. $p \to \infty$인 극한에서는 $\mathrm{Si}(\infty) = \pi/2$가 된다. 여러 가지 변수에 따른 값에 따른 사인 적분의 그래프를 그림2.1.4에 나타내었다. 그림2.1.5에는 p의 값을 증가시키면서 $I_p(x)$의 변화를 살펴보았다. 그림에서 알 수 있듯이 $p \to \infty$인 경우에는 $I_p(x)$가 정확하게 $f(x)$와 일치하는 것을 볼 수 있다. 그러므로 $F(k)$의 푸리에 사인 역변환은 원래의 함수인 $f(x)$가 된다.

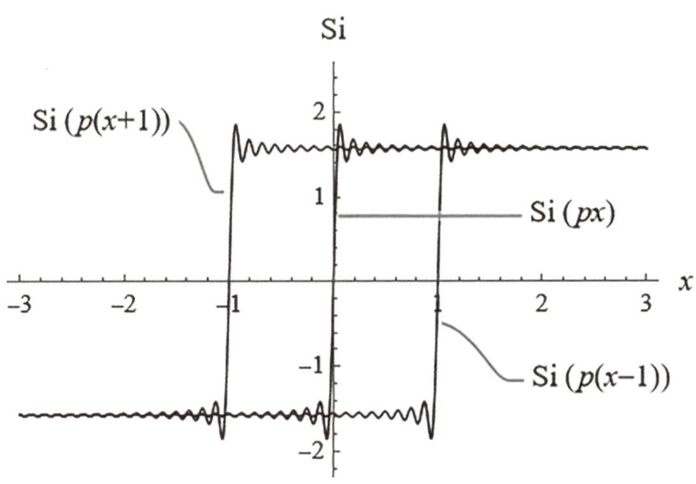

그림 2.1.4 $p = 50$인 경우에 $\mathrm{Si}(px)$, $\mathrm{Si}(p(x+1))$, $\mathrm{Si}(p(x-1))$을 나타낸 그래프

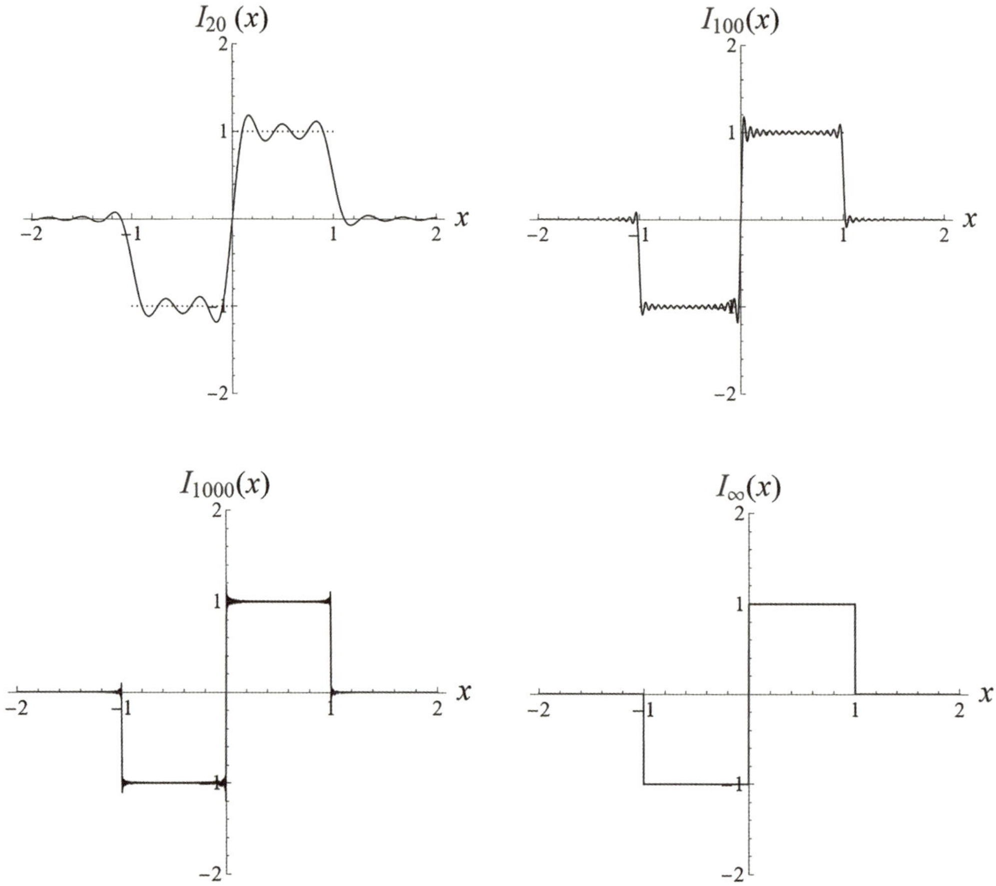

그림 2.1.5 $p = 20,\ 100,\ 1000$ 그리고 ∞인 경우의 $I_p(x)$의 그래프. p가 무한대이면 $I_p(x) = f(x)$가 된다.

4. 진동함수의 푸리에 변환

주기적 성질을 가지는 함수의 푸리에 변환을 연습하여 보자. 함수 $f(x) = e^{-a|x|}\cos\omega x$를 생각해 보자. a는 양의 상수이고 ω는 진동수이다. 이 함수는 진동하는 코사인 함수의 진폭이 지수함수적으로 감소하는 형태이다. $f(x)$의 푸리에 변환을 $F(k)$라고 하자.

$$F(k) = \frac{1}{\sqrt{2\pi}} \int_{-\infty}^{\infty} (e^{-a|x|} \cos \omega x) e^{ikx} \, dx \tag{2.1.61}$$

$$= \frac{1}{\sqrt{2\pi}} \int_{-\infty}^{\infty} (e^{-a|x|} \cos \omega x)(\cos kx + i \sin kx) \, dx$$

마지막 우변에서 $e^{-a|x|} \cos kx \sin \omega x$은 기함수이므로 적분 구간 $(-\infty, \infty)$에서 적분은 0이 된다. 따라서

$$F(k) = \frac{1}{\sqrt{2\pi}} \int_{-\infty}^{\infty} e^{-a|x|} \cos \omega x \cos kx \, dx \tag{2.1.62}$$

$$= \frac{1}{\sqrt{2\pi}} \int_{0}^{\infty} e^{-a|x|} \{\cos[(\omega + k)x] + \cos[(\omega - k)x]\} \, dx$$

가 된다. 여기서

$$\int_{0}^{\infty} e^{-ax} \cos[(\omega + k)x] \, dx = \frac{1}{2} \int_{0}^{\infty} e^{-ax} \left[e^{i(\omega + k)x} + e^{-i(\omega + k)x} \right] dx \tag{2.1.63}$$

$$= \frac{1}{2} \int_{0}^{\infty} e^{-[a - i(\omega + k)]x} + e^{-[a + i(\omega + k)]x} \, dx$$

$$= \frac{1}{2} \left[\frac{1}{a - i(\omega + k)} + \frac{1}{a + i(\omega + k)} \right]$$

$$= \frac{a}{a^2 + (\omega + k)^2}$$

와 같이 계산되므로 푸리에 변환은 다음과 같다.

$$F(k) = \frac{1}{\sqrt{2\pi}} \left[\frac{a}{a^2 + (\omega + k)^2} + \frac{a}{a^2 + (\omega - k)^2} \right] \tag{2.1.64}$$

그림 2.1.6에 $f(x)$와 이 함수의 푸리에 변환을 비교하여 나타내었다. 그림에서 보듯이 변환된 공간에서 $k = \pm \omega$인 곳에서 피크를 볼 수 있는데 이러한 피크는 $a \to 0$인 극한에서 델타함수(delta function)가 된다. 극한에서 델타함수가 되는 함수를 델타 시퀀스

(delta sequence)라고 하는데, 이 경우의 푸리에 변환은 두 개의 델타 시퀀스의 합으로 나타났다. 델타 시퀀스에 대해서는 다음의 2.2절에서 자세히 다루겠지만, 여기서는 델타 시퀀스가 전 공간에 대하여 적분하면 1이 되는 특징을 확인해 보기로 한다.

다음과 같은 델타 시퀀스를 생각해 보자.

$$\delta_a(k+\omega) = \frac{1}{\pi}\frac{a}{a^2+(k+\omega)^2}, \quad \delta_a(k-\omega) = \frac{1}{\pi}\frac{a}{a^2+(k-\omega)^2} \tag{2.1.65}$$

즉, $F(k) = \sqrt{\frac{\pi}{2}}\left[\delta_a(k+\omega)+\delta_a(k-\omega)\right]$라고 할 수 있다. 앞에서 살펴본 '푸리에 변환 연습: 연속함수'에서 $e^{-a|x|}$의 푸리에 변환이

$$\mathscr{F}[e^{-a|x|}] = \sqrt{\frac{2}{\pi}}\frac{a}{a^2+k^2} \tag{2.1.66}$$

이었다는 것을 상기하자[식(2.1.41) 참조]. 이를 역변환하면

$$\mathscr{F}^{-1}\left[\sqrt{\frac{2}{\pi}}\frac{a}{a^2+k^2}e^{-a|x|}\right] = e^{-a|x|} \tag{2.1.67}$$

가 되므로 k 대신에 $k\pm\omega$를 이용하여 다음과 같이 쓸 수 있다.

$$\frac{1}{\sqrt{2\pi}}\int_{-\infty}^{\infty}\sqrt{\frac{2}{\pi}}\frac{a}{a^2+(\omega\pm k)^2}e^{i(k\pm\omega)x}dk = e^{-a|x|} \tag{2.1.68}$$

이 식에서 $x=0$으로 놓으면

$$\int_{-\infty}^{\infty}\frac{1}{\pi}\frac{a}{a^2+(\omega\pm k)^2}dk = \int_{-\infty}^{\infty}\delta_a(k\pm\omega)dk = 1 \tag{2.1.69}$$

를 얻을 수 있다. 따라서 델타 시퀀스를 전체 공간에 대하여 적분을 하면 1이 된다는 것을 알 수 있다. 한편, $a\to 0$인 극한에서 델타 시퀀스는 델타함수가 되므로 $\cos\omega x$의 푸

리에 변환을 다음과 같이 얻을 수 있다.

$$\lim_{a \to 0} \mathscr{F}[e^{-a|x|}\cos\omega x] = \mathscr{F}[\cos\omega x] = \sqrt{\frac{\pi}{2}}\,[\delta(k-\omega)+\delta(k+\omega)] \quad (2.1.70)$$

여기서 $\delta(k \pm \omega)$는 2.2절에서 자세히 배울 델타함수이다. 만약에 어떤 함수가 $\cos\omega_n x$ $(n = 1, 2, \ldots, N)$의 선형 결합으로 되어있다면 이 함수의 푸리에 변환은 $\pm\omega_n$에 위치한 델타함수로 나타날 것이다. 이것은 분광학에서 스펙트럼선과 관련이 있다.

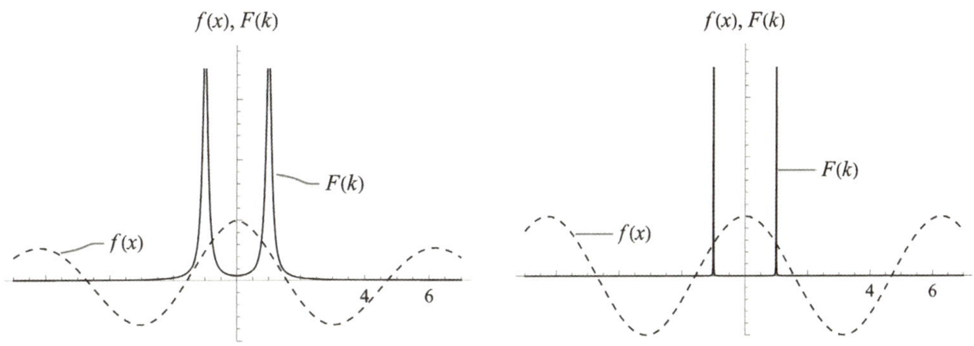

(a) $a = 0.1,\ \omega = 1$ (b) $a = 0.001,\ \omega = 1$

그림 2.1.6 함수 $f(x) = e^{-a|x|}\cos\omega x$ (점선)와 푸리에 변환 $F(k)$(실선)

5. 멱함수의 푸리에 변환

$f(x) = x^{-p}$의 형태를 가지는 함수의 푸리에 변환을 알아보자. $x \to 0$과 $x \to \infty$에서 함수가 발산하지 않도록 하기 위해 p의 범위를 $0 < p < 1$로 제한하자. $x > 0$에 대하여 아래와 같은 적분이 주어졌다.

$$I = \int_0^\infty x^{-p} e^{-ikx}\,dx \quad (0 < p < 1) \quad (2.1.71)$$

이 적분은 복소공간에서 직접 계산할 수 있는데, 복소변수 z를 도입하여 $z = x + iy$라고 하자. x와 y는 실변수이다. 복소공간에서 닫힌경로 C에 대한 적분 I_C를 다음과 같이 정의 하였다.

$$I_C = \oint_C z^{-p} e^{-ikz} dz \tag{2.1.72}$$

닫힌경로 C는 그림2.1.7에 나타난 것과 같이 시계방향으로 양의 실수축 경로 C_1, $R \to \infty$의 반지름을 갖는 C_2, 허수축 경로 C_3, 그리고 $r \to 0$의 반지름을 가지는 원점 주위의 경로 C_4로 연결되어 있다.

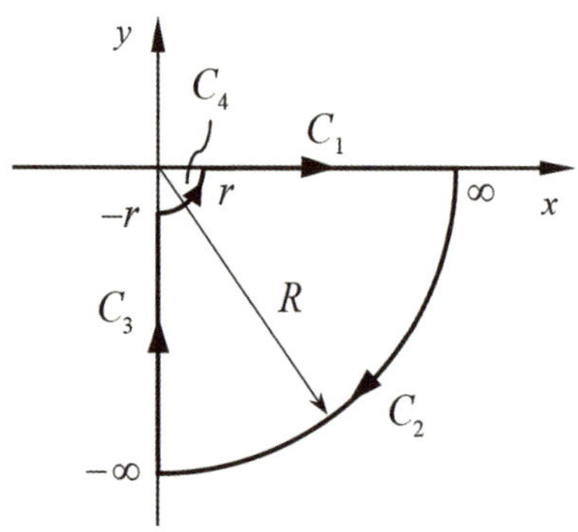

그림 2.1.7 적분 I의 수행을 위한 복소공간에서의 적분 경로

경로의 내부에 특이점이 없으므로 유수정리에 의하여 $I_C = 0$이 될 것이다. 즉, 실수축에서 정의된 적분 $I(= I_{C_1})$는 다음과 같이 된다.

$$I = -(I_{C_2} + I_{C_3} + I_{C_4}) \tag{2.1.73}$$

경로 C_2 상에서는 반지름 R이 일정하므로 극좌표계를 써서 $z = Re^{i\theta}$로 쓰고, 경로 C_4 상에서는 $z = re^{i\theta}$로 놓을 수 있다, 따라서 I_{C_2}, I_{C_3}, I_{C_4}는 각각 다음과 같이 된다.

$$I_{C_2} = \int_{C_2 : R \to \infty} z^{-p} e^{-ikz} dz = 0 \tag{2.1.74}$$

$$I_{C_3} = \int_{C_3 : z = iy} z^{-p} e^{-ikz} dz \tag{2.1.75}$$

$$I_{C_4} = \int_{C_4 : r \to 0} z^{-p} e^{-ikz} dz = 0 \tag{2.1.76}$$

위의 결과에서 $I_{C_2} = 0$인 것은 조르당의 보조정리를 이용한 것이고, $I_{C_4} = 0$인 것은 $r \to 0$의 극한에서 $z \to 0$이 되기 때문이다. 따라서 $I = -I_{C_3}$이다. 경로 C_3 상에서 $z = iy$이므로 I_{C_3}는

$$\begin{aligned} I_{C_3} &= \int_{C_3} z^{-p} e^{-ikz} dz \\ &= \lim_{\substack{R \to \infty \\ r \to 0}} \int_{-R}^{-r} (iy)^{-p} e^{ky} i\, dy = \lim_{\substack{R \to \infty \\ r \to 0}} \int_{-R}^{-r} i(-i)^{-p} |y|^{-p} e^{ky} dy \\ &= e^{i\pi/2} e^{i\pi p/2} \int_{-\infty}^{0} |y|^{-p} e^{ky} dy = e^{i\pi(1+p)/2} \int_{0}^{\infty} y^{-p} e^{-ky} dy \end{aligned} \tag{2.1.77}$$

가 된다. 여기서 $\pm i = e^{\pm i\pi/2}$인 복소수의 성질을 이용하였고 마지막 과정에서 $y \to -y$로 놓았다. $R \to \infty$와 $r \to 0$의 극한에서 I_{C_3}가 적분 가능하기 위해서는 $k > 0$인 조건이 필요하다. 이제 $ky \equiv t$라고 놓으면 $y^{-p} = k^p t^{-p}$, $dy = k^{-1} dt$가 되므로

$$I_{C_3} = e^{i\pi(1+p)/2} k^{p-1} \int_0^{\infty} e^{-t} t^{-p} dt \tag{2.1.78}$$

가 된다. 이 식의 우변에 있는 적분은 감마함수이다. 감마함수는

$$\Gamma(\kappa + 1) = \int_0^{\infty} e^{-t} t^{\kappa} dt \tag{2.1.79}$$

와 같이 정의된다. 그러므로 처음에 주어진 적분 I는 최종적으로 다음과 같이 될 것이다.

$$I = \int_0^\infty x^{-p} e^{-ikx}\, dx = -e^{i\pi(1+p)/2} k^{p-1} \Gamma(1-p) \tag{2.1.80}$$

단, 여기서 $k > 0,\ 0 < p < 1$임을 유의하자.

이제, 푸리에 변환과의 관련성을 알아보자. 적분 I는

$$\begin{aligned} I &= \int_0^\infty x^{-p} e^{-ikx}\, dx \\ &= \int_0^\infty x^{-p} \cos kx\, dx - i \int_0^\infty x^{-p} \sin kx\, dx \\ &= \sqrt{\frac{\pi}{2}} \left[F_c(k) - iF_s(k) \right] \end{aligned} \tag{2.1.81}$$

와 같이 되는데, 여기서 $F_c(k)$와 $F_s(k)$는 각각 식(2.1.24)와 식(2.1.20)에서 정의한 푸리에 코사인 변환과 푸리에 사인 변환이다. 그러므로

$$F_c(k) - iF_s(k) = -\sqrt{\frac{2}{\pi}} k^{p-1} \Gamma(1-p) e^{i\pi(1+p)/2} \tag{2.1.82}$$

로부터 $f(x) = x^{-p}$의 푸리에 코사인 변환과 푸리에 사인 변환은 각각 다음과 같이 얻을 수 있다.

$$F_c(k) = \mathscr{F}_c\left[x^{-p}\right] = -\sqrt{\frac{2}{\pi}} k^{p-1} \Gamma(1-p) \cos\left[\frac{\pi}{2}(1+p)\right] \tag{2.1.83}$$

$$F_s(k) = \mathscr{F}_s\left[x^{-p}\right] = \sqrt{\frac{2}{\pi}} k^{p-1} \Gamma(1-p) \sin\left[\frac{\pi}{2}(1+p)\right] \tag{2.1.84}$$

한편, $\cos\alpha = -\cos(\pi-\alpha)$, $\sin\alpha = \sin(\pi-\alpha)$가 성립하므로 다음과 같이 써도 된다.

$$\mathscr{F}_c\left[x^{-p}\right] = \sqrt{\frac{2}{\pi}}\, k^{p-1}\Gamma(1-p)\cos\left[\frac{\pi}{2}(1-p)\right] \tag{2.1.85}$$

$$\mathscr{F}_s\left[x^{-p}\right] = \sqrt{\frac{2}{\pi}}\, k^{p-1}\Gamma(1-p)\sin\left[\frac{\pi}{2}(1-p)\right] \tag{2.1.86}$$

특별한 경우로 $p = 1/2$ 이면 $\Gamma(1/2) = \sqrt{\pi}$ 이므로, 다음의 흥미로운 결과를 얻을 수 있다.

$$\mathscr{F}_c\left[\frac{1}{\sqrt{x}}\right] = \frac{1}{\sqrt{k}} \tag{2.1.87}$$

$$\mathscr{F}_s\left[\frac{1}{\sqrt{x}}\right] = \frac{1}{\sqrt{k}} \tag{2.1.88}$$

6. 3차원 공간에서의 푸리에 변환

3차원 공간에서의 구면 조화(spherical harmonics) 또는 구면파(spherical wave) 전개는 다음과 같다.

$$e^{i\mathbf{k}\cdot\mathbf{r}} = 4\pi\sum_{\ell=0}^{\infty}\sum_{\mathrm{m}=-\ell}^{\ell} i^{\ell} j_{\ell}(kr)\, Y_{\ell}^{m}(\Omega_k)^{*}\, Y_{\ell}^{m}(\Omega_r) \tag{2.1.89}$$

여기서 Y_ℓ^m은 라플라스 방정식의 해로부터 얻을 수 있는 구면 조화 함수(spherical harmonic function)이고 $j_\ell(kr)$은 구면 베셀 함수(spherical Bessel function)이다. k와 r은 벡터 $\mathbf{k}$와 $\mathbf{r}$의 크기이며, Ω_k와 Ω_r은 각좌표계(angular coordinates)를 의미한다. 이 전개식의 좌변은 평면파(plane wave)를 나타내는데, 이것을 구면파의 급수로 전개할 수 있다는 점에서 중요하다. 이러한 전환은 평면파가 산란중심(scattering center)으로부터 구면파로 산란되어 나가는 문제를 계산하는데 유용한 도움을 줄 것이다.

양자역학이나 전자기학에서 종종 볼 수 있는 유카와 퍼텐셜(Yukawa potential)

$V(r) \sim e^{-ar}/r$의 푸리에 변환을 구하여 보자. r은 반지름 좌표이고 a는 양의 상수이다. 유카와 퍼텐셜은 디바이-휘켈 퍼텐셜(Debye-Hückel potential)이라고도 부른다. 식 (2.1.13)을 이용하여 푸리에 변환을 구면 극좌표계에서 쓰면 다음과 같이 쓸 수 있다.

$$\mathscr{F}\left[\frac{e^{-ar}}{r}\right](\mathbf{k}) = \frac{4\pi}{(2\pi)^{3/2}}\int_0^\infty re^{-ar}dr\int d\Omega_r \sum_{\ell=0}^{\infty}\sum_{m=-\ell}^{\ell} i^\ell j_\ell(kr)\,Y_\ell^m(\Omega_k)^*\,Y_\ell^m(\Omega_r) \tag{2.1.90}$$

이 적분에서 각도적분(angular integral)은 $\ell = m = 0$을 제외하고는 모두 사라질 것이다. $\ell = m = 0$인 경우에 구면 조화 함수는 $Y_0^0 = 1/\sqrt{4\pi}$이다. 그러므로 각도 적분은

$$\int d\Omega_r \left(Y_0^0\right)^2 = 1 \tag{2.1.91}$$

이 된다. 또한 $\ell = 0$인 경우에 구면 베셀 함수는 다음과 같다.

$$j_0(kr) = \frac{\sin kr}{kr} \tag{2.1.92}$$

그러므로 유카와 퍼텐셜의 푸리에 변환은 다음과 같이 계산된다.

$$\mathscr{F}\left[\frac{e^{-ar}}{r}\right](\mathbf{k}) = \frac{4\pi}{(2\pi)^{3/2}}\int_0^\infty e^{-ar}\frac{\sin kr}{k}dr \tag{2.1.93}$$

이 적분은 $\sin x = (e^{ix} - e^{-ix})/2$를 이용하면 쉽게 계산이 되며 최종적으로 다음의 결과를 얻을 수 있다.

$$\mathscr{F}\left[\frac{e^{-ar}}{r}\right](\mathbf{k}) = \frac{1}{(2\pi)^{3/2}}\frac{4\pi}{k^2 + a^2} \tag{2.1.94}$$

만약 유카와 퍼텐셜에서 $a = 0$으로 놓으면 잘 알려진 쿨롱 퍼텐셜이 된다. 이 경우에 매우 중요한 쿨롱 퍼텐셜의 푸리에 변환을 얻을 수 있다.

$$\mathscr{F}\left[\frac{1}{r}\right](\mathbf{k}) = \frac{1}{(2\pi)^{3/2}}\frac{4\pi}{k^2} \tag{2.1.95}$$

3차원 가우스 함수의 푸리에 변환도 구면파 전개를 이용하여 비슷한 방법으로 계산을 할 수 있는데, 그 결과는 다음과 같으며 연습을 해보기 바란다.

$$\mathscr{F}\left[e^{-ar^2}\right](\mathbf{k}) = \frac{4\pi}{(2\pi)^{3/2}}\int_0^\infty re^{-ar^2}\frac{\sin kr}{k}dr = \frac{1}{(2a)^{3/2}}e^{-k^2/4a} \tag{2.1.96}$$

예제 2.1.1 상수 $a > 0$에 대하여 $f(x)$의 푸리에 변환을 구하시오.

$$f(x) = \begin{cases} a - |x| & (|x| \le a) \\ 0 & (|x| > a) \end{cases} \tag{2.1.97}$$

풀이 $f(x)$의 푸리에 변환을 $F(x)$라고 하면 다음과 같이 계산할 수 있다.

$$\begin{aligned} F(k) &= \frac{1}{\sqrt{2\pi}}\int_{-a}^{a}(a-|x|)e^{-ikx}dx \qquad (2.1.98) \\ &= \frac{1}{\sqrt{2\pi}}\left[\int_{-a}^{0}(a+x)\frac{\partial}{\partial x}\left(\frac{e^{-ikx}}{-ik}\right)dx + \int_0^a(a-x)\frac{\partial}{\partial x}\left(\frac{e^{-ikx}}{-ik}\right)dx\right] \\ &= \frac{1}{\sqrt{2\pi}}\left\{\left[\frac{(a+x)e^{-ikx}}{-ik}\right]_{x=-a}^{x=0} + \frac{1}{ik}\int_{-a}^{0}e^{-ikx}dx\right\} \\ &\quad + \frac{1}{\sqrt{2\pi}}\left\{\left[\frac{(a-x)e^{-ikx}}{-ik}\right]_{x=a}^{x=a} - \frac{1}{ik}\int_0^a e^{-ikx}dx\right\} \\ &= \frac{1}{ik\sqrt{2\pi}}\left[-\frac{2}{ik} + \frac{1}{ik}(e^{ika} + e^{-ikx})\right] \\ &= \sqrt{\frac{2}{\pi}}\frac{1}{k^2}(1-\cos ka) \end{aligned}$$

예제 2.1.2 푸리에 변환의 미분을 이용하여 풀기

상수 $a > 0$에 대하여 다음의 가우스 함수의 푸리에 변환을 구하고, a의 크기에 따라 변환이 어떻게 달라지는지 그림으로 나타내시오.

$$f(x) = e^{-ax^2} \tag{2.1.99}$$

풀이 가우스 함수 $f(x)$의 푸리에 변환 $F(k)$는 다음과 같다.

$$F(k) = \frac{1}{\sqrt{2\pi}} \int_{-\infty}^{\infty} e^{-ax^2 - ikx}\, dx \tag{2.1.100}$$

이 적분을 수행하기 위하여 먼저 $F(x)$의 미분을 생각해보자.

$$\begin{aligned} \frac{dF(k)}{dk} &= \frac{1}{\sqrt{2\pi}} \int_{-\infty}^{\infty} e^{-ax^2} \frac{\partial}{\partial k} e^{-ikx}\, dx = \frac{1}{\sqrt{2\pi}} \int_{-\infty}^{\infty} e^{-ax^2}(-ix)\, e^{-ikx}\, dx \\ &= \frac{1}{\sqrt{2\pi}} \int_{-\infty}^{\infty} \frac{i}{2a}\left(\frac{\partial}{\partial x} e^{-ax^2}\right) e^{-ikx}\, dx \\ &= \frac{1}{\sqrt{2\pi}} \frac{i}{2a}\left\{\left[e^{-ax^2 - ikx}\right]_{-\infty}^{\infty} - \int_{-\infty}^{\infty} e^{-ax^2}\left(\frac{\partial}{\partial x} e^{-ikx}\right) dx\right\} \\ &= -\frac{1}{\sqrt{2\pi}} \frac{k}{2a} \int_{-\infty}^{\infty} e^{-ax^2 - ikx}\, dx = -\frac{k}{2a} F(k) \end{aligned} \tag{2.1.101}$$

이것은 $F(k)$의 1계 상미분방정으로서 해는 $F(k) = A\, e^{-k^2/4a}$가 되는 것을 쉽게 알 수 있다. 계수 A를 구하기 위해서는 $k = 0$을 시도해보면 되는데, $F(0) = A$이므로 감마함수를 이용하면

$$F(0) = \frac{1}{\sqrt{2\pi}} \int_{-\infty}^{\infty} e^{-ax^2}\, dx = \frac{1}{\sqrt{2\pi}} \frac{\Gamma(1/2)}{\sqrt{a}} = \frac{1}{\sqrt{2a}} \tag{2.1.102}$$

와 같이 구할 수 있다. 그러므로 가우스 함수 e^{-ax^2}의 푸리에 변환은 다음과 같다.

$$F(k) = \frac{1}{\sqrt{2a}} e^{-k^2/4a} \tag{2.1.103}$$

상수 a의 크기에 따른 함수의 모양을 그림2.1.8에 나타내었다. 복소함수의 경로적분과 감마함수에 익숙하다면 이를 이용해서 구할 수도 있다. 예제 2.1.3의 풀이를 보기 바란다.

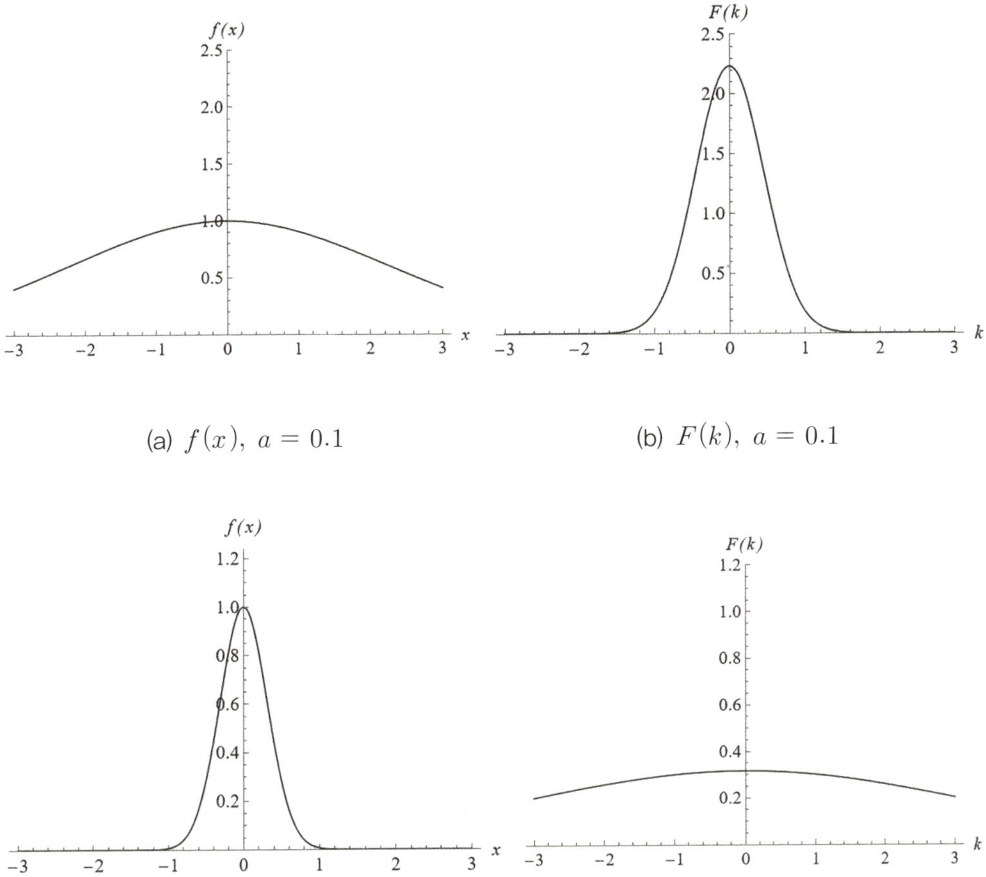

(a) $f(x),\ a = 0.1$　(b) $F(k),\ a = 0.1$

(c) $f(x),\ a = 5$　(d) $F(k),\ a = 5$

그림 2.1.8 함수 $f(x) = 1/a\ (|x| \le a)$와 푸리에 변환 $F(k)$의 그래프

예제 2.1.3 경로적분과 유수정리를 이용하여 풀기

상수 $a > 0$에 대하여 다음의 가우스 함수의 푸리에 변환을 구하고, a의 크기에 따라 변환이 어떻게 달라지는지 그림으로 나타내시오.

$$f(x) = e^{-ax^2} \tag{2.1.104}$$

풀이 앞의 예제 2.1.2와 같은 문제이지만 이번에는 다른 방법으로 풀어보자. 함수 $f(x)$의 푸리에 변환 $F(k)$를 다음과 같이 써보자.

$$F(k) = \frac{1}{\sqrt{2\pi}}\int_{-\infty}^{\infty} e^{-a(x+ik/2a)^2} e^{-k^2/4a} dx = \frac{e^{-k^2/4a}}{\sqrt{2\pi}}\int_{-\infty+ik/2a}^{\infty+ik/2a} e^{-at^2} dt \qquad (2.1.105)$$

여기서 $t \equiv x + ik/2a$로 치환하였다. 적분을 수행하기 위하여 복소 t평면에서 $k > 0$에 대하여 아래 그림과 같은 적분 경로를 생각해 보자.

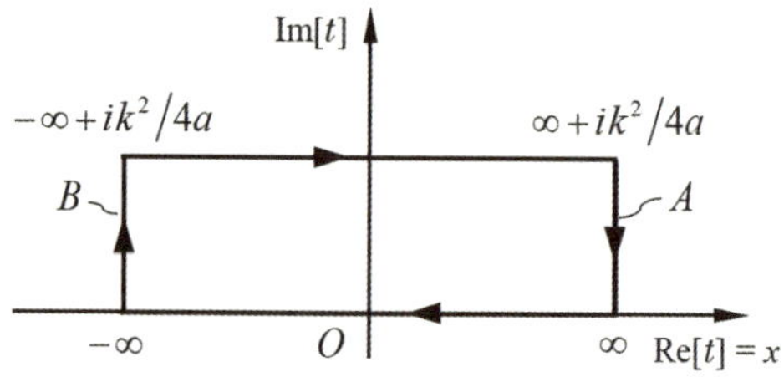

그림 2.1.9 가우스 함수의 푸리에 변환을 위한 적분 경로

경로의 내부에는 특이점(극점)이 없으므로 유수정리를 이용하면 다음과 같이 쓸 수 있다. 수직축 경로 A와 B의 적분은 기여가 없다.

$$\oint e^{-at^2} dt = \int_{-\infty+ik/2a}^{\infty+ik/2a} e^{-at^2} dt + \int_{\infty}^{-\infty} e^{-ax^2} dx = 0 \qquad (2.1.106)$$

따라서, 감마함수를 이용하면

$$\int_{-\infty+ik/2a}^{\infty+ik/2a} e^{-at^2} dt = \int_{-\infty}^{\infty} e^{-ax^2} dx = \frac{1}{\sqrt{a}}\Gamma\left(\frac{1}{2}\right) = \sqrt{\frac{\pi}{a}} \qquad (2.1.107)$$

가 되므로 푸리에 변환 $F(k)$는 다음과 같다.

$$F(k) = \frac{e^{-k^2/4a}}{\sqrt{2\pi}}\int_{-\infty+ik/2a}^{\infty+ik/2a} e^{-at^2} dt = \frac{1}{\sqrt{2a}} e^{-k^2/4a} \qquad (2.1.108)$$

예제 2.1.4 상수 $a > 0$에 대하여 다음의 적분을 증명하시오.

$$f(x) = e^{-ax^2} \qquad (2.1.104)$$

풀이 함수 $f(x) = e^{-a|x|}$의 푸리에 변환은 $F(k) = \sqrt{\frac{2}{\pi}}\frac{a}{k^2+a^2}$이다[식(2.1.41) 참조]. 푸리에 역변환의 정의로부터

$$e^{-a|x|} = \frac{1}{\sqrt{2\pi}}\int_{-\infty}^{\infty}\sqrt{\frac{2}{\pi}}\frac{a}{k^2+a^2}e^{ikx}\,dk \tag{2.1.110}$$

가 성립한다. 적분 구간을 $-\infty$에서 0까지와 0에서 ∞로 나누면 다음과 같이 쓸 수 있다.

$$\begin{aligned} e^{-a|x|} &= \frac{2}{\pi}\int_{0}^{\infty}\frac{a}{k^2+a^2}\left(\frac{e^{ikx}+e^{-ikx}}{2}\right)dk \\ &= \frac{2a}{\pi}\int_{0}^{\infty}\frac{\cos kx}{k^2+a^2}\,dk \end{aligned} \tag{2.1.111}$$

그러므로 문제에 제시된 적분이 증명되었다.

2.2 푸리에 변환의 성질과 특징 (Properties and characteristics of Fourier transforms)

2.2.1 푸리에 변환의 기본적 성질(Basic properties of Fourier transforms)

푸리에 변환의 기본적 성질은 다음과 같다.

1. **복소켤레:** 일반적으로 복소 함수 $f(x)$의 푸리에 변환을 $F(k)$라고 하면 다음의 식들이 성립한다. 여기서 부호 위의 윗줄은 복소켤레를 의미한다.

$$\mathscr{F}[f(-x)] = F(-k) \tag{2.2.1}$$

$$\mathscr{F}[\overline{f(x)}] = \overline{F(-k)} \tag{2.2.2}$$

$$\mathscr{F}[\overline{f(-x)}] = \overline{F(k)} \tag{2.2.3}$$

2. **선형성:** 함수 $f(x)$, $g(x)$와 상수 α, β에 대하여 다음의 선형 관계가 성립한다.

$$\mathscr{F}[\alpha f(x) + \beta g(x)] = \alpha \mathscr{F}[f(x)] + \beta \mathscr{F}[g(x)] \tag{2.2.4}$$

3. **축척:** 실수인 상수 α에 대하여 다음이 성립한다.

$$\mathscr{F}[f(\alpha x)](k) = \frac{1}{|\alpha|} F\left(\frac{k}{\alpha}\right) \tag{2.2.5}$$

이를 증명하여 보자. $f(x)$의 푸리에 변환을 $F(x)$라고 하면 $f(\alpha x)$의 푸리에 변환은

$$\mathscr{F}[f(\alpha x)] = \frac{1}{\sqrt{2\pi}} \int_{-\infty}^{\infty} f(\alpha x) e^{-ikx} dx \tag{2.2.6}$$

이다. 여기서 $\alpha x \equiv t$라고 놓고 푸리에 변환을 해보자. $\alpha > 0$인 경우에는

$$\begin{aligned} \mathscr{F}[f(\alpha x)] &= \frac{1}{\sqrt{2\pi}} \int_{-\infty}^{\infty} f(\alpha x) e^{-ikx} dx \\ &= \frac{1}{\sqrt{2\pi}} \int_{-\infty}^{\infty} f(t) e^{-ikt/\alpha} d(t/\alpha) \\ &= \frac{1}{\alpha\sqrt{2\pi}} \int_{-\infty}^{\infty} f(t) e^{-i(k/\alpha)t} dt \\ &= \frac{1}{\alpha} F\left(\frac{k}{\alpha}\right) \end{aligned} \tag{2.2.7}$$

이고, $\alpha < 0$인 경우에는 $x \to (-\infty, \infty)$일 때 $t/\alpha \to (\infty, -\infty)$가 되므로

$$\begin{aligned}\mathscr{F}[f(\alpha x)] &= \frac{1}{\sqrt{2\pi}}\int_{-\infty}^{\infty} f(\alpha x)e^{-ikx}dx \\ &= \frac{1}{\sqrt{2\pi}}\int_{\infty}^{-\infty} f(t)e^{-ikt/\alpha}d(t/\alpha) \\ &= -\frac{1}{\alpha\sqrt{2\pi}}\int_{-\infty}^{\infty} f(t)e^{-i(k/\alpha)t}dt \\ &= \frac{1}{-\alpha}F\left(\frac{k}{\alpha}\right)\end{aligned} \tag{2.2.8}$$

가 된다. 그러므로 $\mathscr{F}[f(\alpha x)](k) = \frac{1}{|\alpha|}F\left(\frac{k}{\alpha}\right)$ 가 증명되었다. 3차원 공간에서 축척은 다음과 같이 된다.

$$\mathscr{F}[f(\alpha \mathbf{r})](k) = \frac{1}{\alpha^3}F\left(\frac{\mathbf{k}}{\alpha}\right) \tag{2.2.9}$$

4. 병진: 실수 상수 α에 대하여 다음이 성립한다.

$$\mathscr{F}[f(x-\alpha)](k) = e^{-ik\alpha}F(k) \tag{2.2.10}$$

이를 확인하기 위하여 $x - \alpha \equiv t$라고 놓고 다음과 같이 계산할 수 있다.

$$\begin{aligned}\mathscr{F}[f(x-\alpha)] &= \frac{1}{\sqrt{2\pi}}\int_{-\infty}^{\infty} f(x-\alpha)e^{-ikx}dx \\ &= \frac{1}{\sqrt{2\pi}}\int_{-\infty}^{\infty} f(t)e^{-ik(t+\alpha)}d(t+\alpha) \\ &= \frac{1}{\sqrt{2\pi}}e^{-ik\alpha}\int_{-\infty}^{\infty} f(t)e^{-ikt}dt \\ &= e^{-ik\alpha}F(k)\end{aligned} \tag{2.2.11}$$

5. 위상변화: 실수 상수 β에 대하여 다음이 성립한다.

$$\mathscr{F}[f(x)e^{i\beta x}](k) = F(k-\beta) \tag{2.2.12}$$

이것은 다음과 같이 간단히 확인할 수 있다.

$$\mathscr{F}[f(x)e^{i\beta x}] = \frac{1}{\sqrt{2\pi}}\int_{-\infty}^{\infty} f(x)e^{-i(k-\beta)x}dx = F(k-\beta) \tag{2.2.13}$$

6. 절댓값: 함수 $f(x)$의 푸리에 변환 $F(k)$에 대하여 다음이 성립한다.

$$|F(k)| \le \frac{1}{\sqrt{2\pi}}\int_{-\infty}^{\infty}|f(x)|\,dx \tag{2.2.14}$$

이것은 푸리에 변환의 정의에 의해 쉽게 확인할 수 있다.

$$\begin{aligned} |F(k)| &= \left|\frac{1}{\sqrt{2\pi}}\int_{-\infty}^{\infty} f(x)e^{-ikx}dx\right| \\ &\le \frac{1}{\sqrt{2\pi}}\int_{-\infty}^{\infty}|f(x)e^{-ikx}|\,dx = \frac{1}{\sqrt{2\pi}}\int_{-\infty}^{\infty}|f(x)|\,dx \end{aligned} \tag{2.2.15}$$

7. 연속성: 함수 $f(x)$가 유계이면 푸리에 변환 $F(k)$는 k에 대하여 연속함수이다. 이를 증명하여 보자. 어떤 $M>0$이 존재하여 $f(x) \le M$이라고 하자. 연속함수의 수열 $f_n(x)$ $(n=1,2,\dots\infty)$이 $|f_n(x)| \le M$이며 $n\to\infty$일 때

$$\int_{-\infty}^{\infty}|f_n(x)-f(x)|\,dx \to 0 \tag{2.2.16}$$

이 되며, 또한 $f_n(x)$은 유계구간 밖에서는 0이 된다고 하자. $f_n(x)$의 푸리에 변환을 $F_n(k)$이라고 하면 앞의 기본 성질 5에 의하여

$$|F_n(k) - F(k)| \le \frac{1}{\sqrt{2\pi}} \int_{-\infty}^{\infty} |f_n(x) - f(x)|\, dx \tag{2.2.17}$$

가 성립한다. 그러므로 $F_n(k)$은 $F(k)$에 균등수렴할 것이다. 한편, 각 n에 대하여

$$|F_n(k) - F_n(k')| \le \frac{1}{\sqrt{2\pi}} \int_{-\infty}^{\infty} |f_n(k)|\, |e^{-ikx} - e^{-ik'x}|\, dx \tag{2.2.18}$$

가 되는데, 여기서

$$e^{-ikx} - e^{-ik'x} = e^{-i(k-k')x - ik'x} - e^{-ik'x} = \left[e^{-i(k-k')xt - ik'x}\right]_{t=0}^{t=1} \tag{2.2.19}$$
$$= \int_0^1 \frac{d}{dt}\left[e^{-i(k-k')xt - ik'x}\right] dt = -i(k-k')x \int_0^1 e^{-i(k-k')xt - ik'x}\, dt$$

라고 쓸 수 있으므로

$$|e^{-ikx} - e^{-ik'x}| \le |k-k'|\,|x| \int_0^1 |e^{-i(k-k')xt - ik'x}|\, dt = |k-k'|\,|x| \tag{2.2.20}$$

가 된다. 그러므로

$$|F_n(k) - F_n(k')| \le \frac{1}{\sqrt{2\pi}} |k-k'| \int_{-\infty}^{\infty} |f_n(k)|\, |x|\, dx \tag{2.2.21}$$

가 성립한다. 한편, $f_n(x)$이 유계구간 밖에서는 0이 된다고 하였으므로

$$\int_{-\infty}^{\infty} |f_n(x)|\, |x|\, dx < \infty \tag{2.2.22}$$

이 될 것이다. 그러므로 임의의 k에 대해서 $k \to k'$일 때

$$|F_n(k) - F_n(k')| \to 0 \tag{2.2.23}$$

이 성립하므로 $F_n(k)$는 k에 대하여 연속함수가 된다. 따라서, $n\to\infty$일 때 $F_n(k)\to F(k)$이므로 $F(k)$는 k에 대하여 연속함수가 된다.

2.2.2 미분과 푸리에 변환(Fourier transform of a derivative)

도함수의 푸리에 변환은 중요한 응용성을 가지고 있다. 특히 미분방정식의 해법에 유용한 결과를 가져다줄 수 있다. 함수 $f(x)$의 도함수를 $f'(x) = df(x)/dx$라고 하자. $f(x)$의 푸리에 변환을 $F(k)$라고 하면 도함수의 푸리에 변환은

$$\begin{aligned}
\mathscr{F}[f'(x)](k) &= \frac{1}{\sqrt{2\pi}}\int_{-\infty}^{\infty} f'(x)e^{-ikx}\,dx \qquad (2.2.24)\\
&= \frac{1}{\sqrt{2\pi}}\left[f(x)e^{-ikx}\right]_{-\infty}^{\infty} - \frac{1}{\sqrt{2\pi}}\int_{-\infty}^{\infty} f(x)(-ik)e^{-ikx}\,dx\\
&= \frac{ik}{\sqrt{2\pi}}\int_{-\infty}^{\infty} f(x)e^{-ikx}\,dx\\
&= ikF(k)
\end{aligned}$$

와 같이 된다. 여기서 $x\to\pm\infty$일 때 $f(x)\to 0$이 된다고 가정하였다. 이번에는 2계 도함수 $f''(x) = d^2f(x)/dx^2$의 푸리에 변환을 구해보자.

$$\mathscr{F}[f''(x)](k) = \frac{1}{\sqrt{2\pi}}\int_{-\infty}^{\infty} f''(x)e^{-ikx}\,dx \tag{2.2.25}$$

$$= \frac{1}{\sqrt{2\pi}}\left[f(x)'\,e^{-ikx}\right]_{-\infty}^{\infty} - \frac{1}{\sqrt{2\pi}}\int_{-\infty}^{\infty} f'(x)(-ik)e^{-ikx}\,dx$$

$$= \frac{ik}{\sqrt{2\pi}}\int_{-\infty}^{\infty} f'(x)e^{-ikx}\,dx$$

$$= ik\,[ikF(k)] = (ik)^2 F(k)$$

$$= -k^2 F(k)$$

그러므로 다음과 같은 결론을 얻는다.

$$\mathscr{F}[f'(x)](k) = ikF(k) \tag{2.2.26}$$

$$\mathscr{F}[f''(x)](k) = -k^2 F(k) \tag{2.2.27}$$

일반적으로 n계 도함수의 푸리에 변환은 아래와 같다.

$$\mathscr{F}\left[f^{(n)}(x)\right](k) = (ik)^n F(k) \tag{2.2.28}$$

이번에는 $F(k)$의 도함수를 구해 보자. $F(k)$의 1계 도함수는

$$\frac{d}{dk}F(k) = \frac{d}{dk}\mathscr{F}[f(x)](k) = \frac{1}{\sqrt{2\pi}}\int_{-\infty}^{\infty} f(x)\frac{d}{dk}e^{-ikx}\,dx \tag{2.2.29}$$

$$= \frac{1}{\sqrt{2\pi}}\int_{-\infty}^{\infty} (-ix)f(x)e^{-ikx}\,dx = \mathscr{F}[-ix\,f(x)]$$

이다. 2계 도함수는 다음과 같다.

$$\frac{d^2}{dk^2}F(k) = \frac{1}{\sqrt{2\pi}}\int_{-\infty}^{\infty} (-ix)^2 f(x)e^{-ikx}\,dx = \mathscr{F}\left[(-ix)^2 f(x)\right] \tag{2.2.30}$$

일반적으로 $F(k)$의 n계 도함수를 얻을 수 있다.

$$\frac{d^n}{dk^n}\mathscr{F}[f(x)](k) = \frac{d^n}{dk^n}F(k) = \mathscr{F}\left[(-ix)^n f(x)\right](k) \tag{2.2.31}$$

✣ 도함수의 푸리에 변환과 푸리에 변환의 미분

함수 $f(x)$의 푸리에 변환을 $F(k)$라고 하면 다음이 성립한다.

$$\mathscr{F}\left[\frac{d^n}{dx^n}f(x)\right](k) = (ik)^n F(k) \tag{2.2.32}$$

$$\frac{d^n}{dk^n}\mathscr{F}[f(x)](k) = \frac{d^n}{dk^n}F(k) = \mathscr{F}\left[(-ix)^n f(x)\right](k) \tag{2.2.33}$$

예제 2.2.1 푸리에 변환의 도함수를 이용하여 다음의 식을 증명하시오. 단, $a > 0$ 이다.

$$\int_{-\infty}^{\infty} x e^{-a|x|}\sin kx\,dx = \frac{4ak}{(k^2+a^2)^2} \tag{2.2.34}$$

풀이 앞의 2.1절에서 소개된 $f(x) = e^{-a|x|}$의 푸리에 변환을 이용하자.

$F(k) = \sqrt{\frac{2}{\pi}}\frac{a}{k^2+a^2}$ 이므로

$$\frac{d}{dk}F(k) = -\sqrt{\frac{2}{\pi}}\frac{2ak}{(k^2+a^2)^2} \tag{2.2.35}$$

가 된다. 또한 $\frac{d}{dk}F(k) = \mathscr{F}[-ixf(x)]$ 이므로

$$\frac{d}{dk}F(k) = -i\frac{1}{2\pi}\int_{-\infty}^{\infty} x e^{-a|x|}e^{-ikx}\,dx \tag{2.2.36}$$

인데, 오일러 공식 $e^{-ikx} = \cos kx - i\sin kx$를 이용하고 실수부를 선택하면 문제에서 주어진 식을 증명할 수 있다. 참고로, 이 문제로부터 다음의 식도 성립한다는 것을 알 수 있다.

$$\int_{-\infty}^{\infty} x e^{-a|x|} \cos kx \, dx = 0 \tag{2.2.37}$$

예제 2.2.2 함수 $f(x) = (1-x^2)e^{-x^2/2}$의 푸리에 변환이 다음과 같이 되는 것을 증명하시오. (푸리에 변환의 도함수를 이용할 것.)

$$F(k) = k^2 e^{-k^2/2} \tag{2.2.38}$$

풀이 앞의 2.1절의 예제2.1.2에서 보았듯이 $h(x) = e^{-x^2/2}$의 푸리에 변환은 $H(k) = e^{-k^2/2}$이다. $H(k)$의 2계 도함수를 구해보자.

$$\frac{d^2}{dk^2}H(k) = \frac{d^2}{dk^2}\left(e^{-k^2/2}\right) = -\left(1-k^2\right)e^{-k^2/2} = \mathscr{F}\left[-x^2 h(x)\right](k) \tag{2.2.39}$$

그러므로 $f(x)$의 푸리에 변환은 다음과 같다.

$$\begin{aligned} F(k) &= \mathscr{F}\left[\left(1-x^2\right)e^{-x^2/2}\right](k) = \mathscr{F}\left[e^{-x^2/2}\right](k) + \mathscr{F}\left[-x^2 e^{-x^2/2}\right](k) \\ &= \mathscr{F}\left[h(x)\right](k) + \mathscr{F}\left[-x^2 h(x)\right](k) \\ &= e^{-k^2/2} - \left(1-k^2\right)e^{-k^2/2} = k^2 e^{-k^2/2} \end{aligned} \tag{2.2.40}$$

2.2.3 푸리에 변환과 델타함수(Fourier transform and delta function)

디랙 델타함수(Dirac delta function)는 피적분 함수의 순간적인 값을 추출할 때 유용하게 쓰인다. 아래와 같이 정의된 연산에서 $\delta(x-t)$를 디랙 델타함수 또는 간단히 델타함수라고 부른다.

$$f(x) = \int_{-\infty}^{\infty} f(t)\,\delta(x-t)\,dt \tag{2.2.41}$$

다음의 푸리에 역변환을 이용하여 델타함수에 대하여 알아보자.

$$\begin{aligned} f(x) &= \frac{1}{\sqrt{2\pi}} \int_{-\infty}^{\infty} F(k)\,e^{ikx}\,dk \\ &= \frac{1}{\sqrt{2\pi}} \int_{-\infty}^{\infty} \left[\frac{1}{\sqrt{2\pi}} \int_{-\infty}^{\infty} f(t)\,e^{-ikt} dt \right] e^{ikx}\,dk \\ &= \int_{-\infty}^{\infty} f(t) \left[\frac{1}{2\pi} \int_{-\infty}^{\infty} e^{ik(x-t)}\,dk \right] dt \end{aligned} \tag{2.2.42}$$

이 결과로부터 디랙 델타함수는 다음의 형태가 되는 것을 알 수 있다.

$$\delta(x-t) = \frac{1}{2\pi} \int_{-\infty}^{\infty} e^{ik(x-t)}\,dk \tag{2.2.43}$$

그런데 이 적분은 $k \to \pm\infty$에서 극한값이 존재하지 않는다. 이를 확인해 보기 위해 $\delta(x-t)$를 다음과 같이 써보자.

$$\begin{aligned} \delta(x-t) &= \lim_{n \to \infty} \frac{1}{2\pi} \int_{-n}^{n} e^{ik(x-t)}\,dk = \lim_{n \to \infty} \frac{1}{2\pi} \left[\frac{e^{ik(x-t)}}{i(x-t)} \right]_{-n}^{n} \\ &= \lim_{n \to \infty} \frac{\sin n(x-t)}{\pi(x-t)} \end{aligned} \tag{2.2.44}$$

여기서 δ_n을

$$\delta_n(x-t) \equiv \frac{\sin n(x-t)}{\pi(x-t)} \tag{2.2.45}$$

와 같이 정의하고 n의 값에 따른 δ_n의 변화를 생각해 보면 $x = t$에서 진폭이 최대가 되며 n이 커질수록 그 진폭이 점점 더 커지는 것을 알 수 있다. 그러므로 $n \to \infty$의 극한에서는 (즉, $k \to \pm\infty$의 극한에서는) $x = t$에서 $\delta_n \to \infty$가 될 것이다. 따라서 식(2.2.43)에 정의된 델타함수는 그 자체로서는 의미가 없다. 그러나 식(2.2.41)의 정의와 같이 적분 속에 있을 때에만 적분을 수행할 수 있게 해준다. 엄밀히 말하면 델타함수는 일반적인 정의의 함수가 아니고 일종의 분포(distribution)라고 할 수 있다. 그림2.2.1에 여러 가지 n값에 따른 $\delta_n(x)$의 변화를 그렸다. $n \to \infty$일 때 δ_n이 디랙 델타함수로 수렴할 때 δ_n을 델타함수의 시퀀스(delta sequence)라고 한다.

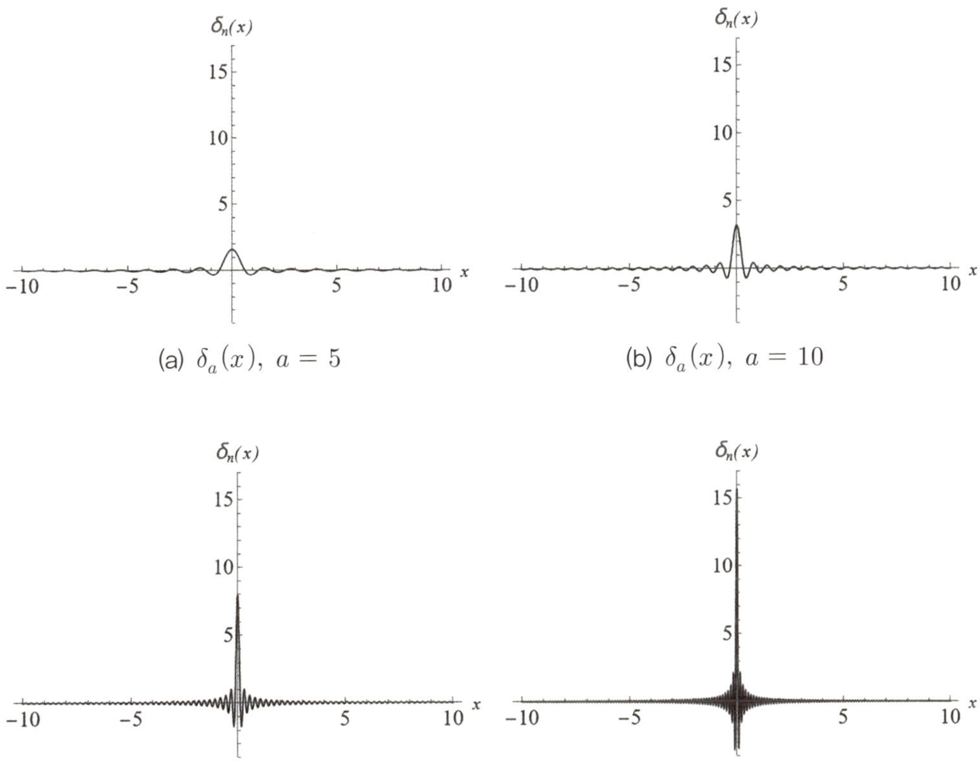

(a) $\delta_a(x),\ a = 5$ (b) $\delta_a(x),\ a = 10$

(c) $\delta_a(x),\ a = 25$ (d) $\delta_a(x),\ a = 50$

그림 2.2.1 델타 시퀀스 $\delta_n(x) = \sin nx/\pi x$의 그래프

델타 시퀀스 $\delta_n(x)$를 x의 전체 공간에 대하여 적분을 하여 보자.

$$\int_{-\infty}^{\infty} \delta_n(x)\,dx = \int_{-\infty}^{\infty} \frac{\sin nx}{\pi x}\,dx = \frac{1}{\pi}\int_{-\infty}^{\infty} \frac{\sin t}{t}\,dt = 1 \tag{2.2.46}$$

위의 식에서 마지막 적분의 결과는 2.1절에서 설명한 바와 같이 π가 될 것이다. 이것은 유수정리를 이용하면 쉽게 확인할 수 있다. 그러므로 델타 시퀀스 $\delta_n(x)$은 다음의 조건을 만족한다.

$$\int_{-\infty}^{\infty} \delta_n(x)\,dx = 1, \qquad \lim_{n\to\infty} \delta_n(x) = \delta(x) \tag{2.2.47}$$

이러한 조건을 만족하는 $\delta_n(x)$는 여러 가지 형태가 있을 수 있다. 다음의 예를 보자.

$$\delta_n(x) = \begin{cases} n, & |x| \le \dfrac{1}{2n} \\ 0, & |x| > \dfrac{1}{2n} \end{cases} \tag{2.2.48}$$

$$\delta_n(x) = \sqrt{\frac{n}{\pi}}\, e^{-nx^2} \tag{2.2.49}$$

$$\delta_n(x) = \frac{1}{\pi}\frac{n}{1+n^2x^2} \tag{2.2.50}$$

위의 모든 델타 시퀀스는 $n \to \infty$의 극한에서 $x = 0$인 중앙에서 발산적으로 커지며 동시에 $x \neq 0$인 곳에서는 급격히 값이 작아지는 것을 알 수 있다. 또한 x의 모든 공간에 대하여 적분을 하면 결과는 1이 되는 것도 확인해 볼 수 있다. 여러 n에 대하여 식 (2.2.49)의 시퀀스를 그림2.2.2에 보였다. 이 그림으로부터 $n \to \infty$인 극한에서 델타 시퀀스는 디랙 델타함수로 수렴한다는 것을 예상할 수 있다. 한편, 여러 가지 형태가 가능한 델타 시퀀스는 반드시 우함수(짝함수)일 필요는 없다.

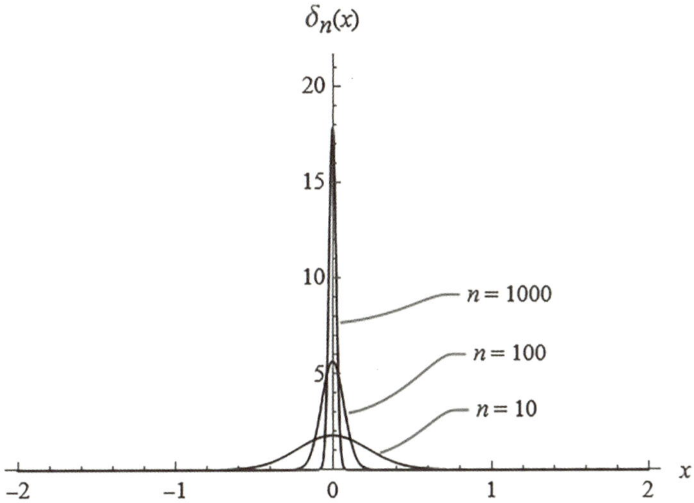

그림 2.2.2 델타 시퀀스 $\delta_n(x) = \sqrt{n/\pi}\, e^{-nx^2}$의 그래프

델타함수의 성질

디랙 델타함수가 충족하는 기본적인 성질은 다음과 같다.

1. 델타함수 $\delta(x)$는 $x = 0$에서만 값을 가지며, $x \neq 0$인 곳에서는 $\delta(x) = 0$이다.

2. 델타함수는 $\delta(x) = \delta(-x)$를 만족하는 우함수이다. 델타함수의 정의식으로부터

$$\int_{-\infty}^{\infty} f(t)\delta(-t)\,dt = f(0) \tag{2.2.51}$$

로 쓸 수 있는데, t를 $-t$로 치환하면

$$\int_{\infty}^{-\infty} f(t)\delta(t)\,d(-t) = \int_{-\infty}^{\infty} f(t)\delta(t)\,dt = f(0) \tag{2.2.52}$$

이다. 따라서 델타함수는 우함수이다.

3. 델타함수는 다음의 적분을 만족한다.

$$\int_{-\infty}^{\infty} \delta(x)\,dx = 1 \tag{2.2.53}$$

이것은 델타함수의 정의식으로부터 쉽게 확인할 수 있다.

4. 상수 a에 대하여 다음을 만족한다.

$$\delta(ax) = \frac{1}{|a|}\delta(x) \tag{2.2.54}$$

이를 확인해보기 위해 $a > 0$인 경우와 $a < 0$ 경우로 나누어 보자. $a > 0$인 경우에 함수 $f(x)$에 대하여 $ax \equiv t$로 치환하면

$$\begin{aligned}\int_{-\infty}^{\infty} f(x)\delta(ax)\,dx &= \int_{-\infty}^{\infty} f(t/a)\delta(t)\,d(t/a) = \frac{1}{a}\int_{-\infty}^{\infty} f(t/a)\delta(t)\,dt \\ &= \frac{1}{a}f(0) = \int_{-\infty}^{\infty} f(x)\frac{1}{a}\delta(x)\,dx\end{aligned} \tag{2.2.55}$$

가 된다. $a < 0$인 경우에는 $a = -|a|$, $-|a|x \equiv t$로 놓으면

$$\begin{aligned}\int_{-\infty}^{\infty} f(x)\delta(ax)\,dx &= \int_{-\infty}^{\infty} f(x)\delta(-|a|x)\,dx = \frac{1}{|a|}\int_{-\infty}^{\infty} f(-t/|a|)\delta(t)\,dt \\ &= \frac{1}{|a|}f(0) = \int_{-\infty}^{\infty} f(x)\frac{1}{|a|}\delta(x)\,dx\end{aligned} \tag{2.2.56}$$

가 된다.

5. 델타함수의 미분을 $\delta'(x) = d\delta(x)/dx$라고 하면 다음이 성립한다.

$$\int_{-\infty}^{\infty} f(x)\delta'(x)\,dx = -f'(0) \tag{2.2.57}$$

이것은 $\delta(\pm\infty) = 0$인 성질과 부분적분을 이용하면 간단히 확인할 수 있다.

$$\int_{-\infty}^{\infty} f(x)\delta'(x)\,dx = [f(x)\delta(x)]_{-\infty}^{\infty} - \int_{-\infty}^{\infty} f'(x)\delta(x)\,dx = -f'(0) \tag{2.2.58}$$

6. 델타함수의 미분과 관련하여 다음이 성립한다.

$$x\,\delta'(x) = -\delta(x) \tag{2.2.59}$$

앞의 4번과 마찬가지로 부분적분을 이용하면

$$\begin{aligned}\int_{-\infty}^{\infty} f(x)\,x\,\delta'(x)\,dx &= [f(x)\,x\,\delta(x)]_{-\infty}^{\infty} - \int_{-\infty}^{\infty} [xf(x)]'\,\delta(x)\,dx \\ &= -\int_{-\infty}^{\infty} [xf(x)]'\,\delta(x)\,dx = -\{[xf(x)]'\}_{x=0} \\ &= -f(0) = \int_{-\infty}^{\infty} f(x)[-\delta(x)]\,dx\end{aligned} \tag{2.2.60}$$

가 되므로 증명되었다.

7. 델타함수를 구간 $(-\infty, x)$에서 적분을 하면 헤비사이드 함수(Heaviside function) $H(x)$가 나온다. 즉, $x \neq 0$일 때 $\delta(x) = 0$이므로

$$H(x) = \int_{-\infty}^{x} \delta(t)\,dt = \frac{1+\operatorname{sgn} x}{2} = \begin{cases} 0 & (x<0) \\ 1 & (x>0) \end{cases} \tag{2.2.61}$$

가 된다. 또한, 헤비사이드 함수의 미분은 델타함수와 같다.

$$\frac{d}{dx}H(x) = \delta(x) \tag{2.2.62}$$

이를 증명하여 보자.

$$\int_{-\infty}^{\infty} f(x)\frac{d}{dx}H(x)\,dx = [f(x)H(x)]_{-\infty}^{\infty} - \int_{-\infty}^{\infty} f'(x)H(x)\,dx \tag{2.2.63}$$

$$= [f(x)H(x)]_{-\infty}^{\infty} - [f(x)]_{0}^{\infty}$$

$$= f(\infty) - f(-\infty)\times 0 - f(\infty) + f(0)$$

$$= f(0)$$

그러므로 적분 내에 있는 헤비사이드 함수의 미분은 델타함수와 같은 작용을 한다.

8. 델타함수 $\delta(x-t)$의 푸리에 변환은 다음과 같다.

$$\mathscr{F}[\delta(x-t)] = \frac{1}{\sqrt{2\pi}}e^{-ikt} \tag{2.2.64}$$

이것은 다음의 과정을 통하여 알 수 있다. 식(2.2.43)으로부터

$$\delta(x-t) = \frac{1}{2\pi}\int_{-\infty}^{\infty} e^{ik(x-t)}\,dk = \frac{1}{\sqrt{2\pi}}\int_{-\infty}^{\infty}\left(\frac{1}{\sqrt{2\pi}}e^{-ikt}\right)e^{ikx}\,dk \tag{2.2.65}$$

가 되므로 $\delta(x-t)$와 $e^{-ikt}/\sqrt{2\pi}$는 푸리에 변환 관계이다. 특히 $t=0$이면

$$\mathscr{F}[\delta(x)] = \frac{1}{\sqrt{2\pi}} \tag{2.2.66}$$

가 된다. 한편 $f(x)=1$을 푸리에 변환을 하면 $\mathscr{F}[1] = 2\pi\delta(x)$가 되는데 이것은 식(2.2.43)으로부터 알 수 있다.

2.2.4 합성곱과 푸리에 변환(Convolution and Fourier transform)

합성곱(convolution)의 푸리에 변환은 중요하므로 잘 알아두자. 합성곱이란 하나의 함수와 또 다른 함수를 반전 이동하여 곱한 다음에 적분을 수행하여 새로운 함수를 구하는 연산을 말한다. 합성곱은 물리에서 나타나는 적분의 계산, 특히 운동량 파동함수의 규격화, 신호처리에의 응용, 미분방정식의 해 등 다양한 분야에 응용할 수 있다. 함수 $f(x)$와 $g(x)$의 합성곱은 $f*g$와 같이 표시하며 다음과 같이 정의된다.

$$(f*g)(x) = \int_{-\infty}^{\infty} f(x-y)g(y)\,dy \tag{2.2.67}$$

여기서 함수 f가 반전 및 전이가 되었다. 이 정의에 따라, 함수 g가 반전 및 전이가 되었다면

$$(g*f)(x) = \int_{-\infty}^{\infty} g(x-y)f(y)\,dy \tag{2.2.68}$$

라고 쓸 수 있다. 이제 $x-y \equiv t$로 변수 변환을 하여 보자. y가 $-\infty \to +\infty$일 때 t는 $+\infty \to -\infty$이고 $dy = -dt$이므로

$$(g*f)(x) = \int_{-\infty}^{\infty} g(t)f(x-t)\,dt = \int_{-\infty}^{\infty} f(x-t)g(t)\,dt = (f*g)(x) \tag{2.2.69}$$

와 같이 되어서 합성곱은 순서를 바꾸어도 그 결과가 같다. 즉, 교환법칙이 성립한다.

합성곱의 푸리에 변환과 역변환

함수 $f(x)$와 $g(x)$의 푸리에 변환을 각각 $F(k)$, $G(k)$라고 하자. 변수 변환을 하여 $x-y \equiv t$라고 놓으면

$$\mathscr{F}[f*g] = \frac{1}{\sqrt{2\pi}}\int_{-\infty}^{\infty}\left[\int_{-\infty}^{\infty} f(x-y)\,g(y)\,dy\right]e^{-ikx}dx \tag{2.2.70}$$

$$= \frac{1}{\sqrt{2\pi}}\int_{-\infty}^{\infty}\int_{-\infty}^{\infty} f(t)\,g(y)\,e^{-ik(t+y)}dx\,dt$$

$$= \frac{1}{\sqrt{2\pi}}\int_{-\infty}^{\infty} f(t)\,e^{-ikt}\,dt\int_{-\infty}^{\infty} g(y)\,e^{-iky}\,dx$$

$$= \sqrt{2\pi}\,F(k)\,G(k)$$

를 얻을 수 있다. 즉, 합성곱 $f*g$의 푸리에 변환은 각각의 함수를 푸리에 변환하여 곱한 형태로 나타난다. 이 결과를 **합성곱 정리**(convolution theorem)라고 한다. 여기서 $\sqrt{2\pi}$는 푸리에 변환의 정의와 관련한 요소로서 푸리에 변환을 어떻게 정의하느냐에 따라 이 요소는 달라질 수 있음을 주의하자. 이제 푸리에 역변환을 해보자.

$$\mathscr{F}^{-1}[\sqrt{2\pi}\,F(k)\,G(k)] = \int_{-\infty}^{\infty} F(k)\,G(k)\,e^{ikx}dx \tag{2.2.71}$$

우변의 적분은 디랙 델타함수의 성질을 이용하여 다음과 같이 계산할 수 있다.

$$\int_{-\infty}^{\infty} F(k)\,G(k)\,e^{ikx}dk \tag{2.2.72}$$

$$= \int_{-\infty}^{\infty}\left[\int_{-\infty}^{\infty} F(k)\,G(u)\,\delta(k-u)\,du\right]e^{ikx}dk$$

$$= \int_{-\infty}^{\infty}\left[\int_{-\infty}^{\infty} F(k)\,G(u)\left(\frac{1}{2\pi}\int_{-\infty}^{\infty} e^{-iy(k-u)}\,dy\right)du\right]e^{ikx}dk$$

$$= \int_{-\infty}^{\infty}\left[\frac{1}{\sqrt{2\pi}}\int_{-\infty}^{\infty} F(k)\,e^{ik(x-y)}\,dk\right]\left[\frac{1}{\sqrt{2\pi}}\int_{-\infty}^{\infty} G(u)\,e^{iuy}du\right]dy$$

$$= \int_{-\infty}^{\infty} f(x-y)\,g(y)\,dy$$

$$= (f*g)(x)$$

따라서 푸리에 역변환의 결과로

$$\mathscr{F}^{-1}\left[\sqrt{2\pi}\,F(k)\,G(k)\right] = (f*g)(x) \tag{2.2.73}$$

와 같이 합성곱을 얻을 수 있다. 여기서 흥미로운 특징은 합성곱 적분 안의 함수 $f(x-y)$와 $g(y)$가 다른 변수를 가지고 있는 반면에 이들의 변환인 $F(k)$와 $G(k)$는 하나의 같은 변수를 가지고 있다. 그러나 이 변환의 결과로 e^{ikx}라는 복소 지수함수가 피적분함수로 들어가는데, 이 지수함수는 적분에 진동의 특성을 부여한다. 이에 따라 f와 g의 기하학적 복잡성이 진동의 복잡성으로 바뀌었다. 그러나 이러한 교환은 종종 유용할 것이다.

✤ 합성곱 정리(convolution theorem)

함수 $f(x)$와 $g(x)$의 합성곱은 $f*g$을 푸리에 변환하면 다음이 성립한다.

$$\mathscr{F}[f*g] = \sqrt{2\pi}\,F(k)\,G(k) \tag{2.2.74}$$

또한 푸리에 역변환으로부터 다음이 성립한다.

$$\mathscr{F}^{-1}\left[\sqrt{2\pi}\,F(k)\,G(k)\right] = (f*g)(x) \tag{2.2.75}$$

여기서 $F(k)$와 $G(k)$는 각각 $f(x)$와 $g(x)$의 푸리에 변환이다.

합성곱의 또 다른 흥미로운 점은 다음과 같다. 식(2.2.72)로부터

$$(f*g)(x) = \int_{-\infty}^{\infty} f(x-y)\,g(y)\,dy = \int_{-\infty}^{\infty} F(k)\,G(k)\,e^{ikx}dk \tag{2.2.76}$$

에서 변수를 $x \to -x,\ y \to -y$로 바꾸면

$$(f * g)(x) = \int_{-\infty}^{\infty} f(y-x)\,g(-y)\,dy = \int_{-\infty}^{\infty} F(k)\,G(k)\,e^{-ikx}dk \tag{2.2.77}$$

$$= \mathscr{F}[F(k)\,G(k)](x)$$

가 된다. 그러므로 이 식은 $\mathscr{F}[F(k)](x-y) = f(y-x)$ 및 $\mathscr{F}[G(k)](y) = g(-y)$의 결과를 이용하여

$$(\mathscr{F}[F] * \mathscr{F}[G])(x) = \int_{-\infty}^{\infty} f(y-x)\,g(-y)\,dy = \mathscr{F}[F(k)\,G(k)](x) \tag{2.2.78}$$

와 같이 쓸 수 있다. 이제 위의 식 우변에서 F와 G를 다시 각각 f와 g로 표기하고 이들의 푸리에 변환을 F와 G라고 하자. 그러면 다음과 같은 결과를 얻는다.

$$\mathscr{F}[fg](x) = (F * G)(k) \tag{2.2.79}$$

즉, 두 함수 f와 g를 곱한 fg를 푸리에 변환하면 그 결과는 각각의 푸리에 변환을 합성곱 한 것과 같다. 이 결과는 f와 g가 각각의 푸리에 변환을 가질 때만 유효하다.

한편, 3차원의 경우 합성곱은 다음과 같이 쓸 수 있다.

$$(f * g)(\mathrm{r}) = \int_{-\infty}^{\infty} f(\mathrm{r}-\mathrm{r}')\,g(\mathrm{r}')\,d\mathrm{r}' \tag{2.2.80}$$

또한, 식(2.2.76)의 3차원 형태는 다음과 같다.

$$(f * g)(\mathrm{r}) = \int f(\mathrm{r}-\mathrm{r}')\,g(\mathrm{r}')\,d\mathrm{r}' = \int F(\mathrm{k})\,G(\mathrm{k})\,e^{i\mathrm{k}\cdot\mathrm{r}}d\mathrm{k} \tag{2.2.81}$$

다중 합성곱

물리학에서 몇 가지 중요한 문제들은 $f*(g*h)$와 같이 다중 합성곱의 형태를 가진

다. 다중 합성곱은 교환법칙에 의하여 다음이 성립하므로 임의의 순서로 합성곱을 할 수 있다.

$$[f*(g*h)](x) = [(g*h)*f](x) = (f*g*h)(x) \tag{2.2.80}$$

f, g, h의 푸리에 변환을 F, G, H라고 하면 다중 합성곱의 푸리에 변환은 다음과 같다.

$$\mathscr{F}[f*g*h] = 2\pi F(k)\,G(k)\,H(k) \tag{2.2.81}$$

상미분방정식에의 응용

지금까지 학습한 도함수의 푸리에 변환, 델타함수, 합성곱의 푸리에 변환을 응용하여 다음의 2계 미분방정식을 풀어보자.

$$-\frac{d^2}{dx^2}g(x) + \alpha^2 g(x) = h(x) \qquad (-\infty < x < \infty) \tag{2.2.82}$$

여기서 $\alpha\,(>0)$는 상수이고 경계조건은 $g(\pm\infty) = g'(\pm\infty) = 0$으로 주어졌다. $g(x)$와 $h(x)$는 푸리에 변환 가능한 함수이며 각각의 푸리에 변환을 $G(k)$와 $H(k)$라고 하자. 위의 미분방정식을 푸리에 변환하면 다음과 같이 된다.

$$G(k) = \frac{1}{k^2+\alpha^2}H(k) \tag{2.2.83}$$

이제 이 식을 푸리에 역변환하여 보자. $\mathscr{F}^{-1}[G(k)](x) = g(x)$이므로

$$g(x) = \mathscr{F}^{-1}\left[\frac{1}{k^2+\alpha^2}H(k)\right] \tag{2.2.84}$$

가 된다. 식(2.1.41)에 의하면 $1/(k^2+\alpha^2)$은 $\sqrt{\pi/2}\,e^{-\alpha|x|}/\alpha$의 푸리에 변환이다. 이를

$Q(k)$라 하고 다음과 같이 쓰자.

$$Q(k) = \frac{1}{k^2 + \alpha^2} = \mathscr{F}[q(x)] \tag{2.2.85}$$

여기서 $q(x) = \sqrt{\pi/2}\, e^{-\alpha|x|}/\alpha$ 이다. 따라서 합성곱 정리를 이용하면 미분방정식의 해는

$$g(x) = \frac{1}{\sqrt{2\pi}} \mathscr{F}^{-1}[\sqrt{2\pi}\, Q(k) H(k)] = \frac{1}{\sqrt{2\pi}} (q * h)(x) \tag{2.2.86}$$

또는

$$g(x) = \frac{1}{\sqrt{2\pi}} \int_{-\infty}^{\infty} q(x-t) h(t)\, dt = \frac{1}{2\alpha} \int_{-\infty}^{\infty} e^{-\alpha|x-t|} h(t)\, dt \tag{2.2.87}$$

가 된다.

2.2.5 파세발 등식(Parseval's identity)

푸리에 급수에서 파세발 등식이 소개된 적이 있다. 푸리에 변환과 관련한 파세발 등식도 있다. 함수 f와 g가 주어졌고 각각의 푸리에 변환을 F와 G라고 하자. f와 g는 2차 적분이 가능하다. 푸리에 변환의 파세발 등식은 다음과 같다.

$$\int_{-\infty}^{\infty} f(x) \overline{g(x)}\, dx = \int_{-\infty}^{\infty} F(k) \overline{G(k)}\, dx \tag{2.2.88}$$

파세발 등식은 **레일리 정리**(Rayleigh's theorem)라고도 부른다. 특히, $f = g$ 이면 다음의 관계식이 성립한다.

$$\int_{-\infty}^{\infty} |f(x)|^2\, dx = \int_{-\infty}^{\infty} |F(k)|^2\, dk \tag{2.2.89}$$

파세발 등식은 스칼라곱의 형태이므로 디랙 표기법(Dirac notation)을 사용하면 $\langle f \mid g \rangle = \langle \mathscr{F}f \mid \mathscr{F}g \rangle$와 같이 간단한 형태로 쓸 수 있다. 여기서 $\mathscr{F}$가 연산자처럼 사용되었다. $\mathscr{F}$의 수반연산자(adjoint operator)를 $\mathscr{F}^{\dagger}$라고 한다면 $\langle f \mid g \rangle = \langle f \mid \mathscr{F}^{\dagger}\mathscr{F}g \rangle$로 쓸 수 있으므로 $\mathscr{F}^{\dagger}\mathscr{F} = 1$가 된다는 것을 알 수 있다. 1는 항등연산자(identity operator)이다. 그러므로 $\mathscr{F}^{\dagger} = \mathscr{F}^{-1}$가 되며 푸리에 변환 연산자 $\mathscr{F}$는 유니터리(unitary)이다. 유니터리 연산자는 양자역학 등에서 중요하게 쓰이며, 파동함수의 스칼라곱을 보존하는 변환을 역할을 한다. 다시 말하자면 양자역학에서 파동함수 $|f\rangle$와 $|g\rangle$의 스칼라곱은 유니터리 연산자 $\mathscr{F}$로 변환한 파동함수 $|\mathscr{F}f\rangle$와 $|\mathscr{F}g\rangle$의 스칼라곱과 같다는 것을 의미한다. $f = g$인 경우에는 $\langle f \mid f \rangle = \langle F \mid F \rangle$가 되므로 f와 이의 변환인 F는 같은 노름(norm)을 가진다. 이러한 유니터리 연산자의 흥미로운 결과는 회절광학에서 유용하게 쓰인다. 프라운호퍼 회절에서 $|f|^2$의 적분이 회절구멍을 통과하는 파동의 에너지라고 한다면, $|F|^2$의 적분은 회절무늬의 에너지이다. 파세발 등식은 이 두 결과가 같다는 것을 의미한다.

파세발 등식을 증명하여 보자. 함수 h의 푸리에 변환을 H라고 하면 다음과 같이 계산할 수 있다.

$$\begin{aligned}\int_{-\infty}^{\infty} f(x)\,H(x)\,dx &= \int_{-\infty}^{\infty} f(x)\left(\frac{1}{\sqrt{2\pi}}\int_{-\infty}^{\infty} h(k)\,e^{-ikx}\,dk\right)dx \\ &= \int_{-\infty}^{\infty}\left(\frac{1}{\sqrt{2\pi}}\int_{-\infty}^{\infty} f(x)\,e^{-ikx}\,dx\right)h(k)\,dk \\ &= \int_{-\infty}^{\infty} F(k)\,h(k)\,dk\end{aligned} \tag{2.2.90}$$

이제 $H(x) = \overline{g(x)}$라고 해보자. 그러면 $h(k) = \overline{G(k)}$도 성립한다. G의 푸리에 역변환은

$$g(x) = \frac{1}{\sqrt{2\pi}}\int_{-\infty}^{\infty} G(k)\,e^{ikx}\,dk \tag{2.2.91}$$

인데, 이 식에 복소켤레를 취하면 다음과 같다.

$$\overline{g(x)} = \frac{1}{\sqrt{2\pi}} \int_{-\infty}^{\infty} \overline{G(k)e^{ikx}}\, dk = \frac{1}{\sqrt{2\pi}} \int_{-\infty}^{\infty} \overline{G(k)}\, e^{-ikx}\, dk \tag{2.2.92}$$

$$= \frac{1}{\sqrt{2\pi}} \int_{-\infty}^{\infty} h(k)\, e^{-ikx}\, dk = H(x)$$

따라서 식(2.2.86)과 식(2.2.88)로부터 식(2.2.84)가 성립함이 증명되있다. 여기서 $f(x) = g(x)$라고 놓으면 식(2.2.85)도 증명이 된다.

파세발 등식을 이용하여 다음의 적분을 계산하는 예를 들어보자.

$$\int_{-\infty}^{\infty} \left(\frac{\sin x}{x} \right)^2 dx \tag{2.2.93}$$

이를 위해 $a > 0$일 때, $|x| \le a$ 영역에서 $f(x) = 1$이고 그 외의 영역에서는 $f(x) = 0$이 되는 함수를 생각해 보자. 이 함수의 푸리에 변환은 앞서 2.1절에서 이미 풀어본 바와 같이

$$F(k) = \sqrt{\frac{2}{\pi}}\, \frac{\sin ka}{k} \tag{2.2.94}$$

가 될 것이다[식(2.1.47) 참조]. 파세발 등식을 이용하면

$$\int_{-\infty}^{\infty} |f(x)|^2\, dx = \int_{-a}^{a} dx = 2a = \int_{-\infty}^{\infty} \frac{2}{\pi} \left| \frac{\sin ka}{k} \right|^2 dk \tag{2.2.95}$$

가 된다. 그러므로 다음과 같은 결과를 얻을 수 있다.

$$\int_{-\infty}^{\infty} \left(\frac{\sin x}{x} \right)^2 dx = \pi \tag{2.2.96}$$

예제 2.2.3 푸리에 변환과 파세발 등식을 이용하여 다음의 적분을 계산하시오.

$$I = \int_{-\infty}^{\infty} \left(\frac{\sin x}{x} \right)^4 dx \tag{2.2.97}$$

풀이 이 문제를 풀기 위해 다음의 함수를 생각해 보자.

$$f(x) = \begin{cases} 1 - |x| & (|x| \le 1) \\ 0 & (|x| > 1) \end{cases} \tag{2.2.98}$$

예제 2.1.1의 풀이를 참고하면 위 함수의 푸리에 변환은 다음과 같다는 것을 알 수 있다.

$$F(k) = \sqrt{\frac{2}{\pi}} \frac{1 - \cos k}{k^2} = \frac{1}{\sqrt{2\pi}} \left[\frac{\sin(k/2)}{k/2} \right]^2 \tag{2.2.99}$$

따라서 파세발 등식을 이용하면

$$\int_{-\infty}^{\infty} |f(x)|^2 dx = \int_{-1}^{1} |1 - |x||^2 dx = \frac{2}{3} = \int_{-\infty}^{\infty} |F(k)|^2 dk \tag{2.2.100}$$

가 되므로 문제에 주어진 적분의 답은 다음과 같이 된다.

$$I = \int_{-\infty}^{\infty} \left| \frac{\sin(k/2)}{k/2} \right|^4 d(k/2) = \int_{-\infty}^{\infty} \left(\frac{\sin x}{x} \right)^4 dx = \frac{2}{3}\pi \tag{2.2.101}$$

2.3 푸리에 변환의 응용: 편미분방정식의 해법 (Applications to partial differential equations)

2.3.1 확산방정식의 해법(Solutions to diffusion equations)

제1장에서 유한한 구간에 대하여 초기값과 경계값을 만족하는 확산방정식의 문제를 살펴본 적이 있다. 여기서는 무한한 구간에 대하여 확산현상을 기술하는 방정식의 초기

값 문제를 다루고 푸리에 변환의 응용을 해보고자 한다. 공간 x의 범위가 $-\infty < x < \infty$일 때, 다음과 같은 확산방정식과 초기값을 생각해보자.

$$\frac{\partial u(x,t)}{\partial t} = D\frac{\partial^2 u(x,t)}{\partial x^2} \qquad (t > 0) \tag{2.3.1}$$

$$u(x,0) = u_0(x) \qquad (t = 0) \tag{2.3.2}$$

여기서 $D > 0$는 확산계수(확산상수)이며 u_0는 초기 온도 분포이다. 푸리에 변환을 이용하여 어떻게 해를 구할 수 있는지 보자. 변수 x에 대한 푸리에 변환은 다음과 같다.

$$\mathscr{F}[u(x,t)](k) = U(k,t) = \frac{1}{\sqrt{2\pi}}\int_{-\infty}^{\infty} u(x,t)e^{-ikx}\,dx \tag{2.3.3}$$

$$\mathscr{F}[u(x,0)](k) = U(k,0) = \frac{1}{\sqrt{2\pi}}\int_{-\infty}^{\infty} u(x,0)e^{-ikx}\,dx \tag{2.3.4}$$

식(2.3.2)를 시간에 대하여 미분을 하고 확산방정식을 대입하면

$$\begin{aligned}\frac{\partial}{\partial t}U(k,t) &= \frac{1}{\sqrt{2\pi}}\int_{-\infty}^{\infty}\frac{\partial u(x,t)}{\partial t}e^{-ikx}\,dx = \frac{D}{\sqrt{2\pi}}\int_{-\infty}^{\infty}\frac{\partial^2 u(x,t)}{\partial x^2}e^{-ikx}\,dx \\ &= D\,\mathscr{F}\left[\frac{\partial^2}{\partial x^2}u(x,t)\right](k) = -k^2 D\,\mathscr{F}[u(x,t)](k) = -k^2 D\,U(k,t)\end{aligned} \tag{2.3.5}$$

가 되는데 이것은 t에 대한 U의 1차 상미분방정식인 형태이다. 그러므로 U는 쉽게 구할 수 있는데 다음과 같다.

$$U(k,t) = U(k,0)e^{-k^2 Dt} \tag{2.3.6}$$

새로운 함수 κ_D를 다음과 같이 정의해 보자.

$$\kappa_D(x,t) \equiv \frac{1}{\sqrt{4\pi Dt}} e^{-x^2/4Dt} \tag{2.3.7}$$

제1장에서 소개한 가우스 함수의 푸리에 변환을 생각해 보면 κ_D의 푸리에 변환은

$$\mathscr{F}[\kappa_D(x,t)](k) = \frac{1}{\sqrt{2\pi}} e^{-k^2Dt} \tag{2.3.8}$$

가 되는 것을 알 수 있다(예제 2.1.2 참조). 그러므로 $U(k,t)$는

$$U(k,t) = \sqrt{2\pi}\,\mathscr{F}[\kappa_D(x,t)]\,\mathscr{F}[u_0] \tag{2.3.9}$$

가 되는데 합성곱 정리를 이용하면

$$U(k,t) = \mathscr{F}[\kappa_D(x,t) * u_0](k) \tag{2.3.10}$$

로 쓸 수 있다. 그러므로 최종적으로 확산방정식의 해 $u(x,t)$는 다음과 같이 된다.

$$u(x,t) = \kappa_D(x,t) * u_0 = \int_{-\infty}^{\infty} \kappa_D(x-y,t)\,u_0(y)\,dy \tag{2.3.11}$$

초기값 u_0는 적분 가능하여야 하며, 극한 $\lim_{t\to 0} u(x,t) = u_0(x)$을 만족하여야 한다.

초기분포 $u_0(x)$가 $x \to \pm\infty$일 때 $u_0 \to 0$으로 수렴하며

$$A = \int_{-\infty}^{\infty} |u_0(x)|\,dx < \infty \tag{2.3.12}$$

을 만족한다면 $t > 0$일 때 확산방정식의 해 $u(x,t)$는 다음을 만족한다.

$$|u(x,t)| \le \frac{A}{\sqrt{4\pi Dt}} \tag{2.3.13}$$

앞의 식(2.3.7)에서 정의한 k_D를 확산방정식의 기본해라고 부르기도 한다. k_D는 다음 식을 만족한다.

$$\int_{-\infty}^{\infty} \kappa_D(x,t)\,dx = 1 \tag{2.3.14}$$

이 식의 증명은 아래의 감마함수의 성질을 이용하면 쉽게 할 수 있다.

$$\int_{-\infty}^{\infty} e^{-y^2}dy = \Gamma\left(\frac{1}{2}\right) = \sqrt{\pi} \tag{2.3.15}$$

식(2.3.1)의 확산방정식은 생성항(source)이 없는 제차 편미분방정식(homogeneous partial differential equation)이다. 확산과 관련한 물리량이 확산 과정 중에 새롭게 생성되거나 소멸된다면 이를 생성항에서 표현할 수 있다. 생성항이 있는 경우 이를 $s(x,t)$라고 하고 확산방정식을 다음과 같이 비제차 편미분방정식(nonhomeogenous partial differential equation)으로 쓸 수 있다.

$$\frac{\partial u(x,t)}{\partial t} = D\frac{\partial^2 u(x,t)}{\partial x^2} + s(x,t) \tag{2.3.16}$$

푸리에 변환을 응용하면 초기조건이 $u(x,0) = u_0(x)$로 주어졌을 때 생성항이 있는 확산방정식의 해는 다음과 같이 구할 수 있다.

$$u(x,t) = \int_{-\infty}^{\infty} \kappa_D(x-y,t)\,u_0(y)\,dy + \int_0^t\left[\int_{-\infty}^{\infty} \kappa_D(x-y,t-s)\,s(y,s)\,dy\right]ds \tag{2.3.17}$$

확산 현상의 여러 응용에 대해서는 제4장에서 자세히 다루도록 하겠다.

예제 2.3.1 확산방정식과 초기값이 다음과 같이 주어졌다. 해 $u(x,t)$를 구하시오. (단, $-\infty < x < \infty$이다.)

$$\frac{\partial u(x,t)}{\partial t} = D\frac{\partial^2 u(x,t)}{\partial x^2} \quad (t > 0) \tag{2.3.18}$$

$$u(x,0) = \sin x \quad (t = 0) \tag{2.3.19}$$

풀이 확산방정식의 해가 합성곱의 형태로 되므로

$$u(x,t) = \frac{1}{\sqrt{4\pi Dt}}\int_{-\infty}^{\infty} e^{-(x-y)^2/4Dt}\sin y\,dy \tag{2.3.20}$$

가 될 것이다. 오일러 공식 $\sin y = \frac{1}{2i}(e^{iy} - e^{-iy})$를 이용하고 $p = y - x$로 놓으면 $u(x,t)$를 다음과 같이 쓸 수 있다.

$$\begin{aligned} u(x,t) &= \frac{1}{2i\sqrt{4\pi Dt}}\int_{-\infty}^{\infty} e^{-p^2/4Dt}\left[e^{i(p+x)} - e^{-i(p+x)}\right]dp \\ &= \frac{1}{2i\sqrt{4\pi Dt}}\left[e^{ix}\int_{-\infty}^{\infty} e^{-p^2/4Dt}e^{ip}dp - e^{-ix}\int_{-\infty}^{\infty} e^{-p^2/4Dt}e^{-ip}dp\right] \end{aligned} \tag{2.3.21}$$

이제 우변의 첫 번째 적분에서 $p \to -p$로 놓고, $k = 1$을 도입하면 다음과 같이 된다.

$$u(x,t) = \frac{\sqrt{2\pi}}{2i}(e^{ix} - e^{-ix})\left[\frac{1}{\sqrt{2\pi}}\int_{-\infty}^{\infty}\frac{e^{-p^2/4Dt}}{\sqrt{4\pi Dt}}e^{-ikp}dp\right] \tag{2.3.22}$$

우변의 적분은 가우스 함수의 푸리에 변환이다. 예제 2.1.2를 참조하면 $u(x,t)$는

$$u(x,t) = \frac{\sqrt{2\pi}}{2i}(e^{ix} - e^{-ix})\mathfrak{I}\left[\frac{e^{-p^2/4Dt}}{\sqrt{4\pi Dt}}\right] = \frac{e^{ix} - e^{-ix}}{2i}e^{-k^2Dt} \tag{2.3.23}$$

가 된다. 그런데 $k = 1$이라고 하였으므로 최종적으로 해는 다음과 같다.

$$u(x,t) = e^{-Dt}\sin x \tag{2.3.24}$$

그림 2.3.1은 함수 $u(x,t) = e^{-Dt}\sin x$의 시간과 공간에 따른 변화를 보여주고 있다.

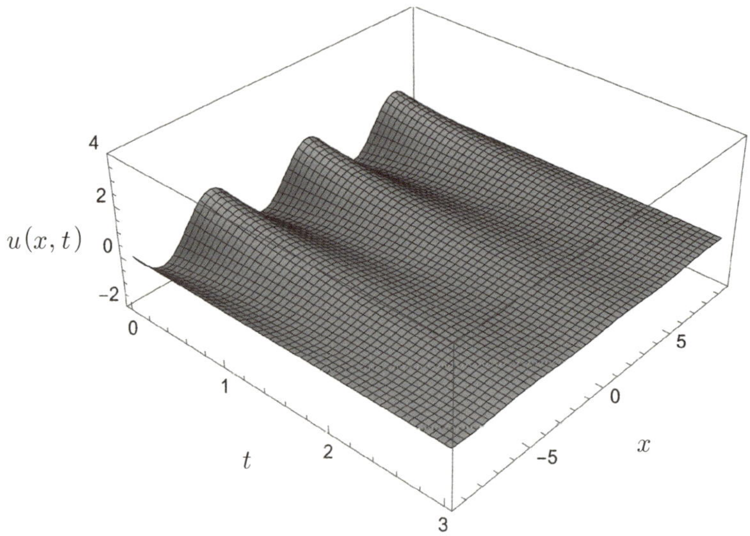

그림 2.3.1 함수 $u(x,t) = e^{-Dt}\sin x$의 그래프

2.3.2 파동방정식의 해법(Solutions to wave equations)

파동의 전파를 기술하는 파동방정식의 해를 푸리에 변환을 응용하여 구할 수 있다. 공간 x와 시간 t에서의 파동의 변위를 $u(x,t)$라고 하자. 무한공간$(-\infty < x < \infty)$에서 파동방정식이 다음과 같이 주어졌다.

$$\frac{\partial^2 u(x,t)}{\partial t^2} = c^2 \frac{\partial^2 u(x,t)}{\partial x^2} \qquad (t > 0) \tag{2.3.25}$$

$$u(x,0) = f(x), \qquad \left.\frac{\partial u(x,t)}{\partial t}\right|_{t=0} = g(x) \quad (t = 0) \tag{2.3.26}$$

여기서 $c > 0$는 상수이며 파동의 속력을 나타낸다. $t = 0$일 때 초기변위를 $u(x,0) = f(x)$, 초기속력을 $g(x)$라고 하고 푸리에 변환을 이용하여 파동방정식의 초기값 문제를 풀어보자. 편미분방정식인 식(2.3.25)을 푸리에 변환하면 다음과 같다.

$$\mathscr{F}\left[\frac{\partial^2 u(x,t)}{\partial t^2}\right] = -k^2c^2\,\mathscr{F}[u(x,t)] \tag{2.3.27}$$

위 식의 좌변에서 시간 미분은 푸리에 변환과 상관없으므로 밖으로 빼낼 수 있다. 따라서 푸리에 변환된 파동방정식은 시간에 대한 2계 상미분방정식이 된다.

$$\frac{d^2}{dt^2}\mathscr{F}[u(x,t)] = -k^2c^2\,\mathscr{F}[u(x,t)] \tag{2.3.28}$$

그러므로 $\mathscr{F}[u(x,t)]$는 다음과 같다.

$$\mathscr{F}[u(x,t)](k) = A\cos(kct) + B\sin(kct) \tag{2.3.29}$$

여기서 A와 B는 상수 계수이다. 계수들을 구하여 보자. 초기값으로 주어진 식들을 푸리에 변환을 해보면

$$\mathscr{F}[u(x,0)](k) = \mathscr{F}[f(x)](k) \tag{2.3.30}$$

$$\frac{\partial}{\partial t}\mathscr{F}[u(x,t)](k)\Big|_{t=0} = \mathscr{F}[g(x)](k) \tag{2.3.31}$$

가 되는데 $\mathscr{F}[u(x,t)]$의 해에 $t=0$을 넣으면

$$\mathscr{F}[u(x,0)](k) = A \tag{2.3.32}$$

인 것을 알 수 있다. 또한 시간 미분에 대한 초기값 조건에 의하여

$$\frac{\partial}{\partial t}\mathscr{F}[u(x,t)](k)\Big|_{t=0} = [-kcA\sin(kct) + kcB\cos(kct)]_{t=0} = kcB \tag{2.3.33}$$

가 된다. 그러므로 $\mathscr{F}[u(x,t)]$의 해의 계수들을 $A = \mathscr{F}[f(x)](k)$와 $B = \mathscr{F}[g(x)]/kc$로 구할 수 있다. $\mathscr{F}[u(x,t)]$를 다시 쓰면 다음과 같다. 단, $k \neq 0$이다.

$$\mathscr{F}[u(x,t)](k) = \mathscr{F}[f(x)](k)\cos(kct) + \mathscr{F}[g(x)](k)\frac{\sin(kct)}{kc} \tag{2.3.34}$$

이 식은 파동방정식의 해 $u(x,t)$를 푸리에 변환한 것이므로 여기에 푸리에 역변환을 하면 다음과 같이 해를 구할 수 있다.

$$u(x,t) = \frac{1}{\sqrt{2\pi}}\int_{-\infty}^{\infty}\left[\mathscr{F}[f(x)](k)\cos(kct) + \mathscr{F}[g(x)](k)\frac{\sin(kct)}{kc}\right]e^{ikx}\,dk \tag{2.3.35}$$

위의 식은 초기값 f와 g가 주어지면 해를 얻을 수 있는 훌륭한 결과이지만, 물리적인 의미를 탐색하기 위해 좀 더 계산해 볼 필요가 있다. 위의 식에서 먼저 코사인 항을 포함하는 적분을 살펴보자.

$$\frac{1}{\sqrt{2\pi}}\int_{-\infty}^{\infty}\mathscr{F}[f(x)](k)\cos(kct)\,e^{ikx}\,dk \tag{2.3.36}$$

$$= \frac{1}{\sqrt{2\pi}}\int_{-\infty}^{\infty}\mathscr{F}[f(x)](k)\,\frac{e^{ikct}+e^{-ikct}}{2}\,e^{ikx}\,dk$$

$$= \frac{1}{2}\left\{\frac{1}{\sqrt{2\pi}}\int_{-\infty}^{\infty}\mathscr{F}[f(x)](k)\,e^{ik(x+ct)}\,dk + \frac{1}{\sqrt{2\pi}}\int_{-\infty}^{\infty}\mathscr{F}[f(x)](k)\,e^{ik(x-ct)}\,dk\right\}$$

$$= \frac{1}{2}\left[f(x+ct)+f(x-ct)\right]$$

사인 항을 포함하는 적분은 다음과 같이 된다.

$$\frac{1}{\sqrt{2\pi}}\int_{-\infty}^{\infty}\mathscr{F}[g(x)](k)\,\frac{\sin(kct)}{kc}\,e^{ikx}\,dk \tag{2.3.37}$$

$$= \frac{1}{2c\sqrt{2\pi}}\int_{-\infty}^{\infty}\mathscr{F}[g(x)](k)\,\frac{e^{ikct}-e^{-ikct}}{ik}\,e^{ikx}\,dk$$

여기서 다음의 적분을 고려해 보자.

$$\int_{x-ct}^{x+ct} e^{iky}\,dy = \frac{1}{ik}\left[e^{ik(x+ct)} - e^{ik(x-ct)}\right] \tag{2.3.38}$$

이를 활용하면 사인 항의 적분은 다음과 같이 된다.

$$\begin{aligned}
&\frac{1}{\sqrt{2\pi}}\int_{-\infty}^{\infty}\mathscr{F}[g(x)](k)\,\frac{\sin(kct)}{kc}\,e^{ikx}\,dk \\
&= \frac{1}{2c\sqrt{2\pi}}\int_{-\infty}^{\infty}\mathscr{F}[g(x)](k)\int_{x-ct}^{x+ct}e^{iky}\,dy\,dk \\
&= \frac{1}{2c}\int_{x-ct}^{x+ct}\left[\frac{1}{\sqrt{2\pi}}\int_{-\infty}^{\infty}\mathscr{F}[g(x)](k)e^{iky}\,dk\right]dy \\
&= \frac{1}{2c}\int_{x-ct}^{x+ct}g(y)\,dy
\end{aligned} \tag{2.3.39}$$

그러므로 식(2.3.36)과 식(2.3.39)의 결과로부터 파동방정식의 해는 다음과 같이 된다.

$$u(x,t) = \frac{1}{2}\left[f(x+ct) + f(x-ct)\right] + \frac{1}{2c}\int_{x-ct}^{x+ct}g(y)\,dy \tag{2.3.40}$$

이 결과를 **달랑베르 공식**(d'Alembert's formula)라고 부른다. 우변의 적분은 구간을 나누어

$$u(x,t) = \frac{1}{2}\left[f(x+ct) + f(x-ct)\right] + \frac{1}{2c}\int_{0}^{x+ct}g(y)\,dy + \frac{1}{2c}\int_{x-ct}^{0}g(y)\,dy \tag{2.3.41}$$

로 쓸 수도 있는데, $(0,\ x+ct)$ 구간의 적분은 결과가 $x+ct$의 함수로 나올 것이고, $(x-ct,\ 0)$ 구간의 적분은 결과가 $x-ct$의 함수로 나올 것이다. 따라서 파동방정식의 형태는 다음과 같이 된다.

$$u(x,\ t) = F(x+ct) + G(x-ct) \tag{2.3.42}$$

여기서 F와 G는

$$F(x+ct) = \frac{1}{2}f(x+ct) + \frac{1}{2c}\int_{0}^{x+ct} g(y)\,dy \tag{2.3.43}$$

$$G(x-ct) = \frac{1}{2}f(x-ct) + \frac{1}{2c}\int_{x-ct}^{0} g(y)\,dy \tag{2.3.44}$$

이며, F는 속력 c로 $-x$방향으로 전파되는 진행파이며, G는 속력 c로 $+x$방향으로 전파되는 진행파이다.

연습문제

2.1 다음의 사각형 펄스의 푸리에 변환을 구하시오. a는 양의 실수이다.

$$f(x) = \begin{cases} 1, & |x| \le a \\ 0, & |x| > a \end{cases}$$

2.2 다음의 사인 펄스 파형을 푸리에 변환하시오. a는 양의 실수이고 N은 자연수이다.

$$f(x) = \begin{cases} \sin ax, & |x| \le \dfrac{N\pi}{a} \\ 0, & |x| > \dfrac{N\pi}{a} \end{cases}$$

2.3 다음의 함수를 푸리에 변환하시오.

$$f(x) = \begin{cases} 1 - |x/2|, & |x| \le 2 \\ 0, & |x| > 2 \end{cases}$$

2.4 다음의 삼각 함수 펄스를 푸리에 변환하시오.

$$f(x) = \begin{cases} h(1 - a|x|), & |x| \le \dfrac{1}{a} \\ 0, & |x| > \dfrac{1}{a} \end{cases}$$

참고로 이 함수는 $h = a$이면, $a \to \infty$인 극한에서 델타함수가 되는 델타 시퀀스이다.

2.5 델타 시퀀스

$$\delta_n(x) = \begin{cases} n, & |x| \le \dfrac{1}{2n} \\ 0, & |x| > \dfrac{1}{2n} \end{cases}$$

에 대하여 다음의 식을 증명하시오.

$$\delta(x) = \lim_{n\to\infty}\delta_n(x) = \frac{1}{2\pi}\int_{-\infty}^{\infty} e^{-ikx}\,dk$$

2.6 델타 시퀀스

$$\delta_n(x) = \frac{n}{\sqrt{\pi}} e^{-n^2x^2}$$

에 대하여 다음의 식을 증명하시오.

$$\delta(x) = \lim_{n\to\infty}\delta_n(x) = \frac{1}{2\pi}\int_{-\infty}^{\infty} e^{-ikx}\,dk$$

2.7 실수 $a, q > 0$에 대하여, 함수

$$f(x) = \begin{cases} A e^{-ax/2q} e^{-iax}, & x \geq 0 \\ 0, & x < 0 \end{cases}$$

의 푸리에 변환을 $F(k)$라고 하자. 다음의 식을 증명하시오.

$$F^*(k)F(k) = \frac{1}{2\pi}\frac{A^2}{(k-a)^2 + (a/2q)^2}$$

2.8 양자역학의 장벽투과, 산란, 섭동이론 등에서 다음의 관계식이 종종 등장한다. 이를 증명하시오. 단, $\gamma > 0$ 이다.

$$\frac{\hbar}{2\pi i}\int_{-\infty}^{\infty}\frac{e^{-i\omega t}}{E_0 - i\gamma/2 - \hbar\omega}d\omega = \begin{cases} e^{-\gamma t/2\hbar} e^{-iE_0 t/\hbar}, & t \geq 0 \\ 0, & t < 0 \end{cases}$$

2.9 제1종 베셀함수는 다음과 같다.

$$J_0(x) = \frac{1}{\pi}\int_{-\pi}^{\pi} e^{ix\sin\phi}\,d\phi$$

양의 상수 a에 대하여 $J_0(x)$의 푸리에 변환이 다음과 같이 됨을 보이시오.

$$\mathscr{F}[J_0(x)](k) = \begin{cases} \sqrt{\dfrac{2}{\pi}} \dfrac{1}{\sqrt{1-k^2}}, & |k| > 1 \\ 0, & |k| < 1 \end{cases}$$

2.10 함수 $f(x) = x^{-1/2}$의 푸리에 사인 변환과 푸리에 코사인 변환이 다음과 같이 됨을 보이시오.

$$\mathscr{F}_s[x^{-1/2}](k) = \mathscr{F}_c[x^{-1/2}](k) = k^{-1/2}$$

2.11 앞의 문제10의 결과를 이용하여 다음의 프레스넬 적분(Fresnel integral)을 계산하시오.

(1) $\displaystyle\int_0^\infty \cos y^2 \, dy$ (2) $\displaystyle\int_0^\infty \sin y^2 \, dy$

2.12 함수 $f(x)$의 푸리에 코사인 변환과 사인 변환을 각각 $F_c(k)$와 $F_s(k)$라고 할 때, 양수 a에 대하여 다음이 성립함을 보이시오.

(1) $\mathscr{F}_c[f(ax)] = \dfrac{1}{a}F_c\left(\dfrac{x}{a}\right)$ (2) $\mathscr{F}_s[f(ax)] = \dfrac{1}{a}F_s\left(\dfrac{x}{a}\right)$

2.13 함수 $f(x)$의 푸리에 코사인 변환과 사인 변환을 각각 $F_c(k)$와 $F_s(k)$라고 할 때, $f(x)$의 2차 미분 $f''(x)$에 대하여 다음이 성립함을 보이시오.

(1) $\mathscr{F}_c[f''(x)] = -\sqrt{\dfrac{2}{\pi}}f'(0) + k\mathscr{F}_s[f'(x)] = -\sqrt{\dfrac{2}{\pi}}f'(0) - k^2 F_c(k)$

(2) $\mathscr{F}_s[f''(x)] = -k\mathscr{F}_c[f'(x)] = \sqrt{\dfrac{2}{\pi}}kf(0) - k^2 F_s(k)$

2.14 푸리에 변환의 도함수를 이용하여 다음의 식을 증명하시오. 단, $a > 0$이다.

$$\int_{-\infty}^{\infty} x^2 e^{-a|x|} \cos kx \, dx = \frac{4a(a^2 - 2k^2)}{(k^2 + a^2)^3}$$

2.15 다음의 확산방정식의 해를 초기값 $u(x,0) = f(x)$에 대하여 구하시오.

$$\frac{\partial u(x,t)}{\partial t} = D\frac{\partial^2 u(x,t)}{\partial x^2} \qquad (-\infty < x < \infty,\ t > 0)$$

(1) $f(x) = \cos(ax)$ (단, $a > 0$이다)

(2) $f(x) = \sin^2 x$

2.16 $x = 0$ 위치에 생성항 $Q\delta(x)$가 있는 1차원 중성자 확산 방정식은 다음과 같다.

$$-D\frac{d^2\varphi(x)}{dx^2} + K^2 D\varphi(x) = Q\delta(x)$$

여기서 $\varphi(x)$는 중성자 선속(flux)이고, D와 K는 양의 상수이다. 푸리에 변환을 이용하여 $\varphi(x)$를 구하시오.

2.17 3차원의 지름 대칭 함수(radially symmetric function)의 푸리에 변환은 1차원 푸리에 사인 변환으로 바꿀 수 있음을 보이시오.

$$\frac{1}{(2\pi)^{3/2}}\int f(r)e^{i\mathbf{k}\cdot\mathbf{r}}d^3r = \frac{1}{k}\sqrt{\frac{2}{\pi}}\int_{-\infty}^{\infty} rf(r)\sin kr\,dr$$

2.18 문제1에서 구한 푸리에 변환은 $N\to\infty$인 극한에서 델타함수가 된다. 즉, 다음의 결과를 얻을 수 있다.

$$\delta(k) = \sqrt{\frac{2}{\pi}}\int_0^{\infty}\sin k_0 x\,\sin kx\,dx$$

(1) F_s와 G_s를 각각 f와 g의 푸리에 사인 변환이라고 할 때, 위에 정의한 델타함수를 이용하여 다음을 증명하시오.

$$\int_0^\infty F_s(k)\,G_s(k)\cos kx\,dk = \frac{1}{2}\int_0^\infty g(y)\,[f(y+x)+f(y-x)]\,dy$$

(2) F_c와 G_c를 각각 f와 g의 푸리에 코사인 변환이라고 할 때, 위에 정의한 델타함수를 이용하여 다음을 증명하시오.

$$\int_0^\infty F_c(k)\,G_c(k)\cos kx\,dk = \frac{1}{2}\int_0^\infty g(y)\,[f(y+x)+f(y-x)]\,dy$$

2.19 문제3의 결과로 $F(k) = \sqrt{\frac{2}{\pi}}\left(\frac{\sin k}{k}\right)^2$을 얻을 것이다. 이 결과와 파세발 등식을 이용하여 다음의 적분을 계산하시오.

$$\int_{-\infty}^{\infty}\left(\frac{\sin k}{k}\right)^4 dk$$

2.20 핵 형태인자(nuclear form factor) $F(\mathbf{k})$와 전하분포 $\rho(\mathbf{r})$는 다음의 3차원 푸리에 변환 관계에 있다.

$$F(\mathbf{k}) = \frac{1}{(2\pi)^{3/2}}\int \rho(\mathbf{r})\,\mathrm{e}^{-i\mathbf{k}\cdot\mathbf{r}}\,d^3r$$

만약에 핵 형태인자가

$$F(\mathbf{k}) = \frac{1}{(2\pi)^{3/2}}\left(1+\frac{k^2}{a^2}\right)^{-1}$$

이라면 전하분포가

$$\rho(\mathbf{r}) = \frac{a^2}{4\pi}\,\frac{e^{-ar}}{r}$$

와 같이 되는 것을 보이시오.

Chapter 03

라플라스 변환

Laplace Transforms

라플라스 변환에 대해 소개를 하고 라플라스 변환의 여러 가지 성질들을 이해하고 이학 및 공학의 여러 분야에 적용되는 라플라스 변환의 응용 사례를 소개하고자 한다.

3.1 라플라스 변환의 성질 (Properties of Laplace transforms)

3.1.1 라플라스 변환의 정의 (Definition of Laplace transforms)

주어진 함수 $F(t)$에 대한 라플라스 변환(Laplace transform)은 다음과 같이 정의된다.

$$f(s) = L\{F(t)\} = \int_0^{\infty} e^{-st} F(t)\,dt \tag{3.1.1}$$

여기서 s는 상수이다. 이 정의식에서 우변의 적분은 유한한 값으로 존재하여야 한다. $F(t)$가 $e^{\alpha t}$와 같은 지수함수의 형태일 때 어떤 상수 s_0와 모든 t에 대해서 $\left|e^{-s_0 t} F(t)\right|$가 발산하지 않고 유한한 값을 가져야 하므로 상수 α가 $\alpha < s_0$인 조건을 만족하여야 한다. 그러므로 $s > s_0$인 경우에 식(3.1.1)이 존재한다는 것을 알 수 있다. 만약 $F(t)$가 $t = 0$에서 특이점을 가진다면 $L\{F(t)\}$는 존재하지 않는다. 그러므로 $L\{t^n\}$은 $n \le -1$인 정수에 대하여 존재하지 않는다는 것을 유추할 수 있다. 이 절에서는 중요한 기본 함수들에 대한 라플라스 변환을 소개하고자 한다. 한편, 알고 있는 함수 $f(s)$로부터 함수 $F(t)$를 구하는 역 라플라스 변환(inverse Laplace transform)은 아

래와 같이 표현할 수 있다. 된다.

$$L^{-1}\{f(s)\} = F(t) \tag{3.1.2}$$

일반적으로 역 라플라스 변환은 복소 공간에서 브롬위치 적분(Bromwich integral)과 유수정리를 이용하여 계산할 수 있는데, 이에 대해서는 3.3절에서 자세히 다루도록 하겠다.

3.1.2 기본 함수의 라플라스 변환 (Laplace transforms of elementary functions)

여러 형태의 기본적인 함수에 대하여 라플라스 변환을 어떻게 할 수 있는지 알아보자.

1. 첫 번째 예: $F(t) = 1$의 라플라스 변환

$$L\{F(t)\} = L\{1\} = \int_0^\infty e^{-st}dt = \left[-\frac{1}{s}e^{-st}\right]_0^\infty = \frac{1}{s} \quad (s > 0) \tag{3.1.3}$$

2. 두 번째 예: $F(t) = e^{kt}$ 의 라플라스 변환 (k는 양의 상수)

$$\begin{aligned} L\{F(t)\} = L\{e^{kt}\} &= \int_0^\infty e^{-st}e^{kt}dt = \int_0^\infty e^{-(s-k)t}dt \\ &= \left[-\frac{1}{s-k}e^{-(s-k)t}\right]_0^\infty \\ &= \frac{1}{s-k} \quad (s > k) \end{aligned} \tag{3.1.4}$$

3. 세 번째 예: $F(t) = \cosh kt$ 의 라플라스 변환 (k는 양의 상수)

$$
\begin{aligned}
L\{F(t)\} = L\{\cosh kt\} &= \int_0^\infty e^{-st}\frac{1}{2}\left(e^{kt} + e^{-kt}\right)dt \\
&= \frac{1}{2}\int_0^\infty \left[e^{-(s-k)t} + e^{-(s+k)t}\right]dt \\
&= \frac{1}{2}\left[-\frac{1}{s-k}e^{-(s-k)t} - \frac{1}{s+k}e^{-(s+k)t}\right]_0^\infty \\
&= \frac{1}{2}\left(\frac{1}{s-k} + \frac{1}{s+k}\right) \\
&= \frac{s}{s^2-k^2} \qquad (s > k)
\end{aligned}
\tag{3.1.5}
$$

4. 네 번째 예: $F(t) = \sinh kt$ 의 라플라스 변환 (k는 양의 상수)

$$
\begin{aligned}
L\{F(t)\} = L\{\sinh kt\} &= \int_0^\infty e^{-st}\frac{1}{2}\left(e^{kt} - e^{-kt}\right)dt \\
&= \frac{1}{2}\int_0^\infty \left[e^{-(s-k)t} - e^{-(s+k)t}\right]dt \\
&= \frac{1}{2}\left[-\frac{1}{s-k}e^{-(s-k)t} + \frac{1}{s+k}e^{-(s+k)t}\right]_0^\infty \\
&= \frac{1}{2}\left(\frac{1}{s-k} - \frac{1}{s+k}\right) \\
&= \frac{k}{s^2-k^2} \qquad (s > k)
\end{aligned}
\tag{3.1.6}
$$

5. 다섯 번째 예: $F(t) = \cos kt$ 의 라플라스 변환 (k는 양의 상수)

$$L\{F(t)\} = L\{\cos kt\} = \int_0^\infty e^{-st}\frac{1}{2}\left(e^{ikt} + e^{-ikt}\right)dt \tag{3.1.7}$$

$$= \frac{1}{2}\int_0^\infty \left[e^{-(s-ik)t} + e^{-(s+ik)t}\right]dt$$

$$= \frac{1}{2}\left[-\frac{1}{s-ik}e^{-(s-ik)t} - \frac{1}{s+ik}e^{-(s+ik)t}\right]_0^\infty$$

$$= \frac{1}{2}\left(\frac{1}{s-ik} + \frac{1}{s+ik}\right)$$

$$= \frac{s}{s^2+k^2} \quad (s > 0)$$

만약 $\cos kt = \cosh(ikt)$의 관계식을 이용하면 위의 세 번째 예의 결과로부터 다음과 같이 구할 수 있다.

$$L\{\cos kt\} = L\{\cosh(ikt)\} = \frac{s}{s^2-(ik)^2} = \frac{s}{s^2+k^2} \tag{3.1.8}$$

6. 여섯 번째 예: $F(t) = \sin kt$ 의 라플라스 변환 (k는 양의 상수)

$$L\{F(t)\} = L\{\sin kt\} = \int_0^\infty e^{-st}\frac{1}{2i}\left(e^{ikt} - e^{-ikt}\right)dt \tag{3.1.9}$$

$$= \frac{1}{2i}\int_0^\infty \left[e^{-(s-ik)t} - e^{-(s+ik)t}\right]dt$$

$$= \frac{1}{2i}\left[-\frac{1}{s-ik}e^{-(s-ik)t} + \frac{1}{s+ik}e^{-(s+ik)t}\right]_0^\infty$$

$$= \frac{1}{2i}\left(\frac{1}{s-ik} - \frac{1}{s+ik}\right)$$

$$= \frac{k}{s^2+k^2} \quad (s > 0)$$

여기서 $\sin kt = -i\sin(ikt)$의 관계식을 이용하면 위의 네 번째 예의 결과로부터 다음과 같이 구할 수 있다.

$$L\{\sin kt\} = L\{-i\sin(ikt)\} = -i\frac{(ik)}{s^2-(ik)^2} = \frac{k}{s^2+k^2} \tag{3.1.10}$$

7. 일곱 번째 예: $F(t) = t^n$의 라플라스 변환 (n은 $n > -1$인 정수)

$$\begin{aligned} L\{F(t)\} = L\{t^n\} &= \int_0^\infty e^{-st} t^n \, dt \\ &= \frac{1}{s^{n+1}} \int_0^\infty e^{-x} x^n \, dx \qquad (st = x) \\ &= \frac{\Gamma(n+1)}{s^{n+1}} \quad (s > 0) \end{aligned} \tag{3.1.11}$$

여기서 $\Gamma(n+1)$은 감마함수이다.

3.1.3 거듭 제곱 인자 (Power factors)

앞에서 몇 가지 중요한 기본 함수에 대하여 라플라스 변환을 구해보았다. 더 많은 성질을 알아보기 위하여 라플라스 변환의 정의식인 식(3.1.1)의 양변을 s에 대하여 미분을 해보자.

$$\begin{aligned} \frac{df(s)}{ds} = \frac{d}{ds} L\{F(t)\} &= \int_0^\infty -t e^{-st} F(t) \, dt \\ &= \int_0^\infty e^{-st} [-tF(t)] \, dt \\ &= L\{-tF(t)\} \end{aligned} \tag{3.1.12}$$

이번에는 식(3.1.1)의 양변을 s에 대하여 두 번 미분을 해보자.

$$\frac{d^2 f(s)}{ds^2} = \frac{d^2}{ds^2} L\{F(t)\} = \int_0^\infty e^{-st}\left[(-t)^2 F(t)\right] dt \tag{3.1.13}$$

$$= L\left\{(-t)^2 F(t)\right\}$$

$$= L\left\{t^2 F(t)\right\}$$

따라서 식(3.1.1)의 양변을 s에 대하여 n번 미분을 하면

$$\frac{d^n f(s)}{ds^n} = \frac{d^n}{ds^n} L\{F(t)\} = \int_0^\infty e^{-st}\left[(-t)^n F(t)\right] dt \tag{3.1.14}$$

$$= L\left\{(-t)^n F(t)\right\}$$

$$= (-1)^n L\left\{t^n F(t)\right\}$$

와 같이 되는 것을 알 수 있다. 위의 식은 아래와 같이 거듭 제곱 인자(power factors)로 표현할 수 있다.

$$L\left\{t^n F(t)\right\} = (-1)^n \frac{d^n f(s)}{ds^n} \tag{3.1.15}$$

흥미롭게도 이 결과를 이용하면 감마함수의 값을 계산할 수 있다. 식(3.1.14)에서 함수를 $F(t) = 1$로 놓으면 $L\{1\} = 1/s$이므로 아래와 같이 된다.

$$\frac{d^n f(s)}{ds^n} = \frac{d^n}{ds^n} L\{1\} \tag{3.1.16}$$

$$= \frac{d^n}{ds^n}\left(\frac{1}{s}\right) = (-1)^n \frac{n!}{s^{n+1}}$$

$$= (-1)^n L\left\{t^n\right\}$$

그러므로 식(3.1.11)과 식(3.1.16)으로부터

$$L\{t^n\} = \frac{\Gamma(n+1)}{s^{n+1}} = \frac{n!}{s^{n+1}} \tag{3.1.17}$$

를 얻을 수 있는데, 이는 정수 $n(>-1)$에 대하여 $\Gamma(n+1) = n!$이라는 결과를 준다. 이러한 감마함수를 종종 계승함수(factorial function)라고 부르기도 한다.

3.1.4 평행이동 (Translation)

이번에는 함수 $F(t)$에 지수함수 $e^{-\alpha t}$가 곱해진 함수의 라플라스 변환을 생각해 보자. 여기서 α는 상수이다. $F(t)e^{-\alpha t}$의 라플라스 변환 $L\{F(t)e^{-\alpha t}\}$는 다음과 같이 계산할 수 있다.

$$\begin{aligned} L\{F(t)e^{-\alpha t}\} &= \int_0^\infty e^{-st}F(t)e^{-\alpha t}dt \\ &= \int_0^\infty e^{-(s+\alpha)t}F(t)dt \\ &= f(s+\alpha) \end{aligned} \tag{3.1.18}$$

그러므로 함수 $F(t)$의 라플라스 변환을 $f(s)$라고 할 때, 위상 인자인 $e^{-\alpha t}$가 포함된 함수의 라플라스 변환은 $f(s)$를 $f(s+\alpha)$로 평행이동을 한 것과 같은 결과를 얻는다. 앞에서 $L\{\sin kt\} = k/(s^2+k^2)$인 것을 배웠다. 그러므로 함수 $e^{-\alpha t}\sin kt$의 라플라스 변환은 다음과 같이 될 것이다.

$$L\{e^{-\alpha t}\sin kt\} = \frac{k}{(s+\alpha)^2+k^2} \tag{3.1.19}$$

또한, $L\{\cos kt\} = s/(s^2+k^2)$이므로 함수 $e^{-\alpha t}\cos kt$의 라플라스 변환은 다음과 같이 된다.

$$L\{e^{-\alpha t}\cos kt\} = \frac{s+\alpha}{(s+\alpha)^2+k^2} \tag{3.1.20}$$

3.1.5 축척 (Scaling)

이번에는 함수 $F(t)$의 t 변수가 αt로 축척(scaling) 관계가 있는 $F(\alpha t)$에 대한 라플라스 변환을 고려해 보자. 여기서 $\alpha(>0)$는 양의 상수이다. $F(\alpha t)$의 라플라스 변환은 다음과 같이 계산할 수 있다.

$$\begin{aligned} L\{F(\alpha t)\} &= \int_0^\infty e^{-st}F(\alpha t)\,dt \\ &= \frac{1}{\alpha}\int_0^\infty e^{-sx/\alpha}F(x)\,dx \\ &= \frac{1}{\alpha}f(s/\alpha) \end{aligned} \tag{3.1.21}$$

이 계산에서 $\alpha t = x$로 치환하였다.

3.1.6 적분 (Integral)

식(3.1.1)에서 변수 s를 x로 치환하면 함수 $F(t)$에 대한 라플라스 변환의 정의를 아래와 같이 쓸 수 있다.

$$f(x) = L\{F(t)\} = \int_0^\infty e^{-xt}F(t)\,dt \tag{3.1.22}$$

여기서 양변에 적분 $\int_s^b dx$를 취하면 다음과 같이 된다.

$$\int_s^b f(x)\,dx = \int_s^b \left[\int_0^\infty e^{-xt} F(t)\,dt\right] dx \tag{3.1.23}$$

$$= \int_0^\infty F(t)\left[\int_s^b e^{-xt}\,dx\right] dt$$

$$= \int_0^\infty F(t)\left[-\frac{e^{-xt}}{t}\right]_{x=s}^{x=b} dt$$

$$= \int_0^\infty F(t)\left[\frac{1}{t}\left(e^{-st} - e^{-bt}\right)\right] dt$$

식(3.1.23)에서 $b \to \infty$를 택하면 다음의 결과를 얻는다.

$$\int_s^\infty f(x)\,dx = \int_0^\infty e^{-st}\frac{F(t)}{t}\,dt = L\left\{\frac{F(t)}{t}\right\} \tag{3.1.24}$$

그러므로 라플라스 변환 $L\left\{\frac{F(t)}{t}\right\}$는 함수 $f(x)$를 구간 $(0, \infty)$에 대하여 적분한 것과 같다는 것을 알 수 있다.

3.2 미분의 라플라스 변환 (Laplace transforms of derivatives)

주어진 함수 $F(t)$에 대한 라플라스 변환이

$$f(s) = L\{F(t)\} = \int_0^\infty e^{-st} F(t)\,dt \tag{3.2.1}$$

와 같이 주어졌을 때, 미분함수 $\frac{dF(t)}{dt}$의 라플라스 변환은 부분적분을 이용하여 다음과 같이 할 수 있다.

$$L\left\{\frac{dF(t)}{dt}\right\} = \int_0^\infty e^{-st}\frac{dF(t)}{dt}dt \tag{3.2.2}$$

$$= \left[e^{-st}F(t)\right]_0^\infty + s\int_0^\infty e^{-st}F(t)\,dt$$

$$= s\,L\{F(t)\} - F(0)$$

이제 $\dfrac{d^2F(t)}{dt^2}$의 라플라스 변환을 해보자.

$$L\left\{\frac{d^2F(t)}{dt^2}\right\} = \int_0^\infty e^{-st}\frac{d^2F(t)}{dt^2}dt \tag{3.2.3}$$

$$= \left[e^{-st}\frac{dF(t)}{dt}\right]_0^\infty + s\int_0^\infty e^{-st}\frac{dF(t)}{dt}dt$$

$$= -F'(0) + \left[s\,e^{-st}F(t)\right]_0^\infty + s^2\int_0^\infty e^{-st}F(t)\,dt$$

$$= s^2L\{F(t)\} - sF(0) - F'(0)$$

여기서 프라임 기호는 미분, 즉 $' = \dfrac{d}{dt}$를 나타낸다. 마찬가지 방법으로 $\dfrac{d^nF(t)}{dt^n}$의 라플라스 변환을 구하면 다음과 같이 된다.

$$L\left\{\frac{d^nF(t)}{dt^n}\right\} = \int_0^\infty e^{-st}\frac{d^nF(t)}{dt^n}dt \tag{3.2.4}$$

$$= s^n\,L\{F(t)\} - s^{n-1}F(0) - s^{n-2}F'(0) - \cdots - F^{(n-1)}(0)$$

미분함수의 라플라스 변환은 미분방정식의 해를 구하는데 많이 적용되므로 잘 기억해 두는 것이 좋겠다. 다음의 예를 살펴보자.

1. 용수철 진자의 운동: 마찰이 없는 경우

미분함수의 라플라스 변환에 대한 첫 번째 예로 마찰이 없는 용수철 진자의 운동방정식의 해를 구해보자. 질량 m인 물체가 용수철 상수 k인 용수철에 매달려 1차원 진동을 하고 있을 때, 운동방정식은 다음과 같이 주어진다.

$$m\frac{d^2X(t)}{dt^2} + kX(t) = 0 \tag{3.2.5}$$

여기서 $X(t)$는 진자의 변위를 나타낸다. 시간 $t = 0$일 때 초기조건은 $X(0) = 0$, $X'(0) = C_0$로 주어졌다. C_0는 상수이다. 함수 $X(t)$의 라플라스 변환 $x(s) = L\{X(t)\}$는 다음과 같다.

$$x(s) = L\{X(t)\} = \int_0^\infty e^{-st}X(t)\,dt \tag{3.2.6}$$

이제 마찰이 없는 용수철 진자의 운동방정식인 식(3.2.5)에 라플라스 변환을 적용하여 보자.

$$L\left\{m\frac{d^2X(t)}{dt^2}\right\} + L\{kX(t)\} = 0 \tag{3.2.7}$$

식(3.2.3)의 결과에 따라 식(3.2.7) 좌변의 첫째 항은 다음과 같이 된다.

$$\begin{aligned} L\left\{m\frac{d^2X(t)}{dt^2}\right\} &= mL\{X''(t)\} \\ &= m\left[s^2L\{X(t)\} - sX(0) - X'(0)\right] \\ &= ms^2L\{X(t)\} - mC_0 \end{aligned} \tag{3.2.8}$$

그러므로 라플라스 변환된 운동방정식은

$$ms^2L\{X(t)\} - mC_0 + kL\{X(t)\} = 0 \tag{3.2.9}$$

과 같이 되므로 미분방정식이 $L\{X(t)\}$를 변수로 하는 1차 대수방정식으로 바뀌었다. 대수방정식은 계산이 쉬우므로 $L\{X(t)\}$만 구하면 되며 다음과 같이 구할 수 있다.

$$x(s) = L\{X(t)\} = C_0\frac{m}{ms^2+k} = \frac{C_0}{\omega_0}\frac{\omega_0}{s^2+\omega_0^2} \tag{3.2.10}$$

여기서 $\omega_0 = \sqrt{k/m}$는 용수철 진자의 각진동수(angular frequency)이다. 그러므로 $L\left\{\dfrac{\omega_0}{s^2+\omega_0^2}\right\} = \sin\omega_0 t$를 이용하면 운동방정식의 해 $X(t)$는 $x(s)$의 역 라플라스 변환이므로 다음과 같이 주어진다.

$$\begin{aligned} X(t) &= L^{-1}\{x(s)\} \\ &= L^{-1}\left\{\frac{C_0}{\omega_0}\frac{\omega_0}{s^2+\omega_0^2}\right\} = \frac{C_0}{\omega_0}L^{-1}\left\{\frac{\omega_0}{s^2+\omega_0^2}\right\} \\ &= \frac{C_0}{\omega_0}\sin\omega_0 t \end{aligned} \tag{3.2.11}$$

2. 용수철 진자의 운동: 마찰이 있는 경우

미분함수의 라플라스 변환에 대한 두 번째 예로 이번에는 마찰이 있는 경우에 용수철 진자의 운동방정식의 해를 구해보자. 마찰력의 크기는 물체 속도의 크기에 비례하고 방향은 속도와 반대 방향이므로 마찰력 F_f를 다음과 같이 나타낼 수 있다.

$$F_f = -b\frac{dX(t)}{dt} \tag{3.2.12}$$

여기서 $X(t)$는 진자의 변위이며 b는 마찰계수이다. 따라서 마찰이 있는 경우에 용수철 진자의 운동방정식은 다음과 같이 쓸 수 있다.

$$m\frac{d^2X(t)}{dt^2} + b\frac{dX(t)}{dt} + kX(t) = 0 \tag{3.2.13}$$

시간 $t = 0$일 때 초기조건이 $X(0) = X_0$, $X'(0) = 0$으로 주어졌다고 하자. X_0는 상수이다. 함수 $X(t)$의 라플라스 변환 $x(s) = L\{X(t)\}$는 다음과 같다.

$$x(s) = L\{X(t)\} = \int_0^\infty e^{-st}X(t)\,dt \tag{3.2.14}$$

이제 마찰이 있는 용수철 진자의 운동방정식에 라플라스 변환을 적용하면 다음과 같다.

$$L\left\{m\frac{d^2X(t)}{dt^2}\right\} + L\left\{b\frac{dX(t)}{dt}\right\} + L\{kX(t)\} = 0 \tag{3.2.15}$$

이 식 좌변의 첫 번째 항은 아래와 같다.

$$\begin{aligned} L\left\{m\frac{d^2X(t)}{dt^2}\right\} &= mL\{X''(t)\} \\ &= m\left[s^2L\{X(t)\} - sX(0) - X'(0)\right] \\ &= ms^2L\{X(t)\} - msX_0 \end{aligned} \tag{3.2.16}$$

좌변의 두 번째 항은 다음과 같이 된다.

$$\begin{aligned} L\left\{b\frac{dX(t)}{dt}\right\} &= bL\{X'(t)\} \\ &= b[sL\{X(t)\} - X(0)] \\ &= bsL\{X(t)\} - bX_0 \end{aligned} \tag{3.2.17}$$

그러므로 미분방정식인 운동방정식은 다음의 대수방정식으로 바뀌어서 풀기가 쉽게 된다.

$$m s^2 L\{X(t)\} - m s X_0 + b s L\{X(t)\} - b X_0 + k L\{X(t)\} = 0 \tag{3.2.18}$$

이 식으로부터 $L\{X(t)\}$를 구하면 다음과 같다.

$$\begin{aligned} x(s) = L\{X(t)\} &= X_0 \frac{ms + b}{ms^2 + bs + k} \\ &= X_0 \frac{s + \frac{b}{m}}{\left(s + \frac{b}{2m}\right)^2 + \frac{k}{m} - \left(\frac{b}{2m}\right)^2} \\ &= X_0 \frac{s + \frac{b}{2m}}{\left(s + \frac{b}{2m}\right)^2 + \omega_1^2} + X_0 \left(\frac{b}{2m\omega_1}\right) \frac{\omega_1}{\left(s + \frac{b}{2m}\right)^2 + \omega_1^2} \end{aligned} \tag{3.2.19}$$

여기서 $\omega_1 = \frac{k}{m} - \left(\frac{b}{2m}\right)^2$으로 정의되었다. 그리고 앞서 소개된 위상 인자 $e^{-\alpha t}$가 포함된 함수의 라플라스 변환인 $L\{e^{-\alpha t}\sin kt\} = \frac{k}{(s+\alpha)^2 + k^2}$와 $L\{e^{-\alpha t}\cos kt\} = \frac{s+\alpha}{(s+\alpha)^2 + k^2}$를 적용하면 마찰이 있는 용수철 진자의 운동방정식의 해 $X(t)$는 $x(s)$의 역 라플라스 변환을 수행함으로써 다음과 같이 구할 수 있다.

$$\begin{aligned} X(t) &= L^{-1}\{x(s)\} \\ &= X_0 e^{-\frac{b}{2m}t} \cos\omega_1 t + X_0 e^{-\frac{b}{2m}t} \frac{b}{2m\omega_1} \sin\omega_1 t \\ &= X_0 e^{-\frac{b}{2m}t} \frac{\omega_0}{\omega_1} \cos(\omega_1 t - \phi) \end{aligned} \tag{3.2.20}$$

여기서 $\omega_0 = \sqrt{\frac{k}{m}}$, $\tan\phi = \frac{b}{2m\omega_1}$로 정의되었다.

3.3 합성곱과 라플라스 변환 (Convolution and Laplace transform)

주어진 두 함수 $F_1(t)$와 $F_2(t)$에 대한 라플라스 변환을 각각 $f_1(s)$와 $f_2(s)$라고 하자.

$$f_1(s) = L\{F_1(t)\} = \int_0^\infty e^{-st} F_1(t)\,dt \tag{3.3.1}$$

$$f_2(s) = L\{F_2(t)\} = \int_0^\infty e^{-st} F_2(t)\,dt \tag{3.3.2}$$

두 함수 $f_1(s)$와 $f_2(s)$의 곱을 다음과 같이 극한을 이용하여 써보자.

$$\begin{aligned} f_1(s) f_2(s) &= \int_0^\infty e^{-sx} F_1(x)\,dx \int_0^\infty e^{-sy} F_2(y)\,dy \\ &= \lim_{a \to \infty} \left[\int_0^a e^{-sx} F_1(x)\,dx \int_0^{a-x} e^{-sx} F_2(x)\,dx \right] \end{aligned} \tag{3.3.3}$$

여기서 변수를 $x = t - z$, $y = z$로 치환을 하면 $dx\,dy$는 아래와 같이 변수 변환을 할 수 있다.

$$\begin{aligned} dx\,dy = J(t, z)\,dt\,dz &= \left| \frac{\partial(x, y)}{\partial(t, z)} \right| dt\,dz \\ &= \begin{vmatrix} \dfrac{\partial x}{\partial t} & \dfrac{\partial y}{\partial t} \\ \dfrac{\partial x}{\partial z} & \dfrac{\partial y}{\partial z} \end{vmatrix} dt\,dz \\ &= \begin{vmatrix} 1 & 0 \\ -1 & 1 \end{vmatrix} dt\,dz \\ &= dt\,dz \end{aligned} \tag{3.3.4}$$

위의 과정에서 $J(t,z)$는 야코비안(Jacobian)이며 다중적분을 수행할 때 좌표계의 변환을 위해 편리하게 쓰인다. 따라서 $f_1(s)$와 $f_2(s)$의 곱은 다음과 같이 라플라스 변환의 형태로 나타낼 수 있다.

$$\begin{aligned} f_1(s)f_2(s) &= \lim_{a\to\infty}\left[\int_0^a e^{-s(t-z)}F_1(t-z)\,dt\int_0^t e^{-sz}F_2(z)\,dz\right] \\ &= \lim_{a\to\infty}\int_0^a e^{-st}\left[\int_0^t F_1(t-z)F_2(z)\,dz\right]dt \\ &= \int_0^a e^{-st}\left[\int_0^t F_1(t-z)F_2(z)\,dz\right]dt \\ &= L\left\{\int_0^t F_1(t-z)F_2(z)\,dz\right\} \end{aligned} \tag{3.3.5}$$

그러므로 $\int_0^t F_1(t-z)F_2(z)\,dz$는 $f_1(s)f_2(s)$를 역 라플라스 변환을 하여 구할 수 있다.

$$\int_0^t F_1(t-z)F_2(z)\,dz = L^{-1}\{f_1(s)f_2(s)\} \tag{3.3.6}$$

식(3.3.6)을 합성곱(convolution)이라 부르며, 역 라플라스 변환을 구하는데 많이 사용된다. 식(3.3.6)에서 변수를 $t-z=z'$으로 치환 해보자. 그러면 합성곱은 아래와 같은 성질이 있음을 알 수 있다.

$$\begin{aligned} L^{-1}\{f_1(s)f_2(s)\} &= \int_0^t F_1(t-z)F_2(z)\,dz \\ &= \int_t^0 F_1(z')F_2(t-z')(-dz') \\ &= \int_0^t F_2(t-z')F_1(z')\,dz' \\ &= L^{-1}\{f_2(s)f_1(s)\} \end{aligned} \tag{3.3.7}$$

다음은 앞에서 학습한 합성곱을 이용하여 역 라플라스 변환 $L^{-1}\left\{\dfrac{1}{(s^2+k^2)^2}\right\}$을 계산하여 보자. $f_1(s)$와 $f_2(s)$가 같은 함수라고 하고 아래와 같이 정의하자.

$$f_1(s) = f_2(s) = \frac{1}{s^2+k^2} \tag{3.3.8}$$

이미 $L\{\sin kt\} = \dfrac{k}{s^2+k^2}$가 된다는 것을 알고 있으므로 $f_j(s)$ $(j=1, 2)$의 역 라플라스 변환은 다음과 같이 된다.

$$\begin{aligned} L^{-1}\{f_j(s)\} &= L^{-1}\left\{\frac{1}{s^2+k^2}\right\} \\ &= L^{-1}\left\{\frac{1}{k}\frac{k}{s^2+k^2}\right\} = \frac{1}{k}L^{-1}\left\{\frac{k}{s^2+k^2}\right\} \\ &= \frac{1}{k}\sin kt = F_j(t) \quad (j=1, 2) \end{aligned} \tag{3.3.9}$$

그러므로 합성곱을 이용하여 $\dfrac{1}{(s^2+k^2)^2}$의 역 라플라스 변환을 다음과 같이 계산할 수가 있다.

$$L^{-1}\left\{\frac{1}{(s^2+k^2)^2}\right\} = L^{-1}\left\{\frac{1}{s^2+k^2} \times \frac{1}{s^2+k^2}\right\} \tag{3.3.10}$$

$$= \int_0^t F_1(t-z)F_2(z)\,dz$$

$$= \int_0^t \frac{1}{k}\sin[k(t-z)]\,\frac{1}{k}\sin kz\,dz$$

$$= \frac{1}{k^2}\sin kt\int_0^t \sin kz\cos kz\,dz - \frac{1}{k^2}\cos kt\int_0^t \sin^2 kz\,dz$$

$$= \frac{1}{2k^2}\sin kt\int_0^t \sin 2kz\,dz - \frac{1}{2k^2}\cos kt\int_0^t (1-\cos 2kz)\,dz$$

$$= \frac{1}{k^2}\left(\sin kt\,\frac{1-\cos 2kt}{4k} - \cos kt\,\frac{2kt-\sin 2kt}{4k}\right)$$

$$= \frac{1}{2k^3}(\sin kt - kt\cos kt)$$

3.4 유수정리를 이용한 역변환 (Inversion using the residue theorem)

이 절에서는 복소함수의 경로적분과 유수정리를 이용하여 역 라플라스 변환을 할 수 있는 일반적인 방법에 대하여 알아보자. 다음은 1차원 디랙 델타함수 $\delta(x-t)$이다.

$$\delta(x-t) = \frac{1}{2\pi}\int_{-\infty}^{\infty} e^{iu(x-t)}\,du \tag{3.4.1}$$

함수 $G(t)$에 $\delta(x-t)$를 곱하여 전 영역에 대하여 적분을 하면 $G(x)$를 얻을 수 있다.

$$G(x) = \int_{-\infty}^{\infty} G(t)\,\delta(x-t)\,dt \tag{3.4.2}$$

이제 델타함수의 정의식을 위의 적분에 넣어 보자.

$$G(x) = \frac{1}{2\pi}\int_{-\infty}^{\infty} e^{iux}\left[\int_{-\infty}^{\infty} e^{-iut}G(t)\,dt\right]du \tag{3.4.3}$$

여기서 함수 $G(t)$가 다음과 같은 형태를 가진다고 해보자.

$$G(t) = \begin{cases} 0 & (x < 0) \\ e^{-cx}F(x) & (x \geq 0) \end{cases} \tag{3.4.4}$$

여기서 c는 상수이다. 이렇게 정의된 $G(t)$를 식(3.4.3)에 대입하면 다음과 같이 된다.

$$\begin{aligned} e^{-cx}F(x) &= \frac{1}{2\pi}\int_{-\infty}^{\infty} e^{iux}\left[\int_{-\infty}^{\infty} e^{-iut}e^{-ct}F(t)\,dt\right]du \\ &= \frac{1}{2\pi}\lim_{R\to\infty}\int_{-R}^{R} e^{iux}\left[\int_{-\infty}^{\infty} e^{-iut}e^{-ct}F(t)\,dt\right]du \end{aligned} \tag{3.4.5}$$

상수 c는 임의의 수 M에 대하여 아래의 적분 I가 존재하기 위한 상수이면 된다.

$$I = \int_{-\infty}^{\infty} e^{-ct}\,|F(t)|\,dt < M \tag{3.4.6}$$

식(3.4.5)에서 $iu + c = p$로 놓으면 $F(x)$를 다음과 같이 계산할 수 있다.

$$F(x) = \frac{1}{2\pi}\int_{-\infty}^{\infty} e^{(iu+c)x}\left[\int_0^{\infty} e^{-(iu+c)t}F(t)\,dt\right]du \tag{3.4.7}$$

$$= \frac{1}{2\pi i}\lim_{R\to\infty}\int_{c-iR}^{c+iR} e^{px}\left[\int_{-\infty}^{\infty} e^{-pt}F(t)\,dt\right]dp$$

$$= \frac{1}{2\pi i}\lim_{R\to\infty}\int_{c-iR}^{c+iR} e^{px}f(p)\,dp$$

$$= \frac{1}{2\pi i}\int_{c-i\infty}^{c+i\infty} e^{px}f(p)\,dp$$

여기서 $f(p)$는

$$f(p) = \int_0^{\infty} e^{-pt}F(t)\,dt \tag{3.4.8}$$

이므로 $f(p) = L\{F(t)\}$가 된다. 즉, $f(p)$는 함수 $F(t)$의 라플라스 변환이다. 그러므로 식(3.4.7)에 의해 $f(p)$로부터 $F(x)$를 구할 수 있으며, 이것은 곧 역 라플라스 변환이라는 것을 알 수 있다. 식(3.4.7)을 $z-$복소공간에서 다시 표현하면

$$F(t) = L^{-1}\{f(p)\} = \frac{1}{2\pi i}\int_{c-i\infty}^{c+i\infty} e^{zt}f(z)\,dz \quad (t > 0) \tag{3.4.9}$$

로 쓸 수 있으며, 이를 **브롬위치 적분**(Bromwich integral)이라 한다. $z-$복소공간에서 $f(z)$의 극값을 z_k $(k = 1, 2, 3, \cdots)$라고 한다면 식(3.4.6)에서 의미한 것처럼 상수 c는 모든 z_k의 실수부보다 커야 한다. 즉, 모든 k에 대하여 $c > \mathrm{Re}[z_k]$을 만족한다. 여기서 "Re"는 z_k의 실수부를 의미한다. 그러므로 식(3.4.9)에서 적분 경로는 모든 극값들이 $c - i\infty$에서 $c + i\infty$으로 가는 수직선의 왼쪽 편에 존재하도록 상수 c를 선택하고 반시계방향으로 폐경로(closed path)를 만들어주면 된다. 이를 브롬위치 경로(Bromwich contour)라고도 한다. 브롬위치 적분을 계산하기 위하여 유수정리를 적용하면 식(3.4.9)는 다음과 같이 된다.

$$F(t) = \frac{1}{2\pi i}\int_{c-i\infty}^{c+i\infty} e^{tz} f(z)\,dz \tag{3.4.10}$$

$$= \frac{1}{2\pi i}\,2\pi i \sum_k a_{-1}(z = z_k)$$

$$= \sum_k a_{-1}(z = z_k)$$

여기서 $a_{-1}(z = z_k)$는 $f(z)$의 극값 z_k에서의 유수이다. 유수정리에 대하여 익숙하지 않다면 복소함수와 관련한 책이나 저자들의 저서인 〈복소해석과 응용〉편을 참고하기 바란다. 다음 두 가지 예제를 통하여 역 라플라스 변환을 연습하여 보자.

1. 첫 번째 예제

역 라플라스 변환 $L^{-1}\left\{\frac{\xi}{s^2+\xi^2}\right\}$을 하기 위하여 $z-$복소공간에서의 경로적분인 브롬위치 적분을 적용하여 보자. 극값이 $z = \pm i\xi$에 있으므로 브롬위치 적분은 두 유수의 합이 된다.

$$L^{-1}\left\{\frac{\xi}{s^2+\xi^2}\right\} = \frac{1}{2\pi i}\int_{c-i\infty}^{c+i\infty} e^{tz}\frac{\xi}{z^2+\xi^2}\,dz \tag{3.4.11}$$

$$= a_{-1}(z = i\xi) + a_{-1}(z = -i\xi)$$

극값 $z = i\xi$ 및 $z = -i\xi$는 단순극점이며, 이러한 극점에서의 유수는 각각 다음과 같다.

$$a_{-1}(z = i\xi) = \lim_{z\to i\xi}\left[e^{tz}\frac{\xi}{(z+i\xi)(z-i\xi)}(z-i\xi)\right] \tag{3.4.12}$$

$$= e^{i\xi t}\left(\frac{\xi}{2i\xi}\right) = \frac{1}{2i}e^{i\xi t}$$

$$a_{-1}(z = -i\xi) = \lim_{z \to -i\xi}\left[e^{tz}\frac{\xi}{(z+i\xi)(z-i\xi)}(z+i\xi)\right] \tag{3.4.13}$$

$$= e^{-i\xi t}\left(-\frac{\xi}{2i\xi}\right) = -\frac{1}{2i}e^{-i\xi t}$$

이와 같이 유수를 이용하여 역 라플라스 변환을 다음과 같이 구할 수 있다.

$$L^{-1}\left\{\frac{\xi}{s^2+\xi^2}\right\} = \frac{1}{2i}\left(e^{i\xi t} - e^{-i\xi t}\right) = \sin\xi t \tag{3.4.14}$$

이 결과는 식(3.1.9)에서 보인 바와 같이 $L\{\sin\xi t\} = \dfrac{\xi}{s^2+\xi^2}$ 의 결과를 생각해 보면 역 라플라스 변환이 옳게 되었음을 확인 할 수 있다.

2. 두 번째 예제

역 라플라스 변환 $L^{-1}\left\{\dfrac{\xi}{s^2-\xi^2}\right\}$을 z-복소공간에서 브롬위치 적분을 적용하여 구해 보자. 이 경우에는 극점이 $z = \pm\xi$이며 역시 단순극점이다.

$$L^{-1}\left\{\frac{\xi}{s^2-\xi^2}\right\} = \frac{1}{2\pi i}\int_{c-i\infty}^{c+i\infty} e^{tz}\frac{\xi}{z^2-\xi^2}dz \tag{3.4.15}$$

$$= a_{-1}(z=\xi) + a_{-1}(z=-\xi)$$

여기서 유수 $a_{-1}(z=\xi)$와 $a_{-1}(z=-\xi)$는 다음과 같다.

$$a_{-1}(z=\xi) = \lim_{z\to\xi}\left[e^{tz}\frac{\xi}{(z+\xi)(z-\xi)}(z-\xi)\right] = \frac{1}{2}e^{\xi t} \tag{3.4.16}$$

$$a_{-1}(z=-\xi) = \lim_{z\to-\xi}\left[e^{tz}\frac{\xi}{(z+\xi)(z-\xi)}(z+\xi)\right] = -\frac{1}{2}e^{-\xi t} \tag{3.4.17}$$

따라서 역 라플라스 변환은 다음과 같이 구할 수 있다.

$$L^{-1}\left\{\frac{\xi}{s^2-\xi^2}\right\} = \frac{1}{2}\left(e^{\xi t} - e^{-\xi t}\right) = \sinh\xi t \quad (3.4.18)$$

이 결과는 식(3.1.6)에서 보인 바와 같이 $L\{\sinh\xi t\} = \dfrac{\xi}{s^2-\xi^2}$ 의 결과를 생각해 보면 역 라플라스 변환이 옳게 되었음을 확인 할 수 있다.

예제 3.4.1 역 라플라스 변환 $L^{-1}\left\{\dfrac{s}{s^2-\xi^2}\right\}$을 $z-$복소공간에서 브롬위치 경로 적분을 이용하여 구하시오.

풀이 식(3.4.9)를 적용하면

$$L^{-1}\left\{\frac{s}{s^2-\xi^2}\right\} = \frac{1}{2\pi i}\int_{c-i\infty}^{c+i\infty} e^{tz}\frac{z}{z^2-\xi^2}\,dz = a_{-1}(z=\xi) + a_{-}(z=-\xi) \quad (3.4.19)$$

가 된다. 여기서 유수는 다음과 같다.

$$a_{-1}(z=\xi) = \lim_{z\to\xi}\left[e^{tz}\frac{z}{(z+\xi)(z-\xi)}(z-\xi)\right] = \frac{1}{2}e^{\xi t} \quad (3.4.20)$$

$$a_{-1}(z=-\xi) = \lim_{z\to-\xi}\left[e^{tz}\frac{z}{(z+\xi)(z-\xi)}(z+\xi)\right] = \frac{1}{2}e^{-\xi t} \quad (3.4.21)$$

그러므로 역 라플라스 변환은

$$L^{-1}\left\{\frac{s}{s^2-\xi^2}\right\} = \frac{1}{2}\left(e^{\xi t} + e^{-\xi t}\right) = \cosh\xi t \quad (3.4.22)$$

와 같이 구할 수 있다.

예제 3.4.2 역 라플라스 변환 $L^{-1}\left\{\dfrac{\xi^2}{s(s^2+\xi^2)}\right\}$을 부분분수 전개를 이용하여 구하시오.

풀이 먼저 부분분수를 사용하여 아래와 같이 전개를 하도록 하자.

$$\frac{\xi^2}{s(s^2+\xi^2)} = \frac{As+B}{s^2+\xi^2} + \frac{C}{s} = \frac{s(As+B)+C(s^2+\xi^2)}{s(s^2+\xi^2)} \tag{3.4.23}$$

$$= \frac{(A+C)s^2+Bs+C\xi^2}{s(s^2+\xi^2)}$$

여기서 A, B, C는 모두 상수이다. 항등식이 되도록 식(3.4.23)의 좌변과 우변을 비교하면 $A=-1$, $B=0$, $C=1$이 되므로 다음과 같이 부분분수 전개된다.

$$\frac{\xi^2}{s(s^2+\xi^2)} = \frac{1}{s} - \frac{s}{s^2+\xi^2} \tag{3.4.24}$$

그러므로 역 라플라스 변환은 다음과 같이 된다.

$$L^{-1}\left\{\frac{\xi^2}{s(s^2+\xi^2)}\right\} = L^{-1}\left\{\frac{1}{s}\right\} - L^{-1}\left\{\frac{s}{(s^2+\xi^2)}\right\} = 1-\cos\xi t \tag{3.4.25}$$

여기서 식(3.1.3)의 $L\{1\} = \dfrac{1}{s}$과 식(3.1.8)의 $L\{\cos\xi t\} = \dfrac{s}{s^2+\xi^2}$을 이용하였다.

예제 3.4.3 역 라플라스 변환 $L^{-1}\left\{-\dfrac{s+1}{(s^2+1)(s-1)}\right\}$을 $z-$복소 공간에서의 브롬위치 경로적분을 이용하여 구하시오.

풀이 식(3.4.9)를 적용하면 다음과 같이 된다.

$$L^{-1}\left\{-\frac{s+1}{(s^2+1)(s-1)}\right\} = \frac{1}{2\pi i}\int_{c-i\infty}^{c+i\infty} e^{tz}\frac{-(z+1)}{(z^2+1)(z-1)}dz \tag{3.4.26}$$

$$= a_{-1}(z=i) + a_{-1}(z=-i) + a_{-1}(z=1)$$

여기서 극점 $z = \pm i$, 1에서의 유수는 다음과 같다.

$$a_{-1}(z=i) = \lim_{z \to i}\left[e^{tz}\frac{-(z+1)}{(z-i)(z+i)(z-1)}(z-i)\right] = \frac{1}{2}e^{it} \tag{3.4.27}$$

$$a_{-1}(z=-i) = \lim_{z \to -i}\left[e^{tz}\frac{-(z+1)}{(z-i)(z+i)(z-1)}(z+i)\right] = \frac{1}{2}e^{-it} \tag{3.4.28}$$

$$a_{-1}(z=1) = \lim_{z \to 1}\left[e^{tz}\frac{-(z+1)}{(z-i)(z+i)(z-1)}(z-1)\right] = -e^{t} \tag{3.4.29}$$

따라서 역 라플라스 변환은 세 유수를 더하면 되므로 다음과 같다.

$$L^{-1}\left\{\frac{s+1}{(s^2+1)(s-1)}\right\} = \frac{1}{2}\left(e^{it}+e^{-it}\right) - e^t = \cos t - e^t \tag{3.4.30}$$

예제 3.4.4 라플라스 변환을 이용하여 적분 $\int_0^t \frac{dz}{(t-z)^{\alpha} z^{1-\alpha}}$를 구하시오.

풀이 3.3절의 합성곱에 의하여 $\int_0^t F_1(t-z)F_2(z)\,dz$는 다음과 같이 되는 것을 알 수 있다.

$$\int_0^t F_1(t-z)F_2(z)\,dz = L^{-1}\{f_1(s)f_2(s)\} \tag{3.4.31}$$

여기서 $f_1(s)$와 $f_2(s)$는 각각 함수 $F_1(t)$와 $F_2(t)$의 라플라스 변환이다.

$$f_1(s) = L\{F_1(t)\} = \int_0^{\infty} e^{-st}F_1(t)\,dt \tag{3.4.32}$$

$$f_2(s) = L\{F_2(t)\} = \int_0^{\infty} e^{-st}F_2(t)\,dt \tag{3.4.33}$$

문제에 주어진 적분을 적분함수 $J(t)$라고 하자.

$$J(t) = \int_0^t \frac{dz}{(t-z)^\alpha z^{1-\alpha}} \tag{3.4.34}$$

식(3.4.31)와 식(3.4.34)를 비교하면 아래와 같다.

$$F_1(t-z) = \frac{1}{(t-z)^\alpha} \quad \rightarrow \quad F_1(t) = \frac{1}{t^\alpha} \tag{3.4.35}$$

$$F_2(z) = \frac{1}{z^{1-\alpha}} \quad \rightarrow \quad F_2(t) = \frac{1}{t^{1-\alpha}} \tag{3.4.36}$$

그러므로 $f_1(s)$와 $f_2(s)$는 각각 아래와 같이 주어진다.

$$f_1(s) = L\{F_1(t)\} = L\left\{\frac{1}{t^\alpha}\right\} = \int_0^\infty e^{-st} t^{-\alpha} dt = \frac{\Gamma(1-\alpha)}{s^{1-\alpha}} \tag{3.4.37}$$

$$f_2(s) = L\{F_2(t)\} = L\left\{\frac{1}{t^{1-\alpha}}\right\} = \int_0^\infty e^{-st} t^{\alpha-1} dt = \frac{\Gamma(\alpha)}{s^\alpha} \tag{3.4.38}$$

그러므로 $f_1(s)f_2(s)$를 계산하면 다음과 같이 된다.

$$f_1(s)f_2(s) = \frac{\Gamma(1-\alpha)}{s^{1-\alpha}}\frac{\Gamma(\alpha)}{s^\alpha} = \frac{\Gamma(1-\alpha)\Gamma(\alpha)}{s} \tag{3.4.39}$$

$$= L\left\{\int_0^t F_1(t-z)F_2(z)dz\right\} = L\left\{\int_0^t \frac{dz}{(t-z)^\alpha z^{1-\alpha}}\right\}$$

그런데 $L\{1\} = \frac{1}{s}$ 이므로 식(3.1.93)의 결과로부터 적분함수 $J(t)$는 다음과 같이 감마함수의 곱으로 나온다는 것을 알 수 있다.

$$J(t) = \int_0^t \frac{dz}{(t-z)^\alpha z^{1-\alpha}} = \Gamma(1-\alpha)\Gamma(\alpha) \tag{3.4.40}$$

3.5 왓슨의 보조정리(Watson's lemma)

이제 제3장을 끝내기 전에 적분의 점근적 행동(asymptotic behavior of integral)을 알게 해주는 왓슨의 보조정리(Watson's lemma)에 관하여 간단히 알아보기로 하자. 먼저 다음과 같이 정의된 적분 $I(s)$를 보자.

$$I(s) = \int_0^\beta g(t)e^{-st}dt = \int_0^\beta t^\alpha h(t)e^{-st}dt \tag{3.5.1}$$

여기서 $g(t) = t^\alpha h(t)$이다. 이 식은 적분구간을 제외하고는 라플라스 변환과 매우 유사한 형태를 하고 있음을 알 수 있다. 식(3.5.1)이 복잡하여 해석적으로 적분을 수행하기가 어려울 때 $s \gg 1$인 경우라도 적분 $I(s)$의 표현을 알 수 있으면 적분값을 예상하는데 도움이 되리라 생각한다. 그러므로 $s \gg 1$인 경우에 적분 $I(s)$의 점근적 표현을 알아보도록 하자. 식(3.5.1)에서 $\alpha > -1$이고 함수 $h(t)$가 $t = 0$에 대하여 테일러급수 전개가 가능하고 $h(0) \neq 0$이며, $0 < t < \beta$ 영역에서 $|g(t)| < Ke^{at}$를 만족한다고 하자. 여기서 K와 a는 모두 양의 상수이다. 이때 함수 $h(t)$의 $t = 0$에 대한 테일러급수 전개는 아래와 같이 주어진다.

$$\begin{aligned} h(t) &= h(0) + h'(0)t + \frac{1}{2!}h''(0)t^2 + \cdots + \frac{1}{n!}h^{(n)}(0)t^n + \cdots \\ &= \sum_{n=0}^{\infty} \frac{1}{n!}h^{(n)}(0)t^n \end{aligned} \tag{3.5.2}$$

이제 식(3.5.1)의 적분 $I(s)$를 다음과 같이 두 개로 분리해 보자.

$$I(s) = \int_0^T t^\alpha h(t)e^{-st}dt + \int_T^\beta t^\alpha h(t)e^{-st}dt \tag{3.5.3}$$

여기서 $T(>0)$는 함수 $h(t)$의 급수 전개가 수렴하는 반경 내에 놓여있는 값이다. 그러면 $I(s)$는 다음과 같이 된다.

$$I(s) = \int_0^T t^\alpha \left[h(0) + h'(0)t + \frac{1}{2!}h''(0)t^2 + \cdots\right] e^{-st}dt + \int_T^\beta t^\alpha h(t)e^{-st}dt \tag{3.5.4}$$

$|g(t)| < Ke^{at}$인 조건을 사용하여 $s > a$인 경우에 식(3.5.4) 우변의 두 번째 적분의 크기를 고려하면 다음과 같이 주어진다.

$$\begin{aligned} \left|\int_T^\beta t^\alpha h(t)e^{-st}dt\right| &\le \int_T^\beta |g(t)|\, e^{-st}dt \\ &\le K\int_T^\beta e^{(a-s)t}dt \\ &\le K\int_T^\infty e^{(a-s)t}dt \\ &\le K\frac{e^{(a-s)T}}{s-a} \end{aligned} \tag{3.5.5}$$

이로부터 식(3.5.4) 우변의 두 번째 적분은 $s \gg 1$인 경우에 $\dfrac{e^{-sT}}{s}$로 표현되므로 지수함수적으로 매우 작게 된다는 것을 알 수 있다. 그러므로 식(3.5.4)에서 적분 상한을 ∞ 놓고 새로운 변수 $\xi = st$를 정의하면 $s \gg 1$일 때 적분 $I(s)$의 점근적 표현은 아래와 같이 될 것이다.

$$\begin{aligned} I(s) &\sim \frac{1}{s}\int_0^\infty \left(\frac{\xi}{s}\right)^\alpha \left[h(0) + h'(0)\left(\frac{\xi}{s}\right) + \frac{1}{2!}h''(0)\left(\frac{\xi}{s}\right)^2 + \cdots\right] e^{-\xi}d\xi \\ &\sim \frac{1}{s}\int_0^\infty \left(\frac{\xi}{s}\right)^\alpha \sum_{n=0}^\infty \frac{1}{n!}h^{(n)}(0)\left(\frac{\xi}{s}\right)^n e^{-\xi}d\xi \\ &= \sum_{n=0}^\infty \frac{1}{n!\,s^{\alpha+n+1}}h^{(n)}(0)\int_0^\infty \xi^{\alpha+n}e^{-\xi}d\xi \\ &= \sum_{n=0}^\infty \frac{h^{(n)}(0)\,\Gamma(\alpha+n+1)}{n!\,s^{\alpha+n+1}} \qquad (s \gg 1) \\ &= \sum_{n=0}^\infty \frac{h^{(n)}(0)(\alpha+n)!}{n!\,s^{\alpha+n+1}} \end{aligned} \tag{3.5.6}$$

여기서 $\Gamma(\alpha+n+1)=\int_0^\infty \xi^{\alpha+n}e^{-\xi}d\xi$와 $\Gamma(\alpha+n+1)=(\alpha+n)!$인 관계식을 이용하였다. 식(3.5.6)의 결과로부터 알 수 있듯이 적분 $I(s)$가 감마함수의 형태로 점근적 표현이 되었다. 여기서 식(3.5.6)을 왓슨의 보조정리(Watson's lemma)라고 한다. 이와 관련된 두 예제를 살펴보도록 하자.

예제 3.5.1 왓슨의 보조정리를 이용하여 $s \gg 1$인 경우에 적분 $I(s)=\int_0^3 \frac{e^{-st}}{1+t^2}dt$의 점근적 표현을 구하시오.

풀이 식(3.5.6)을 적용하여 $\frac{1}{1+t^2}$을 $t=0$에 대하여 테일러급수 전개를 하면

$$\frac{1}{1+t^2}=1-t^2+t^4-t^6+\cdots \tag{3.5.7}$$

가 된다. 식(3.5.7)을 적분 $I(s)$에 대입하고 적분 상한을 ∞로 놓으면 $s \gg 1$일 때 점근적 표현은 아래와 같이 된다.

$$\begin{aligned} I(s) &\sim \int_0^\infty (1-t^2+t^4-t^6+\cdots)e^{-st}dt \qquad (3.5.8) \\ &= \frac{1}{s}\int_0^\infty \left[1-\left(\frac{\xi}{s}\right)^2+\left(\frac{\xi}{s}\right)^4-\left(\frac{\xi}{s}\right)^6+\cdots\right]e^{-\xi}d\xi \quad (\xi=st) \\ &= \frac{\Gamma(1)}{s}-\frac{\Gamma(3)}{s^3}+\frac{\Gamma(5)}{s^5}-\frac{\Gamma(7)}{s^7}+\cdots \\ &= \frac{1}{s}-\frac{2!}{s^3}+\frac{4!}{s^5}-\frac{6!}{s^7}+\cdots \quad (s \gg 1) \end{aligned}$$

여기서 $\Gamma(n)=\int_0^\infty \xi^{n-1}e^{-\xi}d\xi=(n-1)!$를 이용하였다.

예제 3.5.2 왓슨의 보조정리를 이용하여 상보 오차함수(complementary error function)로 알려진 함수 $\mathrm{erfc}(\mu)$의 점근적 표현을 구하시오.

$$\mathrm{erfc}(\mu) = \frac{2}{\sqrt{\pi}} \int_{\mu}^{\infty} e^{-t^2} dt \tag{3.5.9}$$

풀이 식(3.5.9)에서 새로운 변수 $\tau = t - \mu$로 놓으면, 다음과 같이 된다.

$$\begin{aligned} \mathrm{erfc}(\mu) &= \frac{2}{\sqrt{\pi}} \int_{0}^{\infty} e^{-(\tau+\mu)^2} d\tau \\ &= \frac{2}{\sqrt{\pi}} e^{-\mu^2} \int_{0}^{\infty} e^{-\tau^2} e^{-2\mu\tau} d\tau \\ &= \frac{1}{\sqrt{\pi}} e^{-\mu^2} \frac{1}{\mu} \int_{0}^{\infty} e^{-(t'/2\mu)^2} e^{-t'} dt' \quad (t' = 2\mu\tau) \end{aligned} \tag{3.5.10}$$

여기서 $e^{-(t'/2\mu)^2}$를 $t' = 0$에 대하여 테일러급수 전개를 하면 아래와 같이 된다.

$$e^{-(t'/2\mu)^2} = 1 - \left(\frac{t'}{2\mu}\right)^2 + \frac{1}{2!}\left(\frac{t'}{2\mu}\right)^4 - \frac{1}{3!}\left(\frac{t'}{2\mu}\right)^6 + \cdots \tag{3.5.11}$$

이제 식(3.5.11)을 식(3.5.10)에 대입을 하여 적분을 수행하면 $\mathrm{erfc}(\mu)$의 점근적 표현을 다음과 같이 구할 수 있다.

$$\begin{aligned} \mathrm{erfc}(\mu) &\sim \frac{1}{\sqrt{\pi}} e^{-\mu^2} \frac{1}{\mu} \int_{0}^{\infty} \left[1 - \left(\frac{t'}{2\mu}\right)^2 + \frac{1}{2!}\left(\frac{t'}{2\mu}\right)^4 - \frac{1}{3!}\left(\frac{t'}{2\mu}\right)^6 + \cdots\right] e^{-t'} dt' \\ &= \frac{2}{\sqrt{\pi}} e^{-\mu^2} \left[\frac{\Gamma(1)}{2\mu} - \frac{\Gamma(3)}{(2\mu)^3} + \frac{1}{2!}\frac{\Gamma(5)}{(2\mu)^5} - \frac{1}{3!}\frac{\Gamma(7)}{(2\mu)^7} + \cdots\right] \\ &= \frac{2}{\sqrt{\pi}} e^{-\mu^2} \left[\frac{1}{2\mu} - \frac{2!}{(2\mu)^3} + \frac{1}{2!}\frac{4!}{(2\mu)^5} - \frac{1}{3!}\frac{6!}{(2\mu)^7} + \cdots\right] \end{aligned} \tag{3.5.12}$$

여기서 감마함수 $\Gamma(n) = \int_{0}^{\infty} t'^{\,n-1} e^{-t'} dt' = (n-1)!$을 사용하였다.

역사노트

피에르-시몽 라플라스
(Pierre-Simon Laplace 1749-1827)

라플라스는 프랑스의 수학자이며 물리학자이자 천문학과 철학의 발전에도 중요한 업적을 남겼다. 라플라스의 유년 시절에 대한 기록은 정확하지 않은데, 작은 영지를 소유한 부유한 농경 집안 출신이라는 기록이 있는가 하면, 가난한 농부의 아들로 태어났으나 그의 수학적 열정과 능력에 감동한 부유한 이웃의 도움을 받아 교육을 받을 수 있었다는 기록도 있다.

라플라스의 아버지는 아들이 로마 카톨릭의 성직을 받기 바랐기 때문에 1765년 16세의 라플라스를 노르망디의 캉 대학교(University of Caen)로 보내 신학을 공부하게 하였다. 그러나 대학에서 공부하는 동안 수학에 대한 열정이 되살아났고, 《무한히 작은 차이와 유한한 차이에 대한 적분》에 대한 논문을 쓰며 라그랑주(Lagrange)와 서신 교류를 하게 되었다. 이것을 계기로 라플라스는 사제직에 대한 소명이 없다는 것을 깨닫고 신학 대신 수학에 대한 꿈을 키우기로 결심하게 되었다.

수학자가 되기 위하여 캉 대학의 교수로부터 소개장을 받고 당대 과학계의 최고 권위자였던 달랑베르(d'Alembert)를 찾아갔으나, 달랑베르는 라플라스를 탐탁지 않게 생각하였고, 그를 떼어 놓기 위해 두꺼운 수학책을 주면서 읽고 오라고 하였다. 며칠 후 라플라스가 다시 찾아왔을 때 달랑베르는 그가 결코 그 책을 이해할 수 없었을 것이라고 확신하며 더욱 냉담하게 그를 대했다. 그러나 얼마간의 질문과 답이 오고 간 후, 달랑베르는 자신의 생각이 틀렸음을 알고, 그 후부터는 라플라스를 잘 돌보아주었으며 파리 군사학교(École Militaire)의 교사로 추천을 하였다. 이에 라플라스는 한동안 안정적인 수입으로 독창적인 연구에 몰두할 수 있었고 많은 업적을 남길 수가 있었다.

1799년 11월 9일에 나폴레옹 보나파르트가 쿠데타로 권력을 잡았을 때, 나폴레옹은 3일 후인 11월 12일에 라플라스를 내무부 장관으로 임명하였다. 나폴레옹이 군사학교(École Militaire)를 졸업할 때 라플라스가 시험관이었기 때문에 아마도 높이 평가하였던 것 같다. 그러나 나폴레옹은 라플라스가 행정가로서의 기대에 부응하지 못하자 같은 해 12월 25일에 그를 장관직에서 해임하였다. 비록 나폴레옹이 라플라스를 해임하긴 했지만 나폴레옹은 그 뒤로도 라플라스와 잘 지낸 것으로 알려져 있으며 1806년에는 그에게 백작의 작위를 수여하기까지 하였다. 하지만 안정된 정치를 약속하고 집권한 나폴레옹이 영토 확장을 추구하며 국가를 위험에 빠뜨리자 라플라스는 충성심을 잃기 시작하였으며 그의 《철학에세이(Essai philosophique)》에서 사회를 보존하는 이성, 정의, 인간성의 원칙을 언급하며 은근히 나폴레옹을 비판하였다. 그의 이러한 정치적 견해는 혁명적 변화보다는 점진적 변화를 선호하는 당시의 물리학의 원리에 영향을 받은 것이다. 라플라스는 과학적 발견을 통하여 밝혀진 자연의 안정성이 인류를 보존하는데 가장 도움이 되는 모델을 제공할 것이라고 믿었다. 라플라스는 나폴레옹이 축출되고 부르봉 왕조가 복귀되는 과정에 협력하였으며, 후에 라플라스는 1817년 후작으로 임명되었다.

라플라스의 학문적 업적은 수학, 물리학, 공학, 통계학, 천문학, 철학 등 매우 다양한 분야에

걸쳐져 있다. 수리물리학에서 나타나는 라플라스 변환과 라플라스 방정식의 발전에 주도적인 역할을 하였고, 고전역학에서 미적분학에 기반한 연구를 발전시켰고, 철학자 칸트가 발전시킨 성운 가설을 수정하여 오늘날 가스와 먼지가 모여 행성을 형성했다는 우주 기원설의 근원을 제공하였으며, 최초로 블랙홀과 중력 붕괴의 아이디어를 제안한 과학자였다. 라플라스는 1827년 사망하였으며, 에펠탑에 이름이 새겨진 72인 과학자 중의 한 명이다.

연습문제

3.1 계단함수(step function)로 알려진 적분 형태의 함수 $F(t) = \int_0^{\infty} \frac{\sin(tx)}{x} dx$의 라플라스 변환 $f(s) = L\{F(t)\}$를 구하고 이를 이용하여 $F(t)$도 구하시오.

3.2 상수 $\alpha(>0)$일 때, 함수 $F(t) = \delta(t-\alpha)$의 라플라스 변환 $f(s) = L\{F(t)\}$를 구하시오.

3.3 함수 $F(t) = \frac{\sin t}{t}$의 라플라스 변환 $f(s) = L\{F(t)\}$를 구하시오.

Hint: $\int_s^{\infty} f(x)dx = L\left\{\frac{F(t)}{t}\right\}$

3.4 역 라플라스 변환 $L^{-1}\left\{\frac{\xi^2}{s(s^2+\xi^2)}\right\}$을 $z-$복소공간에서의 브롬위치 경로적분을 이용하여 구하시오.

3.5 역 라플라스 변환 $L^{-1}\left\{\frac{2s+3}{-s^2+3s-2}\right\}$을 부분분수 전개를 이용하여 구하시오.

3.6 미분방정식이 $tX''(t) + X'(t) + tX(t) = 0$, $X(0) = 1$, $X'(0) = 0$으로 주어졌을 때 라플라스 변환을 이용하여 해를 구하시오.

3.7 미분방정식이 $X''(t) + X(t) = 2e^t$, $X(0) = 0$, $X(\pi/2) = e^{\pi/2}$로 주어졌을 때 라플라스 변환을 이용하여 해를 구하시오.

3.8 미분방정식이 $X''(t) + X'(t) - 2X(t) = 9e^t$, $X(1) = 0$, $X'(0) = 0$으로 주어졌을 때 라플라스 변환을 이용하여 해를 구하시오.

3.9 함수 $F(t)$에 대한 라플라스 변환이 $f(s) = L\{F(t)\} = \int_0^\infty e^{-st} F(t)\, dt$로 주어졌을 때, 적분 $\int_0^t F(t')\, dt'$의 라플라스 변환 $L\left\{\int_0^t F(t')\, dt'\right\}$을 구하시오.

3.10 적분방정식이 $X(t) = \int_0^t X(t')\, dt' + t$로 주어졌을 때, 문제 3.9의 결과를 이용하여 $X(t)$에 대한 라플라스 변환 $L\{X(t)\} = x(s)$를 구하시오.

Chapter 04

푸리에 해석의 응용

Applications of Fourier Analysis

푸리에 해석에 대한 이해를 돕고자 이학 및 공학의 여러 분야에 적용되는 푸리에 해석의 응용 사례를 소개하고자 한다. 특히 물리학에 흥미를 가질 수 있도록 고전역학, 양자역학, 전자기학, 응집물질물리학으로 분야를 나누어 다양한 예제를 중심으로 소개하고자 한다.

4.1 고전역학 (Classical mechanics)

고전역학에서 대표적으로 푸리에 해석을 응용하여 문제를 해결하는 분야가 진동과 관련된 미분방정식 문제를 푸는 것이므로 감쇠강제진동(damped forced oscillation)과 관련된 문제를 푸리에 해석을 이용하여 풀어보도록 하자.

4.1.1 감쇠강제진동 (Damped forced oscillation): 푸리에 변환 이용

마찰이 존재하는 매질 내에서 용수철 상수가 k인 용수철에 매달려 있는 질량이 m인 물체에 외력 $F_e(t) = F_0 \sin(\omega t)$가 작용하여 진동하고 있을 때, 이를 뉴턴의 제2법칙을 써서 다음과 같이 표현할 수 있다.

$$m\frac{d^2x}{dt^2} = -kx - bv + F_0 \sin(\omega t) \tag{4.1.1}$$

여기서 $F_s = -kx$는 용수철 힘, $F_f = -bv$는 마찰력, k는 용수철 상수, b는 마찰계수, x는 변위, $v(=dx/dt)$는 속도, 그리고 ω는 외부 각진동수이다. 이 식을 정리하면 운동 방정식은

$$\ddot{x} + 2\beta\dot{x} + \omega_0^2 x = A\sin(\omega t) \tag{4.1.2}$$

와 같이 쓸 수 있으며, 용수철의 감쇠강제진동을 나타낸다. 여기서 $\dot{x} = \frac{dx}{dt}$, $\ddot{x} = \frac{d^2x}{dt^2}$, $\beta = b/2m$, $\omega_0 = \sqrt{k/m}$, 그리고 $A = F_0/m$이다. 식(4.1.2)의 해 $x(t)$의 푸리에 변환을 $g(\Omega)$라고 하고 다음과 같이 쓰자.

$$g(\Omega) = \frac{1}{\sqrt{2\pi}}\int_{-\infty}^{\infty} x(t)\, e^{i\Omega t}\, dt \tag{4.1.3}$$

그러면 $g(\Omega)$로부터 $x(t)$로의 푸리에 변환인 역 푸리에 변환은 다음과 같이 된다.

$$x(t) = \frac{1}{\sqrt{2\pi}}\int_{-\infty}^{\infty} g(\Omega)\, e^{-i\Omega t}\, d\Omega \tag{4.1.4}$$

이를 푸리에 역변환이라고 말하기도 한다. 참고로, 푸리에 변환과 역 푸리에 변환에서 커널로 쓰인 지수함수의 멱(power)의 부호 ±는 서로 바뀌어도 물리적인 결과는 변함이 없으며 선택의 문제이다(제2장 참조). 이제 미분방정식 식(4.1.2)를 풀기 위하여 양변에 푸리에 변환을 적용하면

$$\frac{1}{\sqrt{2\pi}}\int_{-\infty}^{\infty}\left(\frac{d^2x}{dt^2} + 2\beta\frac{dx}{dt} + \omega_0^2 x\right)e^{i\Omega t}\, dt = \frac{1}{\sqrt{2\pi}}\int_{-\infty}^{\infty} A\sin(\omega t)\, e^{i\Omega t}\, dt \tag{4.1.5}$$

가 되는데 여기서 좌변의 적분 안의 세 번째 항은

$$\frac{1}{\sqrt{2\pi}}\int_{-\infty}^{\infty} \omega_0^2\, x\, e^{i\Omega t}\, dt = \omega_0^2 g(\Omega) \tag{4.1.6}$$

가 된다. 적분 안의 두 번째 항은 부분적분을 이용하여

$$\frac{1}{\sqrt{2\pi}}\int_{-\infty}^{\infty} 2\beta\frac{dx}{dt}\,e^{i\Omega t}\,dt = \frac{2\beta}{\sqrt{2\pi}}\int_{-\infty}^{\infty}\frac{dx}{dt}\,e^{i\Omega t}\,dt \tag{4.1.7}$$

$$= \frac{2\beta}{\sqrt{2\pi}}\left\{\left[x(t)\,e^{i\Omega t}\right]_{-\infty}^{\infty} - i\Omega\int_{-\infty}^{\infty} x\,e^{i\Omega t}\,dt\right\}$$

와 같이 된다. 그런데, 여기서 $x(t)$가 물리적으로 옳은 해가 되기 위해서는 $t\to\pm\infty$일 때 $x\to 0$이 되는 참한 함수(well-behaved function)가 되어야 하므로

$$\frac{1}{\sqrt{2\pi}}\int_{-\infty}^{\infty} 2\beta\frac{dx}{dt}\,e^{i\Omega t}\,dt = 2\beta(-i\Omega)\frac{1}{\sqrt{2\pi}}\int_{-\infty}^{\infty} x\,e^{i\Omega t}\,dt \tag{4.1.8}$$

$$= 2\beta(-i\Omega)\,g(\Omega)$$

가 된다. 그리고 식(4.1.5)의 좌변 적분의 첫 번째 항에 부분적분을 두 번 수행하면

$$\frac{1}{\sqrt{2\pi}}\int_{-\infty}^{\infty}\frac{d^2x}{dt^2}\,e^{i\Omega t}\,dt \tag{4.1.9}$$

$$= \frac{1}{\sqrt{2\pi}}\left\{\left[\frac{dx}{dt}e^{i\Omega t}\right]_{-\infty}^{\infty} - i\Omega\int_{-\infty}^{\infty}\frac{dx}{dt}\,e^{i\Omega t}\,dt\right\}$$

$$= \frac{1}{\sqrt{2\pi}}\left\{\left[\frac{dx}{dt}e^{i\Omega t}\right]_{-\infty}^{\infty} + \left[(-i\Omega)x(t)e^{i\Omega t}\right]_{-\infty}^{\infty} + (-i\Omega)^2\int_{-\infty}^{\infty} x\,e^{i\Omega t}\,dt\right\}$$

가 된다. 역시 $t\to\pm\infty$일 때 $\dfrac{dx}{dt}\to 0$이고 $x\to 0$인 참한 함수가 되어야 하므로 다음과 같은 결과를 얻는다,

$$\frac{1}{\sqrt{2\pi}}\int_{-\infty}^{\infty}\frac{d^2x}{dt^2}\,e^{i\Omega t}\,dt = (-i\Omega)^2\frac{1}{\sqrt{2\pi}}\int_{-\infty}^{\infty} x\,e^{i\Omega t}\,dt \tag{4.1.10}$$

$$= (-i\Omega)^2\,g(\Omega)$$

이제 식(4.1.5)의 우변에 디랙 델타함수 $\delta(\Omega \pm \omega) = \frac{1}{2\pi}\int_{-\infty}^{\infty} e^{i(\Omega \pm \omega)t}dt$를 적용하면

$$\frac{1}{\sqrt{2\pi}}\int_{-\infty}^{\infty} A\sin\omega t\, e^{i\Omega t}dt = \frac{A}{2i}\frac{1}{\sqrt{2\pi}}\int_{-\infty}^{\infty}\left(e^{i\omega t} - e^{-i\omega t}\right)e^{i\Omega t}dt \tag{4.1.11}$$

$$= \frac{A}{2i}\frac{1}{\sqrt{2\pi}}\int_{-\infty}^{\infty}\left[e^{i(\Omega+\omega)t} - e^{i(\Omega-\omega)t}\right]dt$$

$$= \frac{A}{2i}\frac{1}{\sqrt{2\pi}}(2\pi)\left[\delta(\Omega+\omega) - \delta(\Omega-\omega)\right]$$

$$= -iA\sqrt{\frac{\pi}{2}}\left[\delta(\Omega+\omega) - \delta(\Omega-\omega)\right]$$

가 된다. 그러므로 식(4.1.6)-(4.1.11)의 결과를 종합하면 식(4.1.5)는 아래와 같이 된다.

$$\left[(-i\Omega)^2 + 2\beta(-i\Omega) + \omega_0^2\right]g(\Omega) = -iA\sqrt{\frac{\pi}{2}}\left[\delta(\Omega+\omega) - \delta(\Omega-\omega)\right] \tag{4.1.12}$$

이 결과를 이용하면 $x(t)$의 푸리에 변환 $g(\Omega)$를 다음과 같이 얻을 수 있다.

$$g(\Omega) = -iA\sqrt{\frac{\pi}{2}}\frac{\delta(\Omega+\omega) - \delta(\Omega-\omega)}{\left(\omega_0^2 - \Omega^2\right) - i2\beta\Omega} \tag{4.1.13}$$

식(4.1.13)을 식(4.1.4)에 대입하여 역 푸리에 변환을 수행하면 감쇠강제진동에 대한 미분 방정식 $\frac{d^2x}{dt^2} + 2\beta\frac{dx}{dt} + \omega_0^2 x = A\sin(\omega t)$의 특수해 $x(t)$를 다음과 같이 구할 수 있다.

$$
\begin{aligned}
x(t) &= \frac{1}{\sqrt{2\pi}} \int_{-\infty}^{\infty} g(\Omega) e^{-i\Omega t} d\Omega \qquad (4.1.14) \\
&= \frac{1}{\sqrt{2\pi}} \int_{-\infty}^{\infty} \left[-iA\sqrt{\frac{\pi}{2}} \frac{\delta(\Omega+\omega)-\delta(\Omega-\omega)}{\left(\omega_0^2-\Omega^2\right)-i2\beta\Omega} \right] e^{-i\Omega t} d\Omega \\
&= -i\frac{A}{2}\left[\frac{e^{i\omega t}}{\left(\omega_0^2-\omega^2\right)+i2\beta\omega} - \frac{e^{-i\omega t}}{\left(\omega_0^2-\omega^2\right)-i2\beta\omega} \right] \\
&= -i\frac{A}{2} \frac{\left[\left(\omega_0^2-\omega^2\right)-i2\beta\omega\right]e^{i\omega t} - \left[\left(\omega_0^2-\omega^2\right)+i2\beta\omega\right]e^{-i\omega t}}{\left(\omega_0^2-\omega^2\right)^2+4\beta^2\omega^2} \\
&= A\frac{\left(\omega_0^2-\omega^2\right)\sin(\omega t) - 2\beta\omega\cos(\omega t)}{\left(\omega_0^2-\omega^2\right)^2+4\beta^2\omega^2} \\
&= A\frac{1}{\sqrt{\left(\omega_0^2-\omega^2\right)^2+4\beta^2\omega^2}}\left[\sin(\omega t)\cos\delta - \cos(\omega t)\sin\delta\right] \\
&= D(\omega)\sin(\omega t-\delta)
\end{aligned}
$$

여기서 $D(\omega) = \dfrac{A}{\sqrt{\left(\omega_0^2-\omega^2\right)^2+4\beta^2\omega^2}}$는 진폭함수(amplitude function)이고, $\cos\delta$, $\sin\delta$, 그리고 위상 δ는 각각 다음과 같이 주어진다.

$$
\begin{aligned}
\cos\delta &= \frac{\omega_0^2-\omega^2}{\sqrt{\left(\omega_0^2-\omega^2\right)^2+4\beta^2\omega^2}} \qquad (4.1.15) \\
\sin\delta &= \frac{2\beta\omega}{\sqrt{\left(\omega_0^2-\omega^2\right)^2+4\beta^2\omega^2}} \\
\delta &= \tan^{-1}\left(\frac{2\beta\omega}{\omega_0^2-\omega^2}\right)
\end{aligned}
$$

외력의 진동수 ω가 진자의 특성 각진동수(characteristic angular frequency) $\omega_0\left(=\sqrt{k/m}\right)$에 근접하는 경우를 공명(resonance)이라고 하는데 마찰이 존재할 때 $(\beta \neq 0)$ 공명진동수(resonance frequency) ω_R을 구하기 위해서는 진폭함수 $D(\omega)$를

ω에 대하여 미분해서 최대가 되는 진동수를 찾아보면 된다. 즉, $dD(\omega)/d\omega = 0$이 되는 ω의 값을 구하면 그 값이 바로 ω_R이 된다. $\omega_0 \gg \beta$일 때, 즉 마찰 효과가 작은 경우에 감쇠강제진동에서의 공명진동수 ω_R은 $\omega_R = \sqrt{\omega_0^2 - 2\beta^2} = \sqrt{\dfrac{k}{m} - \dfrac{b^2}{2m^2}}$이 되는 것을 쉽게 알 수 있다. 즉, 마찰의 영향에 의하여 공명진동수 ω_R이 진자의 특성 각진동수 ω_0보다 작아진다는 것을 알 수 있다. 공명에 대한 좀 더 자세한 물리적 특성을 알고자 한다면 학부 수준 이상의 고전역학 교재를 참고하기 바란다.

4.1.2 확산현상 (Diffusion phenomena): 푸리에 변환 이용

물질이 보존되는 액체나 기체에서 물질의 농도 혹은 밀도가 일정하지 않고 구배(gradient)가 존재하여 퍼져나가는 현상을 확산이라고 하는데 매우 다양한 분야에서 이러한 현상을 볼 수 있다. 1차원에서의 확산방정식(diffusion equation)은 다음과 같다.

$$\frac{\partial n(x,t)}{\partial t} = D\frac{\partial^2 n(x,t)}{\partial x^2} \tag{4.1.16}$$

여기서 $n(x,t)$는 위치 x와 시간 t에 대한 농도 분포이고, D는 확산계수이다. 시간 $t = 0$일 때 농도의 초기조건을 $n(x,0) = g(x)$라 하자. $n(x,t)$의 1차원 푸리에 변환과 역 푸리에 변환은 각각 다음과 같이 쓸 수 있다.

$$N(k,t) = \frac{1}{\sqrt{2\pi}}\int_{-\infty}^{\infty} n(x,t)e^{ikx}\,dx \tag{4.1.17}$$

$$n(x,t) = \frac{1}{\sqrt{2\pi}}\int_{-\infty}^{\infty} N(k,t)e^{-ikx}\,dk \tag{4.1.18}$$

이제 확산방정식의 양변에 푸리에 변환을 적용하면

$$\frac{1}{\sqrt{2\pi}} \int_{-\infty}^{\infty} \frac{\partial n(x,t)}{\partial t} e^{ikx}\, dx = \frac{1}{\sqrt{2\pi}} \int_{-\infty}^{\infty} D \frac{\partial^2 n(x,t)}{\partial x^2} e^{ikx}\, dx \qquad (4.1.19)$$

와 같이 되며, 여기서 좌변은

$$\frac{1}{\sqrt{2\pi}} \int_{-\infty}^{\infty} \frac{\partial n(x,t)}{\partial t} e^{ikx}\, dx = \frac{\partial N(k,t)}{\partial t} \qquad (4.1.20)$$

이다. 식(4.1.19)의 우변은 부분적분을 하면

$$\frac{1}{\sqrt{2\pi}} \int_{-\infty}^{\infty} \frac{\partial^2 n(x,t)}{\partial x^2} e^{ikx}\, dx = \frac{1}{\sqrt{2\pi}} \frac{\partial n(x,t)}{\partial x} e^{ikx} \Big|_{-\infty}^{\infty} - \frac{ik}{\sqrt{2\pi}} \int_{-\infty}^{\infty} \frac{\partial n(x,t)}{\partial x} e^{ikx}\, dt \qquad (4.1.21)$$

와 같이 된다. 물리적으로 농도의 구배 $\frac{\partial n(x,t)}{\partial x}$는 $x \to \pm\infty$일 때 $\frac{\partial n(x,t)}{\partial x} \to 0$이 되는 참한 함수이어야 하므로, 식(4.1.21) 우변의 첫 번째 항은 영이 된다. 따라서

$$\frac{1}{\sqrt{2\pi}} \int_{-\infty}^{\infty} \frac{\partial^2 n(x,t)}{\partial x^2} e^{ikx}\, dx = -\frac{ik}{\sqrt{2\pi}} \int_{-\infty}^{\infty} \frac{\partial n(x,t)}{\partial x} e^{ikx}\, dt \qquad (4.1.22)$$

가 되는데, 이 식의 우변은 부분적분을 적용하고 물리적으로 농도함수 $n(x,t)$가 $x \to \pm\infty$일 때 $n(x,t) \to 0$인 참한 함수가 되어야 하는 조건으로부터 다음과 같이 구할 수 있다.

$$\begin{aligned} \frac{1}{\sqrt{2\pi}} \int_{-\infty}^{\infty} \frac{\partial^2 n(x,t)}{\partial x^2} e^{ikx}\, dx &= -\frac{ik}{\sqrt{2\pi}} n(x,t)\, e^{ikx} \Big|_{-\infty}^{\infty} + \frac{(ik)^2}{\sqrt{2\pi}} \int_{-\infty}^{\infty} n(x,t)\, e^{ikx}\, dt \\ &= (ik)^2 N(k,t) \end{aligned} \qquad (4.1.23)$$

그러므로 식(4.1.20)과 식(4.1.23)의 결과를 이용하면 식(4.1.19)는 다음과 같이 된다.

$$\frac{\partial N(k,t)}{\partial t} = D\,(ik)^2 N(k,t) \qquad (4.1.24)$$

이로부터

$$\frac{dN(k,t)}{N} = -Dk^2 dt \tag{4.1.25}$$

라고 쓸 수 있으므로 양변을 적분하면

$$\ln N(k,t) = -Dk^2 t + \ln C \tag{4.1.26}$$

가 되는데, 여기서 $\ln C$는 적분상수이다. 그러므로 $N(k,t)$는 다음과 같다.

$$N(k,t) = Ce^{-Dk^2 t} \tag{4.1.27}$$

시간 $t=0$일 때 $N(k,0)$는

$$\begin{aligned} N(k,0) = C &= \frac{1}{\sqrt{2\pi}} \int_{-\infty}^{\infty} n(x,0)\, e^{ikx}\, dx \\ &= \frac{1}{\sqrt{2\pi}} \int_{-\infty}^{\infty} g(x)\, e^{ikx}\, dx \equiv G(k) \end{aligned} \tag{4.1.28}$$

이다. 여기서 $g(x)$는 앞에서 정의한 바와 같이 농도의 초기조건 $n(x,0)$이다. 그러므로 $N(k,t)$는 다음과 같이 쓸 수 있다.

$$N(k,t) = G(k)\, e^{-Dk^2 t} \tag{4.1.29}$$

이제, 식(4.1.29)에 역 푸리에 변환을 적용하면, 확산방정식인 식(4.1.16)의 일반해를 다음과 같이 구할 수 있다.

$$n(x,t) = \frac{1}{\sqrt{2\pi}} \int_{-\infty}^{\infty} G(k)\, e^{-Dk^2 t}\, e^{-ikx}\, dk \tag{4.1.30}$$

그러므로 $G(k)$에 대한 정보가 주어지면 확산방정식 문제의 해를 구할 수 있을 것이다. 1차원 확산방정식의 일반해는 다음과 같다.

$$
\begin{aligned}
n(x,t) &= \frac{1}{\sqrt{2\pi}}\int_{-\infty}^{\infty}\left[\frac{1}{\sqrt{2\pi}}\int_{-\infty}^{\infty}g(\xi)\,e^{ik\xi}d\xi\right]e^{-Dk^2t}e^{-ikx}dk \qquad (4.1.31)\\
&= \frac{1}{2\pi}\int_{-\infty}^{\infty}\int_{-\infty}^{\infty}g(\xi)\,e^{-Dk^2t}e^{-ik(x-\xi)}d\xi\,dk\\
&= \frac{1}{2\pi}\int_{-\infty}^{\infty}\int_{-\infty}^{\infty}g(\xi)\,e^{-\frac{(x-\xi)^2}{4Dt}}e^{-Dt\left(k+i\frac{(x-\xi)}{2Dt}\right)^2}d\xi\,dk\\
&= \frac{1}{2\pi\sqrt{Dt}}\int_{-\infty}^{\infty}g(\xi)\,e^{-\frac{(x-\xi)^2}{4Dt}}d\xi\int_{-\infty}^{\infty}e^{-Q^2}dQ\\
&= \frac{1}{\sqrt{4\pi Dt}}\int_{-\infty}^{\infty}g(\xi)\,e^{-\frac{(x-\xi)^2}{4Dt}}d\xi\\
&= \int_{-\infty}^{\infty}g(\xi)\,h(x-\xi,t)\,d\xi
\end{aligned}
$$

여기서 $Q^2 \equiv Dt\left(k+i\frac{(x-\xi)}{2Dt}\right)^2$ 로 정의되었으며 감마함수 $\int_{-\infty}^{\infty}e^{-Q^2}dQ = \Gamma(1/2) = \sqrt{\pi}$ 의 성질을 이용하였다. 함수 $h(x-\xi,t)$는 다음과 같이 정의되었으며 이를 확산방정식의 기본해(fundamental solution)라고 한다.

$$
h(x-\xi,t) = \frac{1}{\sqrt{4\pi Dt}}\,e^{-\frac{(x-\xi)^2}{4Dt}} \qquad (4.1.32)
$$

한 가지 예로, 농도의 초기조건이 $n(x,0) = g(x) = n_0\delta(x)$로 주어진다면 $G(k)$는 $G(k) = \frac{1}{\sqrt{2\pi}}\int_{-\infty}^{\infty}n_0\delta(x)\,e^{ikx}dx = \frac{n_0}{\sqrt{2\pi}}$가 된다. 이 값을 식(4.1.30)에 대입하여 적분을 수행하거나, 일반해 $n(x,t)$의 표현인 식(4.1.30)에 $g(\xi) = n_0\delta(\xi)$를 대입하면 농도 분포 함수 $n(x,t)$는 다음과 같이 가우시안(Gaussian) 형태의 함수로 구할 수 있다.

$$n(x,t) = \frac{n_0}{\sqrt{4\pi Dt}} e^{-\frac{x^2}{4Dt}} \tag{4.1.33}$$

감마함수 $\Gamma(1/2) = \sqrt{\pi}$ 의 계산은 여러 가지 방법이 있는데 이 절의 마지막 부분에 소개가 되어있다.

1차원 확산방정식의 우변에 다음과 같이 추가로 선형 항이 더해진 형태의 방정식을 감쇠-확산 방정식(decay-diffusion equation)이라고 한다.

$$\frac{\partial n(x,t)}{\partial t} = D\frac{\partial^2 n(x,t)}{\partial x^2} + Kn(x,t) \tag{4.1.34}$$

이 식은 확산 항(diffusion term)인 $D\dfrac{\partial^2 n(x,t)}{\partial x^2}$ 에 선형 초항(linear source term)인 $Kn(x,t)$가 추가된 형태이며 이때 상수 $K(>0)$를 재생산율(reproduction rate)이라 한다. 이와 같이 확산 방정식에 선형 초항이 있는 경우에는 푸리에 변환을 적용하여 문제를 풀려고 하는 노력을 추가로 할 필요가 없이

$$n(x,t) = e^{Kt}u(x,t) \tag{4.1.35}$$

와 같이 변수를 분리하면, 새로운 함수 $u(x,t)$가 원래의 확산방정식을 다음과 같이 만족한다는 것을 쉽게 알 수 있다.

$$\frac{\partial u(x,t)}{\partial t} = D\frac{\partial^2 u(x,t)}{\partial x^2} \tag{4.1.36}$$

그러므로 식(4.1.30)과 식(4.1.35)로부터 감쇠-확산방정식의 일반해를 다음과 같이 쉽게 구할 수가 있다.

$$n(x,t) = \frac{1}{\sqrt{2\pi}}\int_{-\infty}^{\infty} G(k)e^{(K-Dk^2)t}e^{-ikx}\,dk \tag{4.1.37}$$

만약, 농도의 초기조건이 $n(x,0) = u(x,0) = g(x) = n_0 \delta(x)$로 주어지면 식(4.1.31), 식(4.1.32), 식(4.1.37)로부터 감쇠-확산방정식의 해 $n(x,t)$는 다음과 같이 된다.

$$\begin{aligned} n(x,t) &= \frac{n_0}{2\pi} \int_{-\infty}^{\infty} e^{(K - Dk^2)t} e^{-ikx} dk \\ &= \frac{n_0}{2\pi} e^{Kt - \frac{x^2}{4Dt}} \int_{-\infty}^{\infty} e^{-Dt\left(k + i\frac{x}{2Dt}\right)^2} dk \\ &= \frac{n_0}{\sqrt{4\pi Dt}} e^{Kt - \frac{x^2}{4Dt}} \end{aligned} \tag{4.1.38}$$

4.1.3 감쇠강제진동 (Damped forced oscillation): 푸리에 급수 이용

4.1.1절에 다룬 감쇠강제진동 문제를 이번에는 푸리에 급수를 사용하여 풀어보자. 식(4.1.1)에서 보인 바와 같이 외력 $F_e(t)$가 작용하여 진동을 하는 질량이 m인 물체의 운동방정식은 다음과 같다.

$$m\frac{d^2x(t)}{dt^2} + b\frac{dx(t)}{dt} + kx(t) = F_e(t) \tag{4.1.39}$$

여기서 $x(t)$는 변위이다. 만약, 외력의 각진동수가 $\omega(=2\pi/T)$이고 운동의 주기가 T라고 하면 외력 $F_e(t)$를 아래와 같이 푸리에 급수로 나타낼 수 있다.

$$F_e(t) = \sum_{n=-\infty}^{\infty} C_n e^{in\omega t} = \sum_{n=-\infty}^{\infty} C_n e^{i2\pi nt/T} \tag{4.1.40}$$

여기서 전개계수인 C_n은 다음과 같다.

$$C_n = \frac{1}{T}\int_{-T/2}^{T/2} F_e(t) e^{-in\omega t} dt \tag{4.1.41}$$

비제차 미분방정식인 식(4.1.39)의 특수해 $x(t)$도 외력과 같이 주기가 T이므로 다음과 같이 표현할 수 있다.

$$x(t) = \sum_{n=-\infty}^{\infty} B_n e^{in\omega t} = \sum_{n=-\infty}^{\infty} B_n e^{i2\pi nt/T} \tag{4.1.42}$$

이제, 전개계수 B_n과 C_n을 구해보자. 식(4.1.40)과 식(4.1.42)를 식(4.1.39)에 대입하면

$$\sum_{n=-\infty}^{\infty} B_n\left[m(in\omega)^2 + b(in\omega) + k\right]e^{in\omega t} = \sum_{n=-\infty}^{\infty} C_n e^{in\omega t} \tag{4.1.43}$$

이 되므로, 전개계수 B_n은 다음과 같다.

$$\begin{aligned} B_n &= \frac{C_n}{\left[m(in\omega)^2 + b(in\omega) + k\right]} \\ &= \frac{C_n/m}{\left[\omega_0^2 - (n\omega)^2 + i2\beta n\omega\right]} \end{aligned} \tag{4.1.44}$$

여기서 $\omega_0 = \sqrt{k/m}$이고 $\beta = b/2m$이다. 따라서 특수해 $x(t)$의 일반적인 푸리에 급수 표현은 다음과 같이 된다.

$$x(t) = \sum_{n=-\infty}^{\infty} \frac{C_n/m}{\left[\omega_0^2 - (n\omega)^2 + i2\beta n\omega\right]} e^{in\omega t} \tag{4.1.45}$$

그러므로 외력 $F_e(t)$의 함수 형태가 주어지면 식(4.1.41)을 이용하여 전개계수 C_n을 구하고, 이것을 식(4.1.45)에 대입하여 주어진 문제의 해를 구할 수 있다. 만약, 외력이 4.1.1절에서와 같이 $F_e(t) = F_0 \sin(\omega t)$로 주어진 경우를 생각해 보자. 이때 전개계수 C_n는 다음과 같다.

$$C_n = \frac{1}{T}\int_{-T/2}^{T/2} F_e(t)e^{-in\omega t}\,dt = \frac{F_0}{T}\int_{-T/2}^{T/2}\sin(\omega t)\,e^{-in\omega t}\,dt \tag{4.1.46}$$

$$= \frac{F_0}{T}\int_{-T/2}^{T/2}\sin(\omega t)[\cos(n\omega t) - i\sin(n\omega t)]\,dt = -i\frac{2F_0}{T}\int_0^{T/2}\sin(\omega t)\sin(n\omega t)\,dt$$

$$= i\frac{F_0}{T}\int_0^{T/2}\{\cos[(1+n)\omega t] - \cos[((1-n)\omega t])\}dt$$

여기서 $\omega T/2 = \pi$이므로, $n \neq \pm 1$인 경우에 C_n은 다음과 같이 된다.

$$C_n = i\frac{F_0}{T}\left[\frac{1}{(1+n)\omega}\sin((1+n)\omega t) - \frac{1}{(1-n)\omega}\sin((1-n)\omega t)\right]_0^{T/2} \tag{4.1.47}$$

$$= 0 \quad (n \neq \pm 1)$$

그리고 $n = \pm 1$인 경우에는 식(4.1.46)로부터 C_n은 다음과 같이 된다.

$$C_n = \begin{cases} -\dfrac{iF_0}{2} & (n = +1) \\ +\dfrac{iF_0}{2} & (n = -1) \end{cases} \tag{4.1.48}$$

전개계수 C_n을 구할 수 있는 다른 방법에 대하여 알아보자. 식(4.1.46)의 첫 줄에 오일러 공식인 $\sin\omega t = \left(e^{i\omega t} - e^{-i\omega t}\right)/2i$를 적용하면 다음과 같이 계산할 수 있다.

$$C_n = \frac{1}{T}\int_{-T/2}^{T/2} F_e(t)e^{-in\omega t}dt \tag{4.1.49}$$

$$= \frac{F_0}{T}\int_{-T/2}^{T/2} \sin(\omega t)e^{-in\omega t}dt$$

$$= \frac{1}{2i}\frac{F_0}{T}\int_{-T/2}^{T/2} \left(e^{i\omega t} - e^{-i\omega t}\right)e^{-in\omega t}dt$$

$$= \frac{1}{2i}\frac{F_0}{T}\int_{-T/2}^{T/2} \left[e^{i(1-n)\omega t} - e^{i(-1-n)\omega t}\right]dt$$

$$= \frac{1}{2i}\frac{F_0}{T}\int_{-T/2}^{T/2} \left[e^{i(1-n)2\pi t/T} - e^{i(-1-n)2\pi t/T}\right]dt$$

여기서 $\omega = 2\pi/T$인 관계를 적용하였다. 구간 $-\tau \le t \le \tau$에서 정수 p와 q에 대하여 크로네커 델타 δ_{pq}로 표현되는 직교조건(orthogonal condition)은 다음과 같이 주어진다.

$$\delta_{pq} = \frac{1}{2\tau}\int_{-\tau}^{\tau} e^{i(p-q)\pi t/\tau}dt \tag{4.1.50}$$

이 식의 우변 적분에서 $p = q$이면 1이 되고 $p \neq q$이면 주기성 때문에 0이 되므로 적분을 크로네커 델타 δ_{pq}로 표현할 수 있음을 쉽게 알 수 있다. 식(4.1.50)에서 $\tau = T/2$이므로 이를 식(4.1.49)에 적용하면 전개계수 C_n을 다음과 같이 간단하게 나타낼 수 있다.

$$C_n = -\frac{iF_0}{2}\left(\delta_{1,n} - \delta_{-1,n}\right) \tag{4.1.51}$$

이 식은 식(4.1.47) 및 식(4.1.48)과 동일한 식이다. 그러므로 식(4.1.39)의 특수해 $x(t)$는 다음과 같이 두 개의 항으로 나타낼 수 있다.

$$x(t) = \sum_{n=-\infty}^{\infty} \frac{C_n/m}{\left[\omega_0^2 - (n\omega)^2 + i2\beta n\omega\right]} e^{in\omega t} \tag{4.1.52}$$

$$= \sum_{n=-\infty}^{\infty} \left(-\frac{iF_0}{2m}\right)(\delta_{1,n} - \delta_{-1,n}) \frac{1}{\left[\omega_0^2 - (n\omega)^2 + i2\beta n\omega\right]} e^{in\omega t}$$

$$= \frac{-iF_0/2m}{(\omega_0^2 - \omega^2 + i2\beta\omega)} e^{i\omega t} + \frac{iF_0/2m}{(\omega_0^2 - \omega^2 - i2\beta\omega)} e^{-i\omega t}$$

여기서 $F_0/m \equiv A$라고 하고 $\cos\delta$와 $\sin\delta$를

$$\cos\delta = \frac{\omega_0^2 - \omega^2}{\sqrt{\left(\omega_0^2 - \omega^2\right)^2 + 4\beta^2\omega^2}} \tag{4.1.53}$$

$$\sin\delta = \frac{2\beta\omega}{\sqrt{\left(\omega_0^2 - \omega^2\right)^2 + 4\beta^2\omega^2}}$$

와 같이 놓으면, 외력이 $F_e(t) = F_0 \sin(\omega t)$로 주어졌을 때, 푸리에 급수로 구한 식 (4.1.39)의 특수해 $x(t)$는 최종적으로 다음과 같이 구할 수 있다.

$$x(t) = -i\frac{A}{2} \frac{(\omega_0^2 - \omega^2 - i2\beta\omega)}{\left[\left(\omega_0^2 - \omega^2\right)^2 + 4\beta^2\omega^2\right]} [\cos(\omega t) + i\sin(\omega t)] \tag{4.1.54}$$

$$+ i\frac{A}{2} \frac{(\omega_0^2 - \omega^2 + i2\beta\omega)}{\left[\left(\omega_0^2 - \omega^2\right)^2 + 4\beta^2\omega^2\right]} [\cos(\omega t) - i\sin(\omega t)]$$

$$= A \frac{(\omega_0^2 - \omega^2)\sin(\omega t) - 2\beta\omega\cos(\omega t)}{\left[\left(\omega_0^2 - \omega^2\right)^2 + 4\beta^2\omega^2\right]}$$

$$= A \frac{\sin(\omega t)\cos\delta - \cos(\omega t)\sin\delta}{\sqrt{\left(\omega_0^2 - \omega^2\right)^2 + 4\beta^2\omega^2}}$$

$$= A \frac{\sin(\omega t - \delta)}{\sqrt{\left(\omega_0^2 - \omega^2\right)^2 + 4\beta^2\omega^2}}$$

여기서 위상은 $\delta = \tan^{-1}\left(\frac{2\beta\omega}{\omega_0^2 - \omega^2}\right)$이다. 그리하여 푸리에 급수를 이용하여 구한 특수해 $x(t)$의 결과인 식(4.1.54)와 푸리에 변환을 이용하여 구한 식(4.1.14)가 서로 동일하다는 것을 알 수 있다.

4.1.4 확산현상 (Diffusion phenomena): 푸리에 급수 이용

4.1.2절에 다룬 확산 현상에 대한 문제를 이번에는 푸리에 급수를 이용하여 풀어보자. 식(4.1.1)에서처럼 구간 $0 \le x \le L$에서 확산방정식이

$$\frac{\partial n(x,t)}{\partial t} = D\frac{\partial^2 n(x,t)}{\partial x^2} \tag{4.1.55}$$

와 같이 주어졌다. 경계조건과 초기조건은 각각 다음과 같다.

$$\frac{\partial n(x=0,t)}{\partial t} = \frac{\partial n(x=L,t)}{\partial t} = 0 \tag{4.1.56}$$

$$\frac{\partial n(x,t=0)}{\partial t} = f(x) \tag{4.1.57}$$

여기서 농도 혹은 밀도함수인 $n(x,t)$를 위치 x와 시간 t에 대해 각각 함수 $X(x)$와 $T(t)$로 변수 분리하여

$$n(x,t) = X(x)T(t) \tag{4.1.58}$$

와 같이 쓰자. 그러면 확산방정식은 다음과 같이 된다.

$$T(t)\frac{d^2X(x)}{dx^2} = \frac{1}{D}X(x)\frac{dT(t)}{dt} \tag{4.1.59}$$

이 식의 양변을 $n(x,t)\,(\neq 0)$으로 나누면 좌변은 x에 대한 함수 부분, 우변은 t에 대한 함수 부분으로 분리가 되어 다음과 같이 분리 상수 $\lambda\,(\neq 0)$로 놓을 수 있다.

$$\frac{1}{X(x)}\frac{d^2X(x)}{dx^2} = \frac{1}{D}\frac{1}{T(t)}\frac{dT(t)}{dt} = \lambda \tag{4.1.60}$$

x에 대한 함수 부분은 다음과 같다.

$$\frac{d^2X(x)}{dx^2} - \lambda X(x) = 0 \tag{4.1.61}$$

분리 상수는 양일 수도 있고 음일 수도 있는데 먼저 $\lambda > 0$으로 가정하고 문제를 풀어 보자.

1. $\lambda > 0$인 경우

식(4.1.60)의 해는 다음과 같다.

$$X(x) = C_1 e^{-\sqrt{\lambda}x} + C_2 e^{\sqrt{\lambda}x} \tag{4.1.62}$$

여기서 C_1과 C_2는 상수이다. 그리고 식(4.1.60)에서 t에 대한 함수 부분은 다음과 같다.

$$\frac{dT(t)}{dt} = D\lambda T(t) \tag{4.1.63}$$

이 식의 양변을 $T(t)$로 나누고 dt를 곱해주면

$$\frac{dT(t)}{T(t)} = D\lambda\, dt \tag{4.1.64}$$

가 되는데 양변을 적분하면

$$\ln T(t) = D\lambda t + \ln C_3 \tag{4.1.65}$$

를 얻는다. 여기서 $\ln C_3$는 적분상수이며 $C_3 \neq 0$이다. 이로부터 T를 구하면

$$T(t) = C_3 e^{D\lambda t} \tag{4.1.66}$$

가 된다. 따라서 함수 $n(x,t)$는 다음과 같이 된다.

$$n(x,t) = \left(C_1 e^{-\sqrt{\lambda}x} + C_2 e^{\sqrt{\lambda}x}\right) C_3 e^{D\lambda t} \tag{4.1.67}$$

이 식을 x에 대해서 편미분을 하면

$$\frac{\partial n(x,t)}{\partial x} = \left(-\sqrt{\lambda}\, C_1 e^{-\sqrt{\lambda}x} + \sqrt{\lambda}\, C_2 e^{\sqrt{\lambda}x}\right) C_3 e^{D\lambda t} \tag{4.1.68}$$

이다. 이제 $x = 0$에서의 경계조건 $\frac{\partial n(0,t)}{\partial t} = 0$을 적용해 보면

$$\frac{\partial n(0,t)}{\partial x} = \left(-\sqrt{\lambda}\, C_1 + \sqrt{\lambda}\, C_2\right) C_3 e^{D\lambda t} = 0 \tag{4.1.69}$$

가 되는데, 이 식을 만족하기 위해서는

$$C_1 = C_2 \;(\neq 0) \tag{4.1.70}$$

가 되어야만 한다. 그러므로

$$\frac{\partial n(x,t)}{\partial x} = C_1 \sqrt{\lambda}\left(e^{\sqrt{\lambda}x} - e^{-\sqrt{\lambda}x}\right) C_3 e^{D\lambda t} \tag{4.1.71}$$

가 되고, 여기에 $x = L$ 에서의 경계조건 $\dfrac{\partial n(L,t)}{\partial t} = 0$을 적용하면

$$\frac{\partial n(L,t)}{\partial x} = C_1\sqrt{\lambda}\left(e^{\sqrt{\lambda}L} - e^{-\sqrt{\lambda}L}\right)C_3 e^{D\lambda t} = 0 \qquad (4.1.72)$$

이 된다. 그런데 $C_1 \neq 0$, $\lambda \neq 0$, $C_3 \neq 0$이므로 식(4.1.72)은 성립하지 않는다. 그 이유는 처음에 $\lambda > 0$이라고 가정한 것이 잘못되었기 때문이다. 그러므로 $\lambda < 0$이라고 하고 문제를 다시 풀어보자.

2. $\lambda < 0$인 경우

$$\lambda = -\Lambda \quad (\Lambda > 0) \qquad (4.1.73)$$

로 놓으면

$$\sqrt{\lambda} = i\sqrt{\Lambda} \qquad (4.1.74)$$

이다. 오일러의 공식 $e^{\pm i\theta} = \cos\theta \pm i\sin\theta$을 이용하면 $n(x,t)$는 다음과 같이 된다.

$$\begin{aligned} n(x,t) &= X(x)T(t) \qquad (4.1.75) \\ &= \left(C_1 e^{-i\sqrt{\Lambda}x} + C_2 e^{i\sqrt{\Lambda}x}\right)C_3 e^{-D\Lambda t} \\ &= \left[A\cos(\sqrt{\Lambda}x) + B\sin(\sqrt{\Lambda}x)\right]C_3 e^{-D\Lambda t} \end{aligned}$$

이 식을 x에 대해서 편미분을 하면

$$\frac{\partial n(x,t)}{\partial x} = \left[-A\sqrt{\Lambda}\sin(\sqrt{\Lambda}x) + B\sqrt{\Lambda}\cos(\sqrt{\Lambda}x)\right]C_3 e^{-D\Lambda t} \qquad (4.1.76)$$

가 되는데, $x = 0$에서의 경계조건 $\dfrac{\partial n(0,t)}{\partial t} = 0$을 적용하면

$$\frac{\partial n(0,t)}{\partial x} = B\sqrt{\Lambda}\,C_3 e^{-D\Lambda t} = 0 \tag{4.1.77}$$

가 된다. 여기서 $\Lambda \neq 0$, $C_3 \neq 0$이므로

$$B = 0 \tag{4.1.78}$$

이 되어야만 한다. 그러므로

$$\frac{\partial n(x,t)}{\partial x} = -A\sqrt{\Lambda}\sin(\sqrt{\Lambda}\,x)\,C_3 e^{-D\Lambda t} \tag{4.1.79}$$

이다. 다음은 $x = L$에서의 경계조건 $\frac{\partial n(L,t)}{\partial t} = 0$을 적용하면

$$\frac{\partial n(L,t)}{\partial x} = -A\sqrt{\Lambda}\sin(\sqrt{\Lambda}\,L)\,C_3 e^{-D\Lambda t} = 0 \tag{4.1.80}$$

이다. 그런데 $A \neq 0$, $\Lambda \neq 0$, $C_3 \neq 0$이므로

$$\sin(\sqrt{\Lambda}\,L) = 0 \tag{4.1.81}$$

이 되어, 다음과 같은 조건을 얻을 수 있다.

$$\sqrt{\Lambda}\,L = m\pi \quad (m = 1, 2, \cdots) \tag{4.1.82}$$

여기서 $\Lambda \neq 0$이므로 $m = 0$인 경우는 배제되었다. 그러므로 해를 만족하는 Λ는 고윳값(eigenvalue)이 되며 이를 Λ_m이라고 하면 다음과 같이 된다.

$$\Lambda_m = \frac{m^2\pi^2}{L^2} \quad (m = 1, 2, \cdots) \tag{4.1.83}$$

고윳값 Λ_m과 관련한 상수 AC_3를 $N_m = (AC_3)_m$로 놓자. 그러면 식(4.1.75)를 다음과 같이 쓸 수 있다.

$$n_m(x, t) = N_m \cos\left(\sqrt{\Lambda_m}\, x\right) e^{-\Lambda_m D t} \tag{4.1.84}$$

$$= N_m \cos\left(\frac{m\pi x}{L}\right) e^{-\frac{m^2\pi^2}{L^2} D t} \quad (m = 1, 2, \cdots)$$

확산방정식의 일반해 $n(x, t)$는 모든 m에 대하여 $n_m(x, t)$를 모두 합한 것과 같으므로

$$n(x, t) = \sum_{m=1}^{\infty} n_m(x, t) \tag{4.1.85}$$

$$= \sum_{m=1}^{\infty} N_m \cos\left(\frac{m\pi x}{L}\right) e^{-\frac{m^2\pi^2}{L^2} D t}$$

와 같이 쓸 수 있다. 이제 이 식을 시간 t에 대해서 편미분을 하면 다음과 같이 된다.

$$\frac{\partial n(x, t)}{\partial t} = \sum_{m=1}^{\infty} \left(-\frac{m^2\pi^2}{L^2} D\right) N_m \cos\left(\frac{m\pi x}{L}\right) e^{-\frac{m^2\pi^2}{L^2} D t} \tag{4.1.86}$$

$$= \sum_{m=1}^{\infty} a_m \cos\left(\frac{m\pi x}{L}\right) e^{-\frac{m^2\pi^2}{L^2} D t}$$

여기서 전개계수 a_m과 전개계수 N_m의 관계는 다음과 같다.

$$a_m = \left(-\frac{m^2\pi^2}{L^2} D\right) N_m \tag{4.1.87}$$

이제 $t = 0$에서의 초기조건 $\frac{\partial n(x, 0)}{\partial t} = f(x)$를 식(4.1.86)에 적용하면

$$\frac{\partial n(x,0)}{\partial t} = f(x) = \sum_{m=1}^{\infty} a_m \cos\left(\frac{m\pi x}{L}\right) \tag{4.1.88}$$

가 된다. 여기서 $f(x)$는 문제에서 주어진 초기 분포(initial profile)에 해당한다. 푸리에 급수에서 전개계수 a_m은

$$a_m = \frac{1}{L}\int_{-L}^{L} f(x)\cos\left(\frac{m\pi x}{L}\right)dx \tag{4.1.89}$$

와 같이 주어지므로, 식(4.1.87)로부터 전개계수 N_m은

$$N_m = -\frac{L}{m^2\pi^2 D}\int_{-L}^{L} f(x)\cos\left(\frac{m\pi x}{L}\right)dx \tag{4.1.90}$$

와 같이 쓸 수 있다. 이렇게 구한 N_m을 식(4.1.85)에 대입하면 다음과 같이 푸리에 급수의 형태로 확산방정식의 일반해 $n(x,t)$를 구할 수 있다.

$$n(x,t) = -\frac{L}{\pi^2 D}\sum_{m=1}^{\infty}\frac{1}{m^2}\cos\left(\frac{m\pi x}{L}\right)e^{-\frac{m^2\pi^2}{L^2}Dt}\int_{-L}^{L} f(x)\cos\left(\frac{m\pi x}{L}\right)dx \tag{4.1.91}$$

예를 들어 만약에 농도의 초기조건이 $\frac{\partial n(x,0)}{\partial t} = f(x) = \delta(x)$로 주어졌다면, N_m은

$$N_m = -\frac{L}{m^2\pi^2 D}\int_{-L}^{L}\delta(x)\cos\left(\frac{m\pi x}{L}\right)dx = -\frac{L}{m^2\pi^2 D} \tag{4.1.92}$$

와 같이 되므로, 확산방정식의 일반해는 다음과 같은 푸리에 급수가 된다.

$$n(x,t) = -\frac{L}{\pi^2 D}\sum_{m=1}^{\infty}\frac{1}{m^2}\cos\left(\frac{m\pi x}{L}\right)e^{-\frac{m^2\pi^2}{L^2}Dt} \tag{4.1.93}$$

4.1.5 보의 처짐 (Deflection of a beam): 푸리에 급수 이용

다양한 역학적 구조물에서 하중을 받는 보(beam)의 처짐(deflection)을 나타내는 방정식은 아래와 같다.

$$EI\frac{d^4y(x)}{dx^4} = q(x) \tag{4.1.94}$$

여기서 x는 수평 위치이고 범위는 $0 \leq x \leq L$이다. $y(x)$는 수평 위치 x에서 보의 처짐을 나타내는 수직 변위이며, E는 탄성계수(elastic modulus), I는 관성모멘트(moment of inertia)이다. EI를 굽힘 강성(flexural rigidity)이라고 한다. $q(x)$는 단위 길이 당 하중(load per unit length)이다. 보의 수직 변위 $y(x)$의 푸리에 급수는

$$y(x) = \frac{A_0}{2} + \sum_{n=1}^{\infty}\left[A_n \cos\left(\frac{n\pi x}{L}\right) + B_n \sin\left(\frac{n\pi x}{L}\right)\right] \tag{4.1.95}$$

이며 전개계수 A_n과 B_n은 각각

$$A_n = \frac{2}{L}\int_0^L y(x)\cos\left(\frac{n\pi x}{L}\right)dx \quad (n = 0, 1, 2, 3, \cdots) \tag{4.1.96}$$

$$B_n = \frac{2}{L}\int_0^L y(x)\sin\left(\frac{n\pi x}{L}\right)dx \quad (n = 1, 2, 3, \cdots) \tag{4.1.97}$$

와 같다. 경계조건이 $y(0) = y(L) = 0$으로 주어졌다면 전개계수 A_n은 모든 n에 대하여 0이 된다. 따라서 $y(x)$는 다음과 같이 푸리에 사인 급수로 나타낼 수 있다.

$$y(x) = \sum_{n=1}^{\infty} B_n \sin\left(\frac{n\pi x}{L}\right) \tag{4.1.98}$$

이 식으로부터 $y(x)$의 4계 미분을 구해보면

$$\frac{d^4y(x)}{dx^4} = \sum_{n=1}^{\infty}\left(\frac{n\pi}{L}\right)^4 B_n \sin\left(\frac{n\pi x}{L}\right) \tag{4.1.99}$$

가 된다. 이제 두 가지의 $q(x)$에 대하여 보의 처짐을 나타내는 미분방정식의 해를 구해 보자.

1. $q(x) = q_0$ (상수)인 경우

하중 $q(x)$가 모든 x범위 $0 \le x \le L$에서 상수 q_0인 균일 분포를 가지는 경우를 보자. 상수 q_0를 푸리에 사인 급수의 형태로 표현하면

$$q(x) = q = \sum_{n=1}^{\infty} Q_n \sin\left(\frac{n\pi x}{L}\right) \tag{4.1.100}$$

와 같이 쓸 수 있는데, 전개계수 Q_n은 다음과 같이 계산할 수 있다.

$$\begin{aligned} Q_n &= \frac{2}{L}\int_0^L q_0 \sin\left(\frac{n\pi x}{L}\right)dx \\ &= \frac{2}{L}\left[-q_0\frac{L}{n\pi}\cos\left(\frac{n\pi x}{L}\right)\right]_0^L \\ &= -\frac{2q_0}{n\pi}\left[\cos(n\pi) - 1\right] \\ &= \begin{cases} 0 & (n = \text{even}) \\ \dfrac{4q_0}{n\pi} & (n = \text{odd}) \end{cases} \end{aligned} \tag{4.1.101}$$

따라서 식(4.1.94)는

$$EI\sum_{n=1}^{\infty}\left(\frac{n\pi}{L}\right)^4 B_n \sin\left(\frac{n\pi x}{L}\right) = \sum_{n=1}^{\infty} Q_n \sin\left(\frac{n\pi x}{L}\right) \tag{4.1.102}$$

와 같이 되는데, 여기서 $\sin\dfrac{n\pi x}{L}$는 직교함수이므로 계수 B_n은 식(4.1.101)과 식 (4.1.102)로부터 다음과 같이 된다.

$$B_n = \frac{1}{EI}\left(\frac{L}{n\pi}\right)^4 Q_n \tag{4.1.103}$$

$$= \begin{cases} 0 & (n = \text{even}) \\ \dfrac{4q_0L^4}{EI\pi^5}\dfrac{1}{n^5} & (n = \text{odd}) \end{cases}$$

그러므로 식(4.1.103)을 식(4.1.98)에 대입하면 $q(x) = q_0$인 경우에 보의 처짐 곡선을 나타내는 미분방정식의 해 $y(x)$를 다음과 같이 구할 수 있다.

$$y(x) = \sum_{n=1}^{\infty} B_n \sin\left(\frac{n\pi x}{L}\right) \tag{4.1.104}$$

$$= \frac{4q_0L^4}{EI\pi^5}\sum_{\substack{n=1,3,5\\(\text{odd})}}^{\infty}\frac{1}{n^5}\sin\left(\frac{n\pi x}{L}\right)$$

2. $q(x) = P\,\delta(x - L/2)$인 경우

즉, 길이가 L인 보의 중심인 $x = L/2$에 하중이 걸린 경우를 보자. P는 상수이다. 하중 $q(x) = P\,\delta(x - L/2)$을 푸리에 사인 급수의 형태로 쓸 수 있다.

$$q(x) = P\,\delta(x - L/2) = \sum_{n=1}^{\infty} Q_n \sin\left(\frac{n\pi x}{L}\right) \tag{4.1.105}$$

이때 전개계수 Q_n은 다음과 같이 주어진다.

$$Q_n = \frac{2}{L}\int_0^L P\,\delta(x - L/2)\sin\left(\frac{n\pi x}{L}\right)dx \tag{4.1.106}$$

$$= \frac{2P}{L}\sin\left(\frac{n\pi}{2}\right)$$

식(4.1.99)와 식(4.1.105)의 결과로부터 식(4.1.94)은 다음과 같이 된다.

$$EI\sum_{n=1}^{\infty}\left(\frac{n\pi}{L}\right)^4 B_n \sin\left(\frac{n\pi x}{L}\right) = \sum_{n=1}^{\infty} Q_n \sin\left(\frac{n\pi x}{L}\right) \tag{4.1.107}$$

$$= \frac{2P}{L}\sum_{n=1}^{\infty}\sin\left(\frac{n\pi}{2}\right)\sin\left(\frac{n\pi x}{L}\right)$$

여기서 $\sin\left(\frac{n\pi x}{L}\right)$는 직교함수이므로 계수 B_n을 다음과 같이 얻을 수 있다.

$$B_n = \frac{2P}{EIL}\left(\frac{L}{n\pi}\right)^4 \sin\left(\frac{n\pi}{2}\right) \quad (n = 1, 2, 3, \cdots) \tag{4.1.108}$$

$$= \begin{cases} 0, & (n = \text{even}) \\ (-1)^{(n-1)/2}\dfrac{2PL^3}{EI\pi^4}\dfrac{1}{n^4}, & (n = \text{odd}) \end{cases}$$

따라서 하중이 $q(x) = P\,\delta(x - L/2)$인 경우에 보의 처짐 곡선을 나타내는 미분방정식의 해 $y(x)$는 식(4.1.98)로부터 다음과 같이 푸리에 사인 급수로 나타낼 수 있다.

$$y(x) = \sum_{n=1}^{\infty} B_n \sin\left(\frac{n\pi x}{L}\right) \tag{4.1.109}$$

$$= \frac{2PL^3}{EI\pi^4}\sum_{\substack{n=1,3,5\\(\text{odd})}}^{\infty}(-1)^{(n-1)/2}\frac{1}{n^4}\sin\left(\frac{n\pi x}{L}\right)$$

이미 제2장에서 살펴본 바가 있지만, 4.1.5절을 마치기 전에 디랙 델타함수의 성질을 다시 정리해 보자. 식(4.1.105)와 식(4.1.106)으로부터 $\delta(x - L/2)$를 다음과 같이 표현할 수 있다.

$$\delta(x - L/2) = \frac{2}{L}\sum_{n=1}^{\infty}\sin\left(\frac{n\pi}{2}\right)\sin\left(\frac{n\pi x}{L}\right) \tag{4.1.110}$$

구간 $-\pi \le x \le \pi$에서 디랙 델타함수 $\delta(x)$를 푸리에 급수를 이용하여 나타내면 다음과 같다.

$$\delta(x) = \frac{A_0}{2} + \sum_{n=1}^{\infty}\left[A_n\cos(nx) + B_n\sin(nx)\right] \tag{4.1.111}$$

여기서 계수 A_n과 B_n은 각각

$$\begin{aligned} A_n &= \frac{1}{\pi}\int_{-\pi}^{\pi}\delta(x)\cos(nx)\,dx \quad (n = 0, 1, 2, 3, \cdots) \\ &= \frac{1}{\pi} \end{aligned} \tag{4.1.112}$$

$$\begin{aligned} B_n &= \frac{1}{\pi}\int_{-\pi}^{\pi}\delta(x)\sin(nx)\,dx \quad (n = 1, 2, 3, \cdots) \\ &= 0 \end{aligned} \tag{4.1.113}$$

이다. 그러므로 디랙 델타함수 $\delta(x)$는 우함수라는 것을 알 수 있고 다음과 같이 급수 형태로 표현할 수 있다.

$$\begin{aligned}\delta(x) &= \frac{1}{2\pi} + \sum_{n=1}^{\infty} \frac{1}{\pi} \cos(nx) \\ &= \frac{1}{2\pi} + \sum_{n=1}^{\infty} \frac{1}{\pi} \frac{1}{2} \left(e^{inx} + e^{-inx}\right) \\ &= \frac{1}{2\pi} + \frac{1}{2\pi} \sum_{\substack{n=-\infty \\ (n \neq 0)}}^{\infty} e^{inx} \\ &= \frac{1}{2\pi} \sum_{n=-\infty}^{\infty} e^{inx}\end{aligned} \tag{4.1.114}$$

1차원 디랙 델타함수 $\delta(x)$의 적분 표현은 다음과 같다.

$$\delta(x) = \frac{1}{2\pi} \int_{-\infty}^{\infty} e^{ikx}\, dk \tag{4.1.115}$$

적분 형태의 디랙 델타함수 $\delta(x)$는 물리학이나 공학에서 자주 사용하는 형태이므로 잘 기억해 두는 것이 좋다. 식(4.1.115)의 적분 표현은

$$\delta(x) = \frac{1}{2\pi} \lim_{a \to 0} \int_{-\infty}^{\infty} e^{-a^2k^2} e^{ikx}\, dk \tag{4.1.116}$$

와 같이 변형할 수 있는데, 여기서 $-a^2k^2 + ikx = -a^2\left(k - \frac{ix}{2a^2}\right)^2 - \left(\frac{x}{2a}\right)^2$와 같이 완전 제곱으로 바꾸면 가우시안 함수의 형태로 디랙 델타함수를 표현할 수 있다.

$$\begin{aligned}\delta(x) &= \frac{1}{2\pi}\lim_{a\to 0} e^{-(x/2a)^2}\int_{-\infty}^{\infty} e^{-a^2(k-ix/2a^2)^2}dk \\ &= \frac{1}{2\pi}\lim_{a\to 0} e^{-(x/2a)^2}\frac{1}{a}\int_{-\infty}^{\infty} e^{-K^2}dK \\ &= \frac{1}{2\pi}\lim_{a\to 0} e^{-(x/2a)^2}\frac{\sqrt{\pi}}{a} \\ &= \lim_{a\to 0}\frac{e^{-(x/2a)^2}}{2a\sqrt{\pi}}\end{aligned} \tag{4.1.117}$$

위의 계산에서 $a^2(k-ix/2a^2)^2 \equiv K^2$로 치환하였고, $\int_{-\infty}^{\infty} e^{-K^2}dK = \Gamma(1/2) = \sqrt{\pi}$를 이용하였다.

이번에는 식(4.1.116)을 완전 제곱의 형태로 변형하지 않고 계산하는 방법에 대하여 생각해 보자. 식(4.1.116)을

$$\delta(x) = \lim_{a\to 0} f(x) \tag{4.1.118}$$

와 같이 쓰면 함수 $f(x)$는 다음과 같다.

$$f(x) = \frac{1}{2\pi}\int_{-\infty}^{\infty} e^{-a^2k^2}e^{ikx}dk \tag{4.1.119}$$

$f(x)$를 x로 미분하면

$$\begin{aligned}
\frac{df(x)}{dx} &= \frac{1}{2\pi}\int_{-\infty}^{\infty}\frac{\partial}{\partial x}\left(e^{-a^2k^2}e^{ikx}\right)dk \\
&= \frac{i}{2\pi}\int_{-\infty}^{\infty} k e^{-a^2k^2}e^{ikx}\,dk \\
&= \frac{i}{2\pi}\left(\left[-\frac{1}{2a^2}e^{-a^2k^2}e^{ikx}\right]_{-\infty}^{\infty} + \frac{1}{2a^2}\int_{-\infty}^{\infty} ix\,e^{-a^2k^2}e^{ikx}\,dk\right) \\
&= -\frac{x}{2a^2}\left(\frac{1}{2\pi}\int_{-\infty}^{\infty} e^{-a^2k^2}e^{ikx}\,dk\right) \\
&= -\frac{x}{2a^2}f(x)
\end{aligned} \tag{4.1.120}$$

가 된다. 그러므로

$$\frac{df}{f} = -\frac{x}{2a^2}dx \tag{4.1.121}$$

가 되는데, 양변을 적분하면

$$\ln f(x) = -\frac{x^2}{4a^2} + \ln C \tag{4.1.122}$$

와 같이 된다. 여기서 $\ln C$는 적분상수이다. 그러므로 $f(x)$를 다음의 형태로 구할 수 있다.

$$f(x) = Ce^{-(x^2/4a^2)} \tag{4.1.123}$$

식(4.1.119)에서 $x = 0$으로 놓으면

$$f(0) = \frac{1}{2\pi}\int_{-\infty}^{\infty} e^{-a^2k^2}\,dk \tag{4.1.124}$$
$$= \frac{1}{2\pi}\frac{1}{a}\int_{-\infty}^{\infty} e^{-Q^2}\,dQ \quad (Q = ak)$$
$$= \frac{1}{2a\sqrt{\pi}} = C$$

이다. 그러므로

$$f(x) = \frac{1}{2a\sqrt{\pi}}e^{-(x^2/4a^2)} \tag{4.1.125}$$

가 된다. 이제 식(4.1.125)를 식(4.1.118)에 넣으면 디랙 델타함수 $\delta(x)$를 다음과 같이 얻을 수 있다.

$$\delta(x) = \frac{1}{2\pi}\lim_{a\to 0}\int_{-\infty}^{\infty} e^{-a^2k^2}e^{ikx}\,dk = \lim_{a\to 0}\frac{1}{2a\sqrt{\pi}}e^{-(x^2/4a^2)} \tag{4.1.126}$$

예제 4.1.1 1차원 디랙 델타함수 $\delta(x)$가

$$\delta(x) = \lim_{\xi\to\infty}\frac{\sin(\xi x)}{\pi x} \tag{4.1.127}$$

와 같이 표현할 수 있음을 증명하시오.

풀이 식(4.1.115)에서 적분 형태로 정의된 $\delta(x)$를 사용하면 다음과 같이 계산할 수 있다.

$$\delta(x) = \frac{1}{2\pi}\int_{-\infty}^{\infty} e^{ikx}\,dk \tag{4.1.128}$$

$$= \frac{1}{2\pi}\lim_{\xi\to\infty}\int_{-\xi}^{\xi} e^{ikx}\,dk$$

$$= \frac{1}{2\pi}\lim_{\xi\to\infty}\left[\frac{1}{ix}e^{ikx}\right]_{-\xi}^{\xi}$$

$$= \frac{1}{2i\pi x}\lim_{\xi\to\infty}\left(e^{i\xi x} - e^{-i\xi x}\right)$$

$$= \lim_{\xi\to\infty}\frac{\sin(\xi x)}{\pi x}$$

4.1.6 단순조화진동자 (Simple harmonic oscillator): 라플라스 변환 이용

용수철에 매달려 있는 질량 m인 물체가 수평 방향으로 진동하고 있을 때 마찰을 무시한다면 운동방정식은 다음과 같다.

$$m\frac{d^2X(t)}{dt^2} = -kX(t) \tag{4.1.129}$$

여기서 k는 용수철 상이수고 $X(t)$는 변위이다. 시간 $t=0$일 때 초기조건은 $X(0) = X_0$ (상수), $X'(0) = 0$이다. 프라임(′)은 t에 대한 미분을 의미한다. 함수 $F(t)$의 라플라스 변환 $L\{F(t)\}$는 다음과 같이 정의된다.

$$f(s) = L\{F(t)\} = \int_0^{\infty} e^{-st}F(t)\,dt \tag{4.1.130}$$

여기서 s는 상수이다. 운동방정식인 식(4.1.129)에 라플라스 변환을 적용하기 전에 잠시 라플라스 변환에 대한 기억을 되살려 보자. 제3장에서 $L\left\{\frac{d^n F(t)}{dt^n}\right\}$은 다음과 같이 된다는 것을 보았다.

$$L\left\{\frac{d^n F(t)}{dt^n}\right\} = \int_0^\infty e^{-st}\frac{d^n F(t)}{dt^n}dt \tag{4.1.131}$$
$$= s^n L\{F(t)\} - s^{n-1}F(0) - s^{n-2}F'(0) - \cdots - F^{(n-1)}(0)$$

이제 단순조화진동자의 운동방정식인 식(4.1.129)에 라플라스 변환을 적용하여 보자.

$$L\left\{m\frac{d^2X(t)}{dt^2}\right\} + L\{kX(t)\} = 0 \tag{4.1.132}$$

이 식 좌변의 첫 번째 항은 식(4.1.131)에 의하여

$$L\left\{m\frac{d^2X(t)}{dt^2}\right\} = mL\{X''(t)\} \tag{4.1.133}$$
$$= m\left[s^2L\{X(t)\} - sX(0) - X'(0)\right]$$
$$= ms^2L\{X(t)\} - msX_0$$

가 되므로 운동방정식은 다음과 같이 된다.

$$ms^2L\{X(t)\} - msX_0 + kL\{X(t)\} = 0 \tag{4.1.134}$$

여기서 $\omega_0 = \sqrt{k/m}$로 놓고 위의 식을 정리하면

$$L\{X(t)\} = X_0\frac{s}{s^2 + \omega_0^2} \tag{4.1.135}$$

와 같이 되므로 처음에 미분방정식의 형태로 주어진 운동방정식은 결국 $X(t)$를 라플라

스 변환한 것과 같은 문제로 바뀌었다. $X(t)$는 운동방정식의 해이므로, 해를 구하기 위해서는 식(4.1.135)를 역 라플라스 변환을 해주면 된다. $X(t)$의 라플라스 변환 $L\{X(t)\}$를 $x(s)$라고 하자.

$$L\{X(t)\} = \int_0^{\infty} e^{-st} X(t)\, dt = x(s) \tag{4.1.136}$$

즉, $x(s)$는 다음과 같다.

$$x(s) = L\{X(t)\} = X_0 \frac{s}{s^2 + \omega_0^2} \tag{4.1.137}$$

그러므로 운동방정식의 해 $X(t)$를 구하기 위하여 $x(s)$의 역 라플라스 변환을 하면 다음과 같이 얻을 수 있다.

$$\begin{aligned} X(t) &= L^{-1}\{x(s)\} \\ &= L^{-1}\left\{X_0 \frac{s}{s^2 + \omega_0^2}\right\} \\ &= X_0 L^{-1}\left\{\frac{s}{s^2 + \omega_0^2}\right\} \\ &= X_0 \cos\omega_0 t \end{aligned} \tag{4.1.138}$$

위 계산 과정의 마지막에서 $L\{s/(s^2 + \omega_0^2)\} = \cos\omega_0 t$의 결과를 이용하였다. 혹시 $\cos\omega_0 t$가 되는 라플라스 변환이 기억이 나지 않는다면 브롬위치 적분을 이용하여 역 라플라스 변환을 직접 계산할 수가 있다. $z-$복소 공간에서 식(4.1.137)에 브롬위치 적분을 적용하면 역 라플라스 변환을 경로적분 형태로 만들 수 있고 유수정리를 이용하여 문제를 풀 수 있다.

$$L^{-1}\left\{\frac{s}{s^2+\omega_0^2}\right\} = \frac{1}{2\pi i}\int_{c-i\infty}^{c+i\infty} e^{tz}\frac{z}{z^2+\omega_0^2}dz \tag{4.1.139}$$

$$= \frac{1}{2\pi i}2\pi i\left[a_{-1}(z=i\omega_0)+a_{-1}(z=-i\omega_0)\right]$$

여기서 $a_{-1}(z=\pm i\omega_0)$는 $z=\pm i\omega_0$에서의 유수인데, 다음과 같이 구할 수 있다.

$$a_{-1}(z=i\omega_0) = \lim_{z\to i\omega_0}\left[e^{tz}\frac{z}{(z+i\omega_0)(z-i\omega_0)}(z-i\omega_0)\right] \tag{4.1.140}$$

$$= e^{i\omega_0 t}\left(\frac{i\omega_0}{2i\omega_0}\right) = \frac{1}{2}e^{i\omega_0 t}$$

$$a_{-1}(z=-i\omega_0) = \lim_{z\to -i\omega_0}\left[e^{tz}\frac{z}{(z+i\omega_0)(z-i\omega_0)}(z+i\omega_0)\right] \tag{4.1.141}$$

$$= e^{-i\omega_0 t}\left(\frac{-i\omega_0}{-2i\omega_0}\right) = \frac{1}{2}e^{-i\omega_0 t}$$

따라서 다음의 결과를 얻는다.

$$L^{-1}\left\{\frac{s}{s^2+\omega_0^2}\right\} = \left[a_{-1}(z=i\omega_0)+a_{-1}(z=-i\omega_0)\right] \tag{4.1.142}$$

$$= \frac{1}{2}\left(e^{i\omega_0 t}+e^{-i\omega_0 t}\right) = \cos\omega_0 t$$

그러므로 $L\{s/(s^2+\omega_0^2)\} = \cos\omega_0 t$가 증명되었다.

4.1.7 보의 처짐 (Deflection of beam): 라플라스 변환 이용

이번에는 앞의 4.1.5절에서 소개하였던 균일한 하중을 받는 보의 처짐을 나타내는 아래의 방정식을 라플라스 변환을 이용하여 풀어보고자 한다.

$$\frac{d^4 y(x)}{dx^4} = \frac{q_0}{EI} \tag{4.1.143}$$

4.1.5절에서와 마찬가지로 x는 수평 위치이고 범위는 $0 \le x \le L$이다. $y(x)$는 x에서 보의 처짐을 나타내는 수직 변위이며, 경계조건도 이전과 똑같이 $y(0) = y(L) = 0$이고 $y'(0) = y'(L) = 0$이다. 나머지 기호들도 4.1.5절에서와 같은 의미로 정의되었다. 함수 $F(x)$의 라플라스 변환은 다음과 같이 정의된다.

$$f(s) = L\{F(x)\} = \int_0^\infty e^{-sx} F(x)\, dx \tag{4.1.144}$$

정수 $n(>-1)$과 상수 $s(>0)$에 대하여 함수 $F(x) = x^n$의 라플라스 변환은

$$L\{x^n\} = \int_0^\infty e^{-sx} x^n\, dx = \frac{1}{s^{n+1}} \int_0^\infty e^{-z} z^n\, dz = \frac{\Gamma(n+1)}{s^{n+1}} = \frac{n!}{s^{n+1}} \tag{4.1.145}$$

이 된다. 그리고 n계 미분 $d^n F(x)/dx^n$의 라플라스 변환은 다음과 같다.

$$\begin{aligned} L\left\{\frac{d^n F(x)}{dx^n}\right\} &= \int_0^\infty e^{-sx} \frac{d^n F(x)}{dx^n}\, dx \\ &= s^n L\{F(x)\} - s^{n-1} F(0) - s^{n-2} F'(0) - \cdots - F^{(n-1)}(0) \end{aligned} \tag{4.1.146}$$

이제 식(4.1.143)의 라플라스 변환은

$$L\left\{\frac{d^4 y(x)}{dx^4}\right\} = L\left\{\frac{q_0}{EI}\right\} \tag{4.1.147}$$

와 같으므로 미분의 라플라스 변환과 위에서 주어진 경계조건을 적용하면 이 식의 좌변은

$$L\left\{\frac{d^4y(x)}{dx^4}\right\} = \int_0^\infty e^{-sx}\frac{d^4y(x)}{dx^4}dx \tag{4.1.148}$$

$$= s^4L\{y(x)\} - s^3y(0) - s^2y'(0) - sy''(0) - y'''(0)$$

$$= s^4L\{y(x)\} - sC_1 - C_2$$

이 된다. 여기서 상수 $C_1 = y''(0)$이고 상수 $C_2 = y'''(0)$이다. 식(4.1.147)의 우변은 다음과 같다.

$$L\left\{\frac{q_0}{EI}\right\} = \frac{q_0}{EI}\frac{1}{s} \tag{4.1.149}$$

함수 $y(x)$의 라플라스 변환을 $Y(s)$라고 하자.

$$L\{y(x)\} = \int_0^\infty e^{-sx}y(x)dx = Y(s) \tag{4.1.150}$$

$Y(s)$는 다음과 같이 구해진다.

$$Y(s) = L\{y(x)\} = \frac{1}{s^4}\left(sC_1 + C_2 + \frac{q_0}{EI}\frac{1}{s}\right) \tag{4.1.151}$$

$$= \frac{q_0}{EI}\frac{1}{s^5} + \frac{C_2}{s^4} + \frac{C_1}{s^3}$$

그러므로 보의 처짐을 나타내는 미분방정식의 해 $y(x)$는 $Y(s)$의 역 라플라스 변환이며 다음과 같이 계산할 수 있다.

$$y(x) = L^{-1}\{Y(s)\} = L^{-1}\left\{\frac{q_0}{EI}\frac{1}{s^5} + \frac{C_2}{s^4} + \frac{C_1}{s^3}\right\} \tag{4.1.152}$$

$$= \frac{q_0}{EI}\frac{x^4}{4!} + C_2\frac{x^3}{3!} + C_1\frac{x^2}{2!}$$

$$= \frac{q_0}{24EI}x^4 + \frac{C_2}{6}x^3 + \frac{C_1}{2}x^2$$

여기서 상수 C_1과 C_2를 구하기 위하여 경계조건 $y(L) = y'(L) = 0$을 적용해 보자.

$$y(L) = \frac{q_0}{24EI}L^4 + \frac{C_2}{6}L^3 + \frac{C_1}{2}L^2 = 0 \tag{4.1.153}$$

$$y'(L) = \frac{q_0}{6EI}L^3 + \frac{C_2}{2}L^2 + C_1 L = 0 \tag{4.1.154}$$

따라서 상수 C_1과 C_2는 각각 다음과 같이 얻을 수 있다.

$$C_1 = \frac{q_0 L^2}{12EI}, \quad C_2 = -\frac{q_0 L}{2EI} \tag{4.1.155}$$

이 상수들을 역 라플라스 변환에 대입하면 균일한 하중을 받는 보의 처짐을 나타내는 방정식인 식(4.1.143)의 해를 다음과 같이 구할 수 있다.

$$y(x) = \frac{q_0}{24EI}x^4 - \frac{q_0 L}{12EI}x^3 + \frac{q_0 L^2}{24EI}x^2 \tag{4.1.156}$$

$$= \frac{q_0}{24EI}x^2(x-L)^2$$

4.1.8 파동방정식 (Wave equation): 푸리에 변환 이용

역학적 파동의 전파를 나타내는 1차원 파동방정식은 다음과 같다.

$$\frac{\partial^2 y(x,t)}{\partial x^2} = \frac{1}{v^2}\frac{\partial^2 y(x,t)}{\partial t^2} \tag{4.1.157}$$

여기서 $y(x,t)$는 위치 x와 시간 t에서 파동의 형태(profile)를 나타내고, v는 파의 전파 속력이다. 이때, $t = 0$일 때 파동의 초기조건을 $y(x,0) = f(x)$, $\frac{\partial y(x,0)}{\partial t} = g(x)$라고 하자. $y(x,t)$의 1차원 푸리에 변환과 역 푸리에 변환은 다음과 같다.

$$Y(k,t) = \frac{1}{\sqrt{2\pi}}\int_{-\infty}^{\infty} y(x,t)\,e^{ikx}\,dx \tag{4.1.158}$$

$$y(x,t) = \frac{1}{\sqrt{2\pi}}\int_{-\infty}^{\infty} Y(k,t)\,e^{-ikx}\,dk \tag{4.1.159}$$

파동방정식의 양변에 푸리에 변환을 적용하여 보자.

$$\begin{aligned}\frac{1}{\sqrt{2\pi}}\int_{-\infty}^{\infty}\frac{\partial^2 y(x,t)}{\partial x^2}e^{ikx}\,dx &= \frac{1}{\sqrt{2\pi}}\int_{-\infty}^{\infty}\frac{1}{v^2}\frac{\partial^2 y(x,t)}{\partial t^2}e^{ikx}\,dx \\ &= \frac{1}{v^2}\frac{d^2}{dt^2}\left[\frac{1}{\sqrt{2\pi}}\int_{-\infty}^{\infty} y(x,t)\,e^{ikx}\,dx\right] \\ &= \frac{1}{v^2}\frac{d^2}{dt^2}Y(k,t)\end{aligned} \tag{4.1.160}$$

위의 식 좌변을 부분적분 하면

$$\frac{1}{\sqrt{2\pi}}\int_{-\infty}^{\infty}\frac{\partial^2 y(x,t)}{\partial x^2}e^{ikx}\,dx = \frac{1}{\sqrt{2\pi}}\frac{\partial y(x,t)}{\partial x}e^{ikx}\bigg|_{-\infty}^{\infty} - \frac{ik}{\sqrt{2\pi}}\int_{-\infty}^{\infty}\frac{\partial y(x,t)}{\partial x}e^{ikx}\,dt \tag{4.1.161}$$

가 되는데, 물리적으로 파동의 구배 $\frac{\partial y(x,t)}{\partial x}$가 $x \to \pm\infty$일 때 $\frac{\partial y(x,t)}{\partial x} \to 0$이 되는 참한 함수가 되어야 하므로, 좌변은 다음과 같이 된다.

$$\frac{1}{\sqrt{2\pi}}\int_{-\infty}^{\infty}\frac{\partial^2 y(x,t)}{\partial x^2}e^{ikx}dx = -\frac{ik}{\sqrt{2\pi}}\int_{-\infty}^{\infty}\frac{\partial y(x,t)}{\partial x}e^{ikx}dt \tag{4.1.162}$$

이 식의 우변에 부분적분을 적용하면, 물리적으로 $y(x,t)$가 $x \to \pm\infty$일 때 역시 $y(x,t) \to 0$인 참한 함수가 되어야 하므로

$$\begin{aligned}\frac{1}{\sqrt{2\pi}}\int_{-\infty}^{\infty}\frac{\partial^2 y(x,t)}{\partial x^2}e^{ikx}dx &= -\frac{ik}{\sqrt{2\pi}}y(x,t)\,e^{ikx}\Big|_{-\infty}^{\infty} + \frac{(ik)^2}{\sqrt{2\pi}}\int_{-\infty}^{\infty}y(x,t)\,e^{ikx}dt \\ &= (ik)^2\,Y(k,t)\end{aligned} \tag{4.1.163}$$

가 된다. 그러므로 파동방정식은

$$(ik)^2\,Y(k,t) = \frac{1}{v^2}\frac{d^2Y(k,t)}{dt^2} \tag{4.1.164}$$

가 되고, 이를 다시 정리하면

$$\frac{d^2Y(k,t)}{dt^2} + k^2v^2\,Y(k,t) = 0 \tag{4.1.165}$$

이다. 이 식은 선형미분방정식이므로 해를 쉽게 구할 수 있다. 해 $Y(k,t)$는

$$Y(k,t) = A(k)\,e^{ikvt} + B(k)\,e^{-ikvt} \tag{4.1.166}$$

로 놓을 수 있는데 여기서 계수 $A(k)$와 $B(k)$는 k의 함수가 된다. 따라서 역 푸리에 변환인 식(4.1.159)으로부터 $y(x,t)$는 다음과 같이 구할 수 있다.

$$y(x,t) = \frac{1}{\sqrt{2\pi}} \int_{-\infty}^{\infty} \left[A(k) e^{ikvt} + B(k) e^{-ikvt} \right] e^{-ikx} dk \tag{4.1.167}$$

$$= \frac{1}{\sqrt{2\pi}} \int_{-\infty}^{\infty} A(k) e^{-ik(x+vt)} dk + \frac{1}{\sqrt{2\pi}} \int_{-\infty}^{\infty} B(k) e^{-ik(x-vt)} dk$$

$$= a(x+vt) + b(x-vt)$$

위의 계산에서 마지막에 $a(x+vt)$와 $b(x-vt)$는 각각 $A(k)$와 $B(k)$의 역 푸리에 변환으로 정의되었다. 즉,

$$a(x+vt) = \frac{1}{\sqrt{2\pi}} \int_{-\infty}^{\infty} A(k) e^{-ik(x+vt)} dk \tag{4.1.168}$$

$$b(x-vt) = \frac{1}{\sqrt{2\pi}} \int_{-\infty}^{\infty} B(k) e^{-ik(x-vt)} dk \tag{4.1.169}$$

로 놓자. 따라서 식(4.1.167)의 결과로부터 파동 $y(x,t)$는 속력 v로 왼쪽으로 진행하는 파동 $a(x+vt)$와 속력 v로 오른쪽으로 진행하는 파동 $b(x-vt)$의 중첩(superposition)이란 것을 알 수 있다. 또한 $\partial y(x,t)/\partial t$는 $\alpha = x + vt$, $\beta = x - vt$라고 놓으면 식(4.1.167)으로부터

$$\frac{\partial y(x,t)}{\partial t} = \frac{\partial a(\alpha)}{\partial \alpha}\frac{\partial \alpha}{\partial t} + \frac{\partial b(\beta)}{\partial \beta}\frac{\partial \beta}{\partial t} \tag{4.1.170}$$

$$= va'(x+vt) - vb'(x-vt)$$

와 같이 된다. 이제 식(4.1.167)과 식(4.1.170)에 초기조건인 $y(x,0) = f(x)$, $\dfrac{\partial y(x,0)}{\partial t} = g(x)$를 적용하여 보자.

$$y(x,0) = f(x) = a(x) + b(x) \tag{4.1.171}$$

$$\frac{\partial y(x,0)}{\partial t} = g(x) = va'(x) - vb'(x) \tag{4.1.172}$$

식(4.1.172)를 x로 적분을 하면

$$a(x) - b(x) = h(x_0) + \frac{1}{v}\int_{x_0}^{x} g(s)\,ds \tag{4.1.173}$$

가 되는데, 여기서 $h(x_0) = a(x_0) - b(x_0)$이다. 식(4.1.171)과 식(4.1.173)을 연립하여 풀면 $a(x)$와 $b(x)$를 다음과 같이 얻을 수 있다.

$$a(x) = \frac{1}{2}f(x) + \frac{1}{2}h(x_0) + \frac{1}{2v}\int_{x_0}^{x} g(s)\,ds \tag{4.1.174}$$

$$b(x) = \frac{1}{2}f(x) - \frac{1}{2}h(x_0) - \frac{1}{2v}\int_{x_0}^{x} g(s)\,ds \tag{4.1.175}$$

그러므로 $a(x+vt)$와 $b(x-vt)$는 다음과 같다.

$$a(x+vt) = \frac{1}{2}f(x+vt) + \frac{1}{2}h(x_0) + \frac{1}{2v}\int_{x_0}^{x+vt} g(s)\,ds \tag{4.1.176}$$

$$b(x-vt) = \frac{1}{2}f(x-vt) - \frac{1}{2}h(x_0) - \frac{1}{2v}\int_{x_0}^{x-vt} g(s)\,ds \tag{4.1.177}$$

이렇게 구한 $a(x+vt)$와 $b(x-vt)$를 식(4.1.167)에 넣으면 1차원 파동방정식의 해 $y(x,t)$를 다음과 같이 구할 수 있다.

$$\begin{aligned} y(x,t) &= a(x+vt) + b(x-vt) \\ &= \frac{1}{2}\left[f(x+vt) + f(x-vt)\right] + \frac{1}{2v}\int_{x-vt}^{x+vt} g(s)\,ds \end{aligned} \tag{4.1.178}$$

식(4.1.178)은 1748년 오일러(Euler)가 처음으로 구했으며 달랑베르의 해(d'Alembert's solution)라고 부른다. 이 결과는 2.3.2절에서 구한 파동방정식의 해와 동일한 형태임을 알 수 있다. 만일 파동의 초기조건이 $y(x,0) = f(x)$, $\dfrac{\partial y(x,0)}{\partial t} = g(x) = 0$와 같이 초기속력이 0인 경우에는 1차원 파동방정식의 해 $y(x,t)$는 아래와 같이 간단히 된다.

$$y(x,t) = \frac{1}{2}\left[f(x+vt) + f(x-vt)\right] \tag{4.1.179}$$

4.1.9 파동방정식 (Wave equation): 푸리에 급수 이용

앞의 4.1.8절에서 1차원 역학적 파동방정식을 $0 \le x \le L$구간에서 푸리에 변환을 이용하여 풀어보았다. 이번에는 같은 문제를 푸리에 급수를 이용해서 풀어보자.

$$\frac{\partial^2 u(x,t)}{\partial t^2} = v^2 \frac{\partial^2 u(x,t)}{\partial x^2} \tag{4.1.180}$$

여기서 $u(x,t)$는 위치 x와 시간 t에서의 파동의 형태이고, $v(>0)$는 역학적 파동의 전파 속력을 나타낸다. 경계조건은 $u(0,t) = 0$과 $u(L,t) = 0$이고 초기조건은 $u(x,0) = 0$과 $\dfrac{\partial u(x,0)}{\partial t} = U_0\delta(x-\xi)$이다. ξ의 범위는 $0 < \xi < L$이며 $U_0(>0)$는 $x=\xi$에서 값이며 상수이다. 변수분리법을 적용하여 $u(x,t)$를 다음과 같이 놓아보자.

$$u(x,t) = X(x)T(t) \tag{4.1.181}$$

이와 같이 변수분리를 하면 식(4.1.180)은 다음과 같이 된다.

$$X(x)\frac{d^2T(t)}{dt^2} = v^2\,T(t)\frac{d^2X(x)}{dx^2} \tag{4.1.182}$$

이 식의 양변을 $u(x,t)[=X(x)T(t) \neq 0]$로 나누면 다음과 같이 t-부분과 x-부분으로 분리가 된다.

$$\frac{1}{T(t)}\frac{d^2T(t)}{dt^2} = v^2\frac{1}{X(x)}\frac{d^2X(x)}{dx^2} \tag{4.1.183}$$

$$= -\alpha^2 \quad (\alpha > 0)$$

여기서 $-\alpha^2$은 분리상수이다. 먼저 x-부분의 방정식은 다음과 같다.

$$\frac{d^2X(x)}{dx^2} + \left(\frac{\alpha}{v}\right)^2 X(x) = 0 \tag{4.1.184}$$

이 식은 간단한 선형 미분방정식이므로 해 $X(t)$는

$$X(x) = A\sin\left(\frac{\alpha}{v}x\right) + B\cos\left(\frac{\alpha}{v}x\right) \tag{4.1.185}$$

와 같이 쉽게 구할 수 있다. 여기서 A와 B는 상수이다. 이 식에 경계조건인 $u(0,t)=0$, 즉 $X(0)=0$을 적용하면 $B=0$이 됨을 알 수 있다. 그러므로 $X(t)$는

$$X(x) = A\sin\left(\frac{\alpha}{v}x\right) \tag{4.1.186}$$

이다. 여기에 경계조건 $u(L,t)=0$, 즉 $X(L)=0$을 적용하면

$$X(L) = A\sin\left(\frac{\alpha}{v}L\right) = 0 \tag{4.1.187}$$

이 된다. 그러므로 경계조건을 만족하기 위하여 $\frac{\alpha}{v}L$은 π의 정수배가 되어야 한다. 즉, 정수 $n(>0)$에 대하여 $\frac{\alpha}{v}L = n\pi$가 되어야 하는데 주어진 L과 v에 대해 n의 값에 따라 다른 값의 α가 존재할 수 있으므로 $\alpha \to \alpha_n$으로 놓자. 그러므로

$$\frac{\alpha_n}{v}L = n\pi \quad (n = 1, 2, \cdots) \tag{4.1.188}$$

라고 할 수 있다. 이것은 양자역학 등에서 고윳값 문제와 관련이 있다. 최종적으로 $X(x)$는 다음과 같이 된다.

$$X(x) = X_n(x) = A_n \sin\left(\frac{n\pi x}{L}\right) \quad (n = 1, 2, \cdots) \tag{4.1.189}$$

$X(x)$를 $X_n(x)$로 놓은 것은 $X(x)$를 고윳값과 관련한 고유함수로 보았기 때문이다. 참고로 $X(0) = X(L) = 0$과 같이 경계 양쪽에서 X가 모두 0이 되는 경우에 분리 상수 $-\alpha^2$은 음이 되어야 한다.

이제 $T(t)$를 구하기 위하여 식(4.1.188)을 식(4.1.183)의 t-부분 식에 대입하면 다음과 같이 된다.

$$\frac{d^2 T(t)}{dt^2} + \left(\frac{nv\pi}{L}\right)^2 T(t) = 0 \quad (n = 1, 2, \cdots) \tag{4.1.190}$$

그러므로 $T(t)$는

$$T(t) = T_n(t) = C_n \sin\left(\frac{nv\pi t}{L}\right) + D_n \cos\left(\frac{nv\pi t}{L}\right) \quad (n = 1, 2, \cdots) \tag{4.1.191}$$

가 되며, C_n와 D_n은 상수이다. 초기조건 $u(x, 0) = 0$, 즉 $T(0) = 0$을 적용하면 $D_n = 0$이 되므로 $T_n(t)$는

$$T_n(t) = C_n \sin\left(\frac{nv\pi t}{L}\right) \quad (n = 1, 2, \cdots) \tag{4.1.192}$$

가 된다. 이렇게 구한 $T(t)$와 앞에서 $X(x)$로부터 $u_n(x,t)$는 다음과 같이 된다.

$$u_n(x,t) = F_n \sin\left(\frac{n\pi x}{L}\right) \sin\left(\frac{nv\pi t}{L}\right) \tag{4.1.193}$$

여기서 $F_n = A_n C_n$이다. 위의 식은 모든 양수 n에 대하여 1차원 역학적 파동방정식을

만족하므로 $u(x,t)$는 다음과 같은 급수로 나타낼 수 있다.

$$u(x,t) = \sum_{n=1}^{\infty} u_n(x,t) = \sum_{n=1}^{\infty} F_n \sin\left(\frac{n\pi x}{L}\right)\sin\left(\frac{nv\pi t}{L}\right) \tag{4.1.194}$$

이제 두 번째 초기조건인 $\dfrac{\partial u(x,0)}{\partial t} = U_0\delta(x-\xi)$를 적용하여 계수 F_n을 구해보자. 식 (4.1.194)를 시간에 대하여 미분하고 초기조건을 적용하면

$$\begin{aligned}\frac{\partial u(x,0)}{\partial t} &= \frac{\partial}{\partial t}\left[\sum_{n=1}^{\infty} F_n \sin\left(\frac{n\pi x}{L}\right)\sin\left(\frac{nv\pi t}{L}\right)\right]_{t=0} \\ &= \left[\sum_{n=1}^{\infty} F_n \frac{nv\pi}{L}\sin\left(\frac{n\pi x}{L}\right)\cos\left(\frac{nv\pi t}{L}\right)\right]_{t=0} \\ &= \sum_{n=1}^{\infty} F_n \frac{nv\pi}{L}\sin\left(\frac{n\pi x}{L}\right) \\ &= U_0\delta(x-\xi)\end{aligned} \tag{4.1.195}$$

와 같이 된다. 이 식 우변의 세 번째와 네 번째 줄에 $\sin\left(\dfrac{m\pi x}{L}\right)$을 곱하고 구간 $[0,L]$에서 x에 대하여 적분을 해보자.

$$\int_0^L \sum_{n=1}^{\infty} F_n \frac{nv\pi}{L}\sin\left(\frac{n\pi x}{L}\right)\sin\left(\frac{m\pi x}{L}\right)dx = U_0\int_0^L \delta(x-\xi)\sin\left(\frac{m\pi x}{L}\right)dx \tag{4.1.196}$$

여기서 좌변의 적분은

$$\int_0^L \sin\left(\frac{n\pi x}{L}\right)\sin\left(\frac{m\pi x}{L}\right)dx = -\frac{1}{2}\int_0^L\left[\cos\left(\frac{(n+m)\pi x}{L}\right) - \cos\left(\frac{(n-m)\pi x}{L}\right)\right]dx \tag{4.1.197}$$

와 같이 되므로, 먼저 $n \neq m$인 경우에는

$$\int_0^L \sin\left(\frac{n\pi x}{L}\right)\sin\left(\frac{m\pi x}{L}\right)dx = -\frac{1}{2}\int_0^L \left[\cos\left(\frac{(n+m)\pi x}{L}\right) - \cos\left(\frac{(n-m)\pi x}{L}\right)\right]dx \tag{4.1.198}$$

$$= -\frac{1}{2}\left[\frac{L}{(n+m)\pi}\sin\left(\frac{(n+m)\pi x}{L}\right) - \frac{L}{(n-m)\pi}\sin\left(\frac{(n-m)\pi x}{L}\right)\right]_0^L$$

$$= 0 \quad (n \neq m)$$

이 되고, $n = m$인 경우에는

$$\int_0^L \sin\left(\frac{n\pi x}{L}\right)\sin\left(\frac{m\pi x}{L}\right)dx = -\frac{1}{2}\int_0^L \left[\cos\left(\frac{2n\pi x}{L}\right) - 1\right]dx \tag{4.1.199}$$

$$= -\frac{1}{2}\left[\frac{L}{2n\pi}\sin\left(\frac{2n\pi x}{L}\right) - x\right]_0^L$$

$$= \frac{L}{2} \quad (n = m)$$

이 되므로, 다음의 결과를 얻을 수 있다.

$$\int_0^L \sin\left(\frac{n\pi x}{L}\right)\sin\left(\frac{m\pi x}{L}\right)dx = \frac{L}{2}\delta_{mn} \tag{4.1.200}$$

이 결과를 식(4.1.196)에 적용하면

$$\int_0^L \sum_{n=1}^{\infty} F_n \frac{nv\pi}{L}\sin\left(\frac{n\pi x}{L}\right)\sin\left(\frac{m\pi x}{L}\right)dx = \sum_{n=1}^{\infty} F_n \frac{nv\pi}{L}\frac{L}{2}\delta_{mn} \tag{4.1.201}$$

$$= \frac{mv\pi}{2}F_m$$

$$= U_0\int_0^L \delta(x-\xi)\sin\left(\frac{m\pi x}{L}\right)dx$$

$$= U_0 \sin\left(\frac{m\pi\xi}{L}\right)$$

가 된다. 그러므로 계수 F_m을 다음과 같이 얻을 수 있다.

$$F_m = \frac{2U_0}{mv\pi}\sin\left(\frac{m\pi\xi}{L}\right) \quad (m = 1, 2, \cdots) \tag{4.1.202}$$

최종적으로 식(4.1.202)에서 m을 n으로 바꾸고 F_n을 식(4.1.192)에 대입하면 1차원 역학적 파동방정식인 식(4.1.180)의 일반해 $u(x,t)$를 다음과 같은 급수의 형태로 구할 수 있다.

$$u(x,t) = \sum_{n=1}^{\infty}\frac{2U_0}{nv\pi}\sin\left(\frac{n\pi\xi}{L}\right)\sin\left(\frac{n\pi x}{L}\right)\sin\left(\frac{nv\pi t}{L}\right) \tag{4.1.203}$$

4.1.10 2차원 확산현상 (2–Dimensional diffusion phenomena): 푸리에 급수 이용

앞서 4.1.4절에서 푸리에 급수를 사용하여 1차원 확산 현상에 대한 문제를 다루었는데 이번에는 2차원 확산 현상을 풀어보도록 하자. 평면에서 농도 $n(x,y,t)$의 확산을 나타내는 2차원 확산방정식이 구간 $0 \le x \le a$와 $0 \le y \le b$에서 다음과 같이 주어졌다고 하자.

$$\frac{\partial n(x,y,t)}{\partial t} = D\left[\frac{\partial^2 n(x,y,t)}{\partial x^2} + \frac{\partial^2 n(x,y,t)}{\partial y^2}\right] \tag{4.1.204}$$

이 식의 양변을 상수인 확산계수 D로 나누어주고 새로운 시간변수 t'을

$$t' = Dt \tag{4.1.205}$$

와 같이 정의하면 확산방정식을 다음과 같이 쓸 수 있다.

$$\frac{\partial n(x,y,t')}{\partial t'} = \frac{\partial^2 n(x,y,t')}{\partial x^2} + \frac{\partial^2 n(x,y,t')}{\partial y^2} \tag{4.1.206}$$

경계조건과 초기조건은 각각 다음과 같다.

$$n(x=0,y,t')=n(x=a,y,t')=0 \tag{4.1.207}$$

$$n(x,y=0,t')=n(x,y=b,t')=0 \tag{4.1.208}$$

$$n(x,y,t'=0)=f(x,y)(\neq 0) \tag{4.1.209}$$

농도 함수인 $n(x,y,t)$을 2차원 평면에서의 위치 (x,y)에 대한 함수 $N(x,y)$와 시간 t'에 대한 함수 $T(t')$로 변수분리되었다고 하자.

$$n(x,y,t')=N(x,y)T(t') \tag{4.1.210}$$

변수분리를 하면 식(4.1.206)은

$$N(x,y)\frac{dT(t')}{dt'}=T(t')\left[\frac{\partial^2 N(x,y)}{\partial x^2}+\frac{\partial^2 N(x,y)}{\partial y^2}\right] \tag{4.1.211}$$

와 같이 쓸 수 있는데, 양변을 $n(x,y,t')[=N(x,y)T(t')\neq 0]$으로 나누어주면 좌변은 시간에 대한 함수로, 우변은 위치에 대한 함수로 각각 분리가 되므로 분리상수 $\lambda(\neq 0)$를 써서 다음과 같이 놓을 수 있다.

$$\frac{1}{T(t')}\frac{dT(t')}{dt'}=\frac{1}{N(x,y)}\left[\frac{\partial^2 N(x,y)}{\partial x^2}+\frac{\partial^2 N(x,y)}{\partial y^2}\right]=\lambda \tag{4.1.212}$$

먼저 위치 (x,y)에 대한 함수 부분을 보자.

$$\frac{\partial^2 N(x,y)}{\partial x^2}+\frac{\partial^2 N(x,y)}{\partial y^2}=\lambda N(x,y) \tag{4.1.213}$$

여기서

$$N(x,y)=X(x)Y(y) \tag{4.1.214}$$

로 놓으면 위치에 대한 식은

$$Y(y)\frac{d^2X(x)}{dx^2} + X(x)\frac{d^2Y(y)}{dy^2} = \lambda X(x)Y(y) \tag{4.1.215}$$

와 같이 된다. 이 식의 양변을 $N(x,y)[=X(x)Y(y) \neq 0]$로 나누면 x에 대한 함수 부분과 y에 대한 함수 부분으로 분리가 되므로 새로운 분리상수 $\mu(\neq 0)$를 도입하여 다음과 같이 놓을 수 있다.

$$\frac{1}{X(x)}\frac{d^2X(x)}{dx^2} = \lambda - \frac{1}{Y(y)}\frac{d^2Y(y)}{dy^2} = \mu \tag{4.1.216}$$

먼저 x에 대한 함수 부분은 다음과 같다.

$$\frac{d^2X(x)}{dx^2} - \mu X(x) = 0 \tag{4.1.217}$$

이 식의 해를 구하기 위해 $\mu > 0$인 경우와 $\mu < 0$인 경우의 두 가지로 나누어 보자.

1. $\mu > 0$인 경우

식(4.1.217)의 해는 다음과 같이 쓸 수 있다.

$$X(x) = C_1 e^{\sqrt{\mu}x} + C_2 e^{-\sqrt{\mu}x} \tag{4.1.218}$$

여기서 C_1, C_2는 상수이다. 이 식에 x에 대한 경계조건인 식(4.1.207)을 적용하면 다음과 같다.

$$X(0) = C_1 + C_2 = 0 \tag{4.1.219}$$

$$X(a) = C_1 e^{\sqrt{\mu}a} + C_2 e^{-\sqrt{\mu}a} = 0 \tag{4.1.220}$$

그러므로 상수 C_1, C_2의 관계는

$$C_2 = -C_1 \tag{4.1.221}$$

가 되어야만 한다. 이러한 관계를 이용하면 식(4.1.220)으로부터

$$C_1\left(e^{\sqrt{\mu}a} - e^{-\sqrt{\mu}a}\right) = 0 \tag{4.1.222}$$

가 되는데, $\mu \neq 0$이므로 이 식을 만족하기 위해서는 $C_1 = 0$이 되어야만 한다. 그런데 $C_1 = 0$이면 $C_2 = 0$이므로 식(4.1.218)에 의해 모든 x에 대하여 $X(x) = 0$이 되는 자명해(trivial solution)가 얻어지는데, 이는 곧 농도 함수가 항상 0이라는 것을 의미하므로 논의의 대상이 되지 않는다. 따라서 $\mu > 0$의 가정은 옳지 않음을 알 수 있다.

2. $\mu < 0$인 경우

분리상수 μ를

$$\mu = -\xi \quad (\xi > 0) \tag{4.1.223}$$

로 놓으면 x에 대한 함수 부분은

$$\frac{d^2X(x)}{dx^2} + \xi X(x) = 0 \tag{4.1.224}$$

가 된다. 그러면 이 식의 해는 다음과 같이 될 것이다.

$$X(x) = A\cos(\sqrt{\xi}x) + B\sin(\sqrt{\xi}x) \tag{4.1.225}$$

여기서 A, B는 상수이다. $x = 0$에 대한 경계조건을 적용하면

$$X(0) = A = 0 \tag{4.1.226}$$

이므로 해는 다음과 같이 된다.

$$X(x) = B\sin(\sqrt{\xi}x) \tag{4.1.227}$$

이제 이 식에 $x = a$에 대한 경계조건을 적용해 보자.

$$X(a) = B\sin(\sqrt{\xi}a) = 0 \tag{4.1.228}$$

여기서 $B \neq 0$ 이어야만 하고, $\xi > 0$ 이므로 다음의 조건을 얻을 수 있다.

$$\sqrt{\xi}a = \ell\pi \quad (\ell = 1, 2, \cdots) \tag{4.1.229}$$

그러므로 ξ는 고윳값이 되며, 이를 ξ_ℓ이라고 놓자.

$$\xi_\ell = \frac{\ell^2\pi^2}{a^2} \quad (\ell = 1, 2, \cdots) \tag{4.1.230}$$

ξ이 고윳값이 되면 $X(x)$은 고유함수 $X_\ell(x)$가 되며, 이때 상수 B는 B_ℓ로 표현할 수 있다.

$$\begin{aligned} X_\ell(x) &= B_\ell \sin\left(\sqrt{\xi_\ell}x\right) \\ &= B_\ell \sin\left(\frac{\ell\pi x}{a}\right) \quad (\ell = 1, 2, \cdots) \end{aligned} \tag{4.1.231}$$

다음은 y에 대한 함수 부분을 보자. ξ 대신에 ξ_ℓ을 쓰면

$$-\xi_\ell = \lambda - \frac{1}{Y(y)}\frac{d^2Y(y)}{dy^2} \tag{4.1.232}$$

가 되고, 여기서

$$\gamma = -(\xi_\ell + \lambda) \tag{4.1.233}$$

로 놓으면

$$\frac{d^2 Y(y)}{dx^2} + \gamma Y(y) = 0 \tag{4.1.234}$$

라고 쓸 수 있다. 이 식은 식(4.1.224)와 유사한 형태이므로 y에 대한 경계조건인 식(4.1.208)을 만족하기 위해서는 상수 γ가 양수가 되어야 한다는 것을 알 수 있다. 그러면 식(4.1.234)의 해는 다음과 같이 될 것이다.

$$Y(y) = F\cos(\sqrt{\gamma}y) + G\sin(\sqrt{\gamma}y) \tag{4.1.235}$$

여기서 F, G는 상수이다. 이 식에 $y = 0$에 대한 경계조건인 식(4.1.208)을 적용하면

$$Y(0) = F = 0 \tag{4.1.236}$$

가 된다. 즉, $F = 0$이므로 $Y(y)$는 간단히

$$Y(y) = G\sin(\sqrt{\gamma}y) \tag{4.1.237}$$

가 될 것이다. 여기에 $y = b$에 대한 경계조건을 적용하면

$$Y(b) = G\sin(\sqrt{\gamma}b) = 0 \tag{4.1.238}$$

이 되는데, $G \neq 0$, $\gamma > 0$ 이므로 다음의 조건이 필요하다.

$$\sqrt{\gamma}b = m\pi \quad (m = 1, 2, \cdots) \tag{4.1.239}$$

그러므로 γ는 고윳값이 되며 이를 γ_m이라고 놓자.

$$\gamma_m = \frac{m^2\pi^2}{b^2} \quad (m = 1, 2, \cdots) \tag{4.1.240}$$

이제 $Y(y)$와 G를 각각 $Y_m(y)$과 G_m이라고 하면 다음과 같이 된다.

$$\begin{aligned} Y_m(y) &= G_m \sin\left(\sqrt{\gamma_m}\, x\right) \\ &= G_m \sin\left(\frac{m\pi x}{b}\right) \quad (m = 1, 2, \cdots) \end{aligned} \tag{4.1.241}$$

식(4.1.233)에서 λ는 ℓ과 m의 값에 따라 달라지므로 λ를 $\lambda_{\ell m}$으로 놓는 것이 좋다. 식(4.1.230), 식(4.1.233)과 식(4.1.240)으로부터 $-\lambda_{\ell m}(>0)$은 다음과 같이 된다.

$$\begin{aligned} -\lambda_{\ell m} &= \xi_\ell + \gamma_m \\ &= \left(\frac{\ell^2}{a^2} + \frac{m^2}{b^2}\right)\pi^2 \quad (\ell, m = 1, 2, \cdots) \end{aligned} \tag{4.1.242}$$

이제 t'에 대한 함수 부분을 보자. 식(4.1.212)로부터 t'에 대한 함수 부분은

$$\frac{dT(t')}{dt'} = \lambda_{\ell m} T(t') \tag{4.1.243}$$

와 같이 되는데, 이 식의 양변을 $T(t')$로 나누고 dt'를 곱해주면 다음과 같이 된다.

$$\frac{dT(t')}{T(t')} = \lambda_{\ell m}\, dt' \tag{4.1.244}$$

양변을 적분하면

$$\ln T(t') = \lambda_{\ell m} t' + \ln H_{\ell m} \tag{4.1.245}$$

와 같이 되는데, 여기서 $\ln H_{\ell m}$는 적분상수이다. 그러므로 T는 $T_{\ell m}$으로 쓸 수 있고, 다음과 같이 구할 수 있다.

$$T_{\ell m}(t') = H_{\ell m}\, e^{\lambda_{\ell m} t'} \tag{4.1.246}$$

$$= H_{\ell m} \exp\left[-\left(\frac{\ell^2}{a^2} + \frac{m^2}{b^2}\right)\pi^2 t'\right]$$

한편, 앞에서 구한 $X_\ell(x)$와 $Y_m(y)$으로부터 위치 함수 $N_{\ell m}(x, y)$은 다음과 같이 된다.

$$N_{\ell m}(x, y) = X_\ell(x)\, Y_m(y) \tag{4.1.247}$$

$$= P_{\ell m} \sin\left(\frac{\ell \pi x}{a}\right) \sin\left(\frac{m \pi x}{b}\right) \quad (\ell,\, m = 1, 2, \cdots)$$

여기서 $P_{\ell m} = B_\ell G_m$는 상수이다. 따라서 자연수 ℓ, m에 대하여 2차원 확산방정식의 해는

$$n_{\ell m}(x, y, t') = N_{\ell m}(x, y)\, T_{\ell m}(t') \tag{4.1.248}$$

$$= Z_{\ell m} \sin\left(\frac{\ell \pi x}{a}\right) \sin\left(\frac{m \pi x}{b}\right) \exp\left[-\left(\frac{\ell^2}{a^2} + \frac{m^2}{b^2}\right)\pi^2 t'\right] \quad (\ell,\, m = 1, 2, \cdots)$$

라고 할 수 있다. 여기서 $Z_{\ell m} = P_{\ell m} H_{\ell m}$은 상수이다. 최종적으로 2차원 확산방정식의 일반해 $n(x, y, t')$는 다음과 같이 이중 푸리에 급수로 나타낼 수 있다.

$$n(x, y, t') = \sum_{\ell=1}^{\infty} \sum_{m=1}^{\infty} n_{\ell m}(x, y, t') \tag{4.1.249}$$

$$= \sum_{\ell=1}^{\infty} \sum_{m=1}^{\infty} Z_{lm} \sin\left(\frac{\ell \pi x}{a}\right) \sin\left(\frac{m \pi y}{b}\right) \exp\left[-\left(\frac{\ell^2}{a^2} + \frac{m^2}{b^2}\right)\pi^2 t'\right]$$

이제 $t = 0$에서의 초기조건인 식(4.1.209)를 적용하여 보자. 일반해는 다음과 같이 될 것이다.

$$n(x, y, t' = 0) = f(x, y) \tag{4.1.250}$$

$$= \sum_{\ell=1}^{\infty} \sum_{m=1}^{\infty} Z_{\ell m} \sin\left(\frac{\ell \pi x}{a}\right) \sin\left(\frac{m \pi y}{b}\right)$$

여기서 $f(x, y)$는 농도의 초기분포이다. 전개계수 $Z_{\ell m}$을 구하기 위하여 먼저 식 (4.1.250)에 $\sin\left(\frac{m'\pi y}{b}\right)$를 곱하고 구간 $[0, b]$에서 y에 대하여 적분을 해보자.

$$\int_0^b f(x,y)\sin\left(\frac{m'\pi y}{b}\right)dy = \sum_{\ell=1}^{\infty}\sum_{m=1}^{\infty} Z_{\ell m}\sin\left(\frac{\ell\pi x}{a}\right)\int_0^b \sin\left(\frac{m\pi y}{b}\right)\sin\left(\frac{m'\pi y}{b}\right)dy \quad (4.1.251)$$

우변의 사인함수의 적분은

$$\int_0^b \sin\left(\frac{m\pi y}{b}\right)\sin\left(\frac{m'\pi y}{b}\right)dy = -\frac{1}{2}\int_0^b \left[\cos\left(\frac{(m+m')\pi y}{b}\right) - \cos\left(\frac{(m-m')\pi y}{b}\right)\right]dy \quad (4.1.252)$$

와 같이 되므로 $m \neq m'$인 경우에는

$$\begin{aligned}\int_0^b \sin\left(\frac{m\pi y}{b}\right)\sin\left(\frac{m'\pi y}{b}\right)dy &= -\frac{1}{2}\int_0^b \left[\cos\left(\frac{(m+m')\pi y}{b}\right) - \cos\left(\frac{(m-m')\pi y}{b}\right)\right]dy \quad (4.1.253)\\ &= -\frac{1}{2}\left[\frac{b}{(m+m')\pi}\sin\left(\frac{(m+m')\pi y}{b}\right) - \frac{b}{(m-m')\pi}\sin\left(\frac{(m-m')\pi y}{b}\right)\right]_0^b \\ &= 0 \quad (m \neq m')\end{aligned}$$

이 되고, $m = m'$인 경우에는

$$\begin{aligned}\int_0^b \sin\left(\frac{m\pi y}{b}\right)\sin\left(\frac{m\pi y}{b}\right)dy &= -\frac{1}{2}\int_0^b \left[\cos\left(\frac{2m\pi y}{b}\right) - 1\right]dy \quad (4.1.254)\\ &= -\frac{1}{2}\left[\frac{b}{2m\pi}\sin\left(\frac{2m\pi y}{b}\right) - y\right]_0^b \\ &= \frac{b}{2} \quad (m = m')\end{aligned}$$

가 된다. 그러므로 사인함수의 적분은 직교성을 가지고 있으며 크로네커 델타를 써서 다음과 같이 쓸 수 있다.

$$\frac{2}{b}\int_0^b \sin\left(\frac{m\pi y}{b}\right)\sin\left(\frac{m'\pi y}{b}\right)dy = \delta_{mm'} \quad (4.1.255)$$

이 결과를 이용하면 식(4.1.251)은 다음과 같이 된다.

$$\frac{2}{b}\int_0^b f(x,y)\sin\left(\frac{m'\pi y}{b}\right)dy = \sum_{\ell=1}^{\infty}\sum_{m=1}^{\infty} Z_{\ell m}\sin\left(\frac{\ell\pi x}{a}\right)\delta_{mm'} = \sum_{\ell=1}^{\infty} Z_{\ell m'}\sin\left(\frac{\ell\pi x}{a}\right) \tag{4.1.256}$$

이제 이 식에 $\sin(\ell'\pi x/a)$를 곱하고 구간 $[0, a]$에서 x에 대하여 적분을 하여 다음의 결과를 얻어보자.

$$\frac{2}{b}\int_0^a \sin\left(\frac{\ell'\pi x}{a}\right)\left[\int_0^b f(x,y)\sin\left(\frac{m'\pi y}{b}\right)dy\right]dx = \frac{2}{b}\int_0^a\int_0^b f(x,y)\sin\left(\frac{\ell'\pi x}{a}\right)\sin\left(\frac{m'\pi y}{b}\right)dxdy = \sum_{l=1}^{\infty} Z_{\ell m'}\int_0^a \sin\left(\frac{\ell\pi x}{a}\right)\sin\left(\frac{\ell'\pi x}{a}\right)dx \tag{4.1.257}$$

위의 식에서 마지막 적분은 크로네터 델타로 표현할 수 있다. 즉,

$$\frac{2}{a}\int_0^a \sin\left(\frac{\ell\pi x}{a}\right)\sin\left(\frac{\ell'\pi x}{a}\right)dx = \delta_{\ell\ell'} \tag{4.1.258}$$

이므로, 전개계수 $Z_{\ell' m'}$을 다음과 같이 구할 수 있다.

$$\frac{4}{ab}\int_0^a\int_0^b f(x,y)\sin\left(\frac{\ell'\pi x}{a}\right)\sin\left(\frac{m'\pi y}{b}\right)dxdy = \sum_{\ell=1}^{\infty} Z_{\ell m'}\delta_{\ell\ell'} = Z_{\ell' m'} \tag{4.1.259}$$

식(4.1.205)에서 $t' = Dt$라고 놓았으므로 구간 $0 \le x \le a$와 $0 \le y \le b$에서 정의된 2차원 평면 확산방정식인 식(4.1.204)의 해인 농도함수 $n(x,y,t)$는 다음과 같이 이중 푸리에 급수(double Fourier series)로 주어지게 된다.

$$n(x,y,t) = \sum_{\ell=1}^{\infty}\sum_{m=1}^{\infty} Z_{\ell m}\sin\left(\frac{\ell\pi x}{a}\right)\sin\left(\frac{m\pi y}{b}\right)\exp\left[-\left(\frac{\ell^2}{a^2}+\frac{m^2}{b^2}\right)\pi^2 D t\right] \tag{4.1.260}$$

여기서 전개계수 $Z_{\ell m}$은 식(4.1.259)에서와 같이 초기분포 $n(x, y, t = 0) = f(x, y)$를 포함한 이중 적분(double integral)을 계산하여 구할 수 있다.

4.1.11 감마함수 $\Gamma(1/2) = \int_{-\infty}^{\infty} e^{-x^2} dx$ 계산 (Evaluation of $\Gamma(1/2)$)

감마함수는 여러 계산에서 매우 유용하게 쓰이므로 4.1절을 마치기 전에 지금까지 여러 번 나온 적이 있는 감마함수 $\Gamma(1/2)$의 계산을 세 가지 다른 방법으로 연습해 보자.

1. 첫 번째 방법은 $\Gamma(1/2) = \int_{-\infty}^{\infty} e^{-x^2} dx$를 제곱하고 좌표계를 바꾸어주는 것이다. $\Gamma(1/2)$의 제곱 $[\Gamma(1/2)]^2$은 다음과 같이 쓸 수 있다.

$$[\Gamma(1/2)]^2 = \left(\int_{-\infty}^{\infty} e^{-x^2} dx\right)\left(\int_{-\infty}^{\infty} e^{-y^2} dy\right) \tag{4.1.261}$$

적분변수 x와 y를 극좌표계(polar coordinates)의 변수들을 이용하여 각각 $x = r\cos\theta$와 $y = r\sin\theta$로 치환하면 $dx\,dy$는 야코비안 $J(r, \theta)$를 사용하여 극좌표계의 변수들로 바꿀 수 있다.

$$\begin{aligned} dx\,dy &= J(r, \theta)\,dr\,d\theta \\ &= \left|\frac{\partial(x, y)}{\partial(r, \theta)}\right| dr\,d\theta \\ &= \begin{vmatrix} \dfrac{\partial x}{\partial r} & \dfrac{\partial y}{\partial r} \\ \dfrac{\partial x}{\partial \theta} & \dfrac{\partial y}{\partial \theta} \end{vmatrix} dr\,d\theta \\ &= \begin{vmatrix} \cos\theta & \sin\theta \\ -r\sin\theta & r\cos\theta \end{vmatrix} dr\,d\theta \\ &= \left(r\cos^2\theta + r\sin^2\theta\right) dr\,d\theta \\ &= r\,dr\,d\theta \end{aligned} \tag{4.1.262}$$

그러므로 $[\Gamma(1/2)]^2$은 다음과 같이 된다.

$$\begin{aligned}[\Gamma(1/2)]^2 &= \int_{-\infty}^{\infty}\int_{-\infty}^{\infty} e^{-(x^2+y^2)}\,dx\,dy \\ &= \int_0^{\infty}\int_0^{2\pi} e^{-r^2} r\,dr d\theta \\ &= 2\pi\int_0^{\infty} e^{-r^2} r\,dr \\ &= 2\pi\left[-\frac{1}{2}e^{-r^2}\right]_0^{\infty} \\ &= \pi\end{aligned} \tag{4.1.263}$$

감마함수 $\Gamma(1/2) = \int_{-\infty}^{\infty} e^{-x^2}dx$은 양수이므로 다음의 결과를 얻는다.

$$\Gamma(1/2) = \int_{-\infty}^{\infty} e^{-x^2}dx = \sqrt{\pi} \tag{4.1.264}$$

2. 두 번째 방법은 $\Gamma(1/2) = \int_{-\infty}^{\infty} e^{-x^2}dx$를 제곱하고 우함수의 성질을 이용한다. 식 (4.1.261)에서 e^{-x^2}과 e^{-y^2}이 모두 우함수이므로 $[\Gamma(1/2)]^2$은 다음과 같이 된다.

$$[\Gamma(1/2)]^2 = \left(2\int_0^{\infty} e^{-x^2}dx\right)\left(2\int_0^{\infty} e^{-y^2}dy\right) \tag{4.1.265}$$

여기서 $y = x\xi$로 놓으면

$$[\Gamma(1/2)]^2 = 4\int_0^\infty e^{-x^2}dx \int_0^\infty e^{-x^2\xi^2} x\, d\xi \tag{4.1.266}$$

$$= 4\int_0^\infty d\xi \int_0^\infty e^{-x^2(\xi^2+1)} x\, dx$$

$$= 4\int_0^\infty \left[-\frac{1}{2(\xi^2+1)} e^{-x^2(\xi^2+1)}\right]_{x=0}^{x=\infty} d\xi$$

$$= 2\int_0^\infty \frac{d\xi}{\xi^2+1}$$

가 되는데, 다시 $\xi = \tan\alpha$로 치환하면

$$[\Gamma(1/2)]^2 = 2\int_0^\infty \frac{d\xi}{\xi^2+1} \tag{4.1.267}$$

$$= 2\int_0^{\pi/2} \frac{\sec^2\alpha}{\tan^2\alpha + 1} d\alpha$$

$$= 2\int_0^{\pi/2} d\alpha$$

$$= 2 \times \frac{\pi}{2} = \pi$$

가 된다. 감마함수 $\Gamma(1/2)$는 양수이므로 다음의 결과를 얻는다.

$$\Gamma(1/2) = \int_{-\infty}^\infty e^{-x^2}dx = \sqrt{\pi} \tag{4.1.268}$$

3. 세 번째 방법은 특별한 함수를 정의하고 이로부터 감마함수를 끌어내는 것이다. 다음과 같이 함수 $J(\beta)$를 정의하자.

$$J(\beta) = \int_0^\infty \frac{e^{-\beta^2(x^2+1)}}{x^2+1} dx \tag{4.1.269}$$

이 식의 양변을 β로 미분을 하고 다시 적분을 해보자. 먼저 β로 미분을 하면 다음과 같이 된다.

$$\begin{aligned}\frac{dJ(\beta)}{d\beta} &= \frac{\partial}{\partial\beta}\int_0^\infty \frac{e^{-\beta^2(x^2+1)}}{x^2+1}dx \\ &= -2\beta e^{-\beta^2}\int_0^\infty e^{-\beta^2x^2}dx \\ &= -2\beta e^{-\beta^2}\int_0^\infty e^{-\alpha^2}\frac{1}{\beta}d\alpha \quad (\beta x = \alpha) \\ &= -2e^{-\beta^2}\int_0^\infty e^{-\alpha^2}d\alpha\end{aligned} \tag{4.1.270}$$

이제 이 식의 양변을 $\int_0^\infty d\beta$로 적분을 해보자.

$$\begin{aligned}\int_0^\infty \frac{dJ(\beta)}{d\beta}d\beta &= [J(\beta)]_0^\infty \\ &= [J(\infty) - J(0)] \\ &= -2\left(\int_0^\infty e^{-\beta^2}d\beta\right)\left(\int_0^\infty e^{-\alpha^2}d\alpha\right)\end{aligned} \tag{4.1.271}$$

식(4.1.269)에 정의된 함수 $J(\beta)$로부터 $J(\infty) = 0$, $J(0) = \int_0^\infty \frac{dx}{x^2+1}$임을 알 수 있고 감마함수는 $\Gamma(1/2) = \int_{-\infty}^\infty e^{-\alpha^2}d\alpha = 2\int_0^\infty e^{-\alpha^2}d\alpha$ 이므로 식(4.1.269)을 다음과 같은 식으로 바꿀 수 있다.

$$\begin{aligned}-J(0) &= -\int_0^\infty \frac{dx}{x^2+1} \\ &= -2\left[\frac{\Gamma(1/2)}{2}\right]\left[\frac{\Gamma(1/2)}{2}\right]\end{aligned} \tag{4.1.272}$$

그러므로 $[\Gamma(1/2)]^2$은

$$
\begin{aligned}
[\Gamma(1/2)]^2 &= 2\int_0^\infty \frac{dx}{x^2+1} \\
&= 2\int_0^{\pi/2} \frac{\sec^2\mu}{\tan\mu^2+1} d\mu \quad (x = \tan\mu) \\
&= 2\int_0^{\pi/2} d\mu \\
&= 2 \times \frac{\pi}{2} = \pi
\end{aligned}
\tag{4.1.273}
$$

와 같이 계산이 되므로 다음의 결과를 얻는다.

$$
\Gamma(1/2) = \int_{-\infty}^{\infty} e^{-x^2} dx = \sqrt{\pi} \tag{4.1.274}
$$

이상으로 감마함수 $\Gamma(1/2)$을 계산하는 여러 방법을 알아보았다. 계승함수로서의 감마함수의 일반적인 성질과 함께 $\Gamma(1/2)$의 값을 잘 기억해 두면 편리할 때가 많을 것이다.

4.2 양자역학 (Quantum mechanics)

양자역학에서 푸리에 해석을 응용하는 문제라고 하면 제일 먼저 생각나는 것이 위치 공간(position space)에서의 파동함수를 푸리에 변환하여 운동량 공간(momentum space)에서의 파동함수로 나타내는 것일 것이다. 이에 관하여 자세히 살펴보자.

4.2.1 운동량 공간에서의 파동함수 (Wave functions in momentum space): 푸리에 변환 이용

1차원 위치 x-공간에서의 양자역학적 파동함수를 $\psi(x)$라고 하고 1차원 운동량 p-공간에서의 양자역학적 파동함수를 $g(p)$라고 하면 $\psi(x)$의 $g(p)$로의 푸리에 변환을 다음과 같이 쓸 수 있다.

$$g(p) = \frac{1}{\sqrt{2\pi\hbar}} \int_{-\infty}^{\infty} \psi(x) e^{-ipx/\hbar} dx \tag{4.2.1}$$

여기서 x는 위치, $p(=\hbar k)$는 운동량, $k(=2\pi/\lambda)$는 파수, λ는 파장, 그리고 $\hbar$는 플랑크 상수(Planck constant) $h(\approx 6.62607 \times 10^{-34}\,\mathrm{J \cdot s})$를 2π로 나눈 값으로서 $\hbar(=h/2\pi) \approx 1.05457 \times 10^{-34}\,\mathrm{J \cdot s}$이다. $g(p)$의 $\psi(x)$로의 푸리에 변환인 역 푸리에 변환은 다음과 같다.

$$\psi(x) = \frac{1}{\sqrt{2\pi\hbar}} \int_{-\infty}^{\infty} g(p) e^{ipx/\hbar} dp \tag{4.2.2}$$

식(4.2.1)에서 적분변수 x를 x'으로 대치하여 식(4.2.2)에 대입하면 다음과 같이 된다.

$$\begin{aligned} \psi(x) &= \frac{1}{\sqrt{2\pi\hbar}} \int_{-\infty}^{\infty} \left[\frac{1}{\sqrt{2\pi\hbar}} \int_{-\infty}^{\infty} \psi(x') e^{-ipx'/\hbar} dx' \right] e^{ipx/\hbar} dp \qquad (4.2.3) \\ &= \int_{-\infty}^{\infty} \psi(x') \left[\frac{1}{2\pi\hbar} \int_{-\infty}^{\infty} e^{ip(x-x')/\hbar} dp \right] dx' \\ &= \int_{-\infty}^{\infty} \psi(x') \delta(x-x') dx' \end{aligned}$$

그러므로 1차원 디랙 델타함수 $\delta(x-x')$을 다음과 같이 정의할 수 있다.

$$\delta(x-x') = \frac{1}{2\pi\hbar} \int_{-\infty}^{\infty} e^{ip(x-x')/\hbar} dp \tag{4.2.4}$$

1차원 운동량 p-공간에서 운동량의 기댓값(expectation value) $\langle p \rangle$는 다음과 같이 정의된다.

$$\langle p \rangle = \int_{-\infty}^{\infty} g^*(p)\, p\, g(p)\, dp \tag{4.2.5}$$

이 식에 $g(p)$와 이 함수의 복소켤레(복소공액) $g^*(p)$을 대입하고 부분적분을 하면 다음과 같이 쓸 수 있다.

$$\begin{aligned}\langle p \rangle &= \frac{1}{2\pi\hbar}\iiint p\, e^{-ip(x-x')/\hbar}\psi^*(x')\psi(x)dp\,dx'dx \\ &= \frac{1}{2\pi\hbar}\iiint \frac{d}{dx}\left[-\frac{\hbar}{i}e^{-ip(x-x')/\hbar}\right]\psi^*(x')\psi(x)dp\,dx'dx \\ &= \frac{1}{2\pi\hbar}\iint \left[-\frac{\hbar}{i}e^{-ip(x-x')/\hbar}\psi^*(x')\psi(x)\right]_{-\infty}^{\infty}dp\,dx' \\ &\quad + \frac{1}{2\pi\hbar}\iiint e^{-ip(x-x')/\hbar}dp\,\psi^*(x')\frac{\hbar}{i}\frac{d}{dx}\psi(x)dx'\,dx\end{aligned} \tag{4.2.6}$$

물리적으로 함수 $\psi(x)$가 $x \to \pm\infty$일 때 $\psi(x) \to 0$인 참한 함수가 되어야 하므로 식(4.2.6)의 마지막 계산에서 첫 번째 항의 대괄호의 값은 0이 되고, 두 번째 항에 1차원 델타함수 $\delta(x-x')$의 정의식인 식(4.2.4)를 적용하면 운동량의 기댓값 $\langle p \rangle$는 다음과 같이 된다.

$$\begin{aligned}\langle p \rangle &= \iint_{-\infty}^{\infty} \delta(x-x')\psi^*(x')\frac{\hbar}{i}\frac{d}{dx}\psi(x)\,dx'dx \\ &= \int_{-\infty}^{\infty}\psi^*(x)\frac{\hbar}{i}\frac{d}{dx}\psi(x)\,dx \\ &= \int_{-\infty}^{\infty}\psi^*(x)\,p_{op}\,\psi(x)\,dx\end{aligned} \tag{4.2.7}$$

여기서 p_{op}는 1차원 위치 x-공간에서 운동량 연산자(momentum operator)이며 다음과 같이 정의되었다.

$$p_{op} = \frac{\hbar}{i}\frac{d}{dx} \tag{4.2.8}$$

그러므로 1차원에서 운동량의 기댓값 $\langle p \rangle$는 운동량과 위치의 각 공간에서 다음과 같이 표현할 수 있다.

$$\begin{aligned} \langle p \rangle &= \int_{-\infty}^{\infty} g^*(p)\, p\, g(p)\, dp \\ &= \int_{-\infty}^{\infty} \psi^*(x)\, p_{op}\, \psi(x)\, dx \end{aligned} \tag{4.2.9}$$

참고로, 삼차원의 경우에는 운동량 연산자 벡터 $\mathbf{p}_{op}$는 $\mathbf{p}_{op} = \frac{\hbar}{i}\nabla$로 정의된다.

파동함수를 구하는 두 가지 예를 들어보자.

1. 첫 번째 예로, 1차원 위치 x-공간에서의 파동함수 $\psi(x)$가 다음과 같이 주어졌을 때 운동량 p-공간에서의 파동함수 $g(p)$를 구해보자.

$$\psi(x) = \left(\frac{\alpha}{\pi}\right)^{1/4} e^{-\frac{\alpha x^2}{2}} \tag{4.2.10}$$

여기서 $\alpha(>0)$는 상수이다. 1차원 운동량 p-공간에서의 파동함수 $g(p)$는 푸리에 변환을 이용하여 다음과 같이 계산할 수 있다.

$$g(p) = \frac{1}{\sqrt{2\pi\hbar}} \int_{-\infty}^{\infty} \psi(x) e^{-ipx/\hbar} dx \tag{4.2.11}$$

$$= \frac{1}{\sqrt{2\pi\hbar}} \left(\frac{\alpha}{\pi}\right)^{1/4} \int_{-\infty}^{\infty} e^{-\alpha x^2/2} e^{-ipx/\hbar} dx$$

$$= \frac{1}{\sqrt{2\pi\hbar}} \left(\frac{\alpha}{\pi}\right)^{1/4} e^{-\frac{p^2}{2\alpha\hbar^2}} \int_{-\infty}^{\infty} e^{-\frac{\alpha}{2}\left(x + \frac{ip}{\alpha\hbar}\right)^2} dx$$

$$= \frac{1}{\sqrt{2\pi\hbar}} \left(\frac{\alpha}{\pi}\right)^{1/4} e^{-\frac{p^2}{2\alpha\hbar^2}} \left(\frac{2}{\alpha}\right)^{1/2} \int_{-\infty}^{\infty} e^{-X^2} dX$$

$$= \frac{1}{\sqrt{2\pi\hbar}} \left(\frac{\alpha}{\pi}\right)^{1/4} e^{-\frac{p^2}{2\alpha\hbar^2}} \left(\frac{2}{\alpha}\right)^{1/2} \sqrt{\pi}$$

$$= \left(\frac{1}{\pi\alpha\hbar^2}\right)^{1/4} e^{-\frac{p^2}{2\alpha\hbar^2}}$$

위의 계산에서 $X = (\alpha/2)^{1/2}(x + ip/\alpha\hbar)$로 놓았고 $\Gamma(1/2) = \int_{-\infty}^{\infty} e^{-X^2} dX = \sqrt{\pi}$를 사용하였다. 감마함수 $\Gamma(1/2)$의 계산을 여러 가지 방법으로 4.1.11절에서 자세히 다루었으니 참고하길 바란다.

이제 1차원 위치 x-공간에서의 파동함수 $\psi(x)$와 1차원 운동량 p-공간에서의 파동함수 $g(p)$를 이용하여 각 공간에서 퍼짐(spread)을 알아보기로 하자. x-공간에서의 퍼짐은 식(4.2.10)에서 $e^{-\alpha x^2/2} = e^{-1}$이 되는 두 지점 사이의 폭에 해당되므로 $\Delta x = 2\sqrt{2}/\sqrt{\alpha}$이고, p-공간에서의 퍼짐은 식(4.2.11)에서 $e^{-p^2/2\alpha\hbar^2} = e^{-1}$이 되는 두 지점 사이의 폭이므로 $\Delta p = 2\sqrt{2\alpha}\,\hbar$가 된다. 여기서 흥미로운 점은 두 공간에서의 퍼짐의 값을 곱하면 $\Delta x \Delta p = 8\hbar$가 되어 상수 $\alpha(>0)$와는 무관하게 된다는 것이다. 이것을 양자역학에서 하이젠베르크(Heisenberg)의 불확정성 원리(uncertainty principle)라고 부르며, 양자역학의 바탕을 이루는 매우 중요한 원리가 된다.

2. 두 번째 예로, 운동량 제곱의 기대치 $\langle p^2 \rangle$을 1차원 운동량 p-공간에서의 파동함수 $g(p)$와 1차원 위치 x-공간에서의 파동함수 $\psi(x)$를 이용하여 각각 구해보자. 먼저 식(4.2.11)에서 구한 1차원 운동량 공간에서의 파동함수 $g(p)$를 이용하면 $\langle p^2 \rangle$을 다음과

같이 계산할 수 있다.

$$\begin{aligned}\langle p^2 \rangle &= \int_{-\infty}^{\infty} g^*(p)\, p^2\, g(p)\, dp \\ &= \left(\frac{1}{\pi\alpha\hbar^2}\right)^{1/2} \int_{-\infty}^{\infty} p^2 e^{-p^2/\alpha\hbar^2} dp \\ &= \left(\frac{1}{\pi\alpha\hbar^2}\right)^{1/2} (\alpha\hbar^2)^{3/2} \int_{-\infty}^{\infty} P^2 e^{-P^2} dP \\ &= \left(\frac{1}{\pi\alpha\hbar^2}\right)^{1/2} (\alpha\hbar^2)^{3/2} \Gamma(3/2) \\ &= \frac{\alpha\hbar^2}{2}\end{aligned} \tag{4.2.12}$$

여기서 $P = \dfrac{p}{\sqrt{\alpha}\,\hbar}$ 로 놓았으며 감마함수

$$\Gamma(z) = 2\int_{0}^{\infty} P^{2z-1} e^{-P^2} dP \tag{4.2.13}$$

의 정의를 이용하여 $\Gamma(3/2) = (1/2)\Gamma(1/2) = \sqrt{\pi}/2$ 를 계산하였다.

1차원 위치 x-공간에서의 파동함수 $\psi(x)$를 이용하면 운동량 제곱의 기댓값 $\langle p^2 \rangle$을 구할 수 있다.

$$\begin{aligned}\langle p^2 \rangle &= \int_{-\infty}^{\infty} \psi^*(x)\, p_{op}^2\, \psi(x)\, dx \\ &= \int_{-\infty}^{\infty} \psi^*(x) \left(\frac{\hbar}{i}\frac{d}{dx}\right)^2 \psi(x) dx\end{aligned} \tag{4.2.14}$$

여기서 $\psi(x) = (\alpha/\pi)^{1/4} e^{-\alpha x^2/2}$이므로

$$\frac{d^2\psi(x)}{dx^2} = -\alpha\psi(x) + (\alpha x)^2\psi(x) \tag{4.2.15}$$

가 된다. 그러므로 $\langle p^2 \rangle$은 다음과 같이 구할 수 있다.

$$\begin{aligned}
\langle p^2 \rangle &= -\hbar^2 \int_{-\infty}^{\infty} \psi^*(x)[-\alpha\psi(x) + (\alpha x)^2\psi(x)]dx \\
&= -\hbar^2\left[-\alpha\int_{-\infty}^{\infty}|\psi(x)|^2dx + \alpha^2\int_{-\infty}^{\infty}|\psi(x)|^2dx\right] \\
&= -\hbar^2\left[-\alpha\left(\frac{\alpha}{\pi}\right)^{1/2}\int_{-\infty}^{\infty}e^{-\alpha x^2}dx + \alpha^2\left(\frac{\alpha}{\pi}\right)^{1/2}\int_{-\infty}^{\infty}x^2e^{-\alpha x^2}dx\right] \\
&= -\hbar^2\left[-\alpha\left(\frac{\alpha}{\pi}\right)^{1/2}\frac{1}{\alpha^{1/2}}\int_{-\infty}^{\infty}e^{-Y^2}dY + \alpha^2\left(\frac{\alpha}{\pi}\right)^{1/2}\frac{1}{\alpha^{3/2}}\int_{-\infty}^{\infty}Y^2e^{-Y^2}dY\right] \\
&= -\hbar^2\left[-\alpha\left(\frac{\alpha}{\pi}\right)^{1/2}\frac{1}{\alpha^{1/2}}\Gamma(1/2) + \alpha^2\left(\frac{\alpha}{\pi}\right)^{1/2}\frac{1}{\alpha^{3/2}}\Gamma(3/2)\right] \\
&= \frac{\alpha\hbar^2}{2}
\end{aligned} \tag{4.2.16}$$

여기서 $Y = \sqrt{\alpha}\,x$로 놓았고 감마함수는 $\Gamma(1/2) = \sqrt{\pi}$와 $\Gamma(3/2) = (1/2)\Gamma(1/2) = \sqrt{\pi}/2$가 되는 것을 이용하였다. 따라서 운동량 제곱의 기댓값 $\langle p^2 \rangle$를 1차원 운동량 p-공간에서 구한 값과 1차원 위치 x-공간에서 구한 값이 동일하다는 것을 알 수 있다.

이제 3차원 파동함수도 고려해 보자. 3차원 위치 $\mathbf{r}$-공간에서의 양자역학적 파동함수를 $\psi(\mathbf{r})$라고 하고 3차원 운동량 $\mathbf{p}$-공간에서의 양자역학적 파동함수를 $g(\mathbf{p})$라고 하면 $\psi(\mathbf{r})$에서 $g(\mathbf{p})$로의 3차원 푸리에 변환은 다음과 같다.

$$g(\mathbf{p}) = \frac{1}{(2\pi\hbar)^{3/2}}\iiint \psi(\mathbf{r})\,e^{-i\mathbf{p}\cdot\mathbf{r}/\hbar}d^3r \tag{4.2.17}$$

여기서 $\mathbf{r}$은 3차원 위치벡터, $\mathbf{p}(=\hbar\mathbf{k})$는 3차원 운동량변수, $\mathbf{k}$는 파수벡터이다. 그리고 $g(\mathbf{p})$에서 $\psi(\mathbf{r})$으로의 푸리에 변환, 즉 역 푸리에 변환은

$$\psi(\mathbf{r}) = \frac{1}{(2\pi\hbar)^{3/2}}\iiint g(\mathbf{p})\,e^{i\mathbf{p}\cdot\mathbf{r}/\hbar}d^3p \tag{4.2.18}$$

와 같이 된다. 식(4.2.17)에서 적분변수 r을 r′로 바꾸고 식(4.2.18)에 대입하면 다음과 같이 된다.

$$\psi(\mathrm{r}) = \frac{1}{(2\pi\hbar)^{3/2}}\iiint\left[\frac{1}{(2\pi\hbar)^{3/2}}\iiint\psi(\mathrm{r}')e^{-i\mathrm{p}\cdot\mathrm{r}'/\hbar}d^3r'\right]e^{i\mathrm{p}\cdot\mathrm{r}/\hbar}d^3p \quad (4.2.19)$$

$$= \iiint\psi(\mathrm{r}')\left[\frac{1}{(2\pi\hbar)^3}\iiint e^{i\mathrm{p}\cdot(\mathrm{r}-\mathrm{r}')/\hbar}d^3p\right]d^3r'$$

$$= \iiint\psi(\mathrm{r}')\delta(\mathrm{r}-\mathrm{r}')d^3r'$$

그러므로 3차원 디랙 델타함수(three-dimensional Dirac delta function) $\delta^{(3)}(\mathrm{r}-\mathrm{r}')$을 다음과 같이 정의할 수 있다.

$$\delta^{(3)}(\mathrm{r}-\mathrm{r}') = \frac{1}{(2\pi\hbar)^3}\iiint e^{i\mathrm{p}\cdot(\mathrm{r}-\mathrm{r}')/\hbar}d^3p \quad (4.2.20)$$

여기서 윗 첨자로 쓰인 (3)의 표시는 3차원임을 강조하기 위한 것으로 생략하여도 무방하다.

3. 세 번째 예로, 3차원 위치 r-공간에서의 수소 원자의 기저상태(ground state)인 $1s$ 파동함수 $\psi_{1s}(\mathrm{r})$이 주어졌을 때, 이를 이용하여 3차원 운동량 p-공간에서의 기저상태 파동함수 $g_{1s}(\mathrm{p})$를 구해보자. 파동함수 $\psi_{1s}(\mathrm{r})$은 다음과 같다.

$$\psi_{1s}(\mathrm{r}) = \left(\frac{1}{\pi a_0^3}\right)^{1/2}e^{-\frac{r}{a_0}} \quad (4.2.21)$$

여기서 $a_0(=\hbar^2/me^4)$는 보어반경(Bohr radius)이고, m은 전자의 질량, e는 전자의 전하이다. 3차원 운동량 p-공간에서의 파동함수 $g_{1s}(\mathrm{p})$는 $\psi_{1s}(\mathrm{r})$의 푸리에 변환이므로

$$g_{1s}(\mathrm{p}) = \frac{1}{(2\pi\hbar)^{3/2}}\left(\frac{1}{\pi a_0^3}\right)^{1/2} \iiint e^{-r/a_0} e^{-i\mathrm{p}\cdot\mathrm{r}/\hbar} d^3 r \tag{4.2.22}$$

$$= \frac{1}{(2\pi\hbar)^{3/2}}\left(\frac{1}{\pi a_0^3}\right)^{1/2} I(p)$$

와 같이 된다. 여기서 적분 $I(p)$는 다음과 같이 정의되었다.

$$I(p) = \iiint e^{-r/a_0} e^{-i\mathrm{p}\cdot\mathrm{r}/\hbar} d^3 r \tag{4.2.23}$$

구면좌표계(spherical coordinates)를 이용하여 적분 $I(p)$를 계산 해보자. 운동량 벡터 p를 z-축의 양의 방향으로 잡으면 $\mathrm{p}\cdot\mathrm{r} = pr\cos\theta$이 되고, 체적소(volume element)는 $d^3 r = r^2 dr \sin\theta\, d\theta\, d\phi$이 된다. 여기서 θ는 극각(polar angle), ϕ는 방위각(azimuthal angle)이다. 그러므로 $I(p)$를 다음과 같이 계산할 수 있다.

$$I(p) = \int_0^\infty r^2 dr \int_0^\pi \sin\theta\, d\theta \int_0^{2\pi} d\phi\, e^{-r/a_0} e^{-ipr\cos\theta/\hbar} \tag{4.2.24}$$

$$= 2\pi \int_0^\infty r^2 dr\, e^{-r/a_0} \left(\int_{-1}^{1} d\xi\, e^{-ipr\xi/\hbar} \right) \quad (\xi = \cos\theta)$$

$$= 2\pi \frac{i\hbar}{p} \int_0^\infty dr\, r \left[e^{-r(1/a_0 + ip/\hbar)} - e^{-r(1/a_0 - ip/\hbar)} \right]$$

$$= 2\pi \frac{i\hbar}{p} \left[\frac{\Gamma(2)}{(1/a_0 + ip/\hbar)^2} - \frac{\Gamma(2)}{(1/a_0 - ip/\hbar)^2} \right]$$

$$= \frac{8\pi a_0^3 \hbar^4}{\left(a_0^2 p^2 + \hbar^2\right)^2}$$

따라서 3차원 운동량 p-공간에서의 수소 원자의 기저상태 파동함수 $g_{1s}(\mathrm{p})$를 다음과 같이 구할 수 있다.

$$g_{1s}(\mathrm{p}) = \frac{2^{3/2}}{\pi} \frac{a_0^{3/2} \hbar^{5/2}}{\left(a_0^2 p^2 + \hbar^2\right)^2} \tag{4.2.25}$$

위의 계산에서 사용된 감마함수의 정의는

$$\Gamma(z) = \int_0^\infty e^{-r} r^{z-1} dr \tag{4.2.26}$$

이며, $\Gamma(2) = 1$인 결과를 이용하였다. 식(4.2.13)에서 $P = \sqrt{r}$로 치환을 하면 식(4.2.26)을 보일 수 있다.

$$\Gamma(z) = 2\int_0^\infty P^{2z-1} e^{-P^2} dP = \int_0^\infty r^{z-1} e^{-r} dr \tag{4.2.27}$$

4.2.2 해밀토니안 행렬요소 (Hamiltonian matrix element): 푸리에 변환 이용

양자역학의 섭동이론(perturbation theory)에서 자주 언급되는 해밀토니안 행렬요소(Hamiltonian matrix element)를 디랙 표현(Dirac notation)으로 나타내면 다음과 같다.

$$\langle f | H_{op} | i \rangle = \iiint \psi_f^*(\mathrm{r}) H_{op} \psi_i(\mathrm{r}) d^3r \tag{4.2.28}$$

여기서 $| i \rangle = \psi_i(\mathrm{r})$는 입자의 초기 양자상태의 파동함수이고 $| f \rangle = \psi_f(\mathrm{r})$는 최종 양자상태의 파동함수이다. 그리고 H_{op}는 섭동과 관련된 해밀토니안 연산자(Hamiltonian operator)이다. 여기서 제1 보른 근사(the first Born approximation)의 경우를 생각해 보자. 간단히 설명하자면 보른 근사에서는 초기 양자상태와 최종 양자상태를 평면파로 고려하는 경우를 말한다. 한 변의 길이가 L인 정육면체 속에 입자가 존재한다고 가정하자. 보른 근사의 초기 양자상태의 파동함수 $\psi_i(\mathrm{r})$와 최종 양자상태의 파동함수 $\psi_f(\mathrm{r})$를 각각 다음과 같이 나타내자.

$$\psi_i(\mathrm{r}) = \frac{1}{\sqrt{L^3}} e^{i\mathrm{k}_i \cdot \mathrm{r}}, \qquad \psi_f(\mathrm{r}) = \frac{1}{\sqrt{L^3}} e^{i\mathrm{k}_f \cdot \mathrm{r}} \tag{4.2.29}$$

여기서 $\mathbf{k}_i$는 초기 파수벡터이고 $\mathbf{k}_f$는 최종 파수벡터를 나타낸다. 이 경우에 해밀토니안 행렬요소는 다음과 같이 된다.

$$\langle f | H_{op} | i \rangle = \frac{1}{L^3} \iiint e^{-i\mathbf{k}_f \cdot \mathbf{r}} H_{op} e^{i\mathbf{k}_i \cdot \mathbf{r}} d^3r \tag{4.2.30}$$

첫 번째 예로, 섭동 해밀토니안 H_{op}가 쿨롱 퍼텐셜인 경우를 보자.

$$H_{op} = V_{PC}(r) = \frac{1}{4\pi\epsilon_0} \frac{Q_1 Q_2}{r} \tag{4.2.31}$$

여기서 ϵ_0는 진공의 유전율(dielectric permittivity of vacuum)이고 Q_1과 Q_2는 상호 작용하는 두 입자의 전하량들이다. 이 경우에 해밀토니안 행렬요소는 다음과 같이 쓸 수 있다.

$$\begin{aligned} \langle f | V_{PC} | i \rangle &= \frac{Q_1 Q_2}{4\pi\epsilon_0 L^3} \iiint e^{i\mathbf{q} \cdot \mathbf{r}} \frac{1}{r} d^3r \\ &= \frac{Q_1 Q_2}{4\pi\epsilon_0 L^3} I_{PC}(q) \end{aligned} \tag{4.2.32}$$

여기서 $\mathbf{k}_i - \mathbf{k}_f = \mathbf{q}$ 이다. 따라서 적분 $I_{PC}(q)$는 다음과 같은 3차원 푸리에 변환이 된다.

$$I_{PC}(q) = \iiint e^{i\mathbf{q} \cdot \mathbf{r}} \frac{1}{r} d^3r \tag{4.2.33}$$

구면좌표계를 이용하면 적분 $I_{PC}(q)$를 쉽게 계산할 수 있다. 벡터 $\mathbf{q}$를 양의 z-축 방향으로 놓으면 $\mathbf{q} \cdot \mathbf{r} = qr\cos\theta$가 되고 체적소는 $d^3r = r^2 dr \sin\theta\, d\theta\, d\phi$이다. 여기서 θ는 극각, ϕ는 방위각이다. 그러므로 $I_{PC}(q)$는

$$I_{PC}(q) = \int_0^\infty r^2 dr \int_0^\pi \sin\theta\, d\theta \int_0^{2\pi} d\phi \, \frac{1}{r}\, e^{iqr\cos\theta} \tag{4.2.34}$$

$$= 2\pi \int_0^\infty r dr \left(\int_{-1}^{1} d\xi \, e^{iqr\xi} \right) \quad (\xi = \cos\theta)$$

$$= 2\pi \frac{1}{iq} \lim_{\mu \to 0^+} \int_0^\infty dr \left[e^{-r(\mu - iq)} - e^{-r(\mu + iq)} \right]$$

$$= 2\pi \frac{1}{iq} \lim_{\mu \to 0^+} \left[\frac{1}{(\mu - iq)} - \frac{1}{(\mu + iq)} \right]$$

$$= 2\pi \frac{1}{iq} \lim_{\mu \to 0^+} \frac{2iq}{(\mu^2 + q^2)}$$

$$= \frac{4\pi}{q^2}$$

와 같이 계산될 것이다. 이러한 적분 $I_{PC}(q)$를 베테-적분(Bethe-integral)이라고도 부르는데, 양자역학의 계산에서 자주 등장하는 적분이니 잘 기억해 두면 좋다.

$$I_{PC}(q) = \iiint e^{i\mathbf{q}\cdot\mathbf{r}} \frac{1}{r} d^3 r = \frac{4\pi}{q^2} \tag{4.2.35}$$

따라서 섭동 해밀토니안 연산자가 쿨롱 퍼텐셜인 경우에 보른 근사를 이용한 해밀토니안 행렬요소를 다음과 같이 구할 수 있다.

$$\langle f | V_{PC} | i \rangle = \frac{Q_1 Q_2}{4\pi\epsilon_0 L^3} \iiint e^{i\mathbf{q}\cdot\mathbf{r}} \frac{1}{r} d^3 r \tag{4.2.36}$$

$$= \frac{Q_1 Q_2}{4\pi\epsilon_0 L^3} \frac{4\pi}{q^2}$$

이번에는 다음과 같이 $I_{PC}(q)$에서 변형된 형태의 적분 $J_{PC}(q)$를 보자.

$$J_{PC}(q) = \iiint e^{i\mathbf{q}\cdot\mathbf{r}} \frac{1}{|\mathbf{r} - \mathbf{r}_1|} d^3 r \tag{4.2.37}$$

여기서 $\mathbf{r} - \mathbf{r}_1 = \mathbf{r}'$ 으로 놓으면 $J_{PC}(q)$는 식(4.2.35)을 통하여 손쉽게 계산할 수 있다.

$$J_{PC}(q) = e^{i\mathbf{q}\cdot\mathbf{r}_1}\iiint e^{i\mathbf{q}\cdot\mathbf{r}'}\frac{1}{r'}d^3r' = e^{i\mathbf{q}\cdot\mathbf{r}_1}I_{PC}(q) \tag{4.2.38}$$

즉, 변형된 형태의 적분 $J_{PC}(q)$는 다음과 같다.

$$J_{PC}(q) = e^{i\mathbf{q}\cdot\mathbf{r}_1}\frac{4\pi}{q^2} \tag{4.2.39}$$

두 번째 예로, 섭동 해밀토니안 H_{op}가 유카와 형태 퍼텐셜(Yukawa-type potential) 또는 가림 쿨롱 퍼텐셜(screened Coulomb potential)인 경우를 생각해 보자. H_{op}는 다음과 같다.

$$H_{op} = V_{SC}(r) = \frac{1}{4\pi\epsilon_0}\frac{Q_1Q_2}{r}e^{-r/D} \tag{4.2.40}$$

여기서 상수 $D(>0)$는 작용거리(interaction range) 혹은 가림거리(screening distance)라고 부른다. 이 경우에 해밀토니안 행렬요소는 다음과 같이 주어진다.

$$\begin{aligned}\langle f\,|\,V_{SC}\,|\,i\rangle &= \frac{Q_1Q_2}{4\pi\epsilon_0L^3}\iiint e^{i\mathbf{q}\cdot\mathbf{r}}\frac{1}{r}e^{-r/D}d^3r \\ &= \frac{Q_1Q_2}{4\pi\epsilon_0L^3}I_{SC}(q)\end{aligned} \tag{4.2.41}$$

여기서 적분 $I_{SC}(q)$는 다음과 같은 3차원 푸리에 변환이다.

$$I_{SC}(q) = \iiint e^{i\mathbf{q}\cdot\mathbf{r}}\frac{1}{r}e^{-r/D}d^3r \tag{4.2.42}$$

앞에서와 마찬가지로 여기서도 구면좌표계를 이용하면 적분 $I_{SC}(q)$를 손쉽게 계산할 수 있다.

$$I_{SC}(q) = \int_0^{\infty} r^2 dr \int_0^{\pi} \sin\theta \, d\theta \int_0^{2\pi} d\phi \, \frac{1}{r} e^{-r/D} e^{iqr\cos\theta} \tag{4.2.43}$$

$$= 2\pi \int_0^{\infty} r dr e^{-r/D} \left(\int_{-1}^{1} d\xi \, e^{iqr\xi} \right) \quad (\xi = \cos\theta)$$

$$= 2\pi \frac{1}{iq} \int_0^{\infty} dr \left[e^{-r(1/D - iq)} - e^{-r(1/D + iq)} \right]$$

$$= 2\pi \frac{1}{iq} \left[\frac{1}{(1/D - iq)} - \frac{1}{(1/D + iq)} \right]$$

$$= \frac{4\pi}{(q^2 + 1/D^2)}$$

따라서 가림 쿨롱 퍼텐셜인 경우 제1 보른 근사를 이용한 해밀토니안 행렬요소를 다음과 같이 얻을 수 있다.

$$\langle f \,|\, V_{SC} \,|\, i \rangle = \frac{Q_1 Q_2}{4\pi\epsilon_0 L^3} \iiint e^{i\mathbf{q}\cdot\mathbf{r}} \frac{1}{r} e^{-r/D} d^3 r \tag{4.2.44}$$

$$= \frac{Q_1 Q_2}{4\pi\epsilon_0 L^3} \frac{4\pi}{(q^2 + 1/D^2)}$$

4.2.3 산란 진폭 (Scattering amplitude): 푸리에 변환 이용

양자역학의 산란이론(scattering theory)에서 많이 언급되는 미분 산란단면적(differential scattering cross section) $d\sigma$와 산란 진폭(scattering amplitude) $f(\theta)$와의 관계는 다음과 같다.

$$\frac{d\sigma}{d\Omega} = |f(\theta)|^2 \tag{4.2.45}$$

여기서 $d\Omega$는 미분 입체각(differential solid angle)이고 θ는 산란각(scattering angle)이다. 4.2.2절에서 언급한 제1 보른 근사를 사용하면 산란 진폭은 다음과 같이 쓸 수 있다.

$$\begin{aligned} f(\theta) &= -\frac{1}{4\pi}\left(\frac{2\mu}{\hbar^2}\right)\iiint e^{-i\mathbf{k}_f\cdot\mathbf{r}}V(r)e^{i\mathbf{k}_i\cdot\mathbf{r}}d^3r \\ &= -\frac{1}{4\pi}\left(\frac{2\mu}{\hbar^2}\right)\iiint e^{i\mathbf{q}\cdot\mathbf{r}}V(r)d^3r \end{aligned} \tag{4.2.46}$$

여기서 $\mu[=m_1m_2/(m_1+m_2)]$는 상호작용하는 질량이 각각 m_1과 m_2인 두 입자의 환산질량이고, $\mathbf{k}_i$는 초기 파수벡터, $\mathbf{k}_f$는 최종 파수벡터, $\mathbf{k}_i - \mathbf{k}_f = \mathbf{q}$, 그리고 $V(r)$는 상호작용 퍼텐셜을 나타낸다. 전자-핵의 경우 전자의 질량 m이 핵의 질량 M보다 매우 크므로 $(m \ll M)$ 전자-핵의 환산질량은 $\mu = mM/(m+M) \cong m$이므로 거의 전자질량과 같게 된다. 반면에 전자-전자의 환산질량은 $\mu = m^2/(m+m) = m/2$이므로 전자 질량의 반에 해당한다. 식(4.2.46) 우변의 두 번째 줄을 살펴보면 $\iiint e^{i\mathbf{q}\cdot\mathbf{r}}V(r)d^3r$은 퍼텐셜 $V(r)$의 3차원 푸리에 변환인 것을 알 수 있다. 두 입자의 상호작용이 탄성 산란(elastic scattering)인 경우에 $k_f = k_i(=k)$가 되므로 q는 다음과 같이 산란각 θ와 k로 표현할 수 있다.

$$\begin{aligned} q &= |\mathbf{k}_i - \mathbf{k}_f| \\ &= \left(k_i^2 + k_f^2 - 2k_ik_f\cos\theta\right)^{1/2} \\ &= 2k\sin\left(\frac{\theta}{2}\right) \end{aligned} \tag{4.2.47}$$

이제 $\mathbf{q}$를 양의 z-축 방향으로 놓고 구면좌표계를 적용하여 Θ를 극각, ϕ를 방위각으로 놓으면 체적소는 $d^3r = r^2dr\sin\Theta\, d\Theta\, d\phi$가 된다. 따라서 산란 진폭 $f(\theta)$를 다음과 같이 구할 수 있다.

$$f(\theta) = -\frac{1}{4\pi}\left(\frac{2\mu}{\hbar^2}\right)\int_0^{\infty} r^2 dr\, V(r)\int_0^{2\pi} d\phi \int_0^{\pi} d\Theta\, e^{iqr\cos\Theta} \tag{4.2.48}$$

$$= -\frac{1}{4\pi}\left(\frac{2\mu}{\hbar^2}\right)\int_0^{\infty} r^2 dr\, V(r)\int_0^{2\pi} d\phi \int_{-1}^{1} d\zeta e^{iqr\zeta} \quad (\zeta = \cos\Theta)$$

$$= -\frac{1}{4\pi}\left(\frac{2\mu}{\hbar^2}\right)2\pi \int_0^{\infty} r^2 dr\, V(r)\frac{1}{iqr}\left(e^{iqr} - e^{-iqr}\right)$$

$$= -\left(\frac{2\mu}{\hbar^2}\right)\int_0^{\infty} r^2\, V(r)\,\frac{\sin(qr)}{qr}\, dr$$

여기서 $q = 2k\sin(\theta/2)$ 이므로 산란 진폭은 $f(\theta)$는 산란각 θ의 함수라는 것을 알 수 있다. 퍼텐셜 $V(r)$이 정의되면 산란 진폭을 계산할 수 있는데 세 종류의 서로 다른 퍼텐셜에 대하여 예를 들어보자.

1. 첫 번째 예로, 전하량이 Q_1과 Q_2인 두 입자의 상호작용 퍼텐셜이 쿨롱 퍼텐셜이라면 $V(r) = V_{PC}(r)$라 놓고 V_{PC}는 다음과 같이 정의할 수 있다.

$$V_{PC}(r) = \frac{1}{4\pi\epsilon_0}\frac{Q_1 Q_2}{r} \tag{4.2.49}$$

여기서 ϵ_0는 진공의 유전율이다. 따라서 쿨롱 퍼텐셜의 경우에 산란 진폭 $f_{PC}(\theta)$는 다음과 같이 계산할 수 있다.

$$f_{PC}(\theta) = -\left(\frac{2\mu}{\hbar^2}\right)\int_0^\infty dr\, r^2 V_{PC}(r)\frac{\sin(qr)}{qr} \tag{4.2.50}$$

$$= -\left(\frac{2\mu}{\hbar^2}\right)\frac{Q_1Q_2}{4\pi\epsilon_0}\int_0^\infty dr\,\frac{\sin(qr)}{q}$$

$$= -\left(\frac{2\mu}{\hbar^2}\right)\frac{Q_1Q_2}{4\pi\epsilon_0}\frac{1}{2iq}\lim_{\alpha\to 0^+}\int_0^\infty dr\left[e^{-(\alpha-iq)r} - e^{-(\alpha+iq)r}\right]$$

$$= -\left(\frac{2\mu}{\hbar^2}\right)\frac{Q_1Q_2}{4\pi\epsilon_0}\frac{1}{2iq}\lim_{\alpha\to 0^+}\left[\frac{1}{(\alpha-iq)} - \frac{1}{(\alpha+iq)}\right]$$

$$= -\left(\frac{2\mu}{\hbar^2}\right)\frac{Q_1Q_2}{4\pi\epsilon_0}\frac{1}{2iq}\lim_{\alpha\to 0^+}\left[\frac{2iq}{(\alpha^2+q^2)}\right]$$

$$= -\left(\frac{2\mu}{\hbar^2}\right)\frac{Q_1Q_2}{4\pi\epsilon_0}\frac{1}{q^2}$$

이 결과와 $q = 2k\sin(\theta/2)$를 식(4.2.45)에 대입하면 쿨롱 퍼텐셜에 대한 미분 산란단면적 $d\sigma_{PC}/d\Omega$는 다음과 같이 매우 잘 알려진 형태의 식으로 주어진다.

$$\frac{d\sigma_{PC}}{d\Omega} = |f_{PC}(\theta)|^2 \tag{4.2.51}$$

$$= \left(\frac{2\mu}{\hbar^2}\frac{Q_1Q_2}{4\pi\epsilon_0}\right)^2\frac{1}{q^4}$$

$$= \left(\frac{Q_1Q_2}{8\pi\epsilon_0}\frac{\mu}{\hbar^2}\right)^2\frac{1}{k^4\sin^4(\theta/2)}$$

이 식을 러더퍼드의 산란 공식(Rutherford's scattering formula)이라고 부른다.

2. 두 번째 예로, 상호작용 퍼텐셜이 유카와 퍼텐셜 또는 가림 쿨롱 퍼텐셜 V_{SC}인 경우를 보자.

$$V_{SC}(r) = \frac{1}{4\pi\epsilon_0}\frac{Q_1Q_2}{r}e^{-r/D} \tag{4.2.52}$$

여기서 상수 $D(>0)$는 작용거리이다. 이 퍼텐셜을 식(4.2.48)에 대입하여 계산을 하면 산란 진폭 $f_{SC}(\theta)$를 다음과 같이 구할 수 있다.

$$\begin{aligned} f_{SC}(\theta) &= -\left(\frac{2\mu}{\hbar^2}\right)\int_0^\infty dr\, r^2\, V_{SC}(r)\frac{\sin(qr)}{qr} \\ &= -\left(\frac{2\mu}{\hbar^2}\right)\frac{Q_1 Q_2}{4\pi\epsilon_0}\int_0^\infty dr\, e^{-r/D}\,\frac{\sin(qr)}{q} \\ &= -\left(\frac{2\mu}{\hbar^2}\right)\frac{Q_1 Q_2}{4\pi\epsilon_0}\frac{1}{2iq}\int_0^\infty dr\left[e^{-(1/D-iq)r}-e^{-(1/D+iq)r}\right] \\ &= -\left(\frac{2\mu}{\hbar^2}\right)\frac{Q_1 Q_2}{4\pi\epsilon_0}\frac{1}{2iq}\left[\frac{1}{(1/D-iq)}-\frac{1}{(1/D+iq)}\right] \\ &= -\left(\frac{2\mu}{\hbar^2}\right)\frac{Q_1 Q_2}{4\pi\epsilon_0}\frac{1}{2iq}\left[\frac{2iq}{(1/D^2+q^2)}\right] \\ &= -\left(\frac{2\mu}{\hbar^2}\right)\frac{Q_1 Q_2}{4\pi\epsilon_0}\frac{1}{(1/D^2+q^2)} \end{aligned} \tag{4.2.53}$$

이렇게 구한 산란 진폭과 $q=2k\sin(\theta/2)$를 식(4.2.45)에 대입하면 유카와 퍼텐셜에 대한 미분 산란단면적 $d\sigma_{SC}/d\Omega$을 구할 수 있다.

$$\begin{aligned} \frac{d\sigma_{SC}}{d\Omega} &= |f_{SC}(\theta)|^2 \\ &= \left(\frac{2\mu}{\hbar^2}\frac{Q_1 Q_2}{4\pi\epsilon_0}\right)^2\frac{1}{(1/D^2+q^2)^2} \\ &= \left(\frac{Q_1 Q_2}{8\pi\epsilon_0}\frac{\mu}{\hbar^2}\right)^2\frac{1}{\left[k^2\sin^2(\theta/2)+(1/2D)^2\right]^2} \end{aligned} \tag{4.2.54}$$

이 결과로부터, 작용거리 D의 영향으로 인해 유카와 퍼텐셜에 대한 미분 산란단면적 $d\sigma_{SC}/d\Omega$가 순수 쿨롱 퍼텐셜에 대한 미분 산란단면적 $d\sigma_{PC}/d\Omega$보다 작게 된다는 것을 알 수 있다. 만약 작용거리가 $D\to\infty$이면 $d\sigma_{SC}/d\Omega$는 $d\sigma_{PC}/d\Omega$, 즉 러더퍼드의 산란공식과 동일하게 된다는 것을 알 수 있다.

3. 세 번째 예로, 상호작용 퍼텐셜이 가우시안 형태 퍼텐셜(Gaussian-type potential) V_G인 경우에 대하여 알아보도록 하자. 가우시안 형태 퍼텐셜은 다음과 같다.

$$V_G(r) = V_0 e^{-\alpha r^2} \tag{4.2.55}$$

여기서 $\alpha(>0)$와 V_0는 모두 상수이다. 이 퍼텐셜을 식(4.2.48)에 대입하면 산란 진폭 $f_G(\theta)$는 아래와 같이 주어진다.

$$\begin{aligned}
f_G(\theta) &= -\left(\frac{2\mu}{\hbar^2}\right)\int_0^\infty dr\, r^2 V_G(r)\frac{\sin(qr)}{qr} \\
&= -\left(\frac{2\mu}{\hbar^2}\right)\frac{1}{2}\int_{-\infty}^\infty dr\, r^2\, V_0 e^{-\alpha r^2}\frac{\sin(qr)}{qr} \\
&= -\left(\frac{2\mu}{\hbar^2}\right)\frac{V_0}{4iq}\int_{-\infty}^\infty dr\, r\left[e^{-\alpha(r^2-iqr/\alpha)} - e^{-\alpha(r^2+iqr/\alpha)}\right] \\
&= -\left(\frac{2\mu}{\hbar^2}\right)\frac{V_0}{4iq}\left[e^{-\alpha(q^2/4\alpha)}\int_{-\infty}^\infty dr\, r e^{-\alpha(r-iq/2\alpha)^2} - e^{-\alpha(q^2/4\alpha^2)}\int_0^\infty dr\, r e^{-\alpha(r+iq/2\alpha)^2}\right] \\
&= -\left(\frac{2\mu}{\hbar^2}\right)\frac{V_0}{4iq}e^{-(q^2/4\alpha)}\left[\int_{-\infty}^\infty \frac{dX}{\sqrt{\alpha}}\left(\frac{X}{\sqrt{\alpha}}+\frac{iq}{2\alpha}\right)e^{-X^2} - \int_{-\infty}^\infty \frac{dY}{\sqrt{\alpha}}\left(\frac{Y}{\sqrt{\alpha}}-\frac{iq}{2\alpha}\right)e^{-Y^2}\right] \\
&= -\left(\frac{2\mu}{\hbar^2}\right)\frac{V_0}{4iq}e^{-(q^2/4\alpha)}\frac{2}{\sqrt{\alpha}}\frac{iq}{2\alpha}\Gamma(1/2) \\
&= -\left(\frac{2\mu}{\hbar^2}\right)\frac{\sqrt{\pi}\, V_0}{4\alpha^{3/2}}e^{-(q^2/4\alpha)}
\end{aligned} \tag{4.2.56}$$

윗식의 두 번째 줄에서 피적분함수가 우함수이므로 적분구간을 $(-\infty, \infty)$로 연장하고 $1/2$을 곱하였다. 네 번째 줄에서는 $\alpha(r-iq/2\alpha)^2 \equiv X^2$, $\alpha(r+iq/2\alpha)^2 \equiv Y^2$으로 치환하였으며, 다섯 번째 줄에서 $\int_{-\infty}^\infty e^{-X^2}dX = \int_{-\infty}^\infty e^{-Y^2}dY = \Gamma(1/2) = \sqrt{\pi}$를 이용하였다. 이 결과로부터 가우시안 형태 퍼텐셜에 대한 미분 산란단면적 $d\sigma_G/d\Omega$를 아래와 같이 얻을 수 있다.

$$\frac{d\sigma_G}{d\Omega} = |f_G(\theta)|^2 \tag{4.2.57}$$

$$= \left(\frac{\mu}{2\hbar^2}\frac{\sqrt{\pi}\,V_0}{\alpha^{3/2}}\right)^2 e^{-(q^2/2\alpha)}$$

$$= \left(\frac{\mu}{2\hbar^2}\frac{\sqrt{\pi}\,V_0}{\alpha^{3/2}}\right)^2 e^{-2(k^2/\alpha)\sin^2(\theta/2)}$$

위의 세 가지 예에서 산란 진폭을 모두 구면좌표계에서 구하였다. 이번에는 마지막 예로 가우시안 형태 퍼텐셜 V_G에 대하여 산란 진폭 $f_G(\theta)$를 직교좌표계(rectangular coordinates)에서 구해보자. 직교좌표계를 적용하면 산란 진폭인 식(4.2.46)은 다음과 같이 계산할 수 있다.

$$f_G(\theta) = -\frac{1}{4\pi}\left(\frac{2\mu}{\hbar^2}\right)\iiint e^{i\mathbf{q}\cdot\mathbf{r}} V_G(r)\,d^3r \tag{4.2.58}$$

$$= -\frac{V_0}{4\pi}\left(\frac{2\mu}{\hbar^2}\right)\iiint e^{i\mathbf{q}\cdot\mathbf{r}} e^{-i\alpha r^2}\,d^3r$$

$$= -\frac{V_0}{4\pi}\left(\frac{2\mu}{\hbar^2}\right)\int_{-\infty}^{\infty}\int_{-\infty}^{\infty}\int_{-\infty}^{\infty} dx\,dy\,dz\,e^{i(q_x x + q_y y + q_z z)}\,e^{-\alpha(x^2+y^2+z^2)}$$

$$= -\frac{V_0}{4\pi}\left(\frac{2\mu}{\hbar^2}\right)e^{-[(q_x^2+q_y^2+q_z^2)/4\alpha]}\left[\int_{-\infty}^{\infty} dx\,e^{-\alpha(x-iq_x/2\alpha)^2}\right]^3$$

$$= -\frac{V_0}{4\pi}\left(\frac{2\mu}{\hbar^2}\right)e^{-[(q_x^2+q_y^2+q_z^2)/4\alpha]}\left(\frac{1}{\sqrt{\alpha}}\int_{-\infty}^{\infty} dX\,e^{-X^2}\right)^3$$

$$= -\frac{V_0}{4\pi}\left(\frac{2\mu}{\hbar^2}\right)e^{-(q^2/4\alpha)}\left[\frac{1}{\sqrt{\alpha}}\Gamma(1/2)\right]^3$$

$$= -\left(\frac{\mu}{2\hbar^2}\right)\frac{\sqrt{\pi}\,V_0}{\alpha^{3/2}}e^{-(q^2/4\alpha)}$$

여기서 X와 q는 각각 $X = \sqrt{\alpha}(x - iq_x/2\alpha)$, $q^2 = q_x^2 + q_y^2 + q_z^2$로 정의되었다. 이 결과를 보면 직교좌표계에서 계산한 산란 진폭이 구면좌표계에서 구한 것과 같다는 것을 알 수 있다.

흥미로운 적분 하나를 정리해 보도록 하자. 상수 $a(>0)$와 b에 대하여 적분함수 $I(a,b)=\int_{-\infty}^{\infty}dx\, e^{-ax^2}e^{ibx}$가 주어졌을 때 $I(a,b)$는 다음과 같이 완전 제곱 형태로 만들어 계산할 수 있다.

$$
\begin{aligned}
I(a,b) &= \int_{-\infty}^{\infty}dx\, e^{-ax^2}e^{ibx} \\
&= e^{-(b^2/4a)}\int_{-\infty}^{\infty}dx\, e^{-a(x-ib/2a)^2} \\
&= e^{-(b^2/4a)}\frac{1}{\sqrt{a}}\int_{-\infty}^{\infty}dX\, e^{-X^2} \\
&= \sqrt{\frac{\pi}{a}}\,e^{-(b^2/4a)}
\end{aligned} \tag{4.2.59}
$$

여기서 $X=\sqrt{a}\,(x-ib/2a)$로 치환을 하였고 $\int_{-\infty}^{\infty}e^{-X^2}dX=\Gamma(1/2)=\sqrt{\pi}$를 이용하였다. 그러나 완전 제곱의 형태로 변형을 하지 않고 계산하는 방법도 소개하고자 한다. 먼저 상수 $a(>0)$와 b에 대하여, 적분함수 $J(a,b)$를 다음과 같이 정의해 보자.

$$
J(a,b)=\int_{-\infty}^{\infty}dx\, e^{-ax^2}\cos(bx) \tag{4.2.60}
$$

$J(a,b)$를 b에 대하여 편미분을 하고 부분적분을 수행하면 다음과 같이 된다.

$$
\begin{aligned}
\frac{\partial J}{\partial b} &= \frac{\partial}{\partial b}\left(\int_{-\infty}^{\infty}dx\, e^{-ax^2}\cos(bx)\right) \\
&= -\int_{-\infty}^{\infty}dx\, x\, e^{-ax^2}\sin(bx) \\
&= \left[\frac{1}{2a}e^{-ax^2}\sin(bx)\right]_{-\infty}^{\infty}+\frac{b}{2a}\int_{-\infty}^{\infty}dx\, e^{-ax^2}\cos(bx) \\
&= \frac{b}{2a}J
\end{aligned} \tag{4.2.61}
$$

그러므로

$$\frac{dJ}{J} = \frac{b}{2a}db \tag{4.2.62}$$

가 되는데, 양변을 적분하면 다음을 얻는다.

$$\ln J = -\frac{b^2}{4a} + \ln C \tag{4.2.63}$$

여기서 $\ln C$는 적분 상수이다. 그러므로 적분함수 $J(a,b)$는 다음과 같이 구할 수 있다.

$$J(a,b) = Ce^{-(b^2/4a)} \tag{4.2.64}$$

식(4.2.60)에서 $b=0$으로 놓고 감마함수의 성질을 이용하면

$$J(a,0) = \int_{-\infty}^{\infty} dx\, e^{-ax^2} = \sqrt{\frac{\pi}{a}} \tag{4.2.65}$$

가 된다. 그러므로 상수 C는 다음과 같다.

$$J(a,0) = C = \sqrt{\frac{\pi}{a}} \tag{4.2.66}$$

그러므로 적분 $J(a,b)$는

$$J(a,b) = \int_{-\infty}^{\infty} dx\, e^{-ax^2}\cos(bx) = \sqrt{\frac{\pi}{a}}e^{-(b^2/4a)} \tag{4.2.67}$$

가 된다. 이제, 다음과 같은 적분 $K(a,b)$를 고려해 보자.

$$K(a,b) = \int_{-\infty}^{\infty} dx\, e^{-ax^2} \sin(bx) \tag{4.2.68}$$

그런데 적분 $K(a,b)$의 피적분 함수는 기함수이므로 $K(a,b) = 0$이다. 따라서 $J(a,b)$에 $i\,K(a,b)$를 더하여도 $J(a,b)$와 같으므로 다음과 같이 오일러 공식을 적용하여 계산을 해보자.

$$\begin{aligned} J(a,b) &= J(a,b) + i\,K(a,b) \\ &= \int_{-\infty}^{\infty} dx\, e^{-ax^2}[\cos(bx) + i\sin(bx)] \\ &= \int_{-\infty}^{\infty} dx\, e^{-ax^2} e^{ibx} \\ &= \sqrt{\frac{\pi}{a}}\, e^{-(b^2/4a)} \\ &= I(a,b) \end{aligned} \tag{4.2.69}$$

그러므로 $J(a,b) = I(a,b)$가 된다는 것을 알 수 있다. 적분 $I(a,b) = \int_{-\infty}^{\infty} dx\, e^{-ax^2} e^{ibx} = \sqrt{\frac{\pi}{a}}\, e^{-(b^2/4a)}$와 $I(a,0) = \int_{-\infty}^{\infty} dx\, e^{-ax^2} = \sqrt{\frac{\pi}{a}}$는 푸리에 변환에서 많이 나오는 식이니 잘 기억해 두면 좋다.

예제 4.2.1 오차함수(error function)는 다음과 같이 정의된다.

$$\operatorname{erf}(z) = \frac{2}{\sqrt{\pi}} \int_0^z e^{-t^2} dt \quad (z > 0) \tag{4.2.70}$$

오차함수 $\operatorname{erf}\left(\frac{\mu}{2\xi}\right)$가 아래와 같은 적분으로 표현될 수 있음을 증명하시오.

$$\operatorname{erf}\left(\frac{\mu}{2\xi}\right) = \frac{2}{\pi} \int_0^{\infty} dx\, e^{-\xi^2 x^2} \frac{\sin(\mu x)}{x} \quad (\mu,\ \xi > 0) \tag{4.2.71}$$

풀이 식(4.2.67)에서 $a = \xi^2$로 놓으면 다음과 같이 된다.

$$\int_{-\infty}^{\infty} dx\, e^{-\xi^2 x^2} \cos(bx) = \sqrt{\frac{\pi}{\xi^2}}\, e^{-(b^2/4\xi^2)} \tag{4.2.72}$$

이 식에서 $b = 2\xi t$로 놓고 좌변의 피적분함수가 우함수인 것을 이용하여

$$\begin{aligned} e^{-t^2} &= \sqrt{\frac{\xi^2}{\pi}} \int_{-\infty}^{\infty} dx\, e^{-\xi^2 x^2} \cos(2\xi t x) \qquad (4.2.73) \\ &= 2\sqrt{\frac{\xi^2}{\pi}} \int_{0}^{\infty} dx\, e^{-\xi^2 x^2} \cos(2\xi t x) \end{aligned}$$

와 같이 놓을 수 있다. 이 식의 양변을 구간 $[0, z]$에서 t에 대하여 적분하면 다음과 같이 계산할 수 있다.

$$\begin{aligned} \int_0^z e^{-t^2} dt &= 2\sqrt{\frac{\xi^2}{\pi}} \int_0^\infty dx\, e^{-\xi^2 x^2} \left[\int_0^z \cos(2\xi x t)\, dt \right] \qquad (4.2.74) \\ &= 2\sqrt{\frac{\xi^2}{\pi}} \int_0^\infty dx\, e^{-\xi^2 x^2} \frac{\sin(2\xi z x)}{2\xi x} \\ &= \sqrt{\frac{1}{\pi}} \int_0^\infty dx\, e^{-\xi^2 x^2} \frac{\sin(2\xi z x)}{x} \end{aligned}$$

그러므로 식(4.2.70)과 식(4.2.74)로부터

$$\operatorname{erf}(z) = \frac{2}{\pi} \int_0^\infty dx\, e^{-\xi^2 x^2} \frac{\sin(2\xi z x)}{x} \tag{4.2.75}$$

가 되므로 $2\xi z = \mu$로 치환하면 식(4.2.71)을 얻을 수 있다.

4.2.4 운동량 공간에서 입자를 발견할 확률 (Probability of finding a particle in momentum space): 푸리에 변환 이용

1차원 위치 x-공간에서의 규격화된(normalized) 양자역학적 파동함수를 $\psi(x)$라고

하고 1차원 운동량 p-공간에서의 규격화된 양자역학적 파동함수를 $g(p)$라고 하면 $\psi(x)$는 $g(p)$의 푸리에 변환으로 나타낼 수 있으며 다음과 같이 된다.

$$\psi(x) = \frac{1}{\sqrt{2\pi\hbar}} \int_{-\infty}^{\infty} g(p) e^{ipx/\hbar} dp \tag{4.2.76}$$

따라서 파동함수 $g(p)$는 $\psi(x)$의 역 푸리에 변환이 될 것이다.

$$g(p) = \frac{1}{\sqrt{2\pi\hbar}} \int_{-\infty}^{\infty} \psi(x) e^{-ipx/\hbar} dx \tag{4.2.77}$$

이제 이를 이용하여 1차원 운동량 p-공간에서 입자를 발견할 확률을 나타내는 $|g(p)|^2$에 대해서 살펴보자.

$$\begin{aligned}
|g(p)|^2 &= g^*(p) g(p) \\
&= \left[\frac{1}{\sqrt{2\pi\hbar}} \int_{-\infty}^{\infty} \psi(x) e^{-ipx/\hbar} dx\right]^* \left[\frac{1}{\sqrt{2\pi\hbar}} \int_{-\infty}^{\infty} \psi(x) e^{-ipx/\hbar} dx\right] \\
&= \left[\frac{1}{\sqrt{2\pi\hbar}} \int_{-\infty}^{\infty} \psi^*(x) e^{ipx/\hbar} dx\right]_{(x \to y)} \left[\frac{1}{\sqrt{2\pi\hbar}} \int_{-\infty}^{\infty} \psi(x) e^{-ipx/\hbar} dx\right]_{(x \to x')} \\
&= \left[\frac{1}{\sqrt{2\pi\hbar}} \int_{-\infty}^{\infty} \psi^*(y) e^{ipy/\hbar} dy\right] \left[\frac{1}{\sqrt{2\pi\hbar}} \int_{-\infty}^{\infty} \psi(x') e^{-ipx'/\hbar} dx'\right] \\
&= \frac{1}{2\pi\hbar} \int_{-\infty}^{\infty} \int_{-\infty}^{\infty} \psi^*(y) \psi(x') e^{ip(y-x')/\hbar} dy\, dx' \quad (y - x' = x) \\
&= \frac{1}{2\pi\hbar} \int_{-\infty}^{\infty} \int_{-\infty}^{\infty} \psi^*(x + x') \psi(x') e^{ipx/\hbar} dx\, dx' \\
&= \frac{1}{\sqrt{2\pi\hbar}} \int_{-\infty}^{\infty} \left[\frac{1}{\sqrt{2\pi\hbar}} \int_{-\infty}^{\infty} \psi^*(x + x') \psi(x') dx'\right] e^{ipx/\hbar} dx \\
&= \frac{1}{\sqrt{2\pi\hbar}} \int_{-\infty}^{\infty} A(x) e^{ipx/\hbar} dx
\end{aligned} \tag{4.2.78}$$

여기서 $A(x)$는 다음과 같이 정의 되었다.

$$A(x) = \frac{1}{\sqrt{2\pi\hbar}} \int_{-\infty}^{\infty} \psi^*(x + x')\psi(x')\,dx' \tag{4.2.79}$$

그러므로 p-공간에서 입자를 발견할 확률 $|g(p)|^2$은 $A(x)$의 푸리에 변환으로 주어진다. 식(4.2.79)의 형태는 복소함수에 대한 자기상관 함수(autocorrelation function)의 형태를 지니고 있다. 그러므로 1차원 운동량 p-공간에서 입자를 발견할 확률인 $|g(p)|^2$는 1차원 위치 x-공간에서의 복소 자기상관 함수(complex autocorrelation function)의 푸리에 변환에 해당된다는 것을 알 수 있다. 식(4.2.79)로부터 $x = 0$일 때

$$\begin{aligned} A(0) &= \frac{1}{\sqrt{2\pi\hbar}} \int_{-\infty}^{\infty} \psi^*(x')\psi(x')\,dx' \\ &= \frac{1}{\sqrt{2\pi\hbar}} \int_{-\infty}^{\infty} |\psi(x')|^2\,dx' \\ &= \frac{1}{\sqrt{2\pi\hbar}} \end{aligned} \tag{4.2.80}$$

이 된다. 위의 계산에서 $\psi(x)$가 규격화되어 있으므로 $\int_{-\infty}^{\infty} |\psi(x')|^2\,dx' = 1$이 되는 것을 이용하였다. 이제 식(4.2.78)을 전체 1차원 운동량 p-공간에 대하여 적분을 하면

$$\begin{aligned} \int_{-\infty}^{\infty} |g(p)|^2\,dp &= \frac{1}{\sqrt{2\pi\hbar}} \int_{-\infty}^{\infty} A(x)\left(\int_{-\infty}^{\infty} e^{ipx/\hbar}\,dp\right) dx \\ &= \frac{1}{\sqrt{2\pi\hbar}} \int_{-\infty}^{\infty} A(x)(2\pi\hbar)\delta(x)\,dx \\ &= \sqrt{2\pi\hbar} \int_{-\infty}^{\infty} A(x)\delta(x)\,dx \\ &= \sqrt{2\pi\hbar}\,A(0) \\ &= 1 \end{aligned} \tag{4.2.81}$$

가 되므로 $g(p)$가 규격화된 양자역학적 파동함수라는 것을 다시 한 번 확인 할 수 있다.

예제 4.2.2 1차원 위치 x-공간에서의 파동함수 $\psi(x)$와 1차원 운동량 p-공간에서의 파동함수 $g(p)$가 다음과 같이 푸리에 변환 관계에 있다.

$$\psi(x) = \frac{1}{\sqrt{2\pi\hbar}} \int_{-\infty}^{\infty} g(p)\, e^{ipx/\hbar}\, dp \tag{4.2.82}$$

$$g(p) = \frac{1}{\sqrt{2\pi\hbar}} \int_{-\infty}^{\infty} \psi(x)\, e^{-ipx/\hbar}\, dx \tag{4.2.83}$$

이때 적분 $\int_{-\infty}^{\infty} \left(\frac{1}{2\pi\hbar} \int_{-\infty}^{\infty} e^{ipx/\hbar}\, dp \right) \psi(x)\, dx$를 계산하시오.

풀이 다음과 같이 적분 순서를 바꾸어 계산을 할 수 있다.

$$\int_{-\infty}^{\infty} \left(\frac{1}{2\pi\hbar} \int_{-\infty}^{\infty} e^{ipx/\hbar} dp \right) \psi(x)\, dx = \frac{1}{2\pi\hbar} \int_{-\infty}^{\infty} \left(\int_{-\infty}^{\infty} \psi(x) e^{ipx/\hbar} dx \right) dp \tag{4.2.84}$$

$$= \frac{1}{2\pi\hbar} \int_{-\infty}^{\infty} \sqrt{2\pi\hbar}\, g(-p)\, dp = \frac{1}{\sqrt{2\pi\hbar}} \int_{\infty}^{-\infty} g(\xi)(-\,d\xi) \quad (-p = \xi)$$

$$= \frac{1}{\sqrt{2\pi\hbar}} \int_{-\infty}^{\infty} g(\xi)\, d\xi = \left[\frac{1}{\sqrt{2\pi\hbar}} \int_{-\infty}^{\infty} g(\xi) e^{i\xi x/\hbar} d\xi \right]_{x=0}$$

$$= \psi(0)$$

여기서 $\psi(0)$를 1차원 디랙 델타함수 $\delta(x)$를 이용하여 표현할 수 있다.

$$\psi(0) = \int_{-\infty}^{\infty} \delta(x)\, \psi(x)\, dx \tag{4.2.85}$$

즉, 디랙 델타함수는 다음과 같이 적분으로 표현할 수 있다는 것을 알 수 있다.

$$\delta(x) = \frac{1}{2\pi\hbar} \int_{-\infty}^{\infty} e^{i\xi x/\hbar}\, d\xi \tag{4.2.86}$$

예제 4.2.3 1차원 디랙 델타함수 $\delta(x-x')$이 다음과 같이 표현될 수 있음을 증명하시오.

$$\delta(x-x') = \lim_{\epsilon \to 0^+} \frac{1}{\pi} \frac{\epsilon}{(x-x')^2+\epsilon^2} \tag{4.2.87}$$

풀이 앞의 예제 4.2.2의 식(4.2.86)으로부터 $\delta(x-x')$는 다음과 같이 쓸 수 있다.

$$\delta(x-x') = \frac{1}{2\pi\hbar}\int_{-\infty}^{\infty} e^{ip(x-x')/\hbar}dp = \frac{1}{2\pi}\int_{-\infty}^{\infty} e^{ik(x-x')}dk \quad (p=\hbar k) \tag{4.2.88}$$

이 식에 오일러 공식 $e^{iz} = \cos z + i\sin z$를 적용하여 증명하자.

$$\begin{aligned}
\delta(x-x') &= \frac{1}{2\pi}\int_{-\infty}^{\infty} [\cos(k(x-x')) + i\sin(k(x-x'))]\, dk \qquad (4.2.89)\\
&= \frac{1}{\pi}\int_{0}^{\infty} \cos(k(x-x'))\, dk \\
&= \mathrm{Re}\lim_{\epsilon \to 0^+} \frac{1}{\pi}\int_{0}^{\infty} e^{ik(x-x'+i\epsilon)}\, dk \\
&= \mathrm{Re}\lim_{\epsilon \to 0^+} \frac{1}{\pi} \frac{1}{\epsilon - i(x-x')} \\
&= \mathrm{Re}\lim_{\epsilon \to 0^+} \frac{i}{\pi} \frac{(x-x')-i\epsilon}{[(x-x')+i\epsilon][(x-x')-i\epsilon]} \\
&= \lim_{\epsilon \to 0^+} \frac{1}{\pi} \frac{\epsilon}{(x-x')^2+\epsilon^2}
\end{aligned}$$

여기서 "Re" 표시는 복소함수의 실수 부분을 의미한다.

4.2.5 산란 파동함수(Scattering wave function): 푸리에 변환 이용

양자역학과 관련된 내용의 마지막으로 산란 파동(scattering wave function)과 그린 함수(Green's function)에 대하여 알아보자. 파동함수 $\psi(\mathrm{r})$에 대한 시간 독립 슈뢰딩거 방정식(time-independent Schrödinger equation)은 다음과 같이 주어진다.

$$-\frac{\hbar^2}{2\mu}\nabla^2\psi(\mathrm{r}) + V(\mathrm{r})\psi(\mathrm{r}) = E\psi(\mathrm{r}) \tag{4.2.90}$$

여기서 μ는 질량이 각각 m_1과 m_2인 상호작용하는 두 입자의 환산질량이다. 전자와 핵이 상호작용하는 경우라면 전자의 질량 $m_1 = m_e$이 핵의 질량 $m_2 = M$ 보다 매우 작으므로 환산질량은 $\mu \cong m_e$가 된다. $V(\mathrm{r})$은 상호작용 퍼텐셜이다. 거리 $r(=|\mathrm{r}|)\to\infty$일 때 $V(\mathrm{r})\to 0$이 되는 경우를 생각해 보자. 에너지 고윳값(energy eigenvalue) E가 양인 경우에 대해 다음과 같이 놓자.

$$E = \frac{\hbar^2 k^2}{2m} \tag{4.2.91}$$

여기서 k는 파수이며 λ를 파장이라고 하면 $k = 2\pi/\lambda$가 된다. 시간 독립 슈뢰딩거 방정식은

$$(\nabla^2 + k^2)\psi(\mathrm{r}) = \frac{2m}{\hbar^2}V(\mathrm{r})\psi(\mathrm{r}) \tag{4.2.92}$$

인데, 먼저 $r\to\infty$ 영역에서는 $V(\mathrm{r})\to 0$이 되어 퍼텐셜의 영향이 거의 없으며 다음과 같이 간단히 쓸 수 있다.

$$(\nabla^2 + k^2)\psi(\mathrm{r}) \approx 0 \quad (r\to\infty) \tag{4.2.93}$$

그러므로 $V(\mathrm{r})\to 0$인 경우 슈뢰딩거 방정식의 해는

$$\psi(\mathrm{r}) = A e^{i\mathrm{k}\cdot\mathrm{r}} = A e^{i\mathrm{p}\cdot\mathrm{r}/\hbar} \tag{4.2.94}$$

이 된다. 여기서 A는 상수, $\mathrm{k}(=\mathrm{p}/\hbar)$는 파수벡터, p는 운동량 벡터이다. 그러므로 식(4.2.94)는 운동량이 p인 자유입자(free particle)의 파동함수를 나타낸다. 자유입자의 파동함수를 $\phi_{\mathrm{p}}(\mathrm{r})$라고 하자. $\phi_{\mathrm{p}}(\mathrm{r})$는 다음의 규격화 조건을 만족해야 한다.

$$\iiint \phi^*_{\mathrm{p}'}(\mathrm{r})\phi_{\mathrm{p}}(\mathrm{r})\,d^3r = \delta^{(3)}(\mathrm{p}-\mathrm{p}') = \frac{1}{(2\pi\hbar)^3}\iiint e^{i\mathrm{r}\cdot(\mathrm{p}-\mathrm{p}')/\hbar}d^3r \tag{4.2.95}$$

여기서 $\delta^{(3)}(\mathrm{p}-\mathrm{p}')$는 3차원 디랙 델타함수이다. 식(4.2.95)에 의해서 식(4.2.94)의 상수 A는 $A=(2\pi\hbar)^{-3/2}$가 된다는 것을 알 수 있다. 그러므로 $r\to\infty$ 영역에서 슈뢰딩거 방정식의 해를

$$\psi(\mathrm{r}) = \frac{1}{(2\pi\hbar)^{3/2}}e^{i\mathrm{k}\cdot\mathrm{r}} = \frac{1}{(2\pi\hbar)^{3/2}}e^{i\mathrm{p}\cdot\mathrm{r}/\hbar} \tag{4.2.96}$$

와 같이 얻을 수 있다.

이제 식(4.2.92)의 일반해 $\psi(\mathrm{r})$은 다음과 같이 그린함수 $G(\mathrm{r}-\mathrm{r}')$을 이용하여 나타낼 수 있다.

$$\psi(\mathrm{r}) = \frac{1}{(2\pi\hbar)^{3/2}}e^{i\mathrm{k}\cdot\mathrm{r}} + \frac{2m}{\hbar^2}\iiint G(\mathrm{r}-\mathrm{r}')V(\mathrm{r}')\psi(\mathrm{r}')\,d^3r' \tag{4.2.97}$$

이 식의 양변에 연산자 (∇^2+k^2)를 작용하면 다음과 같이 된다.

$$\begin{aligned}&(\nabla^2+k^2)\psi(\mathrm{r}) \\ &= \frac{1}{(2\pi\hbar)^{3/2}}(\nabla^2+k^2)e^{i\mathrm{k}\cdot\mathrm{r}} + \frac{2m}{\hbar^2}\iiint(\nabla^2+k^2)G(\mathrm{r}-\mathrm{r}')V(\mathrm{r}')\psi(\mathrm{r}')\,d^3r' \\ &= \frac{2m}{\hbar^2}\iiint(\nabla^2+k^2)G(\mathrm{r}-\mathrm{r}')V(\mathrm{r}')\psi(\mathrm{r}')\,d^3r'\end{aligned} \tag{4.2.98}$$

그러므로 시간 독립 슈뢰딩거 방정식은

$$\iiint (\nabla^2 + k^2) G(\mathbf{r} - \mathbf{r}') V(\mathbf{r}') \psi(\mathbf{r}') d^3r' = V(\mathbf{r}) \psi(\mathbf{r}) \tag{4.2.99}$$

와 같이 되는데, 그린함수 $G(\mathbf{r} - \mathbf{r}')$는 다음의 미분방정식을 만족하여야 한다.

$$(\nabla^2 + k^2) G(\mathbf{r} - \mathbf{r}') = \delta^{(3)}(\mathbf{r} - \mathbf{r}') \tag{4.2.100}$$

식(4.2.97)에서 $|\mathbf{r} - \mathbf{r}'| \to \infty$ 을 취하면 파동함수가 $\psi(\mathbf{r}) \to \frac{1}{(2\pi\hbar)^{3/2}} e^{i\mathbf{k} \cdot \mathbf{r}}$로 되므로 그린함수는 다음의 경계조건을 만족하여야 한다.

$$G(\mathbf{r} - \mathbf{r}') \to 0 \quad (|\mathbf{r} - \mathbf{r}'| \to \infty) \tag{4.2.101}$$

3차원 디랙 델타함수는

$$\delta^{(3)}(\mathbf{r} - \mathbf{r}') = \frac{1}{(2\pi)^3} \iiint e^{i\mathbf{q} \cdot (\mathbf{r} - \mathbf{r}')} d^3q \tag{4.2.102}$$

와 같으므로 그린함수를 다음과 같이 함수 $g(\mathbf{q})$의 푸리에 변환으로 나타낼 수 있다.

$$G(\mathbf{r} - \mathbf{r}') = \frac{1}{(2\pi)^3} \iiint g(\mathbf{q}) e^{i\mathbf{q} \cdot (\mathbf{r} - \mathbf{r}')} d^3q \tag{4.2.103}$$

함수 $g(\mathbf{q})$를 구하기 위하여 이 식의 양변에 연산자 $(\nabla^2 + k^2)$를 작용시키고 식(4.2.100)과 식(4.2.102)를 적용하면 다음과 같이 된다.

$$(\nabla^2 + k^2)G(\mathrm{r} - \mathrm{r}') = \frac{1}{(2\pi)^3}(\nabla^2 + k^2)\iiint g(\mathrm{q})e^{i\mathrm{q}\cdot(\mathrm{r}-\mathrm{r}')}d^3q \tag{4.2.104}$$

$$= \frac{1}{(2\pi)^3}\iiint g(\mathrm{q})\left[(i\mathrm{q})^2 + k^2\right]e^{i\mathrm{q}\cdot(\mathrm{r}-\mathrm{r}')}d^3q$$

$$= \delta^{(3)}(\mathrm{r} - \mathrm{r}')$$

$$= \frac{1}{(2\pi)^3}\iiint e^{i\mathrm{q}\cdot(\mathrm{r}-\mathrm{r}')}d^3q$$

따라서 함수 $g(\mathrm{q})$는 다음과 같다.

$$g(\mathrm{q}) = \frac{1}{k^2 - q^2} \tag{4.2.105}$$

이렇게 구한 $g(\mathrm{q})$를 식(4.2.103)에 대입하면 그린함수를 다음과 같이 3차원 푸리에 적분 형태로 나타낼 수 있다.

$$G(\mathrm{r} - \mathrm{r}') = \frac{1}{(2\pi)^3}\lim_{\epsilon \to 0^+}\iiint \frac{1}{k^2 - q^2 + i\epsilon}e^{i\mathrm{q}\cdot(\mathrm{r}-\mathrm{r}')}d^3q \tag{4.2.106}$$

여기서 ϵ는 양의 무한소(positive infinitesimal)이다. 이제 구면좌표계를 이용하여 식(4.2.106)을 계산해 보자. θ를 극각, ϕ를 방위각이라고 하면 체적소는 $d^3q = q^2 dq \sin\theta\, d\theta\, d\phi$가 된다. 벡터 $\mathrm{r} - \mathrm{r}'$을 양의 q_z-축 방향으로 하면 $\mathrm{q}\cdot(\mathrm{r} - \mathrm{r}') = q|\mathrm{r} - \mathrm{r}'|\cos\theta$이다. 그러므로 $\mathrm{R} = \mathrm{r} - \mathrm{r}'$로 놓으면 위의 식(4.2.106)은

$$G(\mathrm{r}-\mathrm{r}') = \frac{1}{(2\pi)^3}\lim_{\epsilon\to 0^+}\iiint \frac{1}{k^2-q^2+i\epsilon}e^{i\mathrm{q}\cdot\mathrm{R}}d^3q \tag{4.2.107}$$

$$= \frac{1}{(2\pi)^3}\lim_{\epsilon\to 0^+}\int_0^\infty \frac{q^2\,dq}{k^2-q^2+i\epsilon}\int_0^\pi e^{iqR\cos\theta}\sin\theta\,d\theta\int_0^{2\pi}d\phi$$

$$= \frac{2\pi}{(2\pi)^3}\lim_{\epsilon\to 0^+}\int_0^\infty \frac{q^2\,dq}{k^2-q^2+i\epsilon}\int_{-1}^1 e^{iqR\xi}d\xi \quad (\xi = \cos\theta)$$

$$= \frac{2\pi}{(2\pi)^3}\lim_{\epsilon\to 0^+}\int_0^\infty \frac{q^2\,dq}{k^2-q^2+i\epsilon}\frac{1}{iqR}\left(e^{iqR}-e^{-iqR}\right)$$

$$= \frac{2\pi}{(2\pi)^3}\frac{1}{iR}\lim_{\epsilon\to 0^+}\int_0^\infty \left(e^{iqR}-e^{-iqR}\right)\frac{q\,dq}{k^2-q^2+i\epsilon}$$

$$= \frac{2\pi}{(2\pi)^3}\frac{1}{iR}\left[\lim_{\epsilon\to 0^+}\int_0^\infty \frac{e^{iqR}q\,dq}{k^2-q^2+i\epsilon}-\int_0^\infty \frac{e^{-iqR}q\,dq}{k^2-q^2+i\epsilon}\right]$$

$$= \frac{2\pi}{(2\pi)^3}\frac{1}{iR}\left(I_+ + I_-\right)$$

와 같이 된다. R은 벡터 R 의 크기이다. 여기서 적분 I_+와 적분 I_-는 각각 다음과 같다.

$$I_+ = \lim_{\epsilon\to 0^+}\int_0^\infty \frac{e^{iqR}q\,dq}{k^2-q^2+i\epsilon} \tag{4.2.108}$$

$$I_- = -\lim_{\epsilon\to 0^+}\int_0^\infty \frac{e^{-iqR}q\,dq}{k^2-q^2+i\epsilon} \tag{4.2.109}$$

$q = -q'$으로 놓으면 적분 I_-를 다음과 같이 쓸 수 있다.

$$I_- = -\lim_{\epsilon\to 0^+}\int_0^\infty \frac{e^{-iqR}q\,dq}{k^2-q^2+i\epsilon} = \lim_{\epsilon\to 0^+}\int_{-\infty}^0 \frac{e^{iq'R}q'\,dq'}{k^2-q'^2+i\epsilon} \tag{4.2.110}$$

그러므로 I_+와 I_-를 더하면

$$I_+ + I_- = \lim_{\epsilon \to 0^+} \int_{-\infty}^{\infty} \frac{e^{iqR} q\,dq}{k^2 - q^2 + i\epsilon} \tag{4.2.111}$$

가 된다. 이제 그린함수 $G(\mathrm{r} - \mathrm{r}')$을 다음과 같이 나타낼 수 있다.

$$\begin{aligned} G(\mathrm{r} - \mathrm{r}') &= \frac{2\pi}{(2\pi)^3} \frac{1}{iR} \lim_{\epsilon \to 0^+} \int_{-\infty}^{\infty} \frac{e^{iqR} q\,dq}{k^2 - q^2 + i\epsilon} \\ &= \frac{2\pi}{(2\pi)^3} \frac{1}{iR} J(R) \end{aligned} \tag{4.2.112}$$

여기서 $J(R)$은 다음과 같다.

$$J(R) = \lim_{\epsilon \to 0^+} \int_{-\infty}^{\infty} \frac{e^{iqR} q\,dq}{k^2 - q^2 + i\epsilon} \tag{4.2.113}$$

$J(R)$은 경로적분을 이용하면 어렵지 않게 계산할 수 있다. ϵ이 양의 무한소이므로 식 (4.2.113)의 분모는 $k^2 - q^2 + i\epsilon = [(k + i\epsilon/2k) - q][(k + i\epsilon/2k) + q]$와 같이 인수분해가 가능하다. $J(R)$을 $q-$복소 공간에서 경로적분을 해보자. 지수함수 e^{iqR}의 멱에 있는 R은 양의 값이므로 그림 4.2.1에 보인 것처럼 실수축 $\mathrm{Re}[q]$위의 상반평면에서 반시계 방향으로 돌아가는 반원 형태의 닫힌 경로 C를 선택하면 $J(R)$은 다음의 식으로부터 구할 수 있다.

$$\oint_C \frac{e^{iqR} q\,dq}{k^2 - q^2 + i\epsilon} = \int_{-\infty}^{\infty} \frac{e^{iqR} q\,dq}{k^2 - q^2 + i\epsilon} + \int_{C_{q_R}} \frac{e^{iqR} q\,dq}{k^2 - q^2 + i\epsilon} \tag{4.2.114}$$

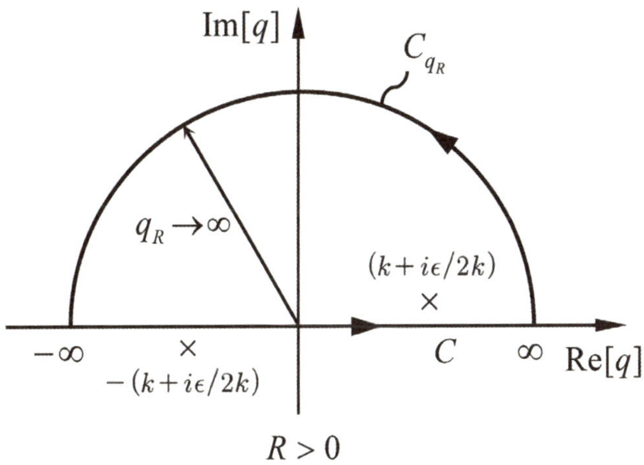

그림 4.2.1 $q-$복소 공간에서 $R>0$인 경우의 반시계방향의 반원 경로

이때 반원의 반지름을 $q_R(=|q|)$이라고 하자. 닫힌 경로 C가 상반평면에 있으므로 경로 내부의 특이점은 $q=k+i\epsilon/2k$이며 이 점에 대하여 유수정리를 적용하면 $J(R)$를 구할 수 있다. 식(4.2.114)의 우변에서 $q_R(=|q|)\to\infty$일 때 C_{q_R} 경로상의 적분이 0이 되고, 특이점은 단순극점이므로 다음과 같이 적분을 수행할 수 있다.

$$
\begin{aligned}
\oint_C \frac{e^{iqR}q\,dq}{k^2-q^2+i\epsilon} &= \int_{-\infty}^{\infty}\frac{e^{iqR}q\,dq}{k^2-q^2+i\epsilon} \\
&= \int_{-\infty}^{\infty}\frac{e^{iqR}q\,dq}{[(k+i\epsilon/2k)-q][(k+i\epsilon/2k)+q]} \\
&= 2\pi i\,a_{-1}[q=k+i\epsilon/2k] \\
&= 2\pi i \lim_{q=k+i\epsilon/2k}\frac{[q-(k+i\epsilon/2k)]e^{iqR}q}{[(k+i\epsilon/2k)-q][(k+i\epsilon/2k)+q]} \\
&= 2\pi i\left(-\frac{1}{2}\right)e^{iR(k+i\epsilon/2k)} \\
&= -i\pi e^{ikR}e^{-\epsilon R/2k}
\end{aligned}
\tag{4.2.115}
$$

여기서 $a_{-1}[q=k+i\epsilon/2k]$는 $q=k+i\epsilon/2k$에서의 유수를 나타낸다. 따라서 적분 $J(R)$을 다음과 같이 구할 수 있다.

$$J(R) = \lim_{\epsilon \to 0^+} \int_{-\infty}^{\infty} \frac{e^{iqR} q\,dq}{k^2 - q^2 + i\epsilon} \tag{4.2.116}$$

$$= \lim_{\epsilon \to 0^+} (-i\pi) e^{ikR} e^{-\epsilon R/2k}$$

$$= (-i\pi) e^{ikR}$$

이렇게 구한 $J(R)$을 식(4.2.112)에 대입하면 그린함수 $G(\mathbf{r}-\mathbf{r}')$을 다음과 같이 얻을 수 있다.

$$G(\mathbf{r}-\mathbf{r}') = \frac{2\pi}{(2\pi)^3} \frac{1}{iR} J(R) \tag{4.2.117}$$

$$= \frac{2\pi}{(2\pi)^3} \frac{1}{iR} (-i\pi) e^{ikR}$$

$$= -\frac{1}{4\pi|\mathbf{r}-\mathbf{r}'|} e^{ik|\mathbf{r}-\mathbf{r}'|}$$

위의 그린함수를 식(4.2.97)에 대입하면 시간 독립 슈뢰딩거 방정식인 해인 파동함수 $\psi(\mathbf{r})$을 다음과 같이 쓸 수 있다.

$$\psi(\mathbf{r}) = \frac{e^{i\mathbf{k}\cdot\mathbf{r}}}{(2\pi\hbar)^{3/2}} - \frac{1}{2\pi}\frac{m}{\hbar^2} \iiint \frac{1}{|\mathbf{r}-\mathbf{r}'|} e^{ik|\mathbf{r}-\mathbf{r}'|} V(\mathbf{r}')\psi(\mathbf{r}')\,d^3r' \tag{4.2.118}$$

다음은 거리 r이 퍼텐셜의 영향이 미치는 범위보다 매우 큰 경우에 산란 파동의 형태를 알아보기 위해 $r \gg r'$인 영역에서 $|\mathbf{r}-\mathbf{r}'|$을 전개하여 보자.

$$|\mathbf{r}-\mathbf{r}'| = \sqrt{r^2 + r'^2 - 2\mathbf{r}\cdot\mathbf{r}'} \tag{4.2.119}$$

$$= r\sqrt{1 + \left(\frac{r'}{r}\right)^2 - \frac{2\mathbf{r}\cdot\mathbf{r}'}{r^2}}$$

$$\approx r\left(1 - \frac{\mathbf{r}\cdot\mathbf{r}'}{r^2} + \cdots\right) \quad (r \gg r')$$

$$\approx r - \hat{\mathbf{r}}\cdot\mathbf{r}'$$

또한 $r \gg r'$인 영역에서 $\dfrac{1}{|\mathrm{r}-\mathrm{r}'|}e^{ik|\mathrm{r}-\mathrm{r}'|}$은 다음과 같이 근사된다.

$$\frac{1}{|\mathrm{r}-\mathrm{r}'|}e^{ik|\mathrm{r}-\mathrm{r}'|} \approx \frac{e^{ik(r-\hat{\mathrm{r}}\cdot\mathrm{r}')}}{r} = \frac{e^{ikr}}{r}e^{-ik\hat{\mathrm{r}}\cdot\mathrm{r}'} \tag{4.2.120}$$

그러므로 퍼텐셜의 영향이 거의 없는 경우에 산란 파동함수 $\psi(\mathrm{r})$을 다음과 같이 표현할 수 있다.

$$\begin{aligned}\psi(\mathrm{r}) &= \frac{e^{i\mathrm{k}\cdot\mathrm{r}}}{(2\pi\hbar)^{3/2}} - \frac{1}{2\pi}\frac{m}{\hbar^2}\iiint\frac{e^{ikr}}{r}e^{-ik\hat{\mathrm{r}}\cdot\mathrm{r}'}V(\mathrm{r}')\psi(\mathrm{r}')d^3r' \\ &= \frac{1}{(2\pi\hbar)^{3/2}}\left[e^{i\mathrm{k}\cdot\mathrm{r}} + \frac{e^{ikr}}{r}f(\hat{\mathrm{r}})\right] \quad (r \gg r')\end{aligned} \tag{4.2.121}$$

여기서 $f(\hat{\mathrm{r}})$는 산란 진폭(scattering amplitude)이고 아래와 같이 주어졌다.

$$f(\hat{\mathrm{r}}) = -\frac{1}{2\pi}\frac{m}{\hbar^2}(2\pi\hbar)^{3/2}\iiint e^{-ik\hat{\mathrm{r}}\cdot\mathrm{r}'}V(\mathrm{r}')\psi(\mathrm{r}')d^3r' \tag{4.2.122}$$

이 식의 적분 안에 있는 파동함수 $\psi(\mathrm{r}')$에 제1 보른 근사를 적용하면 식(4.2.96)으로부터 알 수 있듯이 $\psi(\mathrm{r}') = \dfrac{1}{(2\pi\hbar)^{3/2}}e^{i\mathrm{k}\cdot\mathrm{r}'}$가 되므로 보른 산란 진폭(Born scattering amplitude) $f_B(\hat{\mathrm{r}})$을 다음과 같이 나타낼 수 있다.

$$f_B(\hat{\mathrm{r}}) = -\frac{1}{2\pi}\frac{m}{\hbar^2}\iiint e^{-ik\hat{\mathrm{r}}\cdot\mathrm{r}'}V(\mathrm{r}')e^{i\mathrm{k}\cdot\mathrm{r}'}d^3r' \tag{4.2.123}$$

위의 식에서 $\mathrm{k}' = k\hat{\mathrm{r}}$, $\mathrm{K} = \mathrm{k} - \mathrm{k}'$로 놓으면 $K(=|\mathrm{K}|)$는 다음과 같이 k 및 입사 방향과 산란 방향의 사잇각인 Θ로 나타낼 수 있다.

$$
\begin{aligned}
K &= |\mathbf{k} - \mathbf{k}'| \qquad (4.2.124)\\
&= \left(k^2 + k'^2 - 2kk'\cos\Theta\right)^{1/2} \quad (k = k')\\
&= 2k\sin\left(\frac{\Theta}{2}\right)
\end{aligned}
$$

이때 퍼텐셜이 $V(r')$이 거리 r'에만 의존하는 구형 대칭인 경우에 보른 산란 진폭 $f_B(\Theta)$가

$$
f_B(\Theta) = -\frac{1}{2\pi}\frac{m}{\hbar^2}\iiint V(r')\,e^{i\mathbf{K}\cdot\mathbf{r}'}\,d^3r' \qquad (4.2.125)
$$

로 주어진다. 그러므로 이 경우에 보른 산란 진폭 $f_B(\Theta)$는 산란각 Θ와 파수 k에만 의존한다는 것을 알 수 있다. 또한, 보른 산란 진폭 $f_B(\Theta)$는 퍼텐셜 $V(r')$의 3차원 푸리에 변환이라는 것도 알 수 있다. 보른 산란 진폭인 식(4.2.125)는 이전에 언급한 식(4.2.46)과 동일한 식이다. 지금까지 시간 독립 슈뢰딩거 방정식으로부터 산란 파동함수와 산란 진폭을 유도하는 과정을 살펴보았고, 아울러 보른 근사를 사용하여 산란 진폭을 계산하는 과정을 이해할 수 있도록 체계적으로 설명하였다.

4.3 전자기학 (Electromagnetism)

전자기학에서 푸리에 해석이 응용되는 대표적인 문제는 정전기학(electrostatics)에서 퍼텐셜을 구하는 것일 것이다. 전자기학의 기본이 되는 맥스웰 방정식(Maxwell's equations)은 MKS(SI) 단위계에서 다음과 같이 미분형(differential form)으로 나타낼 수 있다.

$$
\nabla\cdot\mathbf{E} = \frac{\rho}{\epsilon_0} \quad \text{전기장에 대한 가우스 법칙} \qquad (4.3.1)
$$

$$\nabla \cdot \mathrm{B} = 0 \quad \text{자기장에 대한 가우스 법칙} \tag{4.3.2}$$

$$\nabla \times \mathrm{E} = -\frac{\partial \mathrm{B}}{\partial t} \quad \text{패러데이의 전자기 유도법칙} \tag{4.3.3}$$

$$\nabla \times \mathrm{B} = \mu_0\left(\mathrm{J} + \epsilon_0 \frac{\partial \mathrm{E}}{\partial t}\right) \quad \text{수정된 앙페르의 법칙} \tag{4.3.4}$$

여기서 E는 전기장, ρ는 부피 전하밀도, ϵ_0는 진공의 유전율(electric permittivity of vacuum), B는 자기장, J는 전류밀도, 그리고 μ_0는 진공의 투자율(magnetic permeability of vacuum)을 나타낸다. 식(4.3.4)에서 $\epsilon_0 \dfrac{\partial \mathrm{E}}{\partial t}$는 변위 전류(displacement current)이다.

4.3.1 라플라스 방정식 (Laplace's equation): 푸리에 급수 이용

정상상태(steady-state)인 경우에 $\partial \mathrm{B}/\partial t = 0$ 이므로 식(4.3.3)으로부터 $\nabla \times \mathrm{E} = 0$ 이고 벡터 항등식 $\nabla \times \nabla\phi = 0$에 의하여 전기장을 다음과 같이 쓸 수 있다.

$$\mathrm{E}(\mathrm{r}) = -\nabla\phi(\mathrm{r}) \tag{4.3.5}$$

여기서 $\phi(\mathrm{r})$는 정전기 퍼텐셜(electrostatic potential)이다. 식(4.3.5)를 식(4.3.1)에 대입을 하면 다음과 같은 푸아송 방정식(Poisson's equation)을 얻을 수 있다.

$$\nabla^2\phi(\mathrm{r}) = -\frac{\rho}{\epsilon_0} \tag{4.3.6}$$

부피 전하밀도가 $\rho = 0$인 영역에서는 푸아송 방정식이 아래와 같은 라플라스 방정식(Laplace's equation)이 된다.

$$\nabla^2\phi(\mathrm{r}) = 0 \tag{4.3.7}$$

라플라스 방정식의 해를 2차원과 3차원 공간에서 구해보자. 먼저, 2차원 xy-평면의 $0 \le x \le a$, $0 \le y \le b$ 영역에서 아래와 같이 2차원 라플라스 방정식을 생각해 보자.

$$\nabla^2 \phi(x, y) = \frac{\partial^2 \phi}{\partial x^2} + \frac{\partial^2 \phi}{\partial y^2} = 0 \tag{4.3.8}$$

경계조건은 $x = 0$과 $x = a$에서 각각 $\phi(0, y) = 0$과 $\phi(a, y) = 0$, 그리고 $y = 0$과 $y = b$에서 $\phi(x, 0) = 0$과 $\phi(x, b) = V(x)$로 주어졌다. 여기서 $V(x)$는 x만의 함수이다. 변수분리법을 적용하여 정전기 퍼텐셜 $\phi(x, y)$를 다음과 같이 놓자.

$$\phi(x, y) = X(x)\,Y(y) \tag{4.3.9}$$

이 식을 식(4.3.8)에 대입하면 다음과 같다.

$$Y(y)\frac{d^2 X(x)}{dx^2} + X(x)\frac{d^2 Y(y)}{dy^2} = 0 \tag{4.3.10}$$

위의 식을 $\phi(x, y)\,[= X(x)\,Y(y) \neq 0]$로 나누면 다음과 같이 x-부분과 y-부분으로 분리가 된다.

$$\frac{1}{X(x)}\frac{d^2 X(x)}{dx^2} = -\frac{1}{Y(y)}\frac{d^2 Y(y)}{dy^2} = \lambda \tag{4.3.11}$$

여기서 λ는 분리상수이다.

먼저 λ가 양수인 경우, 즉 $\lambda = \alpha^2\,(\alpha > 0)$인 경우를 살펴보자. x-부분의 방정식은

$$\frac{d^2 X(x)}{dx^2} - \alpha^2 X(x) = 0 \tag{4.3.12}$$

와 같으므로 해 $X(x)$는 다음과 같다.

$$X(x) = Ae^{\alpha x} + Be^{-\alpha x} \tag{4.3.13}$$

여기서 A와 B는 상수이다. 경계조건 $\phi(0, y) = 0$과 $\phi(a, y) = 0$, 즉 $X(0) = 0$과 $X(a) = 0$을 적용하면 다음과 같이 된다.

$$X(0) = A + B = 0 \tag{4.3.14}$$

$$X(a) = Ae^{\alpha a} + Be^{-\alpha a} = 0 \tag{4.3.15}$$

따라서 $B = -A$로부터

$$A(e^{\alpha a} - e^{-\alpha a}) = 0 \tag{4.3.16}$$

를 얻을 수 있는데 이 식이 만족되기 위해서는 $A = 0$ 또는 $\alpha = 0$이 되어야 한다. 그런데 $\alpha \neq 0$이므로 $A = 0$이어야 한다는 것을 알 수 있다. 또한 식(4.3.14)으로부터 $B = 0$이 된다. 그런데 $A = B = 0$이면 모든 x값에 대하여 항상 $X(x) = 0$이 되므로 $\phi(x, y) = X(x)Y(y) \neq 0$인 조건과 모순이 된다. 그러므로 $\lambda = \alpha^2 (\alpha > 0)$인 경우에는 해가 존재하지 않는다.

다음은 $\lambda = 0$인 경우를 보자. 이 경우에는 식(4.3.11)로부터 $d^2X(x)/dx^2 = 0$이 되므로 $X(x) = Ax + B$가 된다. 여기에 경계조건 $X(0) = 0$과 $X(a) = 0$을 적용하면 역시 $A = B = 0$가 되어 항상 $X(x) = 0$이 되므로 역시 모순이 된다. 그러므로 $\lambda = 0$인 경우에도 해가 존재하지 않는다.

이제 마지막 남은 경우는 λ가 음수인 경우이다. $\lambda = -\beta^2 (\beta > 0)$라고 하자. 식(4.3.11)로부터 x-부분의 방정식은

$$\frac{d^2X(x)}{dx^2} + \beta^2 X(x) = 0 \tag{4.3.17}$$

와 같이 되며, 해는

$$X(x) = A\cos(\beta x) + B\sin(\beta x) \tag{4.3.18}$$

가 될 것이다. 여기에 경계조건인 $\phi(0, y) = 0$, 즉 $X(0) = 0$을 적용하면 $A = 0$이 되므로 $X(x)$는

$$X(x) = B\sin(\beta x) \tag{4.3.19}$$

가 된다. 또 다른 경계조건 $\phi(a, y) = 0$, 즉 $X(a) = 0$을 적용하면

$$X(a) = B\sin(\beta a) = 0 \tag{4.3.20}$$

가 되므로

$$\beta a = n\pi \quad (n = 1, 2, \cdots) \tag{4.3.21}$$

가 된다는 것을 알 수 있다. 여기서 n은 양의 정수이다. 그러므로 $X(x)$는 다음과 같이 구할 수 있다.

$$X(x) = X_n(x) = B_n \sin\left(\frac{n\pi x}{a}\right) \quad (n = 1, 2, \cdots) \tag{4.3.22}$$

그러므로 $X(0) = 0$, $X(a) = 0$과 같이 양쪽 경계에서 모두 0이 되는 경우에는 분리상수 λ가 음이 되어야 한다는 것을 알 수 있다.

이번에는 $Y(y)$를 구해보자. 식(4.3.21)을 식(4.3.11)에 대입하면

$$\frac{d^2 Y(y)}{dy^2} - \left(\frac{n\pi}{a}\right)^2 Y(y) = 0 \tag{4.3.23}$$

와 같이 되므로 해 $Y(y)$는 다음과 같이 쓸 수 있다.

$$Y(y) = Y_n(y) = C_n e^{n\pi y/a} + D_n e^{-n\pi y/a} \tag{4.3.24}$$

여기서 C_n과 D_n은 상수이다. 이제 경계조건 $\phi(x,0)=0$, 즉 $Y(0)=0$를 적용하면

$$Y_n(0) = C_n + D_n = 0 \tag{4.3.25}$$

이 되므로 $Y_n(y)$는 아래와 같이 된다.

$$Y_n(y) = C_n\left(e^{n\pi y/a} - e^{-n\pi y/a}\right) = 2C_n \sinh\left(\frac{n\pi y}{a}\right) \quad (n = 1, 2, \cdots) \tag{4.3.26}$$

이로부터 알 수 있듯이 $Y(0)=0$, $Y(b)\neq 0$, 즉, 양쪽 경계에서 동시에 0이 되지 않는 경우에는 식(4.3.11)에서 $(1/Y)(d^2Y/dy^2) = -\lambda$의 우변, 곧 $-\lambda$가 양이 되어야 한다. 그러므로 식(4.3.22)와 식(4.3.26)을 결합하면 $\phi_n(x,y)$는 다음과 같이 된다.

$$\phi_n(x,y) = F_n \sin\left(\frac{n\pi x}{a}\right)\sinh\left(\frac{n\pi y}{a}\right) \tag{4.3.27}$$

여기서 $F_n = 2B_nC_n$이다. 위의 식은 모든 양수 n에 대하여 2차원 라플라스 방정식을 만족하므로 $\phi(x,y)$는 다음과 같이 급수의 형태로 표현할 수 있다.

$$\phi(x,y) = \sum_{n=1}^{\infty}\phi_n(x,y) = \sum_{n=1}^{\infty}F_n \sin\left(\frac{n\pi x}{a}\right)\sinh\left(\frac{n\pi y}{a}\right) \tag{4.3.28}$$

위의 식에 나머지 경계조건 $\phi(x,b) = V(x)$를 적용하면 다음과 같은 푸리에 사인 급수를 얻을 수 있다.

$$\begin{aligned}\phi(x,b) = V(x) &= \sum_{n=1}^{\infty}F_n \sin\left(\frac{n\pi x}{a}\right)\sinh\left(\frac{n\pi b}{a}\right) \\ &= \sum_{n=1}^{\infty}G_n \sin\left(\frac{n\pi x}{a}\right)\end{aligned} \tag{4.3.29}$$

여기서 계수 G_n은 다음과 같다.

$$G_n = F_n \sinh\left(\frac{n\pi b}{a}\right) \tag{4.3.30}$$

$$= \frac{2}{a}\int_0^a V(x)\sin\left(\frac{n\pi x}{a}\right)dx \quad (n = 1, 2, 3, \cdots)$$

그러므로 2차원 라플라스 방정식의 해인 정전기 퍼텐셜 $\phi(x, y)$는 다음과 같이 푸리에 급수의 형태로 구할 수 있다.

$$\phi(x, y) = \sum_{n=1}^{\infty} F_n \sin\left(\frac{n\pi x}{a}\right)\sinh\left(\frac{n\pi y}{a}\right) \tag{4.3.31}$$

$$= \frac{2}{a}\sum_{n=1}^{\infty}\sin\left(\frac{n\pi x}{a}\right)\frac{\sinh\left(\frac{n\pi y}{a}\right)}{\sinh\left(\frac{n\pi b}{a}\right)}\int_0^a V(x)\sin\left(\frac{n\pi x}{a}\right)dx$$

이제 라플라스 방정식의 해를 구하는 두 번째 예로, 3차원 직교좌표계를 고려해 보자. 3차원 라플라스 방정식이 $0 \le x \le a$, $0 \le y \le b$, $0 \le z \le c$ 영역에서 다음과 같이 주어졌다.

$$\nabla^2\phi(x, y, z) = \frac{\partial^2\phi}{\partial x^2} + \frac{\partial^2\phi}{\partial y^2} + \frac{\partial^2\phi}{\partial z^2} = 0 \tag{4.3.32}$$

경계조건은 $x = 0$과 $x = a$에서 각각 $\phi(0, y, z) = 0$과 $\phi(a, y, z) = 0$이며, $y = 0$과 $y = b$에서 $\phi(x, 0, z) = 0$과 $\phi(x, b, z) = 0$, 그리고 $z = 0$과 $z = c$에서 $\phi(x, y, 0) = V(x, y)$와 $\phi(x, y, c) = 0$이다. 변수분리법을 적용하여 정전기 퍼텐셜 $\phi(x, y, z)$를 다음과 같이 놓자.

$$\phi(x, y, z) = X(x)Y(y)Z(z) \tag{4.3.33}$$

그러므로 식(4.3.32)은 다음과 같이 된다.

$$Y(y)\,Z(z)\,\frac{d^2X(x)}{dx^2} + X(x)\,Z(z)\,\frac{d^2\,Y(y)}{dy^2} + X(x)\,Y(y)\,\frac{d^2Z(z)}{dz^2} = 0 \quad (4.3.34)$$

이 식을 $\phi(x, y, z)\,[\, = X(x)\,Y(y)\,Z(z) \neq 0]$ 로 나누면

$$\frac{1}{X(x)}\,\frac{d^2X(x)}{dx^2} = -\,\frac{1}{Y(y)}\,\frac{d^2\,Y(y)}{dy^2} - \frac{1}{Z(z)}\,\frac{d^2Z(z)}{dz^2} = \lambda \qquad (4.3.35)$$

와 같이 x-부분, y-부분과 z-부분으로 분리가 된다. λ는 분리 상수이다.

상수인 λ는 양수, 0, 음수와 같이 세 가지 경우가 있는데 모든 경우에 대하여 알아보자. 먼저 λ가 양수인 경우, $\lambda = \alpha^2\,(\alpha > 0)$라고 하자. x-부분의 방정식은

$$\frac{d^2X(x)}{dx^2} - \alpha^2\,X(x) = 0 \qquad (4.3.36)$$

와 같이 되므로 해 $X(x)$는

$$X(x) = A\,e^{\alpha x} + Be^{-\,\alpha x} \qquad (4.3.37)$$

와 같이 된다. 여기서 A와 B는 상수이다. 이 식에 경계조건 $\phi(0, y, z) = 0$과 $\phi(a, y, z) = 0$, 즉 $X(0) = 0$과 $X(a) = 0$을 적용하면 각각 다음과 같이 된다.

$$X(0) = A + B = 0 \qquad (4.3.38)$$

$$X(a) = A\,e^{\alpha a} + Be^{-\,\alpha a} = 0 \qquad (4.3.39)$$

즉, $B = -\,A$이므로 식(4.3.39)로부터

$$A\,(e^{\alpha a} - e^{-\,\alpha a}) = 0 \qquad (4.3.40)$$

가 되므로 $A = 0$이거나 $\alpha = 0$이어야 한다. 그런데 $\alpha \neq 0$이어야 하므로 $A = 0$이 되

어야만 한다. 이렇게 되면 식(4.3.38)에 의해서 $B = 0$이 된다. 그러나 동시에 $A = 0$과 $B = 0$이 되면 모든 x값에 대하여 항상 $X(x) = 0$이 되므로 앞의 2차원의 경우와 같이 모순이 된다. 그러므로 $\lambda = \alpha^2 (\alpha > 0)$인 경우에는 해가 존재하지 않는다.

이번에는 $\lambda = 0$인 경우를 보자. 이 경우에는 식(4.3.35)에서 $d^2X(x)/dx^2 = 0$이 되므로 해는 $X(x) = Ax + B$이다. 이때 경계조건 $X(0) = 0$과 $X(a) = 0$을 적용하면 $A = B = 0$이 되어 역시 모든 x값에 대하여 $X(x) = 0$이 되므로 $\lambda = 0$은 옳은 경우가 아니다.

이제 마지막 남은 조선은 λ가 음수인 경우인데 $\lambda = -\xi^2 (\xi > 0)$라고 하자. 이 경우에 x-부분의 방정식은

$$\frac{d^2X(x)}{dx^2} + \xi^2 X(x) = 0 \tag{4.3.41}$$

와 같고, 해는

$$X(x) = A\cos\xi x + B\sin\xi x \tag{4.3.42}$$

가 된다. 여기에 경계조건 $X(0) = 0$을 적용하면 $A = 0$이 되므로 해는

$$X(x) = B\sin\xi x \tag{4.3.43}$$

가 되는데, 경계조건 $X(a) = 0$에 의하여

$$X(a) = B\sin\xi a = 0 \tag{4.3.44}$$

을 만족하여야 한다. 그러므로 ξa를 $\xi_m a$라고 놓으면 다음이 성립한다.

$$\xi_m a = m\pi \quad (m = 1, 2, \cdots) \tag{4.3.45}$$

여기서 m은 양의 정수이다. 따라서 해 $X(x)$를 $X_m(x)$라고 놓고 다음과 같이 쓸 수 있다.

$$X(x) = X_m(x) = B_m \sin\left(\frac{m\pi x}{a}\right) \quad (m = 1, 2, \cdots) \tag{4.3.46}$$

이와 같이 경계의 양쪽에서 모두 $X = 0$ 이 되는 경우에는 분리상수 λ가 음이 되어야 한다는 것을 알 수 있다.

이제 $Y(y)$를 구하기 위하여 분리상수 ζ를 이용하여 y-부분의 식을 다음과 같이 써보자.

$$\begin{aligned} \frac{1}{Y(y)} \frac{d^2 Y(y)}{dy^2} &= -\frac{1}{X(x)} \frac{d^2 X(x)}{dx^2} - \frac{1}{Z(z)} \frac{d^2 Z(z)}{dz^2} \\ &= \xi^2 - \frac{1}{Z(z)} \frac{d^2 Z(z)}{dz^2} \\ &= \zeta \end{aligned} \tag{4.3.47}$$

먼저 ζ가 양수인 경우에 $\zeta = \beta^2 \, (\beta > 0)$으로 놓으면 y-부분의 방정식은 아래와 같다.

$$\frac{d^2 Y(y)}{dy^2} - \beta^2 Y(y) = 0 \tag{4.3.48}$$

그러므로 해 $Y(y)$는 다음과 같다.

$$Y(y) = Ce^{\beta y} + De^{-\beta y} \tag{4.3.49}$$

여기서 C와 D는 상수이다. 식(4.3.37)에 경계조건 $\phi(x, 0, z) = 0$과 $\phi(x, b, z) = 0$, 즉 $Y(0) = 0$과 $Y(b) = 0$을 적용하면

$$Y(0) = C + D = 0 \tag{4.3.50}$$

$$Y(b) = Ce^{\beta b} + De^{-\beta b} = 0 \tag{4.3.51}$$

과 같이 되는데, 첫 번째 조건에서 $D = -C$이므로 두 번째 조건은 다음과 같다.

$$C(e^{\beta b} - e^{-\beta b}) = 0 \tag{4.3.52}$$

그러므로 $C = 0$ 이거나 $\beta = 0$ 이어야 하는데 $\beta \neq 0$이므로 $C = 0$ 이어야만 한다. 그렇다면 역시 $D = 0$ 이 되어서 모든 y값에 대하여 항상 $Y(y) = 0$ 이 된다 결과가 나온다. 이것은 $\phi(x, y, z) = X(x)Y(y)Z(z) \neq 0$ 인 조건과 모순이 되므로 ζ는 양수가 될 수 없다.

분리상수 ζ가 0인 경우에는 $d^2Y(y)/dy^2 = 0$ 이 되므로 $Y(y) = Cy + D$라고 할 수 있다. 이때 경계조건 $Y(0) = 0$과 $Y(b) = 0$을 적용하면 상수 C와 D는 0이 되어 항상 $Y(y) = 0$ 이 되므로 역시 옳은 해가 되지 않는다.

그러므로 마지막 남은 경우인 ζ가 음수인 경우에 해가 존재할 것으로 예상이 된다. ζ가 음수인 경우, $\zeta = -\mu^2\,(\mu > 0)$ 라고 놓자. y-부분의 방정식은 다음과 같다.

$$\frac{d^2Y(y)}{dy^2} + \mu^2 Y(y) = 0 \tag{4.3.53}$$

이 식의 해는

$$Y(y) = C\cos\mu y + D\sin\mu y \tag{4.3.54}$$

로 놓을 수 있으며, $Y(0) = 0$을 적용하면 $C = 0$ 이란 것을 알 수 있다. 그러므로 Y는

$$Y(y) = D\sin\mu y \tag{4.3.55}$$

와 같이 되고, 여기에 $Y(b) = 0$을 적용하면

$$Y(b) = D\sin\mu b = 0 \tag{4.3.56}$$

이 된다. 이제 $\mu b = \mu_n b$ 라 놓으면 $\mu_n b$는 양의 정수 n에 대하여

$$\mu_n b = n\pi \quad (n = 1, 2, \cdots) \tag{4.3.57}$$

를 만족하며 $Y(y)$는 다음과 같이 된다.

$$Y(y) = Y_n(y) = D_n \sin\left(\frac{n\pi x}{b}\right) \quad (n = 1, 2, \cdots) \tag{4.3.58}$$

그러므로 분리상수 ζ가 음일 때에만 경계면의 양쪽에서 Y가 0이 되는 경우에 해가 존재한다는 것을 알 수 있다.

마지막으로 $Z(z)$를 구하기 위하여 z-부분의 방정식을 다음과 같이 쓰자.

$$\begin{aligned}\frac{1}{Z(z)}\frac{d^2Z(z)}{dz^2} &= -\frac{1}{X(x)}\frac{d^2X(x)}{dx^2} - \frac{1}{Y(y)}\frac{d^2Y(y)}{dy^2} \\ &= \xi^2 + \mu^2 \\ &= \gamma^2\end{aligned} \tag{4.3.59}$$

여기서 ξ^2과 μ^2이 모두 양수이므로 γ^2도 양수이다. 또는 경계조건 $Z(0) \neq 0$, $Z(c) = 0$은 양쪽 경계에서 모두 0이 되지 않는 경우이므로 식(4.3.59)의 세 번째 줄의 γ^2이 양이 되어야 한다는 것을 알 수 있다. 이미 앞에서 구한 ξ_m와 μ_n으로부터 γ^2은 다음과 같이 된다.

$$\begin{aligned}\gamma^2 = \gamma_{mn}^2 &= \xi_m^2 + \mu_n^2 \\ &= \left(\frac{m\pi}{a}\right)^2 + \left(\frac{n\pi}{b}\right)^2 \quad (m, n = 1, 2, 3, \cdots)\end{aligned} \tag{4.3.60}$$

따라서 z-부분의 방정식은

$$\frac{d^2Z(z)}{dz^2} - \gamma_{mn}^2 Z(z) = 0 \tag{4.3.61}$$

이 되며, 해는

$$Z(z) = Z_{mn}(z) = F_{mn}e^{\gamma_{mn}z} + G_{mn}e^{-\gamma_{mn}z} \tag{4.3.62}$$

가 된다. 여기서 F_{mn}와 G_{mn}는 상수이다. 이 해에 경계조건 $\phi(x, y, c) = 0$, 즉 $Z(c) = 0$을 적용하면

$$Z(c) = F_{mn} e^{\gamma_{mn} c} + G_{mn} e^{-\gamma_{mn} c} = 0 \tag{4.3.63}$$

와 같이 되므로 G_{mn}과 F_{mn} 다음과 같은 관계에 있다.

$$G_{mn} = -F_{mn} e^{2\gamma_{mn} c} \tag{4.3.64}$$

따라서 Z_{mn}을 다음과 같이 구할 수 있다.

$$\begin{aligned} Z_{mn}(z) &= F_{mn} e^{\gamma_{mn} z} - F_{mn} e^{2\gamma_{mn} c} e^{-\gamma_{mn} z} \\ &= -F_{mn} e^{\gamma_{mn} c}\left[e^{\gamma_{mn}(c-z)} - e^{-\gamma_{mn}(c-z)}\right] \\ &= -2F_{mn} e^{\gamma_{mn} c} \sinh\left[\gamma_{mn}(c-z)\right] \end{aligned} \tag{4.3.65}$$

이제 앞에서 구한 X_m, Y_n, Z_{mn}을 결합하면 식(4.3.33)으로부터 $\phi_{mn}(x, y, z)$를 다음과 같이 쓸 수 있다.

$$\begin{aligned} \phi_{mn}(x, y, z) &= B_m D_n\left(-2F_{mn} e^{\gamma_{mn} c}\right) \sin\left(\frac{m\pi x}{a}\right) \sin\left(\frac{n\pi x}{b}\right) \sinh\left[\gamma_{mn}(c-z)\right] \\ &= H_{mn} \sin\left(\frac{m\pi x}{a}\right) \sin\left(\frac{n\pi x}{b}\right) \sinh\left[\gamma_{mn}(c-z)\right] \end{aligned} \tag{4.3.66}$$

여기서 $H_{mn} = B_m D_n\left(-2F_{mn} e^{\gamma_{mn} c}\right)$이다. 식(4.3.66)이 모든 양의 정수 m과 n에 대하여 3차원 라플라스 방정식을 만족하므로 $\phi(x, y, z)$를 다음과 같은 이중 급수(double series)의 형태로 표현할 수 있다.

$$\phi(x,y,z) = \sum_{m=1}^{\infty}\sum_{n=1}^{\infty}\phi_{mn}(x,y,z) \tag{4.3.67}$$

$$= \sum_{m=1}^{\infty}\sum_{n=1}^{\infty}H_{mn}\sin\left(\frac{m\pi x}{a}\right)\sin\left(\frac{n\pi x}{b}\right)\sinh\left[\gamma_{mn}(c-z)\right]$$

위의 식에 경계조건 $\phi(x,y,0) = V(x,y)$를 적용하면 다음과 같은 푸리에 이중 사인 급수(double Fourier sine series)의 형태를 얻을 수 있다.

$$\phi(x,y,0) = V(x,y) \tag{4.3.68}$$

$$= \sum_{m=1}^{\infty}\sum_{n=1}^{\infty}H_{mn}\sin\left(\frac{m\pi x}{a}\right)\sin\left(\frac{n\pi x}{b}\right)\sinh(\gamma_{mn}c)$$

$$= \sum_{m=1}^{\infty}\sum_{n=1}^{\infty}\left[H_{mn}\sinh(\gamma_{mn}c)\right]\sin\left(\frac{m\pi x}{a}\right)\sin\left(\frac{n\pi x}{b}\right)$$

$$= \sum_{m=1}^{\infty}\sum_{n=1}^{\infty}K_{mn}\sin\left(\frac{m\pi x}{a}\right)\sin\left(\frac{n\pi x}{b}\right)$$

여기서 계수 K_{mn}은 다음과 같다.

$$K_{mn} = H_{mn}\sinh(\gamma_{mn}c) \tag{4.3.69}$$

$$= \frac{4}{ab}\int_0^a\int_0^b V(x,y)\sin\left(\frac{m\pi x}{a}\right)\sin\left(\frac{n\pi x}{a}\right)dx\,dy \quad (m, n = 1, 2, 3, \cdots)$$

그러므로 식(4.3.67)과 식(4.3.69)로부터 3차원 라플라스 방정식의 해인 정전기 퍼텐셜 $\phi(x,y,z)$는 최종적으로 다음과 같은 푸리에 급수의 형태가 된다.

$$\phi(x,y,z) = \sum_{m=1}^{\infty}\sum_{n=1}^{\infty} H_{mn}\sin\left(\frac{m\pi x}{a}\right)\sin\left(\frac{n\pi x}{b}\right)\sinh\left[\gamma_{mn}(c-z)\right] \tag{4.3.70}$$

$$= \frac{4}{ab}\sum_{m=1}^{\infty}\sum_{n=1}^{\infty} H_{mn}\sin\left(\frac{m\pi x}{a}\right)\sin\left(\frac{n\pi x}{b}\right)\frac{\sinh\left[\gamma_{mn}(c-z)\right]}{\sinh(\gamma_{mn}c)}$$

$$\times \int_0^a\int_0^b V(x,y)\sin\left(\frac{m\pi x}{a}\right)\sin\left(\frac{n\pi x}{a}\right)dx\,dy$$

4.3.2 푸아송 방정식 (Poisson's equation): 푸리에 변환 이용

정전기학에서 전하분포 $\rho(\mathrm{r})$가 주어졌을 때 스칼라 퍼텐셜(scalar potential) $\phi(\mathrm{r})$을 구하기 위하여 다음의 푸아송 방정식을 보자.

$$\nabla^2\phi(\mathrm{r}) = -\frac{\rho(\mathrm{r})}{\epsilon_0} \tag{4.3.71}$$

푸아송 방정식에 대응되는 그린함수 $G(\mathrm{r},\mathrm{r}')$은 다음의 미분방정식을 만족한다.

$$\nabla^2 G(\mathrm{r},\mathrm{r}') = -\delta^{(3)}(\mathrm{r}-\mathrm{r}') \tag{4.3.72}$$

여기서 $\delta^{(3)}(\mathrm{r}-\mathrm{r}')$는 3차원 디랙 델타함수이다. 그러므로 식(4.3.71)의 해는 다음과 같이 쓸 수 있다.

$$\phi(\mathrm{r}) = \frac{1}{\epsilon_0}\iiint G(\mathrm{r},\mathrm{r}')\rho(\mathrm{r}')\,d^3r' \tag{4.3.73}$$

위의 식 양변의 r-좌표에 라플라스 연산자 ∇^2을 작용시키면 푸아송 방정식이 도출된다는 것을 알 수 있다.

$$\nabla^2\phi(\mathbf{r}) = \frac{1}{\epsilon_0}\iiint \nabla^2 G(\mathbf{r},\mathbf{r}')\rho(\mathbf{r}')\,d^3r' \tag{4.3.74}$$

$$= -\frac{1}{\epsilon_0}\iiint \delta^{(3)}(\mathbf{r}-\mathbf{r}')\rho(\mathbf{r}')\,d^3r'$$

$$= -\frac{\rho(\mathbf{r})}{\epsilon_0}$$

3차원 디랙 델타함수 $\delta^{(3)}(\mathbf{r}-\mathbf{r}')$은 다음과 같이 정의된다.

$$\delta^{(3)}(\mathbf{r}-\mathbf{r}') = \frac{1}{(2\pi)^3}\iiint e^{i\mathbf{k}\cdot(\mathbf{r}-\mathbf{r}')}\,d^3k \tag{4.3.75}$$

$$= -\frac{1}{(2\pi)^3}\iiint \frac{1}{k^2}\nabla^2 e^{i\mathbf{k}\cdot(\mathbf{r}-\mathbf{r}')}\,d^3k$$

$$= -\nabla^2\left[\frac{1}{(2\pi)^3}\iiint \frac{1}{k^2}e^{i\mathbf{k}\cdot(\mathbf{r}-\mathbf{r}')}\,d^3k\right]$$

여기서 $\nabla^2 e^{i\mathbf{k}\cdot(\mathbf{r}-\mathbf{r}')} = \nabla\cdot\nabla e^{i\mathbf{k}\cdot(\mathbf{r}-\mathbf{r}')} = (i\mathbf{k})\cdot(i\mathbf{k})e^{i\mathbf{k}\cdot(\mathbf{r}-\mathbf{r}')} = -k^2 e^{i\mathbf{k}\cdot(\mathbf{r}-\mathbf{r}')}$가 되는 과정을 적용하였다. 그러므로 식(4.3.72)와 식(4.3.75)로부터 그린함수 $G(\mathbf{r},\mathbf{r}')$는 다음과 같이 된다.

$$G(\mathbf{r},\mathbf{r}') = \frac{1}{(2\pi)^3}\iiint \frac{1}{k^2}e^{i\mathbf{k}\cdot(\mathbf{r}-\mathbf{r}')}\,d^3k \tag{4.3.76}$$

구면좌표계를 이용하여 그린함수 $G(\mathbf{r},\mathbf{r}')$을 계산해 보자. 구면좌표계에서 극각을 θ, 방위각을 ϕ라고 하자. 벡터 $(\mathbf{r}-\mathbf{r}')$을 양의 k_z-축 방향으로 하면 $\mathbf{k}\cdot(\mathbf{r}-\mathbf{r}') = ik|\mathbf{r}-\mathbf{r}'|\cos\theta$가 되고 체적소는 $d^3k = k^2dk\sin\theta\,d\theta\,d\phi$가 된다. 식(4.3.76)에서 $\cos\theta = \xi$로 놓고 계산하면 다음과 같은 결과를 얻는다.

$$G(\mathbf{r}, \mathbf{r}') = \frac{1}{(2\pi)^3} \iiint \frac{1}{k^2} e^{ik|\mathbf{r}-\mathbf{r}'|\cos\theta} k^2 dk \sin\theta \, d\theta \, d\phi \tag{4.3.77}$$

$$= \frac{1}{(2\pi)^3} \int_0^\infty \int_0^\pi \int_0^{2\pi} e^{ik|\mathbf{r}-\mathbf{r}'|\cos\theta} d\phi \sin\theta \, d\theta \, dk$$

$$= \frac{2\pi}{(2\pi)^3} \int_0^\infty \int_{-1}^1 e^{ik|\mathbf{r}-\mathbf{r}'|\xi} d\xi \, dk$$

$$= \frac{1}{(2\pi)^2} \int_0^\infty \frac{1}{ik|\mathbf{r}-\mathbf{r}'|} \left(e^{ik|\mathbf{r}-\mathbf{r}'|} - e^{-ik|\mathbf{r}-\mathbf{r}'|}\right) dk$$

$$= \frac{2}{(2\pi)^2} \int_0^\infty \frac{\sin(k|\mathbf{r}-\mathbf{r}'|)}{k|\mathbf{r}-\mathbf{r}'|} dk$$

$$= \frac{1}{2\pi^2|\mathbf{r}-\mathbf{r}'|} \int_0^\infty \frac{\sin\mu}{\mu} d\mu \quad (\mu = k|\mathbf{r}-\mathbf{r}'| > 0)$$

여기서 적분 $\int_0^\infty \frac{\sin\mu}{\mu} d\mu$는 복소함수의 경로적분, 이중적분, 또는 파인만의 적분기술 (Feynman's technique of integration) 등을 이용하면 계산할 수가 있는데, 여기서는 파인만의 적분기술이라고 알려진 방법을 소개하고자 한다. 복소함수의 경로적분에 대한 자세한 내용은 저자들의 〈복소해석과 응용〉편을 참고 하길 바란다.

새로운 적분함수 $I(\alpha)$를 아래와 같이 정의해 보자.

$$I(\alpha) = \int_0^\infty \frac{e^{-\alpha\mu} \sin\mu}{\mu} d\mu \tag{4.3.78}$$

구하고자 하는 적분은 $\int_0^\infty \frac{\sin\mu}{\mu} d\mu = I(0)$에 해당한다. 적분함수 $I(\alpha)$를 α에 대하여 미분하면 다음과 같이 된다.

$$\frac{dI(\alpha)}{d\alpha} = \frac{\partial}{\partial\alpha}\int_0^\infty \frac{e^{-\alpha\mu}\sin\mu}{\mu}d\mu \tag{4.3.79}$$

$$= -\int_0^\infty e^{-\alpha\mu}\sin\mu\, d\mu$$

$$= \left[e^{-\alpha\mu}\cos\mu\right]_0^\infty - \int_0^\infty (-\alpha e^{-\alpha\mu})\cos\mu\, d\mu$$

$$= -1 + \int_0^\infty \alpha e^{-\alpha\mu}\cos\mu\, d\mu$$

$$= -1 + \left[\alpha e^{-\alpha\mu}\sin\mu\right]_0^\infty - \int_0^\infty (-\alpha^2 e^{-\alpha\mu})\sin\mu\, d\mu$$

$$= -1 - \alpha^2\frac{dI(\alpha)}{d\alpha}$$

그러므로 $\frac{dI(\alpha)}{d\alpha} = -\frac{1}{\alpha^2+1}$ 을 얻을 수 있으며 이것을 $\int_0^\infty d\alpha$로 적분을 하면 다음과 같이 계산된다.

$$\int_0^\infty \frac{dI(\alpha)}{d\alpha}d\alpha = \left[I(\alpha)\right]_0^\infty \tag{4.3.80}$$

$$= I(\infty) - I(0)$$

$$= -\int_0^\infty \frac{\sin\mu}{\mu}d\mu$$

$$= -\int_0^\infty \frac{d\alpha}{\alpha^2+1}$$

$$= -\int_0^{\pi/2} \frac{\sec^2\beta}{\tan^2\beta+1}d\beta \qquad (\alpha = \tan\beta)$$

$$= -\frac{\pi}{2}$$

여기서 $I(\infty) = 0$ 을 이용하였다. 그러므로 적분 $\int_0^\infty \frac{\sin\mu}{\mu}d\mu$을 아래와 같이 구할 수

있다.

$$\int_0^\infty \frac{\sin\mu}{\mu} d\mu = I(0) = \frac{\pi}{2} \tag{4.3.81}$$

이와 같이 적분 $\int_0^\infty \frac{\sin\mu}{\mu} d\mu$을 구하기 위하여 이 문제를 포함하는 새로운 적분함수 $I(\alpha)$를 정의하고 이 함수를 변수 α에 대한 미분과 적분을 수행하여 원하는 적분 $I(0)$을 구하는 방법을 일반적으로 파인만의 적분기술이라고 한다. 이렇게 구한 결과인 식(4.3.81)을 식(4.3.77)에 대입하면 그린함수 $G(\mathrm{r},\mathrm{r}')$는 다음과 같이 된다.

$$G(\mathrm{r},\mathrm{r}') = \frac{1}{4\pi|\mathrm{r}-\mathrm{r}'|} \tag{4.3.82}$$

이 그린함수를 식(4.3.73)에 대입하면 공간 V내에 주어진 전하밀도 ρ에 의한 푸아송 방정식인 $\nabla^2\phi(\mathrm{r}) = -\rho(\mathrm{r})/\epsilon_0$의 해가 되는 스칼라 퍼텐셜 $\phi(\mathrm{r})$을 다음과 같이 구할 수 있다.

$$\phi(\mathrm{r}) = \frac{1}{4\pi\epsilon_0}\iiint_V \frac{\rho(\mathrm{r}')}{|\mathrm{r}-\mathrm{r}'|} d^3r' \tag{4.3.83}$$

이번에는 정자기학(magnetostatics)에서 전류밀도 $\mathrm{J}(\mathrm{r})$가 주어졌을 때 벡터 퍼텐셜(vector potential) $\mathrm{A}(\mathrm{r})$을 구하는 문제를 살펴보자. 정상상태에서 전기장은 시간에 의존하지 않으므로 $\partial\mathrm{E}/\partial t = 0$이며 앙페르의 법칙(Ampère's law)은 다음과 같이 된다.

$$\nabla \times \mathrm{B}(\mathrm{r}) = \mu_0\mathrm{J}(\mathrm{r}) \tag{4.3.84}$$

자기장에 대한 가우스 법칙(Gauss' law)이 $\nabla \cdot \mathrm{B} = 0$이므로 벡터 항등식 $\nabla \cdot \nabla \times \mathrm{A} = 0$을 이용하면 자기장 B는 다음과 같이 벡터 퍼텐셜 A의 컬(curl)로 나타낼 수 있다.

$$\mathrm{B} = \nabla \times \mathrm{A} \tag{4.3.85}$$

따라서 앙페르의 법칙을 다음과 같이 쓸 수 있다.

$$\nabla \times \nabla \times \mathrm{A} = \mu_0 \mathrm{J} \tag{4.3.86}$$

벡터 $\nabla \times \nabla \times \mathrm{A}$ 의 i성분$(i = x, y, z)$을 레비-치비타(Levi-Civita) 기호 ε_{ijk}를 사용하여 전개하여 보자. $\nabla \times \nabla \times \mathrm{A}$ 의 i성분은 $[\nabla \times (\nabla \times \mathrm{A})]_i = \varepsilon_{ijk} \frac{\partial}{\partial x_j} (\nabla \times \mathrm{A})_k$ 인데, $(\nabla \times \mathrm{A})_k = \varepsilon_{klm} \frac{\partial}{\partial x_l} A_m$ 인 것을 이용하면

$$\begin{aligned}
[\nabla \times (\nabla \times \mathrm{A})]_i &= \varepsilon_{ijk} \frac{\partial}{\partial x_j} \varepsilon_{klm} \frac{\partial}{\partial x_l} A_m \\
&= \frac{\partial}{\partial x_j} \varepsilon_{ijk} \varepsilon_{lmk} \frac{\partial}{\partial x_l} A_m \\
&= \frac{\partial}{\partial x_j} (\delta_{il} \delta_{jm} - \delta_{im} \delta_{jl}) \frac{\partial}{\partial x_l} A_m \\
&= \frac{\partial}{\partial x_j} \frac{\partial}{\partial x_i} A_j - \frac{\partial}{\partial x_j} \frac{\partial}{\partial x_j} A_i \\
&= [\nabla (\nabla \cdot \mathrm{A})]_i - [(\nabla \cdot \nabla) \mathrm{A}]_i
\end{aligned} \tag{4.3.87}$$

와 같이 계산할 수 있다. 여기서 $\varepsilon_{ijk} \varepsilon_{lmk} = (\delta_{il} \delta_{jm} - \delta_{im} \delta_{jl})$인 관계를 이용하였다. 그러므로 식(4.3.86)은 다음과 같이 된다.

$$\nabla^2 \mathrm{A} - \nabla (\nabla \cdot \mathrm{A}) = -\mu_0 \mathrm{J} \tag{4.3.88}$$

이 식에서 $\nabla \cdot \mathrm{A} = 0$이 되는 경우를 생각해 보자. 임의의 스칼라 함수 Λ를 도입하여 A를 벡터 퍼텐셜 $\mathrm{A}' = \mathrm{A} + \nabla \Lambda$로 놓고 이에 대한 자기장을 구해보면 $\mathrm{B}' = \nabla \times \mathrm{A}' = \nabla \times (\mathrm{A} + \nabla \Lambda) = \mathrm{B} + \nabla \times \nabla \Lambda$이 되고 벡터 항등식에 의하여 모든 스칼라 함수에 대하여 $\nabla \times \nabla \Lambda = 0$이 성립하므로 $\mathrm{B}' = \mathrm{B}$라는 것을 알 수 있다. 그러므로 A를 새로운 벡터 퍼텐셜 $\mathrm{A}' = \mathrm{A} + \nabla \Lambda$로 치환하여도 물리적인 변화는 없다. 이러한 성질을 이용하여 식(4.3.88)에서 만약 $\nabla \cdot \mathrm{A} \neq 0$인 경우에 새로운 벡터 퍼

텐셜 A′을 도입하여 항상 $\nabla \cdot \mathrm{A}' = 0$이 되도록 할 수가 있다. $\nabla \cdot \mathrm{A} = \xi \neq 0$일 때 $\nabla \cdot \mathrm{A}' = 0$이 되도록 하려면 $\nabla \cdot \mathrm{A}' = 0 = \nabla \cdot (\mathrm{A} + \nabla \Lambda)$을 만족하는 스칼라 함수 Λ를 구하면 된다. 즉, Λ는 다음 식을 만족하면 된다.

$$\nabla^2 \Lambda = -\nabla \cdot \mathrm{A} = \xi\ (\neq 0) \tag{4.3.89}$$

이렇게 항상 $\nabla \cdot \mathrm{A}' = 0$이 되도록 하는 것을 쿨롱 게이지(Coulomb gauge)라고 한다. 그러므로 식(4.3.88)에 쿨롱 게이지를 적용하면 다음과 같은 벡터 미분방정식이 된다.

$$\nabla^2 \mathrm{A}(\mathrm{r}) = -\mu_0 \mathrm{J}(\mathrm{r}) \tag{4.3.90}$$

위의 식과 푸아송 방정식인 $\nabla^2 \phi(\mathrm{r}) = -\rho(\mathrm{r})/\epsilon_0$은 같은 형태라는 것을 쉽게 알 수가 있다. 식(4.3.90)을 직교좌표계에서 성분별(x, y, z)로 표현하면 다음과 같다.

$$\nabla^2 A_\alpha(\mathrm{r}) = -\mu_0 J_\alpha(\mathrm{r}) \quad (\alpha = x, y, z) \tag{4.3.91}$$

즉 전류밀도의 α성분인 J_α로 인하여 벡터 퍼텐셜의 α성분인 A_α가 생성된다는 것을 알 수 있다. 그러므로 식(4.3.91)의 해는 그린함수를 써서 다음과 같이 쓸 수 있다.

$$A_\alpha(\mathrm{r}) = \mu_0 \iiint G(\mathrm{r}, \mathrm{r}')\, J_\alpha(\mathrm{r}')\, d^3 r' \quad (\alpha = x, y, z) \tag{4.3.92}$$

여기서 그린함수 $G(\mathrm{r}, \mathrm{r}')$는 아래의 식을 만족한다.

$$\nabla^2 G(\mathrm{r}, \mathrm{r}') = -\delta^{(3)}(\mathrm{r} - \mathrm{r}') \tag{4.3.93}$$

식(4.3.92) 양변의 r-좌표에 대해 라플라스 연산자 ∇^2을 작용시키면 다음과 같이 되어서 식(4.3.91)이 성립한다는 것을 알 수 있다.

$$\nabla^2 A_\alpha(\mathrm{r}) = \mu_0 \iiint \nabla^2 G(\mathrm{r}, \mathrm{r}')\, J_\alpha(\mathrm{r}')\, d^3 r' \tag{4.3.94}$$

$$= -\mu_0 \iiint \delta^{(3)}(\mathrm{r} - \mathrm{r}')\, J_\alpha(\mathrm{r}')\, d^3 r'$$

$$= -\mu_0 J_\alpha(\mathrm{r}) \quad (\alpha = x, y, z)$$

그리고 식(4.3.92)와 식(4.3.93)의 해가 되는 그린함수인 식(4.3.82) $G(\mathrm{r}, \mathrm{r}') = \dfrac{1}{4\pi|\mathrm{r} - \mathrm{r}'|}$ 을 이용하면 공간 V내에 주어진 전류밀도 $\mathrm{J}(\mathrm{r}')$에 의한 식(4.3.90) $\nabla^2 \mathrm{A}(\mathrm{r}) = -\mu_0 \mathrm{J}(\mathrm{r})$의 해가 되는 벡터 퍼텐셜 $\mathrm{A}(\mathrm{r})$이 아래와 같이 주어진다는 것도 알 수 있다.

$$\mathrm{A}(\mathrm{r}) = \frac{\mu_0}{4\pi} \iiint_V \frac{\mathrm{J}(\mathrm{r}')}{|\mathrm{r} - \mathrm{r}'|}\, d^3 r' \tag{4.3.95}$$

이번 절을 마무리하기 전에 2차원 그린함수(two-dimensional Green's function)에 대해서도 잠깐 알아보자. 식(4.3.72)로부터 3차원 그린함수 $G^{(3)}(\mathrm{r})$을 만족하는 방정식은 다음과 같다.

$$\nabla^2 G^{(3)}(\mathrm{r}) = -\delta^3(\mathrm{r}) = -\delta(x)\delta(y)\delta(z) \tag{4.3.96}$$

식(4.3.76)과 식(4.3.82)에 의하여 $G^{(3)}(\mathrm{r})$은 다음과 같이 계산할 수 있다.

$$G^{(3)}(\mathrm{r}) = \frac{1}{(2\pi)^3} \iiint \frac{1}{k^2} e^{i\mathrm{k}\cdot\mathrm{r}} d^3 k \qquad \left(k^2 = k_x^2 + k_y^2 + k_z^2\right) \tag{4.3.97}$$

$$= \frac{1}{(2\pi)^3} \int_{-\infty}^{\infty}\int_{-\infty}^{\infty}\int_{-\infty}^{\infty} \frac{1}{k_x^2 + k_y^2 + k_z^2}\, e^{i(k_x x + k_y y + k_z z)}\, dk_x\, dk_y\, dk_z$$

$$= \frac{1}{4\pi r} \qquad \left(r = \sqrt{x^2 + y^2 + z^2}\right)$$

위의 식(4.3.96)으로부터 2차원 그린함수 $G^{(2)}(\mathrm{r})$을 만족하는 방정식과 아래와 같이 쓸 수 있을 것이다.

$$\nabla^2 G^{(2)}(\mathrm{r}) = -\delta^{(2)}(\mathrm{r}) = -\delta(x)\delta(y) \tag{4.3.98}$$

여기서 $\delta^{(2)}(\mathrm{r})$는 2차원 디랙 델타함수이다. 식(4.3.97)으로부터 2차원 그린함수 $G^{(2)}(\mathrm{r})$는 아래와 같이 쓸 수 있다.

$$G^{(2)}(\mathrm{r}) = \frac{1}{(2\pi)^2}\iint \frac{1}{k^2} e^{i\mathrm{k}\cdot\mathrm{r}} d^2k \qquad \left(k^2 = k_x^2 + k_y^2\right) \tag{4.3.99}$$

$$= \frac{1}{(2\pi)^2}\int_{-\infty}^{\infty}\int_{-\infty}^{\infty} \frac{1}{k_x^2 + k_y^2} e^{i(k_x x + k_y y)} dk_x\, dk_y$$

위의 적분은 바로 계산하기 쉽지 않으므로 $\dfrac{1}{k_x^2 + k_y^2}$을 다음과 같은 형태로 치환을 해보자.

$$\frac{1}{k_x^2 + k_y^2} = \int_0^{\infty} e^{-\left(k_x^2 + k_y^2\right)t} dt \tag{4.3.100}$$

따라서 $G^{(2)}(\mathrm{r})$은 삼중적분 형태가 된다.

$$G^{(2)}(\mathrm{r}) = \frac{1}{(2\pi)^2}\int_{-\infty}^{\infty}\int_{-\infty}^{\infty} \frac{1}{k_x^2 + k_y^2} e^{i(k_x x + k_y y)} dk_x\, dk_y \tag{4.3.101}$$

$$= \frac{1}{(2\pi)^2}\int_0^{\infty} dt \int_{-\infty}^{\infty} dk_x \int_{-\infty}^{\infty} dk_y\, e^{-\left(k_x^2 + k_y^2\right)t} e^{i(k_x x + k_y y)}$$

$$= \frac{1}{(2\pi)^2}\int_0^{\infty} dt \int_{-\infty}^{\infty} dk_x\, e^{-\left(k_x^2 t - ik_x x\right)} \int_{-\infty}^{\infty} dk_y\, e^{-\left(k_y^2 t - ik_y y\right)}$$

여기서 k_x에 대한 적분을 아래와 같이 $I(x,t)$로 정의해 보자.

$$I(x,t) = \int_{-\infty}^{\infty} dk_x\, e^{-(k_x^2 t - i k_x x)} \tag{4.3.102}$$

$$= e^{-(x^2/4t)} \frac{1}{\sqrt{t}} \int_{-\infty}^{\infty} d\xi_x\, e^{-\xi_x^2}$$

$$= e^{-(x^2/4t)} \sqrt{\frac{\pi}{t}}$$

위의 계산 과정에서 $\xi_x = \sqrt{t}\,(k_x - i\,x/2t)$로 치환하였으며 감마함수 $\int_{-\infty}^{\infty} d\xi_x\, e^{-\xi_x^2}$ $= \Gamma(1/2) = \sqrt{\pi}$를 이용하였다. 마찬가지로 k_y 적분에 대해서 $J(y,t)$를 아래와 같이 정의할 수 있다.

$$J(y,t) = \int_{-\infty}^{\infty} dk_y\, e^{-(k_y^2 t - i k_y y)} \tag{4.3.103}$$

$$= e^{-(y^2/4t)} \sqrt{\frac{\pi}{t}}$$

이렇게 정의된 $I(x,t)$와 $J(y,t)$를 식(4.3.101)에 대입하면 2차원 그린함수 $G^{(2)}(\mathrm{r})$은 다음과 같이 된다.

$$G^{(2)}(\mathrm{r}) = \frac{1}{(2\pi)^2} \int_0^{\infty} dt \int_{-\infty}^{\infty} dk_x\, e^{-(k_x^2 t - i k_x x)} \int_{-\infty}^{\infty} dk_y\, e^{-(k_y^2 t - i k_y y)} \tag{4.3.104}$$

$$= \frac{1}{(2\pi)^2} \int_0^{\infty} dt \left[e^{-(x^2/4t)} \sqrt{\frac{\pi}{t}} \right] \left[e^{-(y^2/4t)} \sqrt{\frac{\pi}{t}} \right]$$

$$= \frac{1}{4\pi} \int_0^{\infty} e^{-(x^2+y^2)/4t} \frac{dt}{t}$$

$$= \frac{1}{4\pi} \int_0^{\infty} e^{-\beta\mu} \frac{d\mu}{\mu} \qquad (x^2 + y^2 = \beta,\ 1/4t = \mu)$$

위의 식에서 마지막 적분을 직접 계산하는 것이 쉽지 않으므로 먼저 β로 미분을 해보자. $dG^{(2)}(\mathrm{r})/d\beta$는 아래와 같이 쉽게 계산이 된다.

$$\frac{dG^{(2)}(\mathrm{r})}{d\beta} = \frac{d}{d\beta}\left[\frac{1}{4\pi}\int_0^{\infty} e^{-\beta\mu}\frac{d\mu}{\mu}\right] \tag{4.3.105}$$

$$= -\frac{1}{4\pi}\int_0^{\infty} e^{-\beta\mu}\,d\mu$$

$$= -\frac{1}{4\pi}\frac{1}{\beta}$$

이 결과를 β로 적분하면 2차원 그린함수 $G^{(2)}(\mathrm{r})$을 다음과 같이 구할 수 있다.

$$G^{(2)}(\mathrm{r}) = -\frac{1}{4\pi}\ln\beta \tag{4.3.106}$$

$$= -\frac{1}{4\pi}\ln\left(x^2+y^2\right)$$

$$= -\frac{1}{2\pi}\ln r \qquad \left(r = \sqrt{x^2+y^2}\right)$$

여기서 적분상수 값을 0으로 하였다. 그리고 $\mathrm{r}' \neq 0$인 경우의 2차원 그린함수 $G^{(2)}(\mathrm{r},\mathrm{r}')$와 3차원 그린함수 $G^{(3)}(\mathrm{r},\mathrm{r}')$의 표현은 식(4.3.106)과 식(4.3.97)에서 각각 r 대신에 $|\mathrm{r}-\mathrm{r}'|$을 대입하면 구할 수가 있다. 즉, 2차원 그린함수는 $G^{(2)}(\mathrm{r},\mathrm{r}') = -\frac{1}{2\pi}\ln|\mathrm{r}-\mathrm{r}'|$이고, 3차원 그린함수의 경우는 $G^{(3)}(\mathrm{r},\mathrm{r}') = \frac{1}{4\pi|\mathrm{r}-\mathrm{r}'|}$가 된다는 것을 확인 할 수 있다.

4.3.3 라플라스 방정식 (Laplace's equation): 푸리에 변환 이용

여기서는 2차원 xy-평면에서 라플라스 방정식의 해인 정전기 퍼텐셜 $\phi(x,y)$를 푸리에 변환을 이용하여 구하는 법을 알아보자. 다음과 같은 2차원 라플라스 방정식이 영역 $-\infty < x < \infty$ 및 $0 \le y \le b$에서 주어졌다.

$$\nabla^2\phi(x,y) = \frac{\partial^2\phi}{\partial x^2} + \frac{\partial^2\phi}{\partial y^2} = 0 \tag{4.3.107}$$

정전기 퍼텐셜의 경계조건은 $x<0$일 때 $y=-a$와 $y=a$에서 $\phi(x,-a)=\phi(x,a)=-V$이고 $x>0$일 때 $y=-a$와 $y=a$에서 $\phi(x,-a)=\phi(x,a)=+V$, 그리고 $x=0$일 때 $\phi(0,y)=0$으로 주어졌다. 여기서 V는 상수이다. 정전기 퍼텐셜 $\phi(x,y)$를

$$\phi(x,y) = X(x)Y(y) \tag{4.3.108}$$

와 같이 놓으면 변수분리법을 적용하여 라플라스 방정식을

$$Y(y)\frac{d^2X(x)}{dx^2} + X(x)\frac{d^2Y(y)}{dy^2} = 0 \tag{4.3.109}$$

와 같이 바꿀 수 있다. 이 식을 $\phi(x,y)[=X(x)Y(y)\neq 0]$로 나누면 분리상수 λ를 써서

$$\frac{1}{Y(y)}\frac{d^2Y(y)}{dy^2} = -\frac{1}{X(x)}\frac{d^2X(x)}{dx^2} = \lambda \tag{4.3.110}$$

와 같이 x-부분과 y-부분으로 분리할 수 있다. y-부분에 대한 경계조건은 $\phi(x,0)=-V$와 $\phi(x,b)=+V$로서 경계 양쪽에서 모두 0이 되는 조건이 아니므로 4.3.1절에서 언급한 바와 같이 λ가 양수가 되어야 한다는 것을 예상할 수 있다. 따라서 $\lambda=\beta^2(\beta>0)$으로 놓으면 y-부분의 방정식은

$$\frac{d^2Y(y)}{dy^2} - \beta^2Y(y) = 0 \tag{4.3.111}$$

와 같이 되며, 해 $Y(y)$는

$$Y(y) = Ae^{\beta y} + Be^{-\beta y} \tag{4.3.112}$$

가 될 것이다. 여기서 A와 B는 모두 상수이다. 그런데 경계조건에 의하여 $x<0$인 영역과 $x>0$인 영역에 대하여 모두 $y=-a$와 $y=a$에서 $\phi(x,-a)=\phi(x,a)$이므로

$Y(-a) = Y(a)$인 y변수에 대하여 대칭성을 가지고 있음을 알 수 있다. 그러므로 식 (4.3.112)과 경계조건으로부터

$$Ae^{\beta a} + Be^{-\beta a} = Ae^{-\beta a} + Be^{\beta a} \tag{4.3.113}$$

와 같이 되는데, 정리하면

$$(A - B)(e^{\beta a} - e^{-\beta a}) = 0 \tag{4.3.114}$$

가 된다. 여기서 $\beta \neq 0$이므로 이 식이 만족되기 위해서는 $A = B$가 되어야 한다. 따라서 $Y(y)$는

$$Y(y) = Y_\beta(y) = A_\beta e^{\beta y} + A_\beta e^{-\beta y} = C_\beta \cosh(\beta y) \quad (\beta > 0) \tag{4.3.115}$$

이며, $C_\beta = 2A_\beta$이다.

x-부분의 방정식은

$$\frac{d^2X(x)}{dx^2} + \beta^2 X(x) = 0 \tag{4.3.116}$$

이며, 해는

$$X(x) = F\cos(\beta x) + G\sin(\beta x) \tag{4.3.117}$$

이다. 여기서 F와 G는 상수인데, 경계조건인 $\phi(0, y) = 0$, 즉 $X(0) = 0$을 적용하면 $F = 0$이 되는 것을 알 수 있다. 따라서 x-부분 방정식의 해는

$$X(x) = X_\beta(x) = G_\beta \sin(\beta x) \quad (\beta > 0) \tag{4.3.118}$$

이다. $\phi(x, y) = X(x)Y(y)$이므로 $\phi = \phi_\beta$로 놓으면 $\phi_\beta(x, y)$는 다음과 같이 쓸 수 있다.

$$\phi_\beta(x, y) = H_\beta \sin(\beta x) \cosh(\beta y) \quad (\beta > 0) \tag{4.3.119}$$

여기서 $C_\beta G_\beta = H_\beta$이다. 식(4.3.119)에서 β가 모든 연속적인 양의 값을 가질 수가 있으므로 일반적인 해 $\phi(x, y)$는 푸리에 사인 변환을 통해 아래와 같은 적분 형태로의 선형결합으로 나타낼 수 있다.

$$\begin{aligned} \phi(x, y) &= \int_0^\infty H(\beta) \sin(\beta x) \cosh(\beta y) \, d\beta \\ &= \sqrt{\frac{2}{\pi}} \int_0^\infty \Phi(\beta, y) \sin(\beta x) \, d\beta \end{aligned} \tag{4.3.120}$$

여기서 β가 연속변수이므로 H_β를 함수 $H(\beta)$로 쓰자. 그러면 $\Phi(\beta, y)$는 아래와 같이 된다.

$$\Phi(\beta, y) = \sqrt{\frac{\pi}{2}} H(\beta) \cosh(\beta y) \tag{4.3.121}$$

여기서 푸리에 사인 변환에 의하여 $\Phi(\beta, y)$가 β에 대한 기함수로 예상되므로 $H(\beta)$도 β에 대한 기함수일 것이다. 제1장에서 자세히 설명하였지만 푸리에 사인 변환을 다시 살펴보면 기함수 $f(x)$에 대한 푸리에 사인 변환은

$$F_S(k) = \sqrt{\frac{2}{\pi}} \int_0^\infty f(x) \sin(kx) \, dx \tag{4.3.122}$$

와 같이 정의되고 역 푸리에 사인 변환은

$$f(x) = \sqrt{\frac{2}{\pi}} \int_0^\infty F_S(k) \sin(kx) \, dk \quad (k > 0) \tag{4.3.123}$$

이다. 그러므로 $\Phi(\beta, y)$를 구하기 위한 역 푸리에 사인 변환은 식(4.3.120)으로부터 다음

과 같이 된다.

$$\Phi(\beta, y) = \sqrt{\frac{2}{\pi}} \int_0^\infty \phi(x, y) \sin(\beta x) dx \quad (\beta > 0) \tag{4.3.124}$$

경계조건에 의해 정전기 퍼텐셜 $\phi(x, y)$는 y 변수에 대하여 대칭성을 가지고 있으므로 식(4.3.124)에 두 개의 경계조건 $\phi(x, a) = +V$, $\phi(x, -a) = +V$중에서 어느 한 가지를 적용하면

$$\Phi(\beta, a) = \sqrt{\frac{2}{\pi}} \int_0^\infty V \sin(\beta x) dx \quad (\beta > 0) \tag{4.3.125}$$

가 된다. 적분 $\int_0^\infty \sin(\beta x) dx$는 다음과 같이 계산할 수 있다.

$$\begin{aligned} \int_0^\infty \sin(\beta x) dx &= \frac{1}{2i} \lim_{\alpha \to 0^+} \int_0^\infty \left[e^{-(\alpha - i\beta)x} - e^{-(\alpha + i\beta)x} \right] dx \\ &= \frac{1}{2i} \lim_{\alpha \to 0^+} \left(\frac{1}{\alpha - i\beta} - \frac{1}{\alpha + i\beta} \right) \\ &= \frac{1}{\beta} \qquad (\beta > 0) \end{aligned} \tag{4.3.126}$$

그러므로 $\Phi(\beta, a)$는 다음과 같이 된다.

$$\Phi(\beta, a) = \sqrt{\frac{\pi}{2}} H(\beta) \cosh(\beta a) = \sqrt{\frac{2}{\pi}} \frac{V}{\beta} \tag{4.3.127}$$

이로부터 $H(\beta)$는 다음과 같이 기함수로 얻을 수 있다.

$$H(\beta) = \frac{2V}{\pi} \frac{1}{\beta \cosh(\beta a)} \tag{4.3.128}$$

최종적으로 2차원 라플라스 방정식의 해인 정전기 퍼텐셜 $\phi(x,y)$는 다음과 같은 푸리에 변환의 형태가 된다.

$$\begin{aligned}\phi(x,y) &= \int_0^\infty H(\beta)\sin(\beta x)\cosh(\beta y)\,d\beta \\ &= \frac{2V}{\pi}\int_0^\infty \frac{\sin(\beta x)}{\beta}\frac{\cosh(\beta y)}{\cosh(\beta a)}\,d\beta\end{aligned} \tag{4.3.129}$$

4.3.4 전자기파 파동방정식 (Electromagnetic wave equation): 푸리에 변환 이용

전하와 전류가 존재하지 않는 진공에서 맥스웰 방정식은 MKS(SI) 단위계에서 다음과 같다.

$$\nabla \cdot \mathrm{E} = 0 \tag{4.3.130}$$

$$\nabla \cdot \mathrm{B} = 0 \tag{4.3.131}$$

$$\nabla \times \mathrm{E} = -\frac{\partial \mathrm{B}}{\partial t} \tag{4.3.132}$$

$$\nabla \times \mathrm{B} = \frac{1}{c^2}\frac{\partial \mathrm{E}}{\partial t} \tag{4.3.133}$$

여기서 $c = 1/\sqrt{\epsilon_0\mu_0}$는 진공에서 빛의 전파 속력이다. 먼저 패러데이 전자기 유도법칙(Faraday's law of induction)인 식(4.3.132)에 컬($\nabla\times$)을 작용시키고 진공에 대한 가우스 법칙인 $\nabla\cdot\mathrm{E}=0$을 적용하면 레비-치비타 기호를 써서 $\nabla\times(\nabla\times\mathrm{E})$의 i 성분을 다음과 같이 전개할 수 있다.

$$[\nabla \times (\nabla \times \mathrm{E})]_i = \varepsilon_{ijk} \frac{\partial}{\partial x_j} \varepsilon_{klm} \frac{\partial}{\partial x_l} E_m \tag{4.3.134}$$

$$= \frac{\partial}{\partial x_j} \varepsilon_{ijk} \varepsilon_{lmk} \frac{\partial}{\partial x_l} E_m \qquad [\varepsilon_{ijk} \varepsilon_{lmk} = (\delta_{il}\delta_{jm} - \delta_{im}\delta_{jl})]$$

$$= \frac{\partial}{\partial x_j} (\delta_{il}\delta_{jm} - \delta_{im}\delta_{jl}) \frac{\partial}{\partial x_l} E_m$$

$$= \frac{\partial}{\partial x_j} \frac{\partial}{\partial x_i} E_j - \frac{\partial}{\partial x_j} \frac{\partial}{\partial x_j} E_i$$

$$= [\nabla (\nabla \cdot \mathrm{E})]_i - [(\nabla \cdot \nabla) \mathrm{E}]_i \quad (\nabla \cdot \mathrm{E} = 0)$$

$$= (\nabla^2 \mathrm{E})_i$$

그러므로 다음의 벡터 항등식을 얻을 수 있다.

$$\nabla \times (\nabla \times \mathrm{E}) = -\nabla^2 \mathrm{E} \tag{4.3.135}$$

이제 이 식의 좌변에 패러데이 법칙인 식(4.3.132)와 앙페르 법칙인 (4.3.133)을 적용하면 다음과 같이 된다.

$$\nabla \times \nabla \times \mathrm{E} = -\nabla^2 \mathrm{E} \tag{4.3.136}$$

$$= -\nabla \times \frac{\partial \mathrm{B}}{\partial t} = -\frac{\partial}{\partial t} \nabla \times \mathrm{B}$$

$$= -\frac{1}{c^2} \frac{\partial^2 \mathrm{E}}{\partial t^2}$$

그러므로 전기장 벡터 E에 대한 파동방정식(wave equation for the electric field)을 다음과 같이 얻을 수 있다.

$$\nabla^2 \mathrm{E} - \frac{1}{c^2} \frac{\partial^2 \mathrm{E}}{\partial t^2} = 0 \tag{4.3.137}$$

같은 방법으로 이번에는 앙페르 법칙인 식(4.3.133)에 컬을 작용하여 전개하고 자기장에 대한 가우스 법칙인 $\nabla \cdot \mathrm{B} = 0$을 적용하면 다음과 같이 된다.

$$\begin{aligned} \nabla \times \nabla \times \mathrm{B} &= \nabla(\nabla \cdot \mathrm{B}) - \nabla^2 \mathrm{B} \qquad (\nabla \cdot \mathrm{B} = 0) \\ &= -\nabla^2 \mathrm{B} \\ &= \frac{1}{c^2} \nabla \times \frac{\partial \mathrm{E}}{\partial t} = \frac{1}{c^2} \frac{\partial}{\partial t} \nabla \times \mathrm{E} \\ &= -\frac{1}{c^2} \frac{\partial^2 \mathrm{B}}{\partial t^2} \end{aligned} \tag{4.3.138}$$

이로부터 자기장 벡터 B에 대한 파동방정식(wave equation for the magnetic field)을 다음과 같이 얻을 수 있다.

$$\nabla^2 \mathrm{B} - \frac{1}{c^2} \frac{\partial^2 \mathrm{B}}{\partial t^2} = 0 \tag{4.3.139}$$

이러한 결과는 전기장 E와 자기장 B가 같은 형태의 벡터 파동방정식(vector wave equation)을 만족한다는 것을 말해준다.

이번에는 전기역학(electrodynamics)에서 전기장과 자기장에 관련된 스칼라 퍼텐셜과 벡터 퍼텐셜에 대한 파동 방정식을 유도해보자. 벡터 항등식 $\nabla \cdot \nabla \times \mathrm{A} = 0$을 이용하면 $\nabla \cdot \mathrm{B} = 0$으로부터 자기장 B는 언제나

$$\mathrm{B} = \nabla \times \mathrm{A} \tag{4.3.140}$$

의 형태로 놓을 수 있으며, A는 이미 앞에서 언급한 벡터 퍼텐셜이 된다. 따라서 패러데이 법칙은

$$\nabla \times \mathrm{E} = -\frac{\partial \mathrm{B}}{\partial t} = -\frac{\partial}{\partial t}(\nabla \times \mathrm{A}) \tag{4.3.141}$$

가 되고, 이를 다시 정리하면

$$\nabla \times \left(\mathrm{E} + \frac{\partial \mathrm{A}}{\partial t} \right) = 0 = \nabla \times (-\nabla \phi) \tag{4.3.142}$$

가 되는데, 벡터 항등식 $\nabla \times (-\nabla \phi) = 0$을 사용하였다. 그러므로 전기장 E는 다음과 같이 벡터 퍼텐셜 A와 스칼라 퍼텐셜 ϕ로 표현할 수 있다.

$$\mathrm{E} = -\frac{\partial \mathrm{A}}{\partial t} - \nabla \phi \tag{4.3.143}$$

이제 이 식을 식(4.3.140)에 대입하면

$$\nabla \cdot \left(-\frac{\partial \mathrm{A}}{\partial t} - \nabla \phi \right) = 0 \tag{4.3.144}$$

가 되고, 이를 정리하면 스칼라 퍼텐셜 ϕ에 대한 식을 얻을 수 있다.

$$\nabla^2 \phi + \frac{\partial}{\partial t}(\nabla \cdot \mathrm{A}) = 0 \tag{4.3.145}$$

이번에는 식(4.3.140)과 식(4.3.143)을 앙페르 법칙인 식(4.3.133)에 대입하면

$$\begin{aligned} \nabla \times \nabla \times \mathrm{A} &= \nabla(\nabla \cdot \mathrm{A}) - \nabla^2 \mathrm{A} \\ &= \frac{1}{c^2} \frac{\partial}{\partial t} \left(-\frac{\partial \mathrm{A}}{\partial t} - \nabla \phi \right) \end{aligned} \tag{4.3.146}$$

가 되는데 이를 다시 정리하면 아래와 같다.

$$\nabla^2 \mathrm{A} - \frac{1}{c^2} \frac{\partial^2 \mathrm{A}}{\partial t^2} = \nabla \left(\nabla \cdot \mathrm{A} + \frac{1}{c^2} \frac{\partial \phi}{\partial t} \right) \tag{4.3.147}$$

이 식의 우변이 0이 되는 경우를 로렌츠 게이지 조건(Lorenz gauge condition)이라고 한다. 이때의 벡터 퍼텐셜과 스칼라 퍼텐셜을 각각 A_L, ϕ_L이라고 하면

$$\nabla \cdot \mathrm{A}_L + \frac{1}{c^2}\frac{\partial \phi_L}{\partial t} = 0 \tag{4.3.148}$$

이 된다. 이제 이 식을 식(4.3.145)와 식(4.3.147)에 적용하면 로렌츠 게이지 조건을 만족하는 스칼라 퍼텐셜과 벡터 퍼텐셜에 대한 파동방정식을 각각 다음과 같이 구할 수 있다.

$$\nabla^2 \phi_L(\mathbf{r}, t) - \frac{1}{c^2}\frac{\partial^2 \phi_L(\mathbf{r}, t)}{\partial t^2} = 0 \tag{4.3.149}$$

$$\nabla^2 \mathrm{A}_L(\mathbf{r}, t) - \frac{1}{c^2}\frac{\partial^2 \mathrm{A}_L(\mathbf{r}, t)}{\partial t^2} = 0 \tag{4.3.150}$$

여기서 식(4.3.149)는 스칼라 파동방정식이며, 식(4.3.150)은 벡터 파동방정식임에 주의해야 한다.

벡터 퍼텐셜 $\mathrm{A}_L(\mathbf{r}, t)$를 다음과 같이 놓아보자.

$$\mathrm{A}_L(\mathbf{r}, t) = u(\mathbf{r}, t)\mathrm{s} \tag{4.3.151}$$

여기서 $u(\mathbf{r}, t)$는 스칼라 함수이고 $\mathrm{s}(\neq 0)$는 상수 벡터(constant vector)이다. 이렇게 정의한 벡터 퍼텐셜을 벡터 파동방정식에 넣으면

$$\left[\nabla^2 u(\mathbf{r}, t) - \frac{1}{c^2}\frac{\partial^2 u(\mathbf{r}, t)}{\partial t^2}\right]\mathrm{s} = 0 \tag{4.3.152}$$

가 되므로 스칼라 함수 $u(\mathbf{r}, t)$에 대한 파동방정식을 다음과 같이 얻을 수 있다.

$$\nabla^2 u(\mathbf{r}, t) - \frac{1}{c^2}\frac{\partial^2 u(\mathbf{r}, t)}{\partial t^2} = 0 \tag{4.3.153}$$

그리고

$$\nabla \cdot \mathrm{A}_L(\mathrm{r},t) = \nabla \cdot [u(\mathrm{r},t)\mathrm{s}] = \nabla u(\mathrm{r},t) \cdot \mathrm{s} \tag{4.3.154}$$

이므로 로렌츠 게이지 조건을 다음과 같이 얻을 수 있다.

$$\nabla u(\mathrm{r},t) \cdot \mathrm{s} + \frac{1}{c^2}\frac{\partial \phi_L(\mathrm{r},t)}{\partial t} = 0 \tag{4.3.155}$$

이 식을 시간에 대하여 적분하면 스칼라 퍼텐셜 $\phi_L(\mathrm{r},t)$은 다음과 같이 된다.

$$\phi_L(\mathrm{r},t) = -c^2\mathrm{s} \cdot \int^t \nabla u(\mathrm{r},t')\,dt' \tag{4.3.156}$$

그러므로 스칼라 함수 $u(\mathrm{r},t)$에 대한 파동방정식인 식(4.3.153)의 해를 구하면 식(4.3.151)로부터 벡터 퍼텐셜 $\mathrm{A}_L(\mathrm{r},t)$을 얻을 수 있고 식(4.3.156)으로부터 스칼라 퍼텐셜 $\phi_L(\mathrm{r},t)$을 구할 수 있다.

이제 스칼라 함수 $u(\mathrm{r},t)$에 대한 파동방정식인 식(4.3.153)의 해를 구하는 방법에 대하여 알아보자. 먼저 3차원 푸리에 변환을 사용하여 $u(\mathrm{r},t)$을 다음과 같이 쓰자.

$$u(\mathbf{r},t) = \frac{1}{(2\pi)^{3/2}}\iiint U(\mathbf{k})\exp\{i[\mathbf{k}\cdot\mathbf{r} - \omega(\mathbf{k})t]\}\,d^3k \tag{4.3.157}$$

3차원 역 푸리에 변환은 다음과 같다.

$$U(\mathbf{k}) = \frac{1}{(2\pi)^{3/2}}\iiint u(\mathbf{r},t)\exp\{-i[\mathbf{k}\cdot\mathbf{r} - \omega(\mathbf{k})t]\}\,d^3r \tag{4.3.158}$$

여기서 진동수 ω는 $\omega = \omega(\mathbf{k})$로 파수 벡터 $\mathbf{k}$의 함수이다. 식(4.3.157)을 식(4.3.153)에 대입하면

$$\nabla^2 u(\mathbf{r},t) - \frac{1}{c^2}\frac{\partial^2 u(\mathbf{r},t)}{\partial t^2} = \frac{-1}{(2\pi)^{3/2}}\iiint U(\mathbf{k})\exp\{i[\mathbf{k}\cdot\mathbf{r} - \omega(\mathbf{k})t]\}\left[\mathbf{k}^2 - \frac{1}{c^2}\omega^2\right]d^3k$$
$$= 0 \tag{4.3.159}$$

이 되는데, $U(\mathbf{k}) \neq 0$ 이므로 이 식을 만족하기 위해서는 $\omega(\mathbf{k}) = c|\mathbf{k}| = ck$가 되어야 한다. c는 상수이므로 이 결과는 진공에서는 분산(dispersion)이 없이 진동수와 파수가 선형 관계에 있음을 의미한다. 식(4.3.157)로부터 초기 형태(initial profile)의 $u(\mathbf{r},0)$은

$$u(\mathbf{r},0) = \frac{1}{(2\pi)^{3/2}}\iiint U(\mathbf{k})e^{i\mathbf{k}\cdot\mathbf{r}}\,d^3k \tag{4.3.160}$$

가 되고, 3차원 역 푸리에 변환에 의하여 $U(\mathbf{k})$는

$$U(\mathbf{k}) = \frac{1}{(2\pi)^{3/2}}\iiint u(\mathbf{r}',0)e^{-i\mathbf{k}\cdot\mathbf{r}'}\,d^3r' \tag{4.3.161}$$

이다. 이 식을 식(4.3.157)에 대입하여 정리하면 $u(\mathbf{r},t)$는 초기 형태 $u(\mathbf{r},0)$에 의하여 결정된다는 것을 알 수 있다.

$$u(\mathbf{r},t) = \frac{1}{(2\pi)^3}\iiint\left[\iiint u(\mathbf{r}',0)e^{-i\mathbf{k}\cdot\mathbf{r}'}\,d^3r'\right]\exp\{i[\mathbf{k}\cdot\mathbf{r} - \omega(\mathbf{k})t]\}\,d^3k \tag{4.3.162}$$
$$= \frac{1}{(2\pi)^3}\iiint\left[\iiint e^{-ickt}e^{i\mathbf{k}\cdot(\mathbf{r}-\mathbf{r}')}\,d^3k\right]u(\mathbf{r}',0)\,d^3r'$$

여기서 위상속도(phase velocity) v_p와 군속도(group velocity) v_g는 각각 다음과 정의된다.

$$v_p = \frac{\omega(k)}{k} \tag{4.3.163}$$

$$v_g = \frac{d\omega(k)}{dk} \tag{4.3.164}$$

그러므로 진공에서 분산이 없이 전파되는 전자기 파동에 대해서는 진동수와 파수 사이에 $\omega = ck$ 인 관계를 만족하므로

$$v_p = \frac{\omega}{k} = c = \frac{d\omega}{dk} = v_g \tag{4.3.165}$$

와 같이 되어서 위상속도와 군속도가 모두 진공 중의 빛의 속도 c와 같다는 것을 알 수 있다.

파동이 전파되는 공간에 분산이 존재하여 진동수 $\omega = \omega(\mathbf{k})$가 파수 벡터 $\mathbf{k}$와의 관계가 비선형(nonlinear)인 경우에는 어떻게 될까? 스칼라 함수 $u(\mathbf{r}, t)$는 공간에서의 시간 진화(time evolution)가 식(4.3.157)을 통하여 결정되므로, $\omega = \omega(\mathbf{k})$의 관계를 자세히 알아보자. 만약, 파동 패킷(wave packet)이 날카로운 형태의 봉우리를 가지고 있고, 봉우리가 최대가 되는 곳의 파수 벡터 값이 $\mathbf{k}_0$인 경우에, 분산 관계식(dispersion relation) $\omega = \omega(\mathbf{k})$를 $\mathbf{k}_0$근처에서 테일러 전개를 해보자.

$$\begin{aligned}\omega(\mathbf{k}) &= \omega(\mathbf{k}_0) + \left[\nabla_{\mathbf{k}}\omega(\mathbf{k})\right]_{\mathbf{k}=\mathbf{k}_0} \cdot (\mathbf{k} - \mathbf{k}_0) + \cdots \\ &= \omega_0 + \mathbf{v}_g \cdot (\mathbf{k} - \mathbf{k}_0) + \cdots\end{aligned} \tag{4.3.166}$$

여기서 $\omega_0 = \omega(\mathbf{k}_0)$이고 $\mathbf{v}_g$는 파동의 군속도이다.

$$\mathbf{v}_g = \left[\nabla_{\mathbf{k}}\omega(\mathbf{k})\right]_{\mathbf{k}=\mathbf{k}_0} \tag{4.3.167}$$

테일러 전개한 $\omega(\mathbf{k})$를 식(4.3.157)에 대입하여 정리하면 스칼라 함수 $u(\mathbf{r}, t)$는 다음과 같이 된다.

$$u(\mathbf{r}, t) = \frac{\exp\{i[\mathbf{k}_0 \cdot \mathbf{r} - \omega_0 t]\}}{(2\pi)^{3/2}} \iiint U(\mathbf{k}) \exp\{i[(\mathbf{k} - \mathbf{k}_0) \cdot (\mathbf{r} - \mathbf{v}_g t)]\}\, d^3k \tag{4.3.168}$$

여기서 포락선 함수(envelope function) $\psi(\mathrm{r})$를 다음과 같이 정의하자.

$$\psi(\mathrm{r}) = \frac{1}{(2\pi)^{3/2}} \iiint U(\mathrm{k}) \exp\{i[(\mathrm{k} - \mathrm{k}_0) \cdot \mathrm{r}]\} d^3k \qquad (4.3.169)$$

그러므로 $u(\mathrm{r}, t)$는 다음과 같이 포락선 함수 $\psi(\mathrm{r} - \mathrm{v}_g t)$를 포함하는 스칼라 함수로 표현할 수 있다.

$$u(\mathrm{r}, t) = \exp\{i[\mathrm{k}_0 \cdot \mathrm{r} - \omega_0 t]\} \psi(\mathrm{r} - \mathrm{v}_g t) \qquad (4.3.170)$$

$\psi(\mathrm{r} - \mathrm{v}_g t)$는 포락선(envelope)이 짧은 시간 내에는 왜곡(distortion)이나 소산(dissipation)이 없이 군속도 v_g로 움직이는 파동임을 알 수 있다.

4.3.5 RLC 직렬 교류회로 (RLC series circuit with alternating current): 푸리에 급수 이용

RLC 회로에서 저항기(resistor)는 전기 저항을 통하여 전자의 흐름인 전류를 방해하고, 축전기(capacitor)는 전기장의 형태로 에너지를 저장하며, 유도기(inductor)는 자기장의 형태로 에너지를 저장한다. 이러한 저항기, 축전기, 그리고 유도기를 직렬로 연결하고 여기에 교류 전원이 연결되어 있는 RLC 직렬 교류회로의 경우에 회로 방정식은 다음과 같다.

$$L\frac{dI}{dt} + RI + \frac{Q}{C} = E(t) \qquad (4.3.171)$$

여기서 L은 유도기의 유도용량(inductance), I는 회로의 전류(current), R은 저항기의 저항(resistance), C는 축전기의 전기용량(capacitance), Q는 축전기의 전하량, 그리고 $E(t)$는 기전력(electromotive force)이다. 회로의 전류 I는 $I = \frac{dQ}{dt}$로 주어지므로 회로 방정식을 시간에 대하여 미분하면 다음과 같다.

$$L\frac{d^2I}{dt^2} + R\frac{dI}{dt} + \frac{I}{C} = \frac{dE(t)}{dt} \tag{4.3.172}$$

만약, 기전력의 각진동수가 $\omega(=2\pi/T)$이고 주기가 T인 주기함수라고 하면 기전력 $E(t)$를 다음과 같이 푸리에 급수로 나타낼 수 있다.

$$E(t) = \sum_{n=-\infty}^{\infty} E_n e^{in\omega t} = \sum_{n=-\infty}^{\infty} E_n e^{i2\pi nt/T} \tag{4.3.173}$$

여기서 전개계수인 E_n은 아래와 같다.

$$E_n = \frac{1}{T}\int_{-T/2}^{T/2} E(t)e^{-in\omega t}dt \tag{4.3.174}$$

비제차 미분방정식인 식(4.3.172)의 특수해 $I(t)$도 기전력과 같이 주기 T를 가지므로 다음과 같이 쓸 수 있다.

$$I(t) = \sum_{n=-\infty}^{\infty} I_n e^{in\omega t} = \sum_{n=-\infty}^{\infty} I_n e^{i2\pi nt/T} \tag{4.3.175}$$

이제, 전개계수에 대해 살펴보자. 식(4.3.174)와 식(4.3.175)를 식(4.3.172)에 대입하면

$$\sum_{n=-\infty}^{\infty} I_n\left[L(in\omega)^2 + R(in\omega) + \frac{1}{C}\right]e^{in\omega t} = \sum_{n=-\infty}^{\infty} E_n(in\omega)e^{in\omega t} \tag{4.3.176}$$

이 되므로, 전개계수 I_n과 E_n의 관계는 다음의 관계에 있다.

$$I_n = \frac{E_n(in\omega)}{\left[L(in\omega)^2 + R(in\omega) + \frac{1}{C}\right]} \tag{4.3.177}$$

$$= \frac{i(n\omega/L)}{\left[\omega_0^2 - (n\omega)^2 + i2\alpha n\omega\right]} E_n$$

여기서 $\omega_0(=\sqrt{1/LC})$는 자연 각진동수(natural angular frequency)이고 $2\alpha(=R/L)$는 감쇠인자(attenuation factor)이다. 그러므로 식(4.3.177)을 식(4.3.175)에 대입하면 식(4.3.171)의 특수해 $I(t)$의 일반적인 푸리에 급수 표현을 다음과 같이 구할 수 있다.

$$I(t) = \sum_{n=-\infty}^{\infty} \frac{i(n\omega/L)}{\left[\omega_0^2 - (n\omega)^2 + i2\alpha n\omega\right]} E_n e^{in\omega t} \tag{4.3.178}$$

그러므로 기전력 $E(t)$의 함수 형태가 주어지면 식(4.3.174)을 이용하여 전개계수 E_n을 구하여 식(4.3.178)에 대입하면 RLC 직렬 교류 회로에서 전류 $I(t)$를 구할 수 있다. 식(4.3.178)에서 보듯이 RLC 직렬 교류회로 문제는 역학에서의 감쇠강제진동 문제와 동일한 형태인 것을 알 수 있다.

4.4 응집물질물리학 (Condensed matter physics)

지금까지 물리학의 여러 분야에서 1차원 푸리에 급수에 대해서 살펴보았지만, 고차원 푸리에 급수(Fourier series in higher dimensions)에 대해서는 다루지 않았다. 고차원 푸리에 급수는 원자나 분자들의 주기적인 3차원 구조를 다루는 결정학(crystallography)이나 응집물질물리학(condensed matter physics)에 매우 유용하게 사용되므로 이 절에서 고차원에서의 푸리에 급수에 대하여 알아보자.

4.4.1 고차원에서 푸리에 급수 (Fourier series in higher dimensions)

구간이 $0 \le x \le L$인 1차원 공간에서 함수 $f(x)$를 복소 푸리에 급수를 사용하여 다음과 같이 써보자.

$$f(x) = \sum_{n=-\infty}^{\infty} C_n e^{i2\pi nx/L} \tag{4.4.1}$$

여기서 C_n는 복소 전개계수이다. 이 식의 양변에 $e^{-i2\pi mx/L}$를 곱하고 구간 $0 \le x \le L$에서 적분하면 다음과 같이 계산이 된다.

$$\begin{aligned}\int_0^L f(x)e^{-i2\pi mx/L}dx &= \sum_{n=-\infty}^{\infty} C_n \int_0^L e^{-i2\pi mx/L}e^{i2\pi nx/L}dx \\ &= \sum_{n=-\infty}^{\infty} C_n L\delta_{mn} \quad \left(\frac{1}{L}\int_0^L e^{-i2\pi(m-n)x/L}dx = \delta_{mn}\right) \\ &= LC_m\end{aligned} \tag{4.4.2}$$

여기서 δ_{mn}은 크로네커 델타이다. 그러므로 전개계수 C_n은 다음과 같다.

$$C_n = \frac{1}{L}\int_0^L f(x)e^{-i2\pi nx/L}dx \tag{4.4.3}$$

이제 N개의 함수 $f^{(j)}(x_j)$ $(j = 1, 2, 3, \cdots, N)$을 각각의 구간 $0 \le x_j \le L_j$에서 다음과 같이 정의하자.

$$f^{(j)}(x_j) = \sum_{n_j=-\infty}^{\infty} C_{n_j} e^{i2\pi n_j x_j/L_j} \qquad (j = 1, 2, 3, \cdots, N) \tag{4.4.4}$$

이때 전개계수 C_{n_j}은 다음과 같이 주어진다.

$$C_{n_j} = \frac{1}{L_j}\int_0^{L_j} f^{(j)}(x_j)e^{-i2\pi n_j x_j/L_j}dx_j \tag{4.4.5}$$

그리고 함수 $f(\mathrm{r})$을 N개의 함수 $f^{(j)}(x_j)$의 곱으로 되어 있다고 정의해 보자.

$$\begin{aligned} f(\mathrm{r}) &= f^{(1)}(x_1)f^{(2)}(x_2)f^{(3)}(x_3)\cdots f^{(N)}(x_N) \\ &= \sum_{n_1}\sum_{n_2}\sum_{n_3}\cdots\sum_{n_N} C_{n_1}C_{n_2}C_{n_3}\cdots C_{n_N}e^{i2\pi(n_1x_1/L_1 + n_2x_2/L_2 + n_3x_3/L_3 + \cdots + n_Nx_N/L_N)} \\ &= \sum_{\mathrm{k}} C_{\mathrm{k}}e^{i\mathrm{k}\cdot\mathrm{r}} \end{aligned} \tag{4.4.6}$$

전개계수 C_{k}는 다음과 같다.

$$\begin{aligned} C_{\mathrm{k}} &= C_{n_2}C_{n_3}\cdots C_{n_N} \\ &= \frac{1}{V_N}\iiint\cdots\int_{V_N} f(\mathrm{r})e^{-i\mathrm{k}\cdot\mathrm{r}}d^Nx \end{aligned} \tag{4.4.7}$$

여기서 $V_N\left(=L_1L_2L_3\cdots L_N = \prod_{j=1}^{N} L_j\right)$은 N 차원 체적, $d^Nx\left(=dx_1dx_2dx_3\cdots dx_N = \prod_{j=1}^{N} dx_j\right)$는 N차원 체적소를 나타낸다. 그리고 N 차원에서의 벡터 k와 r은 각각 다음과 같다.

$$\mathrm{k} = \left(\frac{2\pi n_1}{L_1}, \frac{2\pi n_2}{L_2}, \frac{2\pi n_3}{L_3}, \cdots, \frac{2\pi n_N}{L_N}\right) \tag{4.4.8}$$

$$\mathrm{r} = (x_1, x_2, x_3, \cdots, x_N) \tag{4.4.9}$$

식(4.4.6)의 $f(\mathrm{r})$은 주기함수이므로 $f(\mathrm{r}) = f(\mathrm{r}+\mathrm{R})$을 만족하는 R을 정의할 수 있으며, R을 결정 구조에서 단위세포의 경계를 나타내는 격자의 이동벡터(translation vector)라고 한다. 식(4.4.6)으로부터 $f(\mathrm{r}+\mathrm{R})$은

$$f(\mathrm{r} + \mathrm{R}) = \sum_{\mathrm{k}} C_{\mathrm{k}} e^{i\mathrm{k} \cdot (\mathrm{r} + \mathrm{R})} \tag{4.4.10}$$

$$= \sum_{\mathrm{k}} C_{\mathrm{k}} e^{i\mathrm{k} \cdot \mathrm{R}} e^{i\mathrm{k} \cdot \mathrm{r}}$$

와 같이 되며, 주기조건 $f(\mathrm{r}) = f(\mathrm{r} + \mathrm{R})$을 만족하기 위해서는

$$e^{i\mathrm{k} \cdot \mathrm{R}} = 1 \tag{4.4.11}$$

이 성립하면 된다. 그러므로 식(4.4.11)에서 정수 n에 대하여

$$\mathrm{k} \cdot \mathrm{R} = 2\pi n \tag{4.4.12}$$

이 되면 되는데, 이를 1차원에서 보면 $\mathrm{k} \cdot \mathrm{R} = kR = \frac{2\pi n}{L} \times L = 2\pi n$이 되므로 식(4.4.12)의 조건을 만족한다는 것을 알 수 있다.

이제 3차원에서 주기조건을 살펴보자. 3차원에서 격자의 이동벡터 R은 다음과 같다.

$$\mathrm{R}(m_1, m_2, m_3) = m_1 \mathrm{a}_1 + m_2 \mathrm{a}_2 + m_3 \mathrm{a}_3 \tag{4.4.13}$$

여기서 m_1, m_2, m_3는 임의의 정수를 나타내고 $\{\mathrm{a}_1, \mathrm{a}_2, \mathrm{a}_3\}$는 결정의 단위세포를 나타내는 원시세포(primitive cell)의 기저벡터이다. 식(4.4.12)를 만족하기 위해서는 벡터 k가

$$\mathrm{k}(n_1, n_2, n_3) = n_1 \mathrm{b}_1 + n_2 \mathrm{b}_2 + n_3 \mathrm{b}_3 \tag{4.4.14}$$

로 주어진다. 여기서 n_1, n_2, n_3도 역시 임의의 정수이고 $\{\mathrm{b}_1, \mathrm{b}_2, \mathrm{b}_3\}$는 역공간(reciprocal space)에서의 기저벡터를 나타내며 다음과 같이 정의된다.

$$\mathrm{b}_1 = \frac{2\pi(\mathrm{a}_2 \times \mathrm{a}_3)}{\mathrm{a}_1 \cdot (\mathrm{a}_2 \times \mathrm{a}_3)} \tag{4.4.15}$$

$$\mathrm{b}_2 = \frac{2\pi(\mathrm{a}_3 \times \mathrm{a}_1)}{\mathrm{a}_1 \cdot (\mathrm{a}_2 \times \mathrm{a}_3)} \tag{4.4.16}$$

$$\mathrm{b}_3 = \frac{2\pi(\mathrm{a}_1 \times \mathrm{a}_2)}{\mathrm{a}_1 \cdot (\mathrm{a}_2 \times \mathrm{a}_3)} \tag{4.4.17}$$

그리고 원시세포의 부피 V는 스칼라 삼중곱(scalar triple product)을 이용하여 표현할 수 있다.

$$V = \mathrm{a}_1 \cdot (\mathrm{a}_2 \times \mathrm{a}_3) = \mathrm{a}_2 \cdot (\mathrm{a}_3 \times \mathrm{a}_1) = \mathrm{a}_3 \cdot (\mathrm{a}_1 \times \mathrm{a}_2) \tag{4.4.18}$$

그러므로 $\mathrm{k} \cdot \mathrm{R}$은

$$\begin{aligned} \mathrm{k} \cdot \mathrm{R} &= (n_1 \mathrm{b}_1 + n_2 \mathrm{b}_2 + n_3 \mathrm{b}_3) \cdot (m_1 \mathrm{a}_1 + m_2 \mathrm{a}_2 + m_3 \mathrm{a}_3) \\ &= \sum_{p=1}^{3} n_p \mathrm{b}_p \cdot \sum_{q=1}^{3} m_q \mathrm{a}_q \\ &= \sum_{p=1}^{3} \sum_{q=1}^{3} n_p m_q \mathrm{b}_p \cdot \boldsymbol{a}_q \qquad (\mathrm{b}_p \cdot \boldsymbol{a}_q = 2\pi \delta_{pq}) \\ &= \sum_{p=1}^{3} \sum_{q=1}^{3} n_p m_q 2\pi \delta_{pq} \\ &= 2\pi \sum_{p=1}^{3} n_p m_p = 2\pi \times (\text{integer}) \end{aligned} \tag{4.4.19}$$

와 같이 계산된다. 여기서 $\mathrm{b}_p \cdot \mathrm{a}_q = 2\pi \delta_{pq}$는 직교조건이다. 따라서 주기조건 $e^{i\mathrm{k} \cdot \mathrm{R}} = 1$을 만족한다는 것을 다시 한번 확인 할 수 있다.

4.4.2 N-차원 초구체 (N-dimensional hypersphere)

반지름이 r인 임의의 N-차원 초구체(hypersphere)를 고려하여 초구체의 체적 V_N과

표면적 S_N을 살펴보자. N-차원 초구체의 반지름이 r이므로 다음과 같이 쓸 수 있다.

$$\sum_{j=1}^{N} x_j^2 = x_1^2 + x_2^2 + x_3^2 + \cdots + x_N^2 = r^2 \tag{4.4.20}$$

따라서 N-차원 초구체의 체적 $V_N(r)$은

$$V_N(r) = \alpha r^N \tag{4.4.21}$$

라고 할 수 있다. 여기서 $\alpha(>0)$는 상수이다. 그러면 이제 N-차원에서 다음과 같이 정의된 적분 I_N을 고려해 보자.

$$I_N = \int\int\int\cdots\int d^N x\, e^{-\sum_{j=i}^{N} x_j^2} \tag{4.4.22}$$

N-차원 직교좌표계에서 적분 I_N은 다음과 같이 계산할 수 있다.

$$\begin{aligned} I_N &= \int_{-\infty}^{\infty} dx_1 \int_{-\infty}^{\infty} dx_2 \int_{-\infty}^{\infty} dx_3 \cdots \int_{-\infty}^{\infty} dx_N\, e^{-\sum_{j=i}^{N} x_j^2} \\ &= \int_{-\infty}^{\infty} dx_1 e^{-x_1^2} \int_{-\infty}^{\infty} dx_2 e^{-x_2^2} \int_{-\infty}^{\infty} dx_3 e^{-x_3^2} \cdots \int_{-\infty}^{\infty} dx_N e^{-x_N^2} \\ &= \left[\int_{-\infty}^{\infty} dx_1 e^{-x_1^2}\right]^N = [\Gamma(1/2)]^N = \pi^{N/2} \end{aligned} \tag{4.4.23}$$

이제 식(4.4.20)을 사용하여 적분 I_N을 N-차원 구면좌표계에서 표현하면

$$I_N = \int_0^{\infty} dV_N e^{-r^2} \quad \left(\sum_{j=1}^{N} x_j^2 = r^2\right) \tag{4.4.24}$$

가 된다. 여기서 dV_N은 N-차원 구면좌표계에서 체적소이다. 식(4.4.21)을 미분하면

dV_N을

$$dV_N = \alpha N r^{N-1} dr = S_N(r)\, dr \tag{4.4.25}$$

와 같이 쓸 수 있는데, $S_N(r)$은 N-차원 구의 표면적을 나타낸다. 이제 식(4.4.24)을 식 (4.4.22)에 대입하여 정리하면 적분 I_N은 아래와 같이 감마함수가 된다.

$$\begin{aligned} I_N &= \int_0^\infty e^{-r^2} dV_N = \int_0^\infty e^{-r^2} \alpha N r^{N-1} dr \qquad (4.4.26) \\ &= \alpha N \frac{1}{2} \Gamma(N/2) \quad \left(\Gamma(z) = 2 \int_0^\infty r^{2z-1} e^{-r^2} dr \right) \end{aligned}$$

그러므로 식(4.4.23)과 식(4.4.26)으로부터 상수 α는 다음과 같이 된다.

$$\alpha = \frac{2\pi^{N/2}}{N\Gamma\left(\frac{N}{2}\right)} = \frac{\pi^{N/2}}{\Gamma\left(\frac{N}{2}+1\right)} \tag{4.4.27}$$

여기서 $\Gamma(z+1) = z\Gamma(z)$의 관계를 사용하였다. 그리하여 식(4.4.21)과 식(4.4.27)을 통하여 임의의 N-차원 초구체의 체적 V_N은 다음과 같이 구할 수 있다.

$$V_N(r) = \frac{\pi^{N/2} r^N}{\Gamma\left(\frac{N}{2}+1\right)} \tag{4.4.28}$$

또한 N-차원 초구체의 표면적 $S_N(r)$은 다음과 같다.

$$S_N(r) = \frac{dV_N}{dr} = \alpha N r^{N-1} = \frac{2\pi^{N/2} r^{N-1}}{\Gamma\left(\frac{N}{2}\right)} \tag{4.4.29}$$

예제 4.4.1 3차원 푸리에 변환이 아래와 같이 주어졌다.

$$f(\mathbf{k}) = \frac{1}{(2\pi)^{3/2}} \iiint g(\mathbf{r}) e^{-i\mathbf{k}\cdot\mathbf{r}} d^3r \tag{4.4.30}$$

함수 $g(\mathbf{r})$이 구형대칭(spherical symmetry), 즉 $g(\mathbf{r}) = g(r)$일 때 $f(\mathbf{k})$를 구하시오.

풀이 구면좌표계에서 $\mathbf{k}$를 양의 z-축 방향으로 놓고, θ를 극각, ϕ를 방위각이라고 하면 체적소는 $d^3r = r^2 dr \sin\theta\, d\theta\, d\phi$이다. 따라서 $f(\mathbf{k})$는 다음과 같이 계산할 수 있다.

$$\begin{aligned} f(\mathbf{k}) &= \frac{1}{(2\pi)^{3/2}} \iiint g(r) e^{-i\mathbf{k}\cdot\mathbf{r}} d^3r \qquad (4.4.31) \\ &= \frac{1}{(2\pi)^{3/2}} \int_0^\infty r^2 dr\, g(r) \int_0^{2\pi} d\phi \int_0^\pi d\theta \sin\theta\, e^{-ikr\cos\theta} \\ &= \frac{1}{(2\pi)^{3/2}} \int_0^\infty r^2 dr\, g(r) \int_0^{2\pi} d\phi \int_{-1}^1 d\xi\, e^{-ikr\xi} \quad (\xi = \cos\theta) \\ &= \frac{1}{(2\pi)^{3/2}} 2\pi \int_0^\infty r^2 dr\, g(r) \left(\frac{-1}{ikr}\right)\left(e^{-ikr} - e^{ikr}\right) \\ &= \frac{1}{(2\pi)^{1/2}} \int_0^\infty 2r^2 g(r) \frac{\sin(kr)}{kr} dr \end{aligned}$$

여기서 $k = |\mathbf{k}|$이다.

4.4.3 디바이 퍼텐셜 (Debye potential): 푸리에 변환 이용

전자와 이온으로 이루어진 유체나 플라즈마(plasma)에서 전하의 정전기 퍼텐셜이 다른 전하들에 의한 가림(screening or shielding) 현상이 존재할 때, 정전기 퍼텐셜을 구하는 문제는 매우 중요하므로 이에 대하여 알아보도록 하자. 전자와 이온으로 이루어진 플라즈마 내에 시험전하(test charge) Q가 원점 $(\mathbf{r} = 0)$에 놓여 있을 때, 이 시험전하에 의한 정전기 퍼텐셜을 구해보자. 전하분포 $\rho(\mathbf{r})$가 주어졌을 때 스칼라 정전기 퍼텐셜 $\phi(\mathbf{r})$을 구하는 푸아송 방정식은 다음과 같다.

$$\nabla^2\phi(\mathbf{r}) = -\frac{\rho(\mathbf{r})}{\epsilon_0} \tag{4.4.32}$$

$$= -\frac{1}{\epsilon_0}\left[Q\delta(\mathbf{r}) + \sum_{j=e,i} n_j(\mathbf{r})q_j\right]$$

$$= -\frac{1}{\epsilon_0}\left[Q\delta(\mathbf{r}) + n_e(\mathbf{r})q_e + n_i(\mathbf{r})q_i\right]$$

여기서 $n_e(\mathbf{r})$는 전자의 밀도 분포, q_e는 전자의 전하, $n_i(\mathbf{r})$는 이온의 밀도 분포 그리고 q_i는 이온의 전하를 나타낸다. 플라즈마가 맥스웰-볼츠만 분포(Maxwell-Boltzmann distribution)를 나타낸다면 전자의 밀도분포 $n_e(\mathbf{r})$와 이온의 밀도분포 $n_i(\mathbf{r})$는 각각 다음의 식을 만족한다.

$$n_e(\mathbf{r}) = n_{e0}\exp\left[-\frac{q_e\phi(\mathbf{r})}{k_B T_e}\right] \tag{4.4.33}$$

$$n_i(\mathbf{r}) = n_{i0}\exp\left[-\frac{q_i\phi(\mathbf{r})}{k_B T_i}\right] \tag{4.4.34}$$

이때 n_{0e}와 n_{0i}는 각각 평형 상태에서의 전자와 이온의 밀도, $k_B(=1.3806504\times10^{-23}\,\mathrm{J/K})$는 볼츠만 상수(Boltzmann constant), 그리고 T_e와 T_i는 각각 전자와 이온의 평균 온도이다. 지수함수 $e^{-q_j\phi_j/k_BT_j}$를 볼츠만 인자(Boltzmann factor)라고 한다. 고온의 플라즈마 상태에서 $|q_e\phi| \ll k_BT_e$와 $|q_i\phi| \ll k_BT_i$인 조건을 만족하는 경우에 식(4.4.33)과 식(4.4.34)을 전개하여 근사시키고 전하 중성 조건(charge neutrality condition) $n_{e0}q_e + n_{i0}q_i = 0$을 적용하면 식(4.4.32)에서 $\frac{1}{\epsilon_0}\sum_{j=e,i} n_j(\mathbf{r})q_j$ 항은 다음과 같이 계산된다.

$$\frac{1}{\epsilon_0}\sum_{j=e,i} n_j(\mathrm{r})q_j = \frac{1}{\epsilon_0}[\,n_e(\mathrm{r})q_e + n_i(\mathrm{r})q_i] \tag{4.4.35}$$

$$= \frac{1}{\epsilon_0} n_{e0}q_e \exp\left[-\frac{q_e\phi(\mathrm{r})}{k_BT_e}\right] + \frac{1}{\epsilon_0} n_{i0}q_i \exp\left[-\frac{q_i\phi(\mathrm{r})}{k_BT_i}\right]$$

$$\cong \frac{1}{\epsilon_0} n_{e0}q_e\left(1 - \frac{q_e\phi}{k_BT_e}\right) + \frac{1}{\epsilon_0} n_{i0}q_i\left(1 - \frac{q_i\phi}{k_BT_i}\right)$$

$$= \frac{1}{\epsilon_0}(n_{e0}q_e + n_{i0}q_i) - \left(\frac{n_{e0}q_e^2}{\epsilon_0 k_BT_e} + \frac{n_{i0}q_i^2}{\epsilon_0 k_BT_i}\right)$$

$$= -\left(\frac{1}{\lambda_{De}^2} + \frac{1}{\lambda_{Di}^2}\right)$$

$$= -\frac{1}{\lambda_D^2}$$

여기서 λ_{De}와 λ_{Di}는 각각 전자 디바이 길이(electron Debye length)와 이온 디바이 길이(ion Debye length)라고 부르며

$$\lambda_{De} = \sqrt{\frac{\epsilon_0 k_B T_e}{n_{e0}q_e^2}} = \sqrt{\frac{\epsilon_0 k_B T_e}{n_{e0}e^2}} \quad (q_e = -e) \tag{4.4.36}$$

$$\lambda_{Di} = \sqrt{\frac{\epsilon_0 k_B T_i}{n_{i0}q_i^2}} = \sqrt{\frac{\epsilon_0 k_B T_i}{n_{i0}Z^2e^2}} \quad (q_i = +Ze) \tag{4.4.37}$$

와 같이 정의되었다. 여기서 Z는 이온의 전하량이다. λ_D는 전자 디바이 길이와 이온 디바이 길이의 효과가 합해진 유효 디바이 길이(effective Debye length)로서 다음과 같이 정의되었다.

$$\frac{1}{\lambda_D^2} = \sum_{j=e,i}\frac{1}{\lambda_{Dj}^2} = \frac{1}{\lambda_{De}^2} + \frac{1}{\lambda_{Di}^2} \tag{4.4.38}$$

디바이 길이는 플라즈마에 의하여 쿨롱 퍼텐셜이 감소하게 되는 특성 거리를 말하는데 위의 정의식에서 보듯이 온도와 밀도에 따라 달라진다. 만약에 플라즈마의 운동에너지가 퍼텐셜 에너지보다 훨씬 크다면 디바이 길이는 매우 크게 되며, 퍼텐셜의 차폐는 거

의 일어나지 않고 쿨롱 퍼텐셜에 가깝게 된다.

이제 유효 디바이 길이를 식(4.4.32)에 대입하면 다음과 같이 된다.

$$\nabla^2\phi(\mathrm{r}) - \frac{1}{\lambda_D^2}\phi(\mathrm{r}) = -\frac{Q}{\epsilon_0}\delta(\mathrm{r}) \tag{4.4.39}$$

3차원 파수벡터 k-공간에서의 퍼텐셜을 $\Phi(\mathrm{k})$라고 하면 3차원 푸리에 변환을 써서 다음과 같이 표현할 수 있다.

$$\Phi(\mathrm{k}) = \frac{1}{(2\pi)^{3/2}}\iiint \phi(\mathrm{r})\,\mathrm{e}^{i\mathrm{k}\cdot\mathrm{r}}d^3r \tag{4.4.40}$$

$\Phi(\mathrm{k})$에서 $\phi(\mathrm{r})$으로의 역 푸리에 변환은 다음과 같다.

$$\phi(\mathrm{r}) = \frac{1}{(2\pi)^{3/2}}\iiint \Phi(\mathrm{k})\,\mathrm{e}^{-i\mathrm{k}\cdot\mathrm{r}}d^3k \tag{4.4.41}$$

그리고 앞서 여러 차례 나왔던 3차원 디랙 델타함수 $\delta^{(3)}(\mathrm{r})$가 다음과 같음을 상기하자.

$$\delta^{(3)}(\mathrm{r}) = \frac{1}{(2\pi)^3}\iiint e^{-i\mathrm{k}\cdot\mathrm{r}}d^3k \tag{4.4.42}$$

이제 미분방정식 식(4.4.39)를 풀기 위하여 식(4.4.41)과 식(4.4.42)를 식(4.4.39)에 대입하면

$$\left(\nabla^2 - \frac{1}{\lambda_D^2}\right)\frac{1}{(2\pi)^{3/2}}\iiint \Phi(\mathrm{k})\,\mathrm{e}^{-i\mathrm{k}\cdot\mathrm{r}}d^3k = -\frac{Q}{\epsilon_0}\frac{1}{(2\pi)^3}\iiint e^{-i\mathrm{k}\cdot\mathrm{r}}d^3k \tag{4.4.43}$$

가 되며 라플라시안은 $\nabla^2 \to (i\mathrm{k})^2$와 같이 계산되므로

$$\iiint\left[(i\mathrm{k})^2 - \frac{1}{\lambda_{\mathrm{D}}^2}\right]\Phi(\mathrm{k})\,e^{-i\mathrm{k}\cdot\mathrm{r}}d^3k = \frac{1}{(2\pi)^{3/2}}\iiint\left(-\frac{Q}{\epsilon_0}\right)e^{-i\mathrm{k}\cdot\mathrm{r}}d^3k \tag{4.4.44}$$

를 얻을 수 있다. 양변을 비교하여 정리하면 3차원 k-공간에서의 퍼텐셜을 $\Phi(\mathbf{k})$를 다음과 같이 구할 수 있다.

$$\Phi(\mathbf{k}) = \frac{1}{(2\pi)^{3/2}}\frac{Q}{\epsilon_0}\frac{1}{k^2 + \dfrac{1}{\lambda_D^2}} \tag{4.4.45}$$

그러므로 식(4.4.41)의 $\phi(\mathbf{r})$은 다음과 쓸 수 있다.

$$\phi(\mathbf{r}) = \frac{1}{(2\pi)^3}\frac{Q}{\epsilon_0}\iiint\frac{1}{k^2 + \dfrac{1}{\lambda_D^2}}e^{-i\mathbf{k}\cdot\mathbf{r}}d^3k \tag{4.4.46}$$

여기서 구면좌표계를 이용하여 $\phi(\mathbf{r})$을 계산해 보자. 벡터 $\mathbf{r}$을 k-공간에서 양의 k_z-축 방향으로 선택하고 θ를 극각, ψ를 방위각이라고 하면 $-\mathbf{k}\cdot\mathbf{r} = -ikr\cos\theta$가 되고 체적소는 $d^3k = k^2dk\sin\theta\,d\theta\,d\psi$이다. 그리고 $\cos\theta = \xi$로 놓으면 $\phi(\mathbf{r})$는 다음과 같이 계산된다.

$$\begin{aligned}
\phi(\mathbf{r}) &= \frac{1}{(2\pi)^3}\frac{Q}{\epsilon_0}\iiint\frac{1}{k^2 + \dfrac{1}{\lambda_D^2}}e^{-ikr\cos\theta}k^2dk\sin\theta\,d\theta\,d\psi \qquad (4.4.47)\\
&= \frac{1}{(2\pi)^3}\frac{Q}{\epsilon_0}\int_0^\infty dk\frac{k^2}{k^2 + \dfrac{1}{\lambda_D^2}}\int_0^{2\pi}d\psi\int_0^\pi d\theta\sin\theta\, e^{-ikr\cos\theta}\\
&= \frac{2\pi}{(2\pi)^3}\frac{Q}{\epsilon_0}\int_0^\infty dk\frac{k^2}{k^2 + \dfrac{1}{\lambda_D^2}}\int_{-1}^{1}e^{-ikr\xi}d\xi \quad (\xi = \cos\theta)\\
&= \frac{1}{(2\pi)^2}\frac{Q}{\epsilon_0}\int_0^\infty dk\frac{k^2}{k^2 + \dfrac{1}{\lambda_D^2}}\left(\frac{1}{-ikr}\right)\left(e^{-ikr} - e^{ikr}\right)\\
&= \frac{1}{(2\pi)^2}\frac{Q}{\epsilon_0}\frac{2}{r}\int_0^\infty dk\frac{k\sin(kr)}{k^2 + \dfrac{1}{\lambda_D^2}}\\
&= \frac{1}{(2\pi)^2}\frac{Q}{\epsilon_0}\frac{2}{r}I(r)
\end{aligned}$$

여기서 $k\sin kr$이 k에 대하여 우함수이므로 적분 $I(r)$은 아래와 같이 적분 구간을 변경할 수 있다.

$$I(r) = \int_0^{\infty} dk \frac{k\sin(kr)}{k^2 + \frac{1}{\lambda_D^2}} = \mathrm{Im}\frac{1}{2}\int_{-\infty}^{\infty} dk \frac{ke^{ikr}}{k^2 + \frac{1}{\lambda_D^2}} \tag{4.4.48}$$

여기서 "Im"은 허수부를 의미한다. 이 적분을 수행하기 위하여 $k-$복소 공간에서 경로 적분을 해보자. 지수함수 e^{ikr}에서 r이 양이므로 그림 4.4.1에 나타난 것처럼 실수축 $\mathrm{Re}[k]$ 위의 상반평면(upper-half plane)에서 반시계방향(counterclockwise)으로 돌아가는 반원 형태의 닫힌 경로 C를 선택하면 실수축 상의 직선 경로($-\infty \to \infty$)와 반원의 C_R 경로로 나누어지므로, 경로 C에 대한 적분을 다음과 같이 두 개의 적분으로 쓸 수 있다.

$$\oint_C \frac{ke^{ikr}}{k^2 + \frac{1}{\lambda_D^2}} dk = \int_{-\infty}^{\infty} \frac{ke^{ikr}}{k^2 + \frac{1}{\lambda_D^2}} dk + \int_{C_R} \frac{ke^{ikr}}{k^2 + \frac{1}{\lambda_D^2}} dk \tag{4.4.49}$$

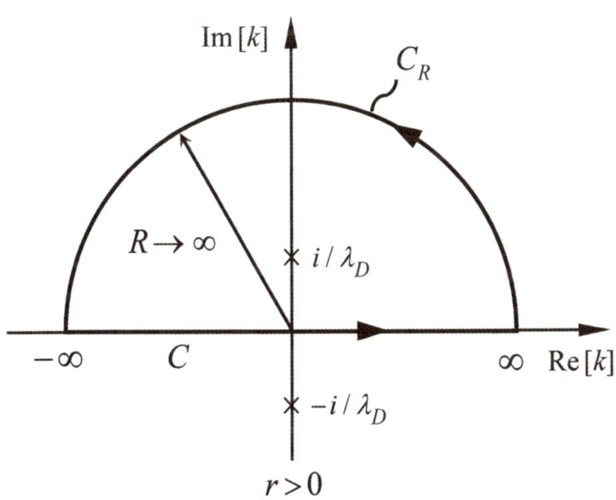

그림 4.4.1 $k-$복소 공간에서 $r > 0$인 경우의 반시계방향의 반원 경로

식(4.4.49)의 우변에서 $R(=|k|) \to \infty$일 때 C_R 경로의 적분이 조르당의 보조정리에 의하여 0이 되므로 닫힌 경로 C 내부의 특이점 $k = i/\lambda_D$에 대하여 유수정리를 적용할 수가 있다. 여기서 $k = i/\lambda_D$는 단순극점이므로 닫힌 경로 C에 대한 적분은 다음과 같이 된다.

$$\oint_C \frac{k\,e^{ikr}}{k^2 + \dfrac{1}{\lambda_D^2}} dk = \int_{-\infty}^{\infty} \frac{k\,e^{ikr}}{k^2 + \dfrac{1}{\lambda_D^2}} dk \tag{4.4.50}$$

$$= 2\pi i\, a_{-1}(k = i/\lambda_D)$$

$$= 2\pi i \lim_{k \to i/\lambda_D}\left[(k - i/\lambda_D)\frac{k\,e^{ikr}}{(k + i/\lambda_D)(k - i/\lambda_D)}\right]$$

$$= 2\pi i\,\frac{e^{i(i/\lambda_D)r}}{2}$$

$$= i\pi e^{-r/\lambda_D}$$

여기서 $a_{-1}(k = i/\lambda_D)$는 $k = i/\lambda_D$에서의 유수이다. 식(4.4.50)의 결과로부터 적분 $I(r)$은 아래와 같이 계산된다.

$$I(r) = \text{Im}\,\frac{1}{2}\int_{-\infty}^{\infty} dk \frac{k\,e^{ikr}}{k^2 + \dfrac{1}{\lambda_D^2}} \tag{4.4.51}$$

$$= \text{Im}\,\frac{1}{2}\,i\pi e^{-r/\lambda_D}$$

$$= \frac{\pi}{2} e^{-r/\lambda_D}$$

그러므로 이제 식(4.4.51)을 식(4.4.47)에 대입하면 플라즈마 내의 시험전하 Q가 원점 ($\mathrm{r} = 0$)에 놓여 있고 플라즈마 내의 전자와 이온이 전하 중성화 조건을 만족할 때 시험전하 Q에 의한 정전기 퍼텐셜 $\phi(\mathrm{r})$은 다음과 같은 형태로 주어진다.

$$\begin{aligned}\phi(\mathrm{r}) &= \frac{1}{(2\pi)^2}\frac{Q}{\epsilon_0}\frac{2}{r}I(r) \qquad (4.4.52)\\ &= \frac{1}{(2\pi)^2}\frac{Q}{\epsilon_0}\frac{2}{r}\frac{\pi}{2}e^{-r/\lambda_D}\\ &= \frac{1}{4\pi\epsilon_0}\frac{Q}{r}e^{-r/\lambda_D}\end{aligned}$$

이러한 퍼텐셜을 디바이 퍼텐셜이라고 한다. 식(4.4.32)의 해가 되는 식(4.4.52)에서 보듯이 디바이 퍼텐셜 $\phi(\mathrm{r})$은 순수 쿨롱 퍼텐셜에 해당하는 $(Q/4\pi\epsilon_0)(1/r)$항에 추가 인자 e^{-r/λ_D}가 포함되어 있어 지수 함수적으로 빠르게 감소한다. 이는 플라즈마에 의한 가림효과로 인하여 시험전하 Q의 주변에 플라즈마 입자들로 인해 퍼텐셜이 차폐되었다는 것을 의미한다. 플라즈마 내의 퍼텐셜은 쿨롱 퍼텐셜 보다 항상 작으므로 ($e^{-r/\lambda_D} < 1$) 차폐된 쿨롱 퍼텐셜(screened Coulomb potential)이라고 부르기도 한다.

거리 r이 유효 디바이 길이 λ_D보다 작은 영역에서는 지수함수 e^{-r/λ_D}를

$$e^{-r/\lambda_D} \simeq 1 - \frac{r}{\lambda_D} + \cdots \qquad (r \ll \lambda_D) \qquad (4.4.53)$$

와 같이 전개할 수 있으므로, 식(4.4.52)의 정전기 퍼텐셜 $\phi(\mathrm{r})$은

$$\begin{aligned}\phi(\mathrm{r}) &= \frac{1}{4\pi\epsilon_0}\frac{Q}{r}e^{-r/\lambda_D} \qquad (4.4.54)\\ &\simeq \frac{Q}{4\pi\epsilon_0}\left(\frac{1}{r} - \frac{1}{\lambda_D}\right) \quad (r \ll \lambda_D)\end{aligned}$$

와 같이 근사 될 수 있다. 이 식의 첫 번째 항은 시험전하 Q에 의한 퍼텐셜을 나타내고 두 번째 항은 플라즈마 내의 모든 다른 입자(전자와 이온)들과의 상호작용에 의한 효과를 나타낸다고 볼 수 있다.

예제 4.4.2 디바이 퍼텐셜 $\phi_D(\mathbf{r})$에 대한 푸리에 변환 $\Phi_D(\mathbf{k})$를 계산하시오.

$$\phi_D(\mathbf{r}) = \frac{1}{4\pi\epsilon_0}\frac{Q}{r}e^{-r/\lambda_D} \tag{4.4.55}$$

$$\Phi_D(\mathbf{k}) = \frac{1}{(2\pi)^{3/2}}\iiint \phi_D(\mathbf{r})\,\mathrm{e}^{i\mathbf{k}\cdot\mathbf{r}}d^3r \tag{4.4.56}$$

풀이 푸리에 변환 $\Phi_D(\mathbf{k})$는

$$\Phi_D(\mathbf{k}) = \frac{1}{(2\pi)^{3/2}}\iiint \frac{1}{4\pi\epsilon_0}\frac{Q}{r}e^{-r/\lambda_D}e^{i\mathbf{k}\cdot\mathbf{r}}d^3r = \frac{Q}{4\pi\epsilon_0(2\pi)^{3/2}}I_D(k) \tag{4.4.57}$$

와 같이 되며 여기서 $I_D(k)$는 다음과 같다.

$$I_D(k) = \iiint \frac{1}{r}e^{-r/\lambda_D}e^{i\mathbf{k}\cdot\mathbf{r}}d^3r \tag{4.4.58}$$

구면좌표계를 이용하여 벡터 $\mathbf{k}$를 $\mathbf{r}$-공간에서 양의 z-축 방향으로 놓고 θ를 극각, ψ를 방위각이라고 하면 $\mathbf{k}\cdot\mathbf{r} = kr\cos\theta$, 체적소는 $d^3r = r^2dr\sin\theta\,d\theta\,d\psi$이다. 따라서 $I_D(k)$는 다음과 같다.

$$\begin{aligned}
I_D(k) &= \int_0^\infty r^2dr\int_0^\pi \sin\theta\,d\theta\int_0^{2\pi}d\psi\,\frac{1}{r}e^{-r/\lambda_D}e^{ikr\cos\theta} \qquad (4.4.59)\\
&= 2\pi\int_0^\infty r\,dr\,e^{-r/\lambda_D}\left(\int_{-1}^1 d\xi\,e^{ikr\xi}\right) \qquad (\xi = \cos\theta)\\
&= 2\pi\frac{1}{ik}\int_0^\infty dr\left[e^{-r(1/\lambda_D-ik)} - e^{-r(1/\lambda_D+ik)}\right]\\
&= 2\pi\frac{1}{ik}\left[\frac{1}{(1/\lambda_D-ik)} - \frac{1}{(1/\lambda_D+ik)}\right]\\
&= \frac{4\pi}{(k^2+1/\lambda_D^2)}
\end{aligned}$$

식(4.4.59)를 식(4.4.57)에 대입하면 $\phi_D(\mathbf{r})$의 푸리에 변환 $\Phi_D(\mathbf{k})$를 다음과 같이 구할 수 있다.

$$\Phi_D(\mathbf{k}) = \frac{Q}{(2\pi)^{3/2}\epsilon_0}\frac{1}{(k^2+1/\lambda_D^2)} \tag{4.4.60}$$

4.4.4 3차원 고분자 사슬(3-dimensional polymer chain): 푸리에 변환 이용

고분자 물리학에서 고분자 사슬이 무질서한 형태(random conformation)를 지닐 때 사슬의 종단 간 거리 확률 분포(end-to-end distance probability distribution)를 아는 것이 매우 중요하다고 알려져 있다. 이 절에서는 푸리에 변환과 관련한 3차원 고분자 사슬에 대하여 알아보자. 3차원 고분자 사슬이 N개 단위(units)로 이루어져 있다고 가정을 하자. 이때 $N+1$개의 끝점들(end points)의 위치벡터를 다음과 같이 놓자.

$$(\mathbf{r}_0, \mathbf{r}_1, \cdots, \mathbf{r}_N) \tag{4.4.61}$$

N개의 분절(segment)은 길이가 모두 b라고 하면 다음과 같이 주어진다.

$$\mathbf{r}_i - \mathbf{r}_{i-1} = \mathbf{b}_i \tag{4.4.62}$$

여기서 $|\mathbf{b}_i|(=b_i) = b$이다. 그러면 $\mathbf{b}_i$에 대한 분포함수 $P(\mathbf{b}_i)$는 다음과 같다.

$$P(\mathbf{b}_i) = C_i \delta(|\mathbf{b}_i| - b) \tag{4.4.63}$$

여기서 C_i는 상수이며, 분포함수 $P(\mathbf{b}_i)$를 규격화하면 아래와 같이 구할 수 있다.

$$\begin{aligned}\iiint P(\mathbf{b}_i)\, d^3b_i &= \iiint C_i \delta(|\mathbf{b}_i| - b)\, d^3b_i \\ &= C_i \int_0^\infty \delta(|\mathbf{b}_i| - b)\, 4\pi b_i^2\, db_i \\ &= C_i 4\pi b^2 = 1\end{aligned} \tag{4.4.64}$$

그러므로 상수 C_i는

$$C_i = \frac{1}{4\pi b^2} \tag{4.4.65}$$

가 되고, 규격화된 분포함수(normalized distribution function) $P(\mathrm{b}_i)$는 다음과 같이 된다.

$$P(\mathrm{b}_i) = \frac{1}{4\pi b^2}\delta(|\mathrm{b}_i| - b) \tag{4.4.66}$$

식(4.4.66)을 이용하면 총 분포함수(total distribution function) $P(\mathrm{b}_1, \mathrm{b}_2, \cdots, \mathrm{b}_N)$을 아래와 같이 유한 곱(finite product)의 형태로 쓸 수 있다.

$$\begin{aligned} P(\mathrm{b}_1, \mathrm{b}_2, \cdots, \mathrm{b}_N) &= \prod_{i=1}^{N} P(\mathrm{b}_i) \\ &= \prod_{i=1}^{N} \frac{1}{4\pi b^2}\delta(|\mathrm{b}_i| - b) \end{aligned} \tag{4.4.67}$$

그리고 종단 간 거리(end-to-end distance) R은 다음과 같다.

$$\mathrm{R} = \sum_{i=1}^{N} \mathrm{b}_i \tag{4.4.68}$$

그러므로 종단 간 거리 확률 분포(end-to-end distance probability distribution) $P(\mathrm{R})$은

$$P(\mathrm{R}) = \iiint \cdots \iiint P(\mathrm{b}_1, \mathrm{b}_2, \cdots, \mathrm{b}_N)\,\delta^{(3)}\left(\mathrm{R} - \sum_{i=1}^{N} \mathrm{b}_i\right) \prod_{i=1}^{N} d^3 b_i \tag{4.4.69}$$

와 같이 되며, 여기서 3차원 디랙 델타함수는

$$\delta^{(3)}\left(\mathrm{R} - \sum_{i=1}^{N} \mathrm{b}_i\right) = \frac{1}{(2\pi)^3} \iiint e^{-i\mathrm{k} \cdot \left(\mathrm{R} - \sum_{i=1}^{N} \mathrm{b}_i\right)} d^3 k \tag{4.4.70}$$

와 같이 정의되었다. 이제 식(4.4.67)과 식(4.4.70)을 식(4.4.69)에 대입하면 다음과 같은 식을 얻을 수 있다.

$$P(\mathrm{R}) = \iiint \cdots \iiint \prod_{i=1}^{N} \frac{1}{4\pi b^2}\delta(|\mathrm{b}_i| - b)\left[\frac{1}{(2\pi)^3}\iiint e^{-i\mathrm{k}\cdot\left(\mathrm{R} - \sum_{i=1}^{N}\mathrm{b}_i\right)} d^3k\right]\prod_{i=1}^{N} d^3b_i$$

$$= \frac{1}{(2\pi)^3}\iiint d^3k\, e^{-i\mathrm{k}\cdot\mathrm{R}}\prod_{i=1}^{N}\left[\iiint \frac{1}{4\pi b^2}\delta(|\mathrm{b}_i| - b)\, e^{i\mathrm{k}\cdot\mathrm{b}_i} d^3b_i\right]$$

$$= \frac{1}{(2\pi)^3}\iiint d^3k\, e^{-i\mathrm{k}\cdot\mathrm{R}}\prod_{i=1}^{N} J(k, b) \tag{4.4.71}$$

여기서 적분 $J(k,b)$은 다음과 같이 정의되었다.

$$J(k, b) = \iiint \frac{1}{4\pi b^2}\delta(|\mathrm{b}_i| - b)\, e^{i\mathrm{k}\cdot\mathrm{b}_i} d^3b_i \tag{4.4.72}$$

구면좌표계를 이용하면 적분 $J(k,b)$를 손쉽게 계산할 수 있다. 벡터 k를 b_i-공간에서 양의 $(b_i)_z$-축 방향으로 놓고 θ_i를 극각, ϕ_i를 방위각이라고 하면 $\mathrm{k}\cdot\mathrm{b}_i = kb_i\cos\theta_i$, 체적소는 $d^3b_i = b_i^2\, db_i \sin\theta_i\, d\theta_i\, d\phi_i$이다. 그러면 적분 $J(k,b)$는

$$J(k, b) = \int_0^\infty b_i^2\, db_i \frac{1}{4\pi b^2}\delta(|\mathrm{b}_i| - b)\int_0^\pi \sin\theta_i\, d\theta_i \int_0^{2\pi} d\phi_i\, e^{ikb_i\cos\theta_i} \tag{4.4.73}$$

$$= 2\pi\int_0^\infty b_i^2\, db_i \frac{1}{4\pi b^2}\delta(|\mathrm{b}_i| - b)\left(\int_{-1}^{1} d\xi_i\, e^{ikb_i\xi_i}\right) \quad (\xi_i = \cos\theta_i)$$

$$= 2\pi\int_0^\infty b_i^2\, db_i \frac{1}{4\pi b^2}\delta(|\mathrm{b}_i| - b)\frac{1}{ikb_i}\left(e^{ikb_i} - e^{-ikb_i}\right)$$

$$= \frac{4\pi}{k}\int_0^\infty b_i\, db_i \frac{1}{4\pi b^2}\delta(|\mathrm{b}_i| - b)\sin(kb_i)$$

$$= \frac{\sin(kb)}{kb}$$

와 같이 계산된다. 이제 이 결과를 식(4.4.71)에 대입하면 종단 간 거리 확률 분포 $P(\mathrm{R})$을 다음과 같이 푸리에 변환의 형태로 얻을 수 있다.

$$P(\mathrm{R}) = \frac{1}{(2\pi)^3}\iiint d^3k\, e^{-i\mathbf{k}\cdot\mathrm{R}}\prod_{i=1}^{N} J(k,b) \tag{4.4.74}$$

$$= \frac{1}{(2\pi)^3}\iiint d^3k\, e^{-i\mathbf{k}\cdot\mathrm{R}}\left(\frac{\sin(kb)}{kb}\right)^N$$

예제 4.4.3 식(4.4.74) 적분 안의 $\left(\frac{\sin(kb)}{kb}\right)^N$ 인자는 $kb = 0$에서 급격하게 정점에 도달하므로 N이 매우 클 경우에 아래와 같은 가우시안 형태로 근사가 된다고 하자.

$$\left(\frac{\sin(kb)}{kb}\right)^N \approx e^{-\frac{1}{6}Nk^2b^2} \tag{4.4.75}$$

이때 종단 간 거리 확률 분포 $P(\mathrm{R})$를 계산하시오.

풀이 식(4.4.75)를 식(4.4.74)에 대입하면 다음과 같다.

$$P(\mathrm{R}) = \frac{1}{(2\pi)^3}\iiint d^3k\, e^{-i\mathbf{k}\cdot\mathrm{R}}\left(\frac{\sin(kb)}{kb}\right)^N \tag{4.4.76}$$

$$\approx \frac{1}{(2\pi)^3}\iiint d^3k\, e^{-i\mathbf{k}\cdot\mathrm{R}}\, e^{-\frac{1}{6}Nk^2b^2}$$

구면좌표계를 이용하여 벡터 R를 k-공간에서 양의 k_z-축 방향으로 잡으면 $P(\mathrm{R})$은

$$P(\mathrm{R}) = \frac{1}{(2\pi)^3}\int_0^\infty k^2dk\, e^{-\frac{1}{6}Nk^2b^2}\int_0^\pi \sin\theta\, d\theta\int_0^{2\pi} d\phi\, e^{-ikR\cos\theta} \tag{4.4.77}$$

$$= \frac{2\pi}{(2\pi)^3}\int_0^\infty k^2dk\, e^{-\frac{1}{6}Nk^2b^2}\left(\int_{-1}^1 d\xi\, e^{-ikR\xi}\right) \quad (\xi = \cos\theta)$$

$$= \frac{1}{(2\pi)^2}\int_0^\infty k^2dk\, e^{-\frac{1}{6}Nk^2b^2}\left(-\frac{1}{ikR}\right)(e^{-ikR} - e^{ikR})$$

$$= \frac{1}{(2\pi)^2}\frac{2}{R}\int_0^\infty k\,dk\,e^{-\frac{1}{6}Nk^2b^2}\sin(kR)$$

$$= \frac{1}{(2\pi)^2R}\int_{-\infty}^\infty dk\,k\sin(kR)\,e^{-\frac{1}{6}Nk^2b^2}$$

$$= \frac{1}{(2\pi)^2R}I(R,b)$$

이 되며, $I(R,b)$은

$$I(R,b) = \int_{-\infty}^{\infty} dk\, k \sin(kR) e^{-\frac{1}{6}Nk^2b^2} \tag{4.4.78}$$

로 정의되었다. 여기서 $\sin(kR) = \mathrm{Im}\,[\cos(kR) + i\sin(kR)] = \mathrm{Im}\, e^{ikR}$로 놓을 수 있으므로 $I(R,b)$은

$$I(R,b) = \mathrm{Im}\int_{-\infty}^{\infty} dk\, k\, e^{ikR} e^{-\frac{1}{6}Nk^2b^2} \tag{4.4.79}$$

와 같이 된다. 이 적분의 지수 부분은

$$ikR - \frac{1}{6}Nk^2b^2 = -\frac{1}{6}Nb^2\left(k - i\frac{3R}{Nb^2}\right)^2 + \frac{1}{6}Nb^2\left(i\frac{3R}{Nb^2}\right)^2 \tag{4.4.80}$$

와 같이 되므로 $I(R,b)$을 다음과 같이 계산할 수 있다.

$$\begin{aligned}
I(R,b) &= \mathrm{Im}\int_{-\infty}^{\infty} dk\, k\, e^{-\frac{1}{6}Nb^2\left(k - i\frac{3R}{Nb^2}\right)^2} e^{\frac{1}{6}Nb^2\left(i\frac{3R}{Nb^2}\right)^2} \\
&= e^{-\frac{3R^2}{2Nb^2}}\mathrm{Im}\int_{-\infty}^{\infty} dk\, k\, e^{-\frac{1}{6}Nb^2\left(k - i\frac{3R}{Nb^2}\right)^2} \qquad \left(\sqrt{\frac{Nb^2}{6}}\left(k - i\frac{3R}{Nb^2}\right) = K\right) \\
&= e^{-\frac{3R^2}{2Nb^2}}\mathrm{Im}\sqrt{\frac{6}{Nb^2}}\int_{-\infty}^{\infty} dK\left(\sqrt{\frac{6}{Nb^2}}K + i\frac{3R}{Nb^2}\right)e^{-K^2} \qquad \left(\int_{-\infty}^{\infty} dK K e^{-K^2} = 0\right) \\
&= e^{-\frac{3R^2}{2Nb^2}}\mathrm{Im}\sqrt{\frac{6}{Nb^2}}\left(i\frac{3R}{Nb^2}\right)\int_{-\infty}^{\infty} dK e^{-K^2} \qquad \left(\int_{-\infty}^{\infty} dK e^{-K^2} = \Gamma\left(\frac{1}{2}\right) = \sqrt{\pi}\right) \\
&= e^{-\frac{3R^2}{2Nb^2}}\mathrm{Im}\sqrt{\frac{6}{Nb^2}}\left(i\frac{3R}{Nb^2}\right)\sqrt{\pi} \\
&= 4\pi^2 R\left(\frac{3}{2\pi Nb^2}\right)^{3/2} e^{-\frac{3R^2}{2Nb^2}}
\end{aligned} \tag{4.4.81}$$

이제 이 결과를 식(4.4.77)에 대입하면 종단 간 거리 확률 분포 $P(\mathrm{R})$을 다음과 같이 구할 수 있다.

$$P(\mathrm{R}) = \frac{1}{(2\pi)^2 R} I(R, b) \tag{4.4.82}$$

$$= \frac{1}{(2\pi)^2 R} 4\pi^2 R \left(\frac{3}{2\pi N b^2} \right)^{3/2} e^{-\frac{3R^2}{2Nb^2}}$$

$$= \left(\frac{3}{2\pi N b^2} \right)^{3/2} e^{-\frac{3R^2}{2Nb^2}}$$

이로부터 종단 간 거리 확률 분포인 $P(\mathrm{R})$이 3차원 가우시안 분포라는 것을 알 수 있다.

4.4.5 디랙 빗 (Dirac comb): 푸리에 급수 이용

응집물질물리학에서 띠 구조(band structure)와 관련하여 주기적으로 반복되는 퍼텐셜을 나타낼 때 사용되는 디랙 빗(Dirac comb)에 대하여 간단히 알아보자. 어떤 주기 $T(>0)$에 대하여 다음과 같이 디랙 델타함수의 무한 합 $\delta_{DC}(t)$을 고려해 보자.

$$\delta_{DC}(t) = \sum_{m=-\infty}^{\infty} \delta(t - mT) \tag{4.4.83}$$

이러한 델타함수의 무한 합을 디랙 빗 함수라고 한다. 디랙 빗 함수를 복소 푸리에 급수를 사용하여 전개하면

$$\delta_{DC}(t) = \sum_{n=-\infty}^{\infty} C_n e^{i2\pi nt/T} \tag{4.4.84}$$

와 같이 되는데 여기서 C_n는 푸리에 전개계수이다. 먼저 식 (4.4.83)의 양변에 $e^{-i2\pi n' t/T}$를 곱하고 $-T/2 \le t \le T/2$인 구간에서 적분을 해보자.

$$
\begin{aligned}
\int_{-T/2}^{T/2} \delta_{DC}(t) e^{-i2\pi n' t/T} dt &= \int_{-T/2}^{T/2} \sum_{m=-\infty}^{\infty} \delta(t - mT) e^{-i2\pi n' t/T} dt \\
&= \int_{-T/2}^{T/2} [\cdots + \delta(t-T) + \delta(t) + \delta(t+T) + \cdots] e^{-i2\pi n' t/T} dt \\
&= \int_{-T/2}^{T/2} \delta(t) e^{-i2\pi n' t/T} dt \\
&= 1
\end{aligned}
\tag{4.4.85}
$$

다음은 식 (4.4.84)의 양변에 $e^{-i2\pi n' t/T}$를 곱하고 $-T/2 \le t \le T/2$인 구간에서 적분을 해보자.

$$
\begin{aligned}
\int_{-T/2}^{T/2} \delta_{DC}(t) e^{-i2\pi n' t/T} dt &= \sum_{n=-\infty}^{\infty} C_n \int_{-T/2}^{T/2} e^{i2\pi n t/T} e^{-i2\pi n' t/T} dt \\
&= \sum_{n=-\infty}^{\infty} C_n T \delta_{nn'} \quad \left(\frac{1}{T} \int_{-T/2}^{T/2} e^{i2\pi (n-n') t/T} dT = \delta_{nn'} \right) \\
&= T C_{n'}
\end{aligned}
\tag{4.4.86}
$$

여기서 $\delta_{nn'}$는 크로네커 델타이다. 따라서 식(4.4.85)와 식(4.4.86)으로부터 전개계수를 다음과 같이 구할 수 있다.

$$
C_{n'} = \frac{1}{T} \tag{4.4.87}
$$

그러므로 디랙 빗 함수는 다음과 같이 복소 푸리에 급수로 나타낼 수 있다.

$$
\sum_{m=-\infty}^{\infty} \delta(t - mT) = \frac{1}{T} \sum_{n=-\infty}^{\infty} e^{i2\pi n t/T} \tag{4.4.88}
$$

여기서 디랙 델타함수가 우함수이므로

$$\delta(t - mT) = \delta(mT - t) = \frac{1}{T}\delta\left(m - \frac{t}{T}\right) \tag{4.4.89}$$

와 같이 되고, 디랙 빗 함수는 다음과 같이 쓸 수 있다.

$$\sum_{m=-\infty}^{\infty} \delta\left(m - \frac{t}{T}\right) = \sum_{n=-\infty}^{\infty} e^{i2\pi nt/T} \tag{4.4.90}$$

식(4.4.88)의 우변에 오일러 공식을 적용하고 우함수인 코사인함수와 기함수인 사인함수의 성질을 사용하면 디랙 빗 함수는 다음과 같은 형태의 푸리에 급수로도 나타낼 수 있다.

$$\begin{aligned}\sum_{m=-\infty}^{\infty} \delta(t - mT) &= \frac{1}{T}\sum_{n=-\infty}^{\infty}\left[\cos\left(\frac{2\pi nt}{T}\right) + i\sin\left(\frac{2\pi nt}{T}\right)\right] \qquad (4.4.91)\\ &= \frac{1}{T}\left[1 + 2\sum_{n=1}^{\infty}\cos\left(\frac{2\pi nt}{T}\right)\right]\end{aligned}$$

예제 4.4.4 다음의 디랙 빗 함수의 미분을 푸리에 급수로 나타내시오.

$$\frac{d\delta_{DC}(t)}{dt} = \sum_{m=-\infty}^{\infty} \delta'(t - mT) \tag{4.4.92}$$

풀이 식(4.4.88)을 t에 대하여 미분하면 다음과 같이 복소 푸리에 급수가 된다.

$$\sum_{m=-\infty}^{\infty} \delta'(t - mT) = i\frac{2\pi}{T^2}\sum_{n=-\infty}^{\infty} n e^{i2\pi nt/T} \tag{4.4.93}$$

또한, 식(4.4.91)을 t에 대하여 미분하면 다음과 같이 된다.

$$\sum_{m=-\infty}^{\infty} \delta'(t - mT) = -\frac{4\pi}{T^2}\sum_{n=1}^{\infty} n\sin\left(\frac{2\pi nt}{T}\right) \tag{4.4.94}$$

예제 4.4.5 다음의 디랙 빗 함수의 푸리에 변환을 구하시오.

$$\int_{-\infty}^{\infty} dt\, e^{i\omega t}\, \delta_{DC}(t) = \sum_{m=-\infty}^{\infty} \int_{-\infty}^{\infty} dt\, e^{i\omega t}\, \delta(t - mT) \tag{4.4.95}$$

풀이 식(4.4.95)의 우변을 t에 대하여 적분하면 다음과 같다.

$$\sum_{m=-\infty}^{\infty} \int_{-\infty}^{\infty} dt\, e^{i\omega t}\, \delta(t - mT) = \sum_{m=-\infty}^{\infty} e^{im\omega T} = \sum_{m=-\infty}^{\infty} e^{i2\pi m\omega/(2\pi/T)} \tag{4.4.96}$$

여기서 $2\pi/T = \Omega$로 놓으면 식(4.4.96)의 우변은 식(4.4.88)에 의하여

$$\sum_{m=-\infty}^{\infty} e^{i2\pi m\omega/\Omega} = \Omega \sum_{m=-\infty}^{\infty} \delta(\omega - m\Omega) = \Omega \sum_{m=-\infty}^{\infty} \delta(m\Omega - \omega) \tag{4.4.97}$$

$$= \sum_{m=-\infty}^{\infty} \delta\left(m - \frac{\omega}{\Omega}\right)$$

와 같이 된다. 이 식에서 다시 $\Omega = 2\pi/T$로 놓으면 디랙 빗 함수의 푸리에 변환 $\int_{-\infty}^{\infty} dt\, e^{i\omega t}\, \delta_{DC}(t)$을 다음과 같은 디랙 빗 함수로 구할 수 있다.

$$\sum_{m=-\infty}^{\infty} \int_{-\infty}^{\infty} dt\, e^{i\omega t}\, \delta(t - mT) = \sum_{m=-\infty}^{\infty} \delta\left(m - \frac{\omega T}{2\pi}\right) \tag{4.4.98}$$

4.4.6 3차원 확산현상 (3-dimensional diffusion phenomena): 푸리에 변환 이용

4.1.2절에서 1차원 확산방정식의 해를 푸리에 변환을 이용하여 구하는 방법에 대하여 알아보았다. 이제는 이 책의 마지막 절로 3차원 확산방정식을 구면좌표계에서 구하는 방법에 대하여 알아보고, 확산계수와 입자의 이동 거리와의 관계도 알아보자. 3차원 확산방정식은 다음과 같이 주어진다.

$$\frac{\partial n(\mathbf{r},t)}{\partial t} = D\nabla^2 n(\mathbf{r},t) \tag{4.4.99}$$

여기서 $n(\mathbf{r},t)$는 위치 $\mathbf{r}$과 시간 t에 대한 농도 분포이고, D는 확산계수이다. 시간 $t=0$일 때 농도의 초기조건을 $n(\mathbf{r},0) = N_0\delta^{(3)}(\mathbf{r})$이라고 하자. 여기서 $\delta^{(3)}(\mathbf{r})$는 3차원 디랙 델타함수이다. 농도 분포 $n(\mathbf{r},t)$의 3차원 푸리에 변환과 역 푸리에 변환은 각각 다음과 같이 쓸 수 있다.

$$\tilde{n}(\mathbf{k},t) = \iiint n(\mathbf{r},t)e^{i\mathbf{k}\cdot\mathbf{r}}d^3r \tag{4.4.100}$$

$$n(\mathbf{r},t) = \frac{1}{(2\pi)^3}\iiint \tilde{n}(\mathbf{k},t)e^{-i\mathbf{k}\cdot\mathbf{r}}d^3k \tag{4.4.101}$$

이제 식(4.4.101)을 3차원 확산방정식인 식(4.4.99)에 대입하면 다음과 같이 된다.

$$\frac{1}{(2\pi)^3}\iiint \frac{\partial\tilde{n}(\mathbf{k},t)}{\partial t}e^{-i\mathbf{k}\cdot\mathbf{r}}d^3k = \frac{D}{(2\pi)^3}\iiint \tilde{n}(\mathbf{k},t)(-i\mathbf{k})^2e^{-i\mathbf{k}\cdot\mathbf{r}}d^3k \tag{4.4.102}$$

이 식을 정리하면

$$\frac{1}{(2\pi)^3}\iiint\left[\frac{\partial\tilde{n}(\mathbf{k},t)}{\partial t} + k^2D\,\tilde{n}(\mathbf{k},t)\right]e^{-i\mathbf{k}\cdot\mathbf{r}}d^3k = 0 \tag{4.4.103}$$

와 같이 되므로

$$\frac{\partial\tilde{n}(\mathbf{k},t)}{\partial t} = -k^2D\,\tilde{n}(\mathbf{k},t) \tag{4.4.104}$$

의 관계를 얻을 수 있다. 이로부터

$$\frac{d\tilde{n}(\mathbf{k},t)}{\tilde{n}(\mathbf{k},t)} = -k^2 D dt \tag{4.4.105}$$

라고 쓸 수 있는데, 이 식의 양변을 적분하면

$$\ln\tilde{n}(\mathbf{k},t) = -Dk^2 t + \ln C \tag{4.4.106}$$

가 된다. 여기서 $\ln C$는 적분상수이다. 그러므로 농도 분포의 푸리에 변환 $\tilde{n}(\mathbf{k},t)$를 다음과 같이 구할 수 있다.

$$\tilde{n}(\mathbf{k},t) = Ce^{-k^2 Dt} \tag{4.4.107}$$

시간 $t=0$일 때 $n(\mathbf{r},t) = N_0\delta^{(3)}(\mathbf{r})$이라고 하였으므로, 식(4.4.100)과 식(4.4.107)으로부터 초기농도의 푸리에 변환은

$$\begin{aligned} \tilde{n}(\mathbf{k},0) = C &= \iiint n(\mathbf{r},0)\, e^{i\mathbf{k}\cdot\mathbf{r}} d^3 r \\ &= \iiint N_0\delta^{(3)}(\mathbf{r})\, e^{i\mathbf{k}\cdot\mathbf{r}} d^3 r \\ &= N_0 \end{aligned} \tag{4.4.108}$$

가 된다. 그러므로 농도 분포의 푸리에 변환은 다음과 같이 된다.

$$\tilde{n}(\mathbf{k},t) = N_0 e^{-k^2 Dt} \tag{4.4.109}$$

이제, $\tilde{n}(\mathbf{k},t)$에 역 푸리에 변환을 적용하여 3차원 확산방정식인 식(4.4.99)의 해 $n(\mathbf{r},t)$를 다음과 같은 적분 형태로 나타낼 수 있다.

$$n(\mathbf{r},t) = \frac{1}{(2\pi)^3}\iiint N_0 e^{-k^2 Dt} e^{-i\mathbf{k}\cdot\mathbf{r}} d^3 k \tag{4.4.110}$$

여기서 구면좌표계를 이용하여 $n(\mathbf{r}, t)$를 계산해 보자. 벡터 $\mathbf{r}$를 $\mathbf{k}$-공간에서 양의 k_z-축 방향으로 택하면 $-\mathbf{k} \cdot \mathbf{r} = -ikr\cos\theta$ 이며 체적소는 $d^3k = k^2 dk \sin\theta\, d\theta\, d\phi$가 된다. 여기서 θ는 극각, ϕ는 방위각이다. 따라서 식(4.4.110)은

$$
\begin{aligned}
n(\mathbf{r}, t) &= \frac{1}{(2\pi)^3} \iiint N_0 e^{-k^2 Dt} e^{-ikr\cos\theta} k^2 dk \sin\theta\, d\theta\, d\phi \qquad (4.4.111) \\
&= \frac{N_0}{(2\pi)^3} \int_0^\infty dk\, k^2 e^{-k^2 Dt} \int_0^\pi d\theta \sin\theta\, e^{-ikr\cos\theta} \int_0^{2\pi} d\phi \\
&= \frac{2\pi N_0}{(2\pi)^3} \int_0^\infty dk\, k^2 e^{-k^2 Dt} \int_{-1}^1 d\xi\, e^{-ikr\xi} \qquad (\xi = \cos\theta) \\
&= \frac{2\pi N_0}{(2\pi)^3} \int_0^\infty dk\, k^2 e^{-k^2 Dt} \left(\frac{1}{-ikr}\right)\left(e^{-ikr} - e^{ikr}\right) \\
&= \frac{2N_0}{(2\pi)^2 r} \int_0^\infty dk\, k e^{-k^2 Dt} \sin kr \\
&= \frac{N_0}{2\pi^2 r} I(r)
\end{aligned}
$$

와 같이 계산할 수 있다. 여기서 $I(r)$로 정의된 적분에서 $k\sin(kr)e^{-k^2 Dt}$이 k에 대하여 우함수이므로 다음과 같이 계산된다.

$$
\begin{aligned}
I(r) &= \int_0^{\infty} dk\, k \sin kr\, e^{-k^2 Dt} \qquad (4.4.112)\\
&= \frac{1}{2}\int_{-\infty}^{\infty} dk\, k \sin kr\, e^{-k^2 Dt}\\
&= \mathrm{Im}\,\frac{1}{2}\int_{-\infty}^{\infty} dk\, k\, e^{ikr} e^{-k^2 Dt}\\
&= \mathrm{Im}\,\frac{1}{2} e^{-(r^2/4Dt)}\int_{-\infty}^{\infty} dk\, k\, e^{-Dt(k-ir/2Dt)^2}\\
&= \mathrm{Im}\,\frac{1}{2} e^{-(r^2/4Dt)}\int_{-\infty}^{\infty} \frac{dk'}{\sqrt{Dt}}\left(\frac{k'}{\sqrt{Dt}}+\frac{ir}{2Dt}\right) e^{-k'^2} \qquad [k' = \sqrt{Dt}(k-ir/2Dt)]\\
&= \mathrm{Im}\,\frac{1}{2} e^{-(r^2/4Dt)}\frac{ir}{2(Dt)^{3/2}}\int_{-\infty}^{\infty} dk'\, e^{-k'^2}\\
&= \frac{r\sqrt{\pi}}{4(Dt)^{3/2}} e^{-(r^2/4Dt)}
\end{aligned}
$$

여기서 감마함수 $\int_{-\infty}^{\infty} e^{-k'^2} dk' = \Gamma(1/2) = \sqrt{\pi}$ 를 이용하였다. 이제 이 결과를 식(4.4.111)에 대입하면 3차원 확산방정식인 식(4.4.99)의 해를 다음과 같이 구할 수 있다.

$$
n(\mathbf{r}, t) = \frac{N_0}{(4\pi Dt)^{3/2}} e^{-\frac{r^2}{4Dt}} \qquad (4.4.113)
$$

다음은 3차원 공간에서의 적분 $\iiint n(\mathbf{r}, t)\, d^3 r$을 생각해 보자. 식(4.4.113)의 결과를 이용하면 $n(\mathbf{r}, t)$의 적분은 다음과 같이 할 수 있다.

$$\iiint n(\mathrm{r},t)\,d^3r = \iiint d^3r \frac{N_0}{(4\pi Dt)^{3/2}} e^{-\frac{r^2}{4Dt}} \tag{4.4.114}$$

$$= \frac{N_0}{(4\pi Dt)^{3/2}} \int_0^\infty dr\, 4\pi r^2\, e^{-\frac{r^2}{4Dt}}$$

$$= \frac{N_0}{(4\pi Dt)^{3/2}}\, 4\pi(4Dt)^{3/2} \int_0^\infty dr'\, r'^2\, e^{-r'^2} \quad (r' = r/\sqrt{4Dt})$$

$$= \frac{N_0}{(4\pi Dt)^{3/2}}\, 4\pi(4Dt)^{3/2} \frac{\sqrt{\pi}}{4}$$

$$= N_0$$

여기서 감마함수 $\int_0^\infty dr'\, r'^2\, e^{-r'^2} = \frac{1}{2}\Gamma(3/2) = \frac{1}{4}\Gamma(1/2) = \frac{\sqrt{\pi}}{4}$ 를 이용하였다. 위의 결과로부터 아래의 관계를 얻을 수 있다.

$$\int_0^\infty dr \frac{4\pi}{N_0} r^2 n(r,t) = \int_0^\infty dr\, P(r,t) = 1 \tag{4.4.115}$$

여기서 $P(r,t)$는 위치 r과 시간 t에서 입자를 발견할 확률을 나타내는 확률함수(probability function)에 해당한다. 식(4.4.113)과 식(4.4.115)를 사용하면 확률함수 $P(r,t)$를 다음과 같이 얻을 수 있다.

$$P(r,t) = \frac{4\pi}{N_0} r^2 n(r,t) = \frac{4\pi}{(4\pi Dt)^{3/2}} r^2 e^{-\frac{r^2}{4Dt}} \tag{4.4.116}$$

마지막으로 확률함수 $P(r,t)$를 사용하여 평균 제곱 변위(mean square displacement) $\langle r^2 \rangle$를 구해보자. 식(4.4.116)을 이용하면 3차원 공간에서 평균 제곱 변위 $\langle r^2 \rangle$을 다음과 같이 구할 수 있다.

$$
\begin{aligned}
\langle r^2 \rangle &= \int_0^\infty dr\, r^2 P(r,t) \qquad (4.4.117)\\
&= \int_0^\infty dr\, r^2 \frac{4\pi}{(4\pi Dt)^{3/2}} r^2 e^{-\frac{r^2}{4Dt}}\\
&= \frac{4\pi}{(4\pi Dt)^{3/2}} \int_0^\infty dr\, r^4 e^{-\frac{r^2}{4Dt}}\\
&= \frac{4\pi}{(4\pi Dt)^{3/2}} (4Dt)^{5/2} \int_0^\infty dr'\, r'^4 e^{-r'^2} \qquad (r' = r/\sqrt{4Dt})\\
&= \frac{4\pi}{(4\pi Dt)^{3/2}} (4Dt)^{5/2} \frac{3}{8}\sqrt{\pi}\\
&= 6Dt
\end{aligned}
$$

여기서 감마함수 $\int_0^\infty dr'\, r'^4\, e^{-r'^2} = \frac{1}{2}\Gamma(5/2) = \frac{3}{4}\Gamma(3/2) = \frac{3}{8}\Gamma(1/2) = \frac{3\sqrt{\pi}}{8}$ 를 이용하였다. 3차원에서 평균 제곱 변위 $\langle r^2 \rangle$는 확산계수와 시간의 곱에 비례함을 알 수 있다.

예제 4.4.6 4.1.2절에서 x방향의 1차원 확산방정식의 해를 아래와 같이 구하였다.

$$
n_x(x,t) = \frac{n_{0,x}}{\sqrt{4\pi Dt}} e^{-\frac{x^2}{4Dt}} \qquad (4.4.118)
$$

이를 이용하여 3차원 확산방정식의 해를 구하시오.

풀이 등방성을 이용하면 y방향과 z방향의 1차원 확산방정식의 해는 각각 다음과 같이 됨을 알 수 있다.

$$
n_y(y,t) = \frac{n_{0,y}}{\sqrt{4\pi Dt}} e^{-\frac{y^2}{4Dt}} \qquad (4.4.119)
$$

$$n_z(z,t) = \frac{n_{0,z}}{\sqrt{4\pi Dt}} e^{-\frac{z^2}{4Dt}} \tag{4.4.120}$$

이제 n_x, n_x, n_x를 모두 곱하여 정리하면 다음과 같이 3차원 확산방정식의 해를 얻을 수 있다.

$$\begin{aligned} n(\mathbf{r},t) &= n_x(x,t)n_y(y,t)n_z(z,t) \\ &= \frac{n_{0,x}}{\sqrt{4\pi Dt}} e^{-\frac{x^2}{4Dt}} \frac{n_{0,y}}{\sqrt{4\pi Dt}} e^{-\frac{y^2}{4Dt}} \frac{n_{0,z}}{\sqrt{4\pi Dt}} e^{-\frac{z^2}{4Dt}} \\ &= \frac{N_0}{(4\pi Dt)^{3/2}} e^{-\frac{r^2}{4Dt}} \quad \left(N_0 = n_{0,x}n_{0,y}n_{0,z},\ r^2 = x^2+y^2+z^2\right) \end{aligned} \tag{4.4.121}$$

식(4.4.121)의 결과는 3차원 구면좌표계를 이용하여 구한 식(4.4.113)과 동일하다.

참고문헌

[1] G. B. Arfken and H. J. Weber, *Mathematical Methods for Physicists*, 6th Edition (Elsevier, Amsterdam, 2005).

[2] V. Balakrishnan, *Mathematical Physics, Applications and Problems* (Springer, Cham, 2020).

[3] C. M. Bender and S. A. Orszag, *Advanced Mathematical Methods for Scientists and Engineers; Asymptotic Methods and Perturbation Theory* (Springer, New York, 1999).

[4] N. F. Britton, *Essential Mathematical Biology* (Springer, London, 2003).

[5] E. Butkov, *Mathematical Physics* (Addison-Wesley, Reading, 1968).

[6] D. Dubin, *Numerical and Analytical Methods for Scientist and Engineers using Mathematica* (John Wiley & Sons, Hoboken, 2003).

[7] M. D. Graham and J. B. Rawlings, *Modeling and Analysis Principles for Chemical and Biological Engineers*, 2nd Edition (Nob Hill Publishing, Santa Barbara, 2024).

[8] C. Harper, *Introduction to Mathematical Physics* (Prentice Hall, Englewood Cliffs, 1976).

[9] H. Jeffreys and B. Jeffreys, *Methods of Mathematical Physics*, 3rd Edition (Cambridge University Press, Cambridge, 1972).

[10] D. S. Jones, M. J. Plank, and B. D. Sleeman, *Differential Equations and Mathematical Biology*, 2nd Edition (CRC Press, Boca Raton, 2010).

[11] M. Kot, Elements of Mathematical Ecology (Cambridge University Press, Cambridge, 2001).

[12] M. J. Lighthill, *Introduction to Fourier analysis and Generalized Functions* (Cambridge University Press, London, 1964).

[13] J. D. Logan, *Applied Mathematics*, 4th Edition (John Wiley & Sons, Hoboken, 2013).

[14] J. D. Logan, *Transport Modeling in Hydrogeochemical Systems* (Springer, New York, 2001).

[15] J. Mathews and R. L. Walker, *Mathematical Methods of Physics*, 2nd Edition (Benjamin, New York, 1970).

[16] G. Mazenko, *Equilibrium Statistical Mechanics* (John Wiley & Sons, New York, 2000).

[17] J. D. Murry, *Mathematical Biology, I: An Introduction*, 3rd Edition (Springer, New York, 2001).

[18] S. Nair, *Advanced Topics in Applied Mathematics for Engineering and the Physical Science*s (Cambridge University Press, Cambridge, 2011).

[19] P. O. J. Scherer and S. F. Fischer, *Theoretical Molecular Biophysics*, 2nd Edition (Springer, Berlin, 2017).

[20] H. Shima and T. Nakayama, *Higher Mathematics for Physics and Engineering* (Springer, Heidelberg, 2010).

[21] M. Stone and P. Goldbart, *Mathematics for Physics* (Cambridge University Press, Cambridge, 2010).

[22] R. M. Wald, *Advanced Classical Electromagnetism* (Princeton University Press, Princeton, 2022).

[23] S. Weinberg, *Foundations of Modern Physics* (Cambridge University Press, Cambridge, 2021).

[24] E. T. Whittaker and G. N. Watson, *A Course of Modern Analysis*, 4th Edition (Cambridge University Press, Cambridge, 1927).

[25] H. W. Wyld, *Mathematical Methods for Physics* (CRC Press, Boca Raton, 2021).

[26] A. Zangwill, *Modern Electrodynamics* (Cambridge University Press, Cambridge, 2013).

[27] 寺沢寛一, 自然科学者のための数学概論(増訂版) (岩波書店, 東京, 1983).

찾아보기

ㄱ

ㄴ

ㄷ

ㄹ

ㅁ

ㅂ

ㅅ

ㅇ

ㅈ

ㅊ

ㅋ

ㅌ

ㅍ

ㅎ

기타

이명재 한양대학교 자연과학대학 물리학과 이학사 및 이학석사
미국 University of Michigan, Ann Arbor 핵공학과 이학박사(이론플라즈마물리학)
미국 University of Michigan, Ann Arbor 핵공학과 박사후연구원
[현] 한양대학교 자연과학대학 물리학과 교수

정영대 한양대학교 자연과학대학 물리학과 이학사 및 이학석사
미국 University of California, San Diego 물리학과 이학박사(이론천체물리학)
미국 NASA/Marshall Space Flight Center X-Ray Astronomy Group 박사후연구원
일본 National Institute for Fusion Science 초빙교수
[현] 한양대학교 ERICA 과학기술융합대학 응용물리학과 교수

푸리에 해석과 응용

펴낸날 2025년 8월 25일 초판 1쇄
지은이 이명재·정영대 ● **펴낸이** 이기정
펴낸곳 한양대학교출판부 ● **출판등록** 제4-7호(1972.2.29)
주소 서울 성동구 왕십리로 222 ● **전화** 02.2220.1432-4 ● **팩스** 02.2220.1435
홈페이지 press.hanyang.ac.kr ● **이메일** presshy@hanyang.ac.kr
표지 안광일 ● **본문디자인·인쇄** 네오프린텍

값 32,000 원

ISBN 978.89.7218.844.5 (93420)